"博学而笃志，切问而近思。"

(《论语》)

博晓古今，可立一家之说；
学贯中西，或成经国之才。

复旦博学 · 复旦博学 · 复旦博学 · 复旦博学 · 复旦博学 · 复旦博学

普通高等教育"十一五"国家级规划教材

复旦博学·数学系列

数学模型

（第三版）

谭永基　蔡志杰　编著

Mathematical
Model

复旦大学出版社

第三版前言

本书是 1997 年出版的《数学模型》的第四版,是普通高等教育"十五"国家级规划教材的第三版,也是教育部第十一个五年计划重点教材项目和上海市精品课程建设项目的成果.

本书前三版出版后,已作为大学本科数学类专业的数学模型基础课教材和其他专业数学建模课程的参考书被许多高等院校使用,得到了大家的肯定,同时在使用期间,许多同行专家也对本书提出了众多宝贵意见.根据我们自己的教学实践和兄弟院校同行的意见与建议,再次进行修订.在本次修订中,新增了一章,涉及的数学内容是图论,目的是为了加强离散模型,使本书中连续模型和离散模型更加均衡.同时我们还修改了编辑排版上的问题,并对所有章节进行了勘误.

囿于我们的水平,谬误之处在所难免,敬请读者予以批评指正.

中国科学院院士李大潜对本书的修订十分关心,他在各种场合对于数学建模的论述对我们的修订有重要的指导意义.我们曾经与应用数学界的许多同行就数学模型的教学与科研进行过有益的讨论.这些同志中有叶其孝、姜启源、陈叔平、唐焕文、向隆万、蒋鲁敏、桂子鹏、丁颂康、盛子宁、朱德通、曹沅、鲁习文、谢金星、程晋、刘继军、周义仓、李功胜教授等.这些讨论对本书的修订是十分有帮助的.复旦大学出版社范仁梅、陆俊杰同志为本书的修订再版付出了艰辛的劳动.对此,我们一并表示衷心的感谢.

本教材的作者之一谭永基教授因病不幸去世,是数学建模事业的重大损失,他生前为本教材的编写付出了大量心血,倾注了满腔热情,希望为我国培养更多的应用数学人才,现在新版教材的出版也是全体编写和编辑人员为谭老师献上的最好纪念.

蔡志杰

2019 年 5 月 18 日

第 二 版 序 言

近数十年来,随着科学技术的发展和社会的进步,数学这一重要的基础学科迅速地向自然科学、技术科学和社会科学的各个领域渗透,并在工程技术、经济建设及金融管理等方面发挥出愈来愈明显、甚至是举足轻重的关键作用.数学与电子计算机技术相结合,已形成一种重要的、可以实现的技术——数学技术.“高技术本质上是一种数学技术”的提法,已为愈来愈多的人们所接受和认同.然而,一个现实世界中的问题,包括科学技术中的问题,往往并不是自然地以一个现成数学问题的形式出现的.要充分发挥数学的作用,首先要将所考虑的现实世界中的问题归结为一个相应的数学问题,即建立该问题的数学模型.这是数学走向应用的必经之路,是一个关键性的步骤,在此基础上才有可能利用数学的概念、方法和理论进行深入的分析和研究,从而从定量或定性的角度,为解决现实问题提供精确的数据或可靠的指导.努力提高建立数学模型方面的修养,自觉培养这方面的能力,并注意积累有益的知识和经验,对于有志于学习与运用数学的广大大学生和研究生,是启迪数学心智的必胜之途,对于众多的应用科学工作者,也是一项十分重要的基本建设.

不同的现实问题,往往有不同的数学模型;即使对同一现实问题,也可能从不同的角度或根据不同精度的要求而归结出颇不相同的数学模型.另一方面,同一个数学模型又往往可以同时用来描述表面上看来毫无关联的自然现象或社会规律.至于建立数学模型的方法,更是各有千秋,多姿多彩,不可能有一个可以到处生搬硬套的固定程式.尽管如此,人们在用数学工具解决各种各样实际问题的过程中,通过大量的实践,已逐步发现了一些建立数学模型的规律,总结了有关的经验,数学模型这一新的学科分支以及相应的课程设置便由此应运而生.近些年来,数学模型这一类新兴的课程已在国际上愈来愈多的学校开设,它不仅成为数学类各专业的重要课程,而且引起了其他各类学科专业学生的浓厚兴趣,选修这门课程的人数日益增多.以建立数学模型为主要内容的各类数学竞赛活动,也相应地在国内外迅速开展起来,并取得了愈来愈大的影响.在我国,可以毫不夸张地说,数学建模的教育及数学建模竞赛活动是这些年来规模最大也最成功的一项数学教学改革实践,它不仅融知识、能力和素质之考察三位于一体,而且面向所有专业的大学生,是对素质教育的重要贡献.

本书的作者自1982年起一直为复旦大学数学类专业本科学生开设数学建模课程,这些年来从未间断,并多次为其他学校或系科的学生或数学方面的进修教师开设了相应的课程或讲座,还积极参与及组织了多次国内外的数学建模竞赛活动,积累了大量的素材,取得了丰富的经验.在此基础上,继本书于1996年及2004年分别出版之后,今年又经认真补充与修订推出了面目焕然一新的第二版,这是很值得庆贺的.

本书通过一些经过精心选择,内容涉及物理、化学、生物、医学、经济、管理、生态、交通、能源和工程技术等众多方面的数学建模的实例,向读者展示了建立数学模型的方法和用数学解决实际问题的全过程和一般规律.特别值得指出的是:这不是一本"纸上谈兵"的作品.作者们不仅曾经多次参加建立有关的数学模型,并有成功解决一些重大实际问题的实践,有着自己切身的经验和体会.书中所列举的实例中除有相当一些取材于国内外其他教材和有关文献外,还包含了作者及其研究集体历年来的不少研究成果,这使这本教材更具有了自己鲜明的特色.

根据建立数学模型的特点,学习这门课程,重要的不在于知识的积累,而应着眼于能力的提高.任何一本数学模型的教材,即使包含的实例再多,都不可能穷尽世间所有可能的数学模型而成为数学模型方面包罗万象的百科全书.希望广大读者将本书提供的实例均作为案例来对待,通过有选择地解剖若干个(不是全部!)麻雀,着重体会建立数学模型的思路和方法,掌握数学建模的一般规律,而不要仅仅满足于学习一些数学知识,不要满足于对个别实例的机械模仿,更不要追求对全书内容的死记硬背.这样,才可能真正体会建立数学模型的精髓,达到学习这门课程的效果.

李大潜

2010 年 12 月 26 日于复旦大学

第二版前言

本书是 1997 年出版的《数学模型》的第三版,是普通高等教育"十五"国家级规划教材的第二版,也是教育部第十一个五年计划重点教材项目和上海市精品课程建设项目的成果.

本书第一、二版出版后,已作为大学本科数学类专业的数学模型基础课教材和其他专业数学建模课程的参考书被许多高等院校使用,得到了肯定,同时他们也对本书提出了许多宝贵意见.

为了更加适合教材现代化的要求,进一步体现教材的先进性、科学性与适用性,我们根据自己的教学实践和兄弟院校同行的意见与建议,再次进行修订.在修订中,我们删除了 4 章,新增了 6 章,对其余部分章节也作了较大改动.

这次修订中删除的内容主要是和某些专门领域结合得比较紧密和比较深奥的内容,以增加教材的易读性,避免学生在弄懂相关的专业知识方面花费太多的时间.

增加的各章内容我们是基于以下 3 方面的考虑选择的:第一,保持原书包含相当数量从实践中总结出来的数学模型的特色,继续充实这方面的新鲜素材,使新版的这一特色更加鲜明;第二,增加了部分数学内容比较浅显的初等数学模型,便于教师根据同学的实际情况和开设本课程的不同年级进行适当的选择;第三,增加的内容向离散和随机数学模型倾斜,使书中连续和离散模型、确定性与随机模型的分配更加均衡合理.

在新版中我们还对练习中的"实践与思考"更加予以重视,它们为建立与本章有关的实际问题的数学模型的实践活动提供课题,其中有些是国内外数学建模竞赛的赛题.我们认为开展这种实践活动对提高学生数学建模和解决实际问题的能力、培养创新精神是十分重要的.同时,这类问题也为采用"小课题"、开展课堂讨论等更好地实现师生互动的教学方法提供了素材.

在这次修订中我们还对文字进行了推敲修改,以期达到叙述更加科学、准确和更加通俗易懂的目的.

　　尽管在修订中我们作了一定努力,但囿于我们的水平,谬误之处在所难免,敬请读者予以批评指正.

　　中国科学院院士李大潜对本书的修订十分关心,他在各种场合对于数学建模的论述对我们的修订有重要的指导意义.这次他又为本书的新版撰写了序言,我们表示特别的感谢.

　　我们曾经与应用数学界的许多同行就数学模型的教学与科研进行过有益的讨论.这些同志中有叶其孝、姜启源、陈叔平、唐焕文、向隆万、蒋鲁敏、桂子鹏、丁颂康、盛子宁、朱德通、曹沅、鲁习文、谢金星、程晋、刘继军、周义仓、李功胜教授等.这些讨论对本书的修订是十分有帮助的.复旦大学吴宗敏、陆立强等同志对本书的修订予以关心,复旦大学出版社范仁梅同志为本书的修订再版付出了艰辛的劳动.对此,我们一并表示衷心的感谢.

编者

2010 年 8 月 30 日

第一版序言

　　近几十年来,随着科学技术的发展和社会的进步,数学这一重要的基础学科迅速地向自然科学和社会科学的各个领域渗透,并在工程技术、经济建设及金融管理等方面发挥出愈来愈明显、甚至是举足轻重的作用.数学与电子计算机技术相结合,已形成一种重要的、可以实现的技术.“高技术本质上是一种数学技术”的提法,已为愈来愈多的人们所认识和接受.然而,一个现实世界中的问题,包括科学技术中的问题,往往并不是自然地以一个现成的数学问题的形式出现的.要充分发挥数学的作用,首先要将所考察的现实世界中的问题归结为一个相应的数学问题,即建立该问题的数学模型.这是一个关键性的步骤,在此基础上才有可能利用数学的概念、方法和理论进行深入的分析和研究,从而从定量或定性的角度,为解决现实问题提供精确的数据或可靠的指导.努力提高建立数学模型方面的修养,自觉培养这方面的能力并注意积累有益的知识和经验,对于有志于学习与运用数学的广大大学生和研究生以及众多的应用科学工作者来说,均是一项十分重要的基本建设.

　　不同的现实问题,往往有不同的数学模型;即使对同一现实问题,也可能从不同的角度或根据不同精度的要求而归结出颇不相同的数学模型.另一方面,同一个数学模型又往往可同时用来描述表面上看来毫无关联的自然现象或社会规律.至于归结数学模型的方法,则更是各有千秋,多姿多彩,不可能希冀有一个可以到处生搬硬套的固定程式.尽管如此,人们在用数学工具解决各种各样实际问题的过程中,通过大量归结数学模型的实践,已逐步发现和总结了一些建立数学模型的规律,数学模型这一新的学科分支以及相应的课程设置便因此应运而生.近年来,数学模型这一新兴的课程已在国际上愈来愈多的学校开设,它不仅成为数学系各专业的重要课程,而且引起了其他各类学科专业学生的浓厚兴趣,选修这门课程的人数日益增多.以建立数学模型为主要内容的各类数学竞赛活动,也相应地在国内外迅速开展起来,并取得了愈来愈大的影响.

本书的两位作者自 1982 年起,相继为复旦大学应用数学专业本科学生开设数学模型课程,10 余年来从未间断,并多次为其他系科的学生或数学系的进修教师开设了相应的课程或讲座,还积极参与及组织了多次数学模型竞赛活动,积累了大量的素材,取得了丰富的经验. 在此基础上,经过数年的酝酿和准备,这本盼望已久的教材终于脱稿并正式出版,这是很值得庆贺的.

本书通过一些经过精心选择,内容涉及物理、化学、生物、医学、经济、管理、生态、交通、能源和工程技术等众多方面的数学建模的实例,向读者展示了建立数学模型的方法和用数学解决实际问题的全过程和一般规律. 特别值得指出的是:这不是一本"纸上谈兵"的作品. 作者们曾经多次参加过建立数学模型,并有成功解决重大实际问题的实践,有着自己切身的经验和体会. 书中所列举的实例中除有相当一些取材于国内外其他教材和有关文献外,还包含了作者及其研究集体历年来的不少研究成果. 这使这本教材具有了自己鲜明的特色.

根据建立数学模型的特点,学习这门课程,重要的不在于知识的积累,而应着眼于能力的提高. 希望广大读者将本书提供的一些实例均作为案例来对待,通过解剖麻雀,体会建立数学模型的思路和方法,掌握数学建模的一般规律,而不要仅仅满足于学习一些数学知识,更不要满足于对个别实例的机械模仿. 这样,才可能开拓思路,培养分析问题和解决问题的能力,真正达到学习这门课程的效果.

李大潜
1996 年 2 月 25 日于复旦大学

第 一 版 前 言

本书是在 1997 年出版的《数学模型》的基础上修订而成的. 它也是教育部第十个五年计划重点教材项目和上海市精品课程建设项目的成果.

本书第一版出版后, 已作为大学本科数学类专业的数学模型基础课教材被许多高等院校使用, 得到了肯定, 同时他们也对本书提出了许多宝贵意见.

为了更加适合教材现代化的要求, 进一步体现教材的先进性、科学性与适用性, 我们根据自己的教学实践和兄弟院校同行的意见和建议, 用 1 年多的时间进行了修订. 在修订中, 我们删除了 2 章, 新增了 6 章, 对其余部分章节也作了较大改动. 蔡志杰副教授参加了本书的修订工作.

这次删除的 2 章是"计算复杂性简介"和"模型的数值求解与 MATLAB 软件". 虽然模型求解的计算复杂性是评价一个数学模型优劣的重要标准之一, 但教学实践表明, 结合对具体数学模型的评价和检验讨论数学模型求解的计算复杂性的效果会更好. 因此, 我们不再将计算复杂性单独列为一章. 和本书初版时相比, MATLAB 数学软件在高校中普及的程度有了很大的提高. 有的学校将其作为一门课程或者作为数学软件课程的一个重要组成部分进行讲授, 有的学校将其作为数学实验课程的主要软件平台. 所以, 现在已没有必要再在数学模型课程中专门介绍, 因此我们删除了这一章. 有关模型的数值求解的内容, 在各章中结合具体模型分别讲述.

增加的各章内容我们是基于以下 3 方面的考虑选择的: 第一, 保持原书包含相当数量从实践中总结出来的数学模型的特色, 继续充实这方面的新鲜素材, 使新版的这一特色更加鲜明; 第二, 增加了部分数学内容比较浅显的初等数学模型, 便于教师根据同学的实际情况和开设本课程的不同年级进行适当的选择; 第三, 增加的内容向离散数学模型倾斜, 使书中连续和离散两类模型的分配更加均衡合理.

在新版中我们还将练习分为"习题"和"实践与思考"两种类型. 前者是帮助

读者加深对本章内容理解的练习;后者实际上是为建立与本章有关的实际问题的数学模型的实践活动提供课题,其中有些是国内外数学建模竞赛的赛题.我们认为开展这种实践活动对提高学生数学建模和解决实际问题的能力,培养创新精神是十分重要的.同时,这类问题也为采用"小课题"、开展课堂讨论等更好地实现师生互动的教学方法提供了素材.

在这次修订中我们还对文字进行了推敲修改,以期达到叙述更加科学、准确和更加通俗易懂的目的.

尽管在修订中我们作了一定努力,但囿于我们的水平,谬误之处在所难免,敬请读者予以批评指正.

中科院院士李大潜对本书的修订十分关心,他为本书初版所写的序言对我们的修订有重要的指导意义,我们表示特别的感谢.

我们曾经与数学界的许多同行就数学模型的教学与科研进行过有益的讨论.这些同志中有叶其孝、姜启源、陈叔平、唐焕文、向隆万、蒋鲁敏、桂子鹏、丁颂康、盛子宁、朱德通、曹沅、鲁习文、谢金星、周义仓、李功胜教授等.这些讨论对本书的修订是十分有帮助的.复旦大学吴宗敏、金路、陆立强与华东理工大学谢国瑞、张建初、李瑞遐等同志对本书的修订予以关心,复旦大学出版社范仁梅同志为本书的修订再版付出了艰辛的劳动.对此,我们一并表示衷心的感谢.

本书的原编著者之一俞文䱸教授在 2002 年秋不幸逝世.俞文䱸教授于1982 年起在复旦大学为应用数学专业学生开设"数学模型"课程,这是国内首次为本科生开设的数学模型课程.1989 年,他作为主要发起人之一在上海筹备并于 1990 年开始举办大学生数学建模竞赛,然后推向全国.作为中国工业与应用数学学会数学模型专业委员会主任、全国大学生数学建模竞赛组织委员会副主任和成员,他为我国数学模型课程的建设和数学建模竞赛活动的开展发挥了重要的作用.我们谨以本书的修订再版表示对俞文䱸教授的深切怀念.

谭永基

2004 年 8 月 30 日

目　　录

第一章 引　　言

随着社会的发展和科技的进步,特别是近年来电子计算机技术的发展,数学愈来愈向其他科技领域渗透,数学模型的研究愈来愈广泛和深入,数学模型也逐步成为一门独立的课程在世界各地的大学中开设.我们将首先介绍什么是数学模型,研究数学模型有什么意义,以及学习和研究数学模型的正确方法是什么.

§1.1　什么是数学模型

近年来,数学模型成为一个十分流行的词汇.经济学家经常讨论一个国家的宏观经济数学模型或某一经济行为特定的数学模型;巨型的化工或钢铁联合企业的管理人员经常研究用于生产过程自动控制的数学模型;在企业管理、医药工程、环境与人口等领域,为了得到定量化的规律,也离不开数学模型.那么,究竟什么是数学模型呢?

在现实世界中经常会遇到这样的问题,需要揭示某些数量的关系、模式或空间形式,数学就是解决这种问题的科学与技术.

数量规律和空间形式往往隐藏在各种五光十色的现象背后,要用数学去解决现实问题必须去粗取精、去伪存真,从各种现象中抽象出数学问题来.同时,现实世界的问题往往又是十分复杂的,在从实际中抽象出数学问题的过程中,我们必须忽略一些次要的因素,抓住主要的因素,作一些必要的简化,使抽象所得的数学问题可以用适当的方法进行求解.

以解决某个现实问题为目的,从该问题中抽象、归结出来的数学问题就称为数学模型.较著名的数学模型的定义是本德(Bender)给出的,他认为,**数学模型是关于部分现实世界为一定目的而作的抽象、简化的数学结构**.更简洁地,也可以认为数学模型是用数学术语对部分现实世界的描述.

既然数学模型是为解决现实问题而建立起来的,它必须反映现实,也就是反映现实问题的数量方面.然而既然是一种模型,它就不可能是现实问题的一种拷贝.它忽略了现实问题的许多与数量无关的因素,有时还忽略一些次要的数量因素,作了必要的简化,从而它在本质上更加集中地反映现实问题的数量规律.

　　构造数学模型不是易事,建立一个好的数学模型通常需要经过多次反复,即通过对现实问题的探求,经简化、抽象,建立初步的数学模型.再通过各种检验和评价发现模型的不足之处,然后作出改进,得到新的模型.这样的过程通常要重复多次才能得到理想的模型.建立数学模型的过程称为**数学建模**.

　　不难看出,用数学解决现实问题的第一步就是建立数学模型,而数学建模是一个有丰富内涵的复杂过程.人们必须掌握数学建模的科学的方法论,才能有效地用数学解决各类现实问题.

　　长期以来,大学的数学教学只重视讲授数学知识和方法,而忽略了培养训练从现实问题中建立数学模型的能力.于是,当学生们面临当今世界如此众多的需要用数学解决的问题时就显得束手无策了.从 20 世纪 60 年代起,愈来愈多的数学教育工作者意识到这一问题,陆续开设了数学模型课程.现在,在许多国家这门课程已作为学习应用数学的大学生的必修课程,还作为其他需要利用数学解决各自问题的许多学科的大学生课程.

　　在科学研究上,为各类应用问题探索更为有效的数学模型或者在新的领域中建立数学模型,也愈来愈受到重视.这往往还能促进发展新的应用数学理论与方法.

§1.2　研究数学模型的意义

　　数学模型有悠久的历史,数学是在实际应用的需求中产生的,要解决实际问题就必须建立数学模型,从这个意义上讲数学模型和数学有同样古老的历史.事实上,2 000 多年以前创立的欧几里得几何就是一个古老的数学模型.牛顿定律,特别是牛顿万有引力定律更是数学模型的一个光辉典范.

　　今天,数学以空前的广度与深度向其他科学技术领域渗透.过去很少应用数学的领域现在迅速走向定量化、数学化,须建立大量数学模型;在数学已经得到广泛应用的传统科技领域,由于新技术、新工艺的蓬勃兴起,提出了许多新问题,需要用数学去解决,也需要研究许多新的数学模型.随着电子计算机的普及,数学在许多高新技术上起着十分关键的作用,从而数学模型对科技发展的作用就更加直接和更为明显了,研究数学模型和数学建模就被赋予更为重要的意义.

一、数学模型在其他科学中的应用

　　物理和力学是数学应用的传统领域,其中有许多著名的数学模型.然而,以前数学在化学、生物等自然科学中应用很少.近年来,情况发生了显著的变化,这些学科迅速走向定量化,建立了许多数学模型,许多重要的问题有待于数学模型的建立. 例如,人们建立了分子结构的数学模型,在人工合成一种有机化合物之前就可以预先给出其结构并预测它的化学性质;许多复杂的化学反应过程已经建立了数学模型,可以用电子计算机模拟反应的全过程.

由于统计模型的应用和遗传数学模型及肌肉、神经、血管和多种人体器官数学模型的建立和完善,以前几乎不用高等数学的生物医学,已经有了很大的改观. 计算机断层成像(CT)和核磁共振(NMR)等以数学模型和数学方法为基础的先进仪器的采用就是一个明显的例子.

经济和社会科学领域更是新的数学模型和数学方法生长的一片沃土.

据不完全统计,近年来主要因为在各自领域中建立新的数学模型、用数学方法解决重大问题而获诺贝尔(Nobel)奖的科学家有 8 人,其中 4 人获诺贝尔经济学奖,2 人获诺贝尔物理学奖,1 人获诺贝尔化学奖,1 人获诺贝尔医学奖. 化学家李普康姆(Lipscomb)1976 年获诺贝尔奖的理由之一就是建立了数学模型,用计算机数值模拟的方法预告了许多甲硼烷类分子的存在,后来这些分子果真被发现. 他说:"我可以用这样的话使你对化学近来的根本变化有一概念:实际上我几乎没有时间花在实验室内,在吉布斯实验室我们不做化学分析,也不做化学合成. 相反地,我花更多的时间在用哈佛的和其他的计算机……今天的研究在概念上,甚至直观上都用数学家和计算机工作者的语言."

二、国民经济中的数学模型

数学在经济技术活动中的作用日益重要. 一方面在原来应用数学方法较多的传统工程技术领域由于新工艺、新技术的出现需要研究新的数学模型;另一方面其他工程领域和经济活动中迫切需要建立数学模型.

1. 产品的设计与制造

制造业是国民经济的支柱产业之一,许多高新技术从这个行业中萌生出来,科学研究的新成果又往往在这个领域中首先得到应用. 随着电子计算机技术的发展,数学在该行业中的应用进入了一个更加广泛深入的阶段.

数学引起了产品设计的革命性变化. 通过建立合适的数学模型,进行数学分析和数值模拟,在新产品的设计阶段无须经过大量昂贵的试验就可准确地预知产品的性能. 波音 767 飞机的成功设计就是一个绝好的例子. 应用数学家成功地建立了跨音速流和激波的数学模型,用数值模拟设计出防激波的飞机翼型;飞机的强度也是在建立了数学模型之后用有限元法计算的;先进的飞机自动导航和自动降落系统完全是基于新的数学模型设计成功的. 在涡轮机、压气机、内燃机、发电机、数据存储磁盘或光盘、大规模集成电路、汽车车身、船体等的设计中都用到了类似的方法.

目前以 CAD/CAM(计算机辅助设计/辅助制造)技术为标志的设计革命正波及制造业的各个方面. CAD 是数学设计技术和计算机技术结合的产物,数学建模在其中起着十分重要的作用. 粗略地说, CAD 系统主要由几何造型系统、性能分析系统、优化系统和工程数据库构成. 几何造型系统主要建立人们构思的产品形状的几何模型,并在计算机中表示出来,进行进一步的分析处理,最后输出工程图纸或加工信息. 性能分析系统要模拟产品的工作条件并对产品的各种性能进行评价,它是根据产品在一定条件下工作的数学模型而设计的数值模拟软件,数学建模在其中的关键作用是不言而喻的. 优化系统则是数学模型和优化技术相结合的产物.

2. 质量控制

如何保证产品的质量是国民经济各部门特别是制造业的一个关键问题. 在第二次世界大战中,出于对各种军工产品的质量要求,特别是对复杂武器系统的高可靠性要求,产生了可靠性、抽样检验、质量控制等新的数学模型和数学方法. 第二次世界大战以后,在美国著名统计学家戴明(Deming)的带动下,日本广泛应用质量控制这一有效的工具,后来又发展成全面质量管理(TQC). 这一措施大大提高了日本工业产品的质量,使日本工业产品成为国际上最具竞争力的产品,在国际上引起了巨大反响,各国纷纷仿效. 目前,人们正不断改进可靠性和质量控制的数学模型和方法. 可以预见,这些模型和方法必将发挥越来越大的作用,使工业产品的质量产生新的飞跃.

3. 预测和管理

从 20 世纪 30 年代美国采用投入产出模型开始,数学在宏观经济管理中的作用日益显现出来,经济学家屡次因为提出新的模型及采用数学方法的重要成就获诺贝尔奖. 我国的许多经济部门在经济预测方面做了很好的工作,为各级政府的经济决策起了参谋作用. 例如,由于采用了好的数学模型和方法,我国粮食产量的预测十分准确,连续 11 年平均误差只有 1%. 又如上海的经济发展非常迅猛,因素十分复杂,同样因为模型和方法正确,连续多年的预测误差不超过 5%.

工商经营管理主要应用运筹学模型. 运筹学模型在选择合理的运输路线、生产设备和人力资源的最佳使用、判定合理的生产计划等方面发挥了重要的作用,大大地提高了管理水平并促成了管理科学的诞生.

4. 系统的控制和优化

从化工联合企业、半导体集成电路生产流水线、电力传输系统、电话网络系统到空间站的稳定性等都会遇到系统的控制问题. 建立这些系统的数学模型和最优控制方法是十分重要的. 近年来最优控制模型和方法已在钢铁、化工、集成电路的生产过程中发挥了作用,引起了这些工业部门的革命,但建立大规模控制系统的数学模型是十分复杂的,现有系统的数学模型仍有待于进一步改进和完善,新的系统的数学模型有待于建立.

  5. **资源环境**

在勘探和开发人们赖以生存的资源和保护人类生存环境方面,数学和数学模型起着很重要的作用.如石油的两种主要的勘探手段,地震勘探和测井资料的解释主要依靠有关的数学模型和数值计算.油藏评价主要采用微分方程和优化结合的数学模型和方法,其他矿藏和地下水资源的勘探开发也同样如此.另外,建立数学模型和进行数值模拟也是污染扩散分析等环境保护问题和生态问题的主要研究手段之一.

  6. **其他**

在和国民经济有密切关系的气象预报方面,建立数学模型之后,利用大型电子计算机进行数值模拟已成为中长期天气预报、台风预报的主要手段.在高速电子通信中,在信息的传输、压缩、安全保密等方面,数学模型和方法也起着关键的作用.

三、数学模型和数学技术

数学模型、数学方法、数值方法和电子计算机相结合常常在许多高新技术中发挥核心的作用,这是高新技术的新的特征之一,这也将数学在现实世界的应用推向一个新的阶段.

例如,在 CT 装置中包含三维图形重构的数学模型和拉东(Radon)变换方法的软件,和 X 射线发射装置、计算机硬件一样,是仪器的一个不可缺少的组成部分,甚至可以毫不夸张地称它为 CT 仪器的核心.又如,数学模型和最优控制软件是生产过程最优控制系统的核心.再如,民航飞机的自动着陆系统的主要部分就是一台具有根据数学模型、卡尔曼(Kalman)滤波和数据拟合方法制作的软件的专用计算机,称为卡尔曼-布西(Bucy)滤波器.利用这种装置,驾驶员甚至不必触摸驾驶杆,飞机就会自动安全着落.最近还出现了一种将数学模型、数值模拟软件与多媒体计算机技术结合模拟现实世界各种情形的虚拟现实(virtual reality)技术,它已在飞行员训练、各种复杂条件的仿真等方面取得广泛的应用.

数学模型和数学方法一起以计算机软件的形式出现,甚至制作成专门的计算机硬件这一事实已改变了数学作为一种知识和技巧得到应用的观念,它已成为应用中的一个实体,成为各种先进应用系统的一个不可缺少的部分.在这个意义上,数学不仅是科学而且是技术.国际上已形成了"数学是一种关键性的、普遍的、能够实行的技术"的共识,还提出了"高技术本质上是一种数学技术"的观点.数学模型在使数学成为重要技术中的关键作用是十分清楚的.

综上所述,建立自然科学、社会科学、工程技术、经济管理等各类问题的数学模型,采用适当的数学方法或数值方法加以解决,对分析、阐明自然和社会现象,对重大的自然和社会现象进行预测预报,帮助人们作出决策,对新产品的设计制造,对生产过程以及某些社会和经济过程的控制等方面,都具有重大的作用.因此,研究数学模型和学习数学建模的方法有重要的意义.

§1.3　数学模型的特点与方法

我们面临的需要建立数学模型的现实问题是丰富多彩的,不能指望用一种一成不变的方法来建立它们的数学模型,因此数学建模的方法也是多种多样的.然而,各种数学建模的过程也有其共性,掌握这些共同的规律,对建立具体问题的数学模型是有帮助的.本节中我们首先介绍数学建模的一般过程.

一、形成问题

要建立现实问题的数学模型,第一步是对要解决的问题有一个十分清晰的提法.通常,我们遇到的某个实际问题,在开始阶段问题是比较模糊的,又往往与一些相关的问题交织在一起.所以,需要查阅有关文献,与熟悉具体情况的人们讨论,并深入现场调查研究.只有掌握有关的数据资料,明确问题的背景,确切地了解建立数学模型究竟主要应达到什么目的,才能形成一个比较清晰的"问题".

二、假设与简化

随着问题变得越来越清晰,实际现象中哪一些因素是主要的和起支配作用的,哪一些因素是次要的,人们的认识越来越清楚.由于问题的复杂性,我们必须抓住本质的因素,忽略次要的因素,即对现实问题作一些简化或理想化.例如,要对一个由一端挂有重物的细弦构成的摆的运动建立数学模型,它的规则的往复摆动是考虑的主要因素,而弦或悬挂重物的颜色,乃至于弦的实际粗细,都是可以忽略的次要因素.

如何进行简化和理想化实际上是数学建模的一个十分困难的问题,很难给出一个一般的原则,对具体的问题必须作出具体的处理.

三、用数学语言刻画关键因素间的关系,建立模型

现实问题的关键因素经过量化后成为数学实体或数学对象,如变量、几何体等.将这些实体或对象之间的内在关系或服从的规律用数学语言加以刻画,就建立了问题的数学结构,如此就得到了现实问题的数学模型.

四、模型的检验与评价

建立数学模型的主要目的在于解决现实问题,因此必须通过多种途径检验所建立的模型.可以说,在整个数学建模乃至整个解决问题的过程中,模型都在不断地受到检验.有些检验方法是十分简单的,例如对摆的运动建立的数学模型是一个微分方程,首先就应检验一下该方程中各项的物理量纲是否正确.

还要检验数学模型是否自相容并符合通常的数学逻辑规律,即有无逻辑上自相矛盾的数学条件,并检验该数学模型是否适合求解,是否会有多解或者无解,等等.总之,有必要检验该模型是否是一个合理的数学问题.

最重要和困难的问题是检验模型是否反映了原来的现实问题.模型必须反映现实,但又不等于现实.模型必须作简化,不作简化,模型十分复杂甚至难以建立模型,而过分的简化则使模型远离现实,无法用来解决现实问题.例如,物理学家用"单摆"(将弦简化为一维的线、忽略一切阻力)来理想化上述摆的运动,得到模型求解后的结论是摆将永远作规则的往复运动.这个模型是否符合实际呢?实际的摆经过相当长的时间最终必将静止下来.从这一点来看似乎模型是不符合实际的.但如果我们感兴趣的是摆在不太长时间内的运动情况,那么单摆简化所得的模型完全可以满足要求,考虑阻力等次要因素而使模型复杂化是大可不必的.

评价模型的根本标准是它是否能够准确地解决现实问题,但模型是否容易求解也是评价模型优劣的一个重要标准.

五、模型的改进

模型在不断检验中不断修正逐步走向完善,这是建模的重要规律,除了十分简单的情形外,模型的修改几乎是不可避免的.一旦在检验中发现问题,人们必须重新考察在建模时所作的假设和简化是否合理,这需要检查是否正确地刻画了关键数学对象之间的相互关系和服从的客观规律.针对发现的问题相应地修改模型,然后再次重复检验、修改的过程,直到满意为止.

上述数学建模过程可用流程图表述如下(见图 1-1).

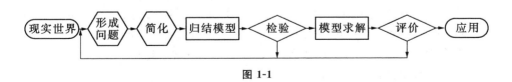

图 1-1

六、模型的求解

在对模型求解之前应首先对模型进行检验,因为要想通过求解方法的改进去改善一个较差的数学模型的结果,往往浪费很多的时间和精力,有时甚至是不可能的.

模型若能得到封闭形式的解的表达式固然很好,但多数场合模型必须依靠电子计算机数值求解.在电子计算机相当普及的今天,数值求解更是一种行之有效的方法.因此,有时对同一问题有两个模型可供选择,一个是比较简单的模型,但找不到解的解析表达式,只能数值求解;另一个模型比较复杂,通过困难细致的数学处理有可能得到解的精确表达式.在这两个模型中,有时宁可选择前者.

§1.4   学习本书的建议

本书提供了涉及物理、化学、生物、医学、经济管理、人口生态、能源、工程技术中的多种类型问题的数学建模和用数学解决这些问题的例子.这些问题中所涉及的数学量有的是连续的,有的是离散的,因而建立的数学模型相应地被称为连续模型或离散模型.涉及的数学量大部分是确定性的,也有一些是随机量,从这一区别也可将模型相应地称为确定性模型或随机模型.这些模型的数学表现形式和数学处理方法涉及初等数学、微积分、代数、微分方程、变分学、运筹学和最优化、图论、概率论与数理统计等领域.编者试图通过这些跨越不同领域、运用不同数学方法和工具的有代表性的实例,提供学习数学建模的素材,使读者掌握各种不同问题的建模过程和特点,提高数学建模的能力.

作为一门课程,可以有两种不同的处理方法.一是用大约 72 学时讲完本书主要内容,另一方案是选择本书 3/4 的内容用 54 学时讲授.本书各章虽然广泛涉及数学各领域,但并不要求读者有很高深的数学知识准备,只要求他们具备微积分和线性代数的基本知识就可以了.对涉及的其他数学知识,各章中将予以适当讲述,使之成为一个相对独立的教学单元.

在数学建模的实践中学习数学建模是最好的方法.在本课程的教学中最好能为学生创造更多实践的机会.本书各章的练习大体上分为两类,一类是帮助加深对本章理解的较为简单的习题;另一类称为实践与思考,要求建立和本章问题有关的另一实际问题的数学模型.后者可以作为实习课题,由学生独立或分组完成,还可辅以课堂讨论等多种教学形式.组织学生参加教育部和中国工业与应用数学学会举办的一年一度的全国大学生数学建模竞赛和国际数学建模竞赛,也是让学生参加实践的一个好机会.

要在用数学解决现实问题的全过程中学习数学建模.数学建模是用数学解决现实问题的出发点,同时,数学建模还贯穿在解决问题的全过程之中.不仅要掌握归结模型的技巧,还要学习在解决问题的不同阶段如何对模型进行检验和修改的技巧.

现实中的问题是丰富多彩的,只会模仿本书中所讲述的问题的建模方法,肯定无法面对现实和未来的挑战.本书各章中的建模方法,大多是前人的创造性工作.我们在学习本课程时要特别注意培养自己分析问题、解决问题的能力和创造精神.

在本书的学习过程中,除了参加课题实践,还应注意学习查阅文献、与不同领域的人员进行交流讨论、撰写报告和汇报讲演方面的能力的训练.这些能力不仅对数学建模是重要的,而且还会在实际工作中发挥重要的作用.

第二章　驾驶问题

提要　本章讨论从各类驾驶问题中归结的初等优化模型. 学习本章需要初等微积分和常微分方程的预备知识.

§2.1　问题的提出

在驾驶车辆、船舶等交通工具时,经常会遇到在某些约束条件(如车辆不能驶入湖中,船舶不能在陆地上行驶,飞机必须绕过高山等)下,如何将交通工具从一处驶往另一处,使某种经济效果达到最优的问题.具体来说,这类问题有如下要求:

(D1) 交通工具从起点(a_0, b_0)驶到终点(a, b);

(D2) 交通工具的运动轨迹限制在某一区域中,或是前进方向角度受到某种限制;

(D3) 要达到最佳经济效果(如行驶距离最短、行驶时间最少或所需费用最省).

这类问题统称为**驾驶问题**.例如,有人驾车从甲地驶往乙地,耗时 T 小时,甲、乙两地之间有一个圆形的湖泊,试问:司机应如何选择行驶的速度和方向,使汽车的行驶路程最短? 这是一个比较典型的驾驶问题. 若设甲、乙两地的坐标分别为(a_0, b_0)和(a, b);汽车的行驶轨迹为 $x = x(t)$, $y = y(t)$;湖泊是以原点为中心,r 为半径的圆,又设在时刻 t 汽车的速度为 $v(t)$,汽车行驶的方向与 x 轴方向的夹角为$\alpha(t)$. 那么问题就可以归结为:

如何选择 $v(t)$ 和 $\alpha(t)$,使得行驶路程

$$s = \int_0^T \sqrt{\dot{x}^2(t) + \dot{y}^2(t)}\, \mathrm{d}t$$

达到最小,但行驶轨迹 $x(t)$, $y(t)$ 应满足:

$$\begin{cases} \dot{x}(t) = v(t)\cos\alpha(t), \quad \dot{y}(t) = v(t)\sin\alpha(t), \\ x(0) = a_0, \quad y(0) = b_0, \\ x(T) = a, \quad y(T) = b, \\ x^2(t) + y^2(t) \geqslant r^2. \end{cases}$$

这实际上是一个具体的最优控制问题.一般的最优控制问题的形式是:

有若干个状态变量 $\boldsymbol{x}(t) = (x_1(t), x_2(t), \cdots, x_n(t))$ 和若干个控制变量 $\boldsymbol{\alpha}(t) = (\alpha_1(t), \alpha_2(t), \cdots, \alpha_m(t))$.要求选择控制变量 $\boldsymbol{\alpha}(t)$,在状态变量满足状态方程和一定的定解条件

$$\begin{cases} \dfrac{\mathrm{d}\boldsymbol{x}}{\mathrm{d}t} = f(\boldsymbol{x}(t), \boldsymbol{\alpha}(t), t), \\ \boldsymbol{x}(0) = \boldsymbol{x}_0, \quad \boldsymbol{x}(T) = \boldsymbol{x}_T \ (\text{或落在某超曲面 } S' \text{ 上}), \end{cases}$$

以及满足一定的约束条件

$$\boldsymbol{\varphi}(\boldsymbol{x}(t)) \leqslant 0, \quad \boldsymbol{\psi}(\boldsymbol{\alpha}(t)) \leqslant 0$$

的前提下,使目标泛函

$$\int_0^T G(\boldsymbol{x}(t), \boldsymbol{\alpha}(t))\mathrm{d}t$$

达到最小,其中 $\boldsymbol{\varphi}$ 和 $\boldsymbol{\psi}$ 分别为 $\mathbf{R}^n \to \mathbf{R}^p$ 和 $\mathbf{R}^m \to \mathbf{R}^q$ 的映射,p, q 为非负整数.

在本章中,我们不从最优控制这个一般的框架出发来讨论驾驶问题,而是通过一些典型实例建立起驾驶问题的数学模型,并用比较初等的数学工具解决这些问题.

§2.2　限定区域的问题

从平面上的 $A(-2, 0)$ 到 $B(2, 0)$,不能穿过湖所在区域 O: $x^2 + y^2 < 1$,求最短路径(见图 2-1).

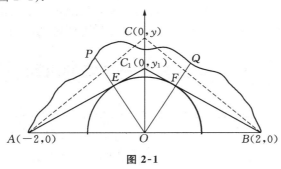

图 2-1

平面上连接两点的最短路径是过该两点的直线段.但是连接 A, B 的直线段与圆 O 相交.于是,设法尝试折线路径.在 y 轴上取一点 $C(0, y)$,若 y 适当大,折线 ACB 与区域 O 不相交.折线 ACB 的长度为

$$|ACB| = 2(4 + y^2)^{1/2}. \tag{2.1}$$

显然,$|ACB|$ 随着 y 减小而减小.减小 y 得 $y = y_1$ 和 $C_1(0, y_1)$,使得 AC_1 和 C_1B 与区域 O 的边界相切,切点分别为 E,F.显然 AC_1B 是这种折线路径中最短的.由于对满足 $0 < \alpha < \dfrac{\pi}{2}$ 的角 α,成立 $\alpha < \tan\alpha$,易知弧 EF 的长度小于折线 EC_1F 的长度,即 $\overparen{EF} < |EC_1F|$.从而

$$|AE| + \overparen{EF} + |FB| < |AC_1B| \leqslant |ACB|. \tag{2.2}$$

若记线段 AE、圆弧 EF 和线段 FB 构成的路径为 $AEFB$,那么路径 $AEFB$ 比任何折线路径 ACB 短.容易求得 $\angle EOF = \dfrac{\pi}{3}$.

再考察任何一条从 A 点至 B 点不穿过区域 O 的路径.设其与 OE,OF 的延长线分别交于 P,Q 两点.记 AP 之间路径之长度为 $\widetilde{AP}$,显然有 $\widetilde{AP} \geqslant |AP|$,又由 $AE \perp EO$,有 $|AP| \geqslant |AE|$,于是 $\widetilde{AP} \geqslant |AE|$,同理可得 $\widetilde{BQ} \geqslant |BF|$.

再来比较 PQ 之间路径长度 $\widetilde{PQ}$ 和圆弧 EF 的长度 $\overparen{EF}$.若 PQ 间的路径可用极坐标方程 $\rho = \rho(\theta)$ 表示,则由 $\rho \geqslant 1$ 可得

$$\widetilde{PQ} = \int \sqrt{\rho^2 + \dot{\rho}^2}\,\mathrm{d}\theta \geqslant \int \mathrm{d}\theta = \frac{\pi}{3} = \overparen{EF}, \tag{2.3}$$

亦即路径 $APQB$ 的长度超过路径 $AEFB$ 的长度.这就说明了路径 $AEFB$ 是满足约束的连接 A,B 的最短路径.

从上述讨论可以看出,具有限定区域的最短路径是由两部分组成的:一部分是平面上的自然最短路径(即直线段),另一部分是限定区域的部分边界,这两部分是"相切地"互相连接的.这个结论可以从数学上严格地证明.

§2.3　具有优先方向的运动

这个问题来自这样的情况:在风速、风向不变的情形下,为帆船选择一条最佳航行路径.设湖面上刮东风,要找出从 A 点行至位于其东侧的 B 点的最速路径(见图 2-2).

可能有人会问,风从东方吹来,帆船利用东风向偏东方向行驶是否可能?有过乘坐帆船经验的人一定知道,通过调节帆的方向和操纵船舵可以使船向偏东方向前进.利用这种办

图 2-2

风向

法操纵帆船走"之"字形路线,可使帆船到达位于正东方向的任何地点. 事实上,东风在帆面上产生一个垂直于帆面的力. 这个力又分解为指向帆船前进方向的力和一个垂直于船身的横向力(见图 2-3),后者通过舵的操纵由水的阻力抵消,前者克服阻力推动帆船向偏东方向前进. 当然,如果船的前进方向与正东方向夹角太小,则风力沿帆船前进方向的分力太小,不足以克服阻力使船向前行驶.

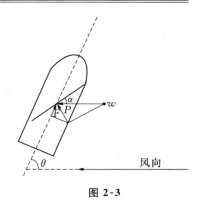

图 2-3

现设法决定帆船的行驶速度. 设船的前进方向与正东方向的夹角为 θ,帆与正东方向的夹角为 α. 设风力为 w,C_0 为帆的面积,则风力垂直于帆面的分力为

$$P = C_0 w \sin \alpha. \tag{2.4}$$

将此力分解为平行和垂直于船前进方向的两个分力,易知平行于船前进方向的分力为

$$F = P \sin(\theta - \alpha) = C_0 w \sin \alpha \sin(\theta - \alpha)$$
$$= C_1 [\cos(\theta - 2\alpha) - \cos \theta]. \tag{2.5}$$

当 $\alpha = \dfrac{\theta}{2}$ 时,此力达到最大值

$$F = C_1 (1 - \cos \theta), \tag{2.6}$$

亦即应调节帆的方向使 $\alpha = \dfrac{\theta}{2}$,这时风对船的推力为最大. 另一方面,风也会产生阻力,其数值为

$$G = C_2 \cos \theta, \tag{2.7}$$

其中 C_2 是一个与船的形状等因素有关的常数. 因此,由风产生的推动船沿与正东夹角为 θ 的方向前进的力为

$$F - G = C_1 \left(1 - \frac{C_1 + C_2}{C_1} \cos \theta\right) = C_1(1 - \sigma \cos \theta), \tag{2.8}$$

其中 $\sigma = \dfrac{C_1 + C_2}{C_1} > 1$.

由流体力学的知识可以知道,在行驶速度不大时,行驶的速度正比于船所受的推力. 于是船前进的速度应为

$$v = v_0(1 - \sigma \cos\theta), \tag{2.9}$$

其中 v_0 是一个正常数. 为确定起见, 不妨取 $\sigma = 2$, 对一般的情形可用相同的方法讨论. 此时速度公式为

$$v = v_0(1 - 2\cos\theta). \tag{2.10}$$

帆船的向东分速度为

$$v_e = v\cos\theta = v_0(1 - 2\cos\theta)\cos\theta, \tag{2.11}$$

易知

$$v_e = 2v_0\left[\frac{1}{16} - \left(\cos\theta - \frac{1}{4}\right)^2\right] \leqslant \frac{1}{8}v_0, \tag{2.12}$$

且仅当 $\theta = \theta_0 = \arccos\frac{1}{4} = 75°31'$ 时上式的等号成立, 此时有

$$v_e = \frac{1}{8}v_0, \quad v = \frac{1}{2}v_0, \tag{2.13}$$

即当 $\theta = \theta_0$ 时, 向东分速度达到最大值. 所以当目的地位于正东时, 取与正东夹角为 θ_0 的行驶路线(图 2-4 中的折线 ACB)最好. 这种行驶方式称为**抢风行驶**.

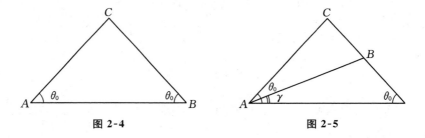

图 2-4   图 2-5

若目的地不在正东, 情况又如何呢? 设出发点与目的地的连线 AB 与正东方向的夹角为 γ. 首先讨论 $\gamma < \theta_0$ 的情形. 若 $0 < \gamma < 60°$, 直接行驶是不可能的, 只有沿折线行驶. 若采用抢风行驶(图 2-5 中的路径 ACB), 所需时间为

$$|AB|\cos\gamma\Big/\frac{1}{8}v_0. \tag{2.14}$$

设 A, B 的坐标分别为 $(0, 0)$ 和 (a, b), 则沿其他任一分段光滑的路径行驶, 所需时间为

$$\int_0^a \frac{\mathrm{d}x}{v(x)\cos\theta(x)} = \int_0^a \frac{\mathrm{d}x}{v_0(1 - 2\cos\theta(x))\cos\theta(x)} \geqslant \frac{8}{v_0}\int_0^a \mathrm{d}x$$

$$= \frac{8a}{v_0} = |AB| \, \cos \gamma \Big/ \frac{1}{8} v_0. \tag{2.15}$$

从而抢风行驶仍为最优.

同理,当 $60° \leqslant \gamma < \theta_0$ 时,抢风行驶仍为最优.但需要指出,此时直接行驶是可能的.但直接行驶所需时间为

$$\frac{|AB|}{v_0(1 - 2\cos \gamma)}, \tag{2.16}$$

由 $\gamma \neq \theta_0$ 得 $(4\cos \gamma - 1)^2 > 0$,从而帆船的向东分速度

$$v_0(1 - 2\cos \gamma)\cos \gamma = v_0 \Big[\frac{1}{8} - \frac{1}{8}(4\cos \gamma - 1)^2 \Big] < \frac{1}{8} v_0, \tag{2.17}$$

即抢风行驶比直接行驶更快.

对 $\gamma > \theta_0$(见图 2-6),采用直接行驶所需的时间为

$$T = |AB| \, / v_0(1 - 2\cos \gamma). \tag{2.18}$$

可以验证,若采用一段抢风行驶(图 2-6 中的折线 ACB),则需要的时间超过 T,所以直接行驶更好,还可证明直接行驶最优(留作习题).

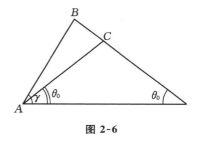

图 2-6

§2.4　加速度有限制的运动

考察如下推车问题:将一辆静止于 A 点的车推到 B 点停住,在加速度 f 有限制

$$-b \leqslant f \leqslant a \ (a, b > 0) \tag{2.19}$$

的情况下,求时间最短的推车方法.

引入速度函数 $v(t)$,上述问题的数学模型为:求 $v(t)$,在约束条件

$$v(0) = v(T) = 0, \tag{2.20}$$

$$-b \leqslant \frac{\mathrm{d}v}{\mathrm{d}t} = f(t) \leqslant a, \tag{2.21}$$

$$\int_0^T v(t)\mathrm{d}t = s \ (A, B \ \text{间的距离}) \tag{2.22}$$

下,使 T 达到最小值.

考察一种极端的情形. 推车时分成加速和减速两段, 加速时采用最大加速度 a, 减速时采用最大负加速度 b. 此时(见图 2-7)

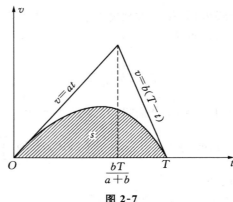

图 2-7

$$v(t) = v_0(t) = \begin{cases} at, & 0 \leqslant t \leqslant \dfrac{bT_0}{a+b}, \\ b(T_0 - t), & \dfrac{bT_0}{a+b} \leqslant t \leqslant T_0. \end{cases} \qquad (2.23)$$

显然它满足约束条件. 式中 T_0 为此种推车方法所需的时间, 可用(2.22)式求得. 事实上, 由

$$s = \int_0^{T_0} v_0(t)\mathrm{d}t = \frac{1}{2}\frac{ab}{a+b}T_0^2 \qquad (2.24)$$

解得

$$T_0 = \sqrt{\frac{2(a+b)s}{ab}}. \qquad (2.25)$$

可以说明, 用此法推车时间最少. 事实上, 设用某一满足约束条件的 $v(t)$ 推车更省时间, 如须用时间 T, 那么 $T < T_0$.

构造速度函数

$$\bar{v}(t) = \begin{cases} at, & 0 \leqslant t \leqslant \dfrac{bT}{a+b}, \\ b(T-t), & \dfrac{bT}{a+b} \leqslant t \leqslant T. \end{cases} \qquad (2.26)$$

当 $0 \leqslant t \leqslant \dfrac{bT}{a+b}$ 时, 有

$$\frac{\mathrm{d}}{\mathrm{d}t}(\bar{v}(t) - v(t)) = a - f(t) \geqslant 0, \tag{2.27}$$

$\bar{v}(t) - v(t)$ 在 $\left[0, \dfrac{bT}{a+b}\right]$ 中是单调增加函数,而

$$\bar{v}(0) - v(0) = 0, \tag{2.28}$$

故在 $\left[0, \dfrac{bT}{a+b}\right]$ 中,

$$\bar{v}(t) - v(t) \geqslant 0. \tag{2.29}$$

同理可证在 $\left[\dfrac{bT}{a+b}, T\right]$ 中(2.29)式也成立. 于是,当 $0 \leqslant t \leqslant T$ 时,总有

$$\bar{v}(t) \geqslant v(t). \tag{2.30}$$

由

$$s = \int_0^T v(t)\mathrm{d}t \leqslant \int_0^T \bar{v}(t)\mathrm{d}t = \frac{1}{2}\frac{ab}{a+b}T^2, \tag{2.31}$$

得

$$T \geqslant \sqrt{\frac{2(a+b)s}{ab}} = T_0, \tag{2.32}$$

产生矛盾. 这就说明用速度 $v_0(t)$ 推车时间最少,此时速度不是光滑函数,最优解在控制变量——速度取极端值时达到.

本节可作以下推广.

1. 有阻力的情形

用运动方程

$$m\frac{\mathrm{d}v}{\mathrm{d}t} + k_1 v + k_2 = f(t) \tag{2.33}$$

取代 $\dfrac{\mathrm{d}v}{\mathrm{d}t} = f$,而约束仍为 $-b \leqslant f \leqslant a$. 式中,$m$ 为车的质量;$k_1 > 0$,$k_1 v$ 为与速度成正比的阻力(如空气阻力);$k_2 > 0$ 为固定不变的阻力(如摩擦力);$f(t)$ 表示推力.

仍考虑控制变量取极端值的情形. 加速时,取 $f = a$,速度函数 v_1 满足

$$\begin{cases} m\dfrac{\mathrm{d}v_1}{\mathrm{d}t} = -k_1 v_1 + (a - k_2), \\ v_1(0) = 0, \end{cases} \tag{2.34}$$

解得

$$v_1(t) = (1 - \mathrm{e}^{-\frac{k_1}{m}t}) \frac{a - k_2}{k_1}. \tag{2.35}$$

减速时,取 $f = -b$,速度函数 v_2 满足

$$\begin{cases} m \dfrac{\mathrm{d}v_2}{\mathrm{d}t} = -k_1 v_2 - (b + k_2), \\ v_2(T) = 0, \end{cases} \tag{2.36}$$

解得

$$v_2(t) = (\mathrm{e}^{\frac{k_1}{m}(T-t)} - 1) \frac{b + k_2}{k_1}. \tag{2.37}$$

设当 $t = t_0$ 时,$v = v_1(t)$ 与 $v = v_2(t)$ 相交,即

$$v_1(t_0) = v_2(t_0). \tag{2.38}$$

令

$$v(t) = \begin{cases} v_1(t), & 0 \leqslant t \leqslant t_0, \\ v_2(t), & t_0 \leqslant t \leqslant T. \end{cases} \tag{2.39}$$

不难验证(2.39)是最优解.

2. 增加约束 $v(t) \leqslant v^*$(常数)

可以证明,最优解 $v(t)$ 由满足 $f = a$,$v(t) = v^*$,$f = -b$ 的 3 段构成(见图 2-8).

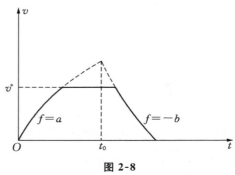

图 2-8

§2.5　曲率有限制的情形

一辆汽车,静止于 A 处,要开到与车身垂直方向的 B 处,不能倒车,沿什么路径行驶路程最短? 从 A 点驶到 B 点必须转弯,但车身有一定长度,转弯不能

转得太小,即路径的曲率 κ 不能太大.因此有约束条件

$$0 \leqslant \kappa \leqslant \frac{1}{a} \tag{2.40}$$

或曲率半径 ρ 满足

$$\rho \geqslant a. \tag{2.41}$$

引入路径方程 $x = x(t)$, $y = y(t)$,问题的数学模型为:已知 $x(0)$, $y(0)$, $x(T)$, $y(T)$,在约束条件

$$-\frac{1}{a} \leqslant \frac{\dot{x}(t)\,\ddot{y}(t) - \ddot{x}(t)\,\dot{y}(t)}{(\dot{x}^2(t) + \dot{y}^2(t))^{3/2}} \leqslant \frac{1}{a} \tag{2.42}$$

下,使

$$s = \int_0^T (\dot{x}^2(t) + \dot{y}^2(t))^{1/2}\,\mathrm{d}t \tag{2.43}$$

达到最小.

我们还是设法用初等方法求解,分两种情况讨论.

1. $|AB| > 2a$

首先,此时由最优路径与直线段 AB 围成的区域必为凸区域.否则,设此区域为非凸,作此区域的凸包,此凸包的边界必满足约束(2.40)(见图 2-9)且路程更短,这就产生了矛盾.

考虑如图 2-9 中的路径 ACB,其中 AC 是半径为 a 的圆 O 的一段弧,BC 是圆的切线.任何满足约束条件(2.40)的连接 AB 的凸曲线必位于路径 ACB 的外侧,从而其长度必大于路径 ACB 的长度,故 ACB 为最短路径.

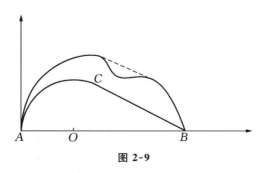

图 2-9

2. $|AB| < 2a$

遵循最优解往往对应于控制变量取极端值的情形的思路可知,最短路径由

曲率 $\kappa = 0$ 和 $\kappa = \dfrac{1}{a}$ 的两段构成,如图 2-10 中的 ACB 所示,令 $b = |AB|$,那么路径 ACB 的长度为

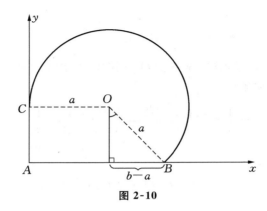

图 2-10

$$s = |AC| + \overset{\frown}{CB}$$

$$= \sqrt{2ab - b^2} + \left(\frac{3}{2}\pi - \arcsin\frac{b-a}{a}\right)a. \tag{2.44}$$

对本例,约束条件(2.40)可以放松为

$$|\kappa| \leqslant \frac{1}{a}. \tag{2.45}$$

于是,可以考虑由 $\kappa = -\dfrac{1}{a}$ 和 $\kappa = \dfrac{1}{a}$ 的圆弧构成的路径,见图 2-11 中 $\overset{\frown}{AC}$ 和 $\overset{\frown}{CB}$,其中 $\overset{\frown}{AC}$ 是圆心为 O_1,位于 AB 延长线上的半径为 a 的圆上的圆弧,而 $\overset{\frown}{CB}$ 为过 B 点与圆 O_1 在 C 点相切的圆 O_2 的一段,路径长度为

$$s' = \overset{\frown}{AC} + \overset{\frown}{CB} = (\alpha + 2\pi - \gamma)a, \tag{2.46}$$

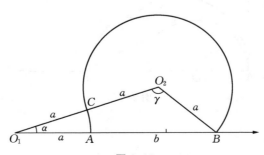

图 2-11

其中 $b = |AB|$ ，而

$$\alpha = \arccos \frac{4a^2 + 2ab + b^2}{4a^2 + 4ab}, \quad \gamma = \arccos \frac{4a^2 - 2ab - b^2}{4a^2}. \quad (2.47)$$

可以证明 $s' < s$ ，即当 $|AB| < 2a$ 时，由曲率 $\kappa = -\dfrac{1}{a}$ 和 $\kappa = \dfrac{1}{a}$ 的两圆弧构成的路径为最优.

习　　题

1. 光学中有费马(Fermat)定律：光线从一点到另一点沿着所需时间最短的路径传播. 试从费马定律出发导出光的反射和折射定律.

2. 汽车从 A 地出发，到河边取水送往 B 地，两地之间有一不能穿越的圆形建筑群（见图 2-12），汽车应如何驾驶才能使路程最短？

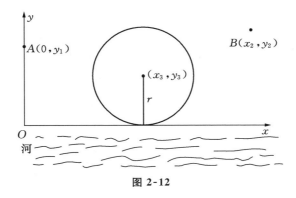

图 2-12

3. 驾驶一辆停在 A 处与 AB 夹角为 θ_1 的汽车至 B 处，使到达时车身与 AB 夹角为 θ_2 ，如何行驶才能使路程最短？

实 践 与 思 考

1. 有 3 个半径为 a 的圆，其中 2 个圆的圆心相距 $2b = 4a\sin\theta \left(0 \leqslant \theta \leqslant \dfrac{\pi}{2} \right)$ ，第三个圆与这 2 个圆相切，作圆 A 和圆 B 的另一侧公切线 CD（见图 2-13）. 试问：路径 $\overparen{PQ} + \overparen{QR} + \overparen{RS}$ 和 $\overparen{PC} + |CD| + \overparen{DS}$ 中的哪一条较长？是否可能相等？若汽车的最小转弯半径为 a ，不能倒车，试讨论：

(1) 汽车停于 P 处，车头向上，要驶往 S 处车头朝下，什么是最短路径？

(2) 汽车停于 L 处,车头向上,要驶往 M 处车头向下,什么是最短路径? 若可以倒车,情况又如何?

(3) 汽车停于 C 处,车头向上,要驶往 P 处车头向上,什么是最短路径? 若允许倒车,情况又如何?

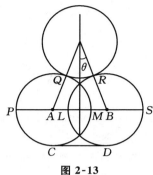

图 2-13

第三章 流水线设计

提要 本章讨论流水线设计中遇到的复杂机械运动和碰撞分析的数学模型. 利用这一数学模型,我们发现了一些单凭经验和直觉无法发现的有趣现象. 本章需要初等微积分和平面解析几何的预备知识.

§3.1 问题的提出与简化

某缝纫机厂要设计一条生产流水线,流水线由两条直道和两条半圆形的弯道构成(见图 3-1),流水线上等距地安装随传送带运动的工作台,在工作台上安放工件,在流水作业中完成生产过程. 设计者十分关心的一个问题是:如何设计弯道和布置工作台,使得工件在流水线上运动时不至于发生碰撞.

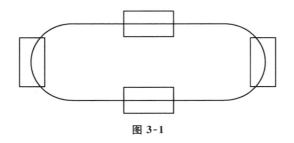

图 3-1

工件的形状可能是比较复杂的,在流水线上运动时也可能会超出工作台的边缘,但从流水线上方俯视,它总是位于以工作台的中心为中心的一个矩形之内. 于是我们可以假设:

(H1) 工件的俯视图是长 $2a$、宽 $2b$ 的矩形,在流水线的直道上,矩形工件的边分别平行或垂直于流水线.

当工件的中心进入弯道之后,由于工作台绕弯道中心转动,在转动过程中工件上每一点和弯道中心的距离保持不变. 由此可进一步假设:

(H2) 工件中心进入弯道后工件绕弯道中心作刚体运动,运动时,工件上每

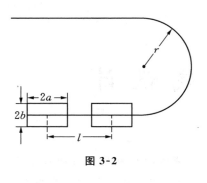

图 3-2

一点和弯道中心的距离保持不变.

若引入 r 表示弯道的半径,l 表示两相邻工作台中心的距离(见图 3-2),问题化为:已知 a 和 b,如何选取 r 和 l,使工件在流水线上运动时不会碰撞?

显然应有 $l > 2a$,此外若 $r < b$,必然发生碰撞,因此我们设:

(H3) $l > 2a,\ r > b.$ (3.1)

§3.2 模型的建立

只要假设(3.1)被满足,工件在直道上就不会发生碰撞. 我们只须选取合适的 r 和 l,使相邻两工件中心均在弯道时避免发生碰撞和一个工件的中心进入弯道而与之相邻的另一工件的中心在直道上避免发生碰撞,就可保证工件在任何时候都不会发生碰撞.

在设计时,r 和 l 是相互关联的,即若工件中心距 l 给定,我们可以适当选择弯道半径 r,使工件不发生碰撞;若给定了 r,也可适当选取 l,使碰撞不发生. 以下我们假设 r 给定,设法给出保证不碰撞 l 应满足的条件.

一、相邻两工件中心均在弯道上的情形

此时若相邻两工件发生了接触(见图 3-3),由于工件的形状与大小都相同,容易求得两工件中心 C_1,C_2 之间的轨道长

$$L = L_1(r) = 2\alpha r,   (3.2)$$

其中 α 为弯道中心与工件中心的连线 SC_1 和弯道中心与接触点 A 连线 SA 的夹角.显然有

$$\tan \alpha = \frac{a}{r - b}   (3.3)$$

或

$$\alpha = \arctan \frac{a}{r - b}.   (3.4)$$

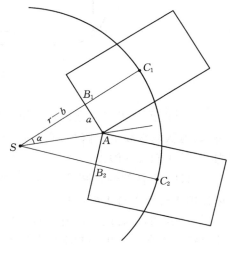

图 3-3

易知,当

$$l > L_1(r) = 2r\arctan\frac{a}{r-b} \tag{3.5}$$

时,相邻两工件中心同在弯道上时不会发生碰撞.

二、相邻两工件中心分别位于弯道和直道上的情形

设流水线是逆时针运行的.一个工件中心已进入弯道而相邻的一个后继工件的中心尚未进入弯道的碰撞和一个工件已离开弯道进入直道但相邻的后继工件中心仍在弯道上的碰撞是对称的,我们仅就前者进行讨论.假设一个工件的中心已经进入弯道而相邻的后继工件的中心离开弯道入口的距离为 d.

1. 碰撞的位置分析

不难列举出中心分别位于弯道和直道上的两工件发生碰撞时的所有相对位置.用(H2)根据初等几何排除明显不可能发生的情形后,尚有图 3-4 所示的 6 种可能.但稍加分析就可发现情形(c)～(f)都是不可能发生的.

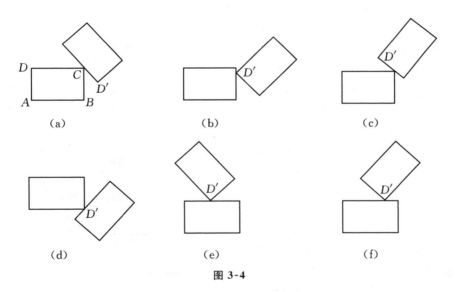

图 3-4

例如,对情形(c),取弯道中心为原点,设接触时弯道中心与进入弯道工件中心 C_1 的连线 SC_1 和弯道中心与弯道入口 E 的连线 SE 的夹角为 θ(见图 3-5).容易得该工件左上角 D 的坐标为

$$\begin{cases} x_D = -a\cos\theta + (r-b)\sin\theta, \\ y_D = -a\sin\theta - (r-b)\cos\theta. \end{cases} \tag{3.6}$$

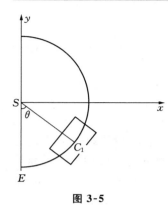

图 3-5

若发生形如(c)的碰撞,应有

$$x_D < a - d < a, \quad y_D > -(r - b). \quad (3.7)$$

由(3.6)式与(3.7)式便得到

$$\begin{cases} -a\cos\theta + (r - b)\sin\theta < a, \\ -a\sin\theta - (r - b)\cos\theta > -(r - b). \end{cases} \quad (3.8)$$

方程组(3.8)的第一式等价于

$$\tan\frac{\theta}{2} < \frac{a}{r - b}, \quad (3.9)$$

但方程组(3.8)的第二式等价于

$$\tan\frac{\theta}{2} > \frac{a}{r - b}. \quad (3.10)$$

这就产生了矛盾,即形如(c)的碰撞是不可能发生的.

情形(d)~(f)亦可用类似的方法排除.

2. 接触情形(a)不发生的条件

设发生形如(a)的接触时位于直道的工件中心 C_2 距弯道入口的距离为 d,见图 3-6.可以论证当 $d > a$ 时此类接触不可能发生.因此只须考虑 $0 < d \leqslant a$.

设此时两工件中心 C_1 与 C_2 间的轨道长为 D,它是 d 的一个函数,记为$D(d)$.为保证在任何情形下都不发生此类接触,应取工件中心之间的距离 l 满足

$$l > \sup_{0 < d \leqslant a} D(d). \quad (3.11)$$

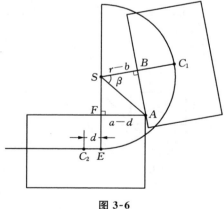

图 3-6

设两工件的接触点为 A,弯道中心 S 与工件中心 C_1 的连线和该工件的上侧交于 B,S 与弯道入口 E 的连线和直道工件上侧交于 F,易知 Rt$\triangle SBA$ 和 Rt$\triangle SFA$ 全等.若记 $\beta = \angle FSA$,那么

$$\angle ASB = \angle FSA = \beta. \quad (3.12)$$

易知

$$\beta = \arctan\frac{a - d}{r - b}, \quad (3.13)$$

此时

$$D(d) = d + 2r\arctan\frac{a-d}{r-b}, \tag{3.14}$$

$$D'(d) = 1 - \frac{2r(r-b)}{(a-d)^2 + (r-b)^2}. \tag{3.15}$$

从 $D'(d) = 0$ 解得

$$d = a \pm \sqrt{r^2 - b^2}. \tag{3.16}$$

因为 $a + \sqrt{r^2 - b^2} > a$，取驻点

$$d_0 = a - \sqrt{r^2 - b^2}. \tag{3.17}$$

当 $r < \sqrt{a^2 + b^2}$ 时，$0 < d_0 < a$，由

$$D''(d) = -\frac{4r(r-b)(a-d)}{[(a-d)^2 + (r-b)^2]^2} < 0$$

可知，

$$\max_{0 < d \leqslant a} D(d) = D(d_0) = a - \sqrt{r^2 - b^2} + 2r\arctan\sqrt{\frac{r+b}{r-b}}. \tag{3.18}$$

定义

$$L_2(r) = a - \sqrt{r^2 - b^2} + 2r\arctan\sqrt{\frac{r+b}{r-b}}, \tag{3.19}$$

不发生接触的条件为

$$l > L_2(r). \tag{3.20}$$

若 $r \geqslant \sqrt{a^2 + b^2}$，则

$$\sup_{0 < d \leqslant a} D(d) = D(0) = 2r\arctan\frac{a}{r-b} \equiv L_1(r), \tag{3.21}$$

此时不碰撞条件与相邻两工件中心均在弯道上时的条件完全相同。

3. 接触情形(b)不发生的条件

同样，记直道工件中心到弯道入口的距离为 d. 先设 $d \leqslant a$，接触时两工件中心间的轨道长为

$$\overline{D} = \overline{D}(d) = d + r\delta, \tag{3.22}$$

而

$$\delta \leqslant \frac{\pi}{2}. \tag{3.23}$$

注意到情形(a)中的(3.14)式可改写为

$$D(d) = d + 2r\beta, \tag{3.24}$$

而 $\beta > \dfrac{\pi}{4}$（见图 3-6），因此有

$$D(d) \geqslant d + r \cdot \frac{\pi}{2}. \tag{3.25}$$

又由于 $\delta \leqslant \dfrac{\pi}{2}$，故

$$\bar{D}(d) \leqslant D(d), \tag{3.26}$$

所以只要不发生情形(a)的碰撞，情形(b)的碰撞就不会发生.

对 $d > a$（见图 3-7），情况要复杂一些. 此时

$$\bar{D}(\delta) = a + \sqrt{a^2 + (r-b)^2}\sin(\alpha - \delta) + r\delta, \tag{3.27}$$

其中 $\alpha = \arctan\dfrac{a}{r-b}$，$0 < \delta \leqslant \alpha$. 将此式关于 δ 求导，得

$$\bar{D}'(\delta) = -\sqrt{a^2 + (r-b)^2}\cos(\alpha - \delta) + r. \tag{3.28}$$

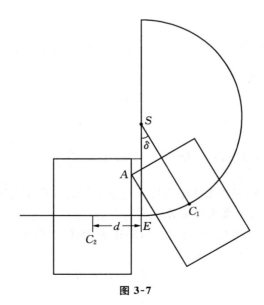

图 3-7

易见，当 $r \geqslant (a^2 + b^2)/2b$ 时，$\bar{D}'(\delta) \geqslant 0$，$\bar{D}(\delta)$ 单调增加，于是

$$\bar{D}(\delta) \leqslant \bar{D}(\alpha) = a + r\alpha. \tag{3.29}$$

而当 $r < (a^2 + b^2)/2b$ 时, 由 $\bar{D}'(\delta) = 0$ 得

$$\cos(\alpha - \delta) = \frac{r}{\sqrt{a^2 + (r-b)^2}}. \tag{3.30}$$

解得

$$\delta_0 = \alpha - \arccos \frac{r}{\sqrt{a^2 + (r-b)^2}}. \tag{3.31}$$

从而

$$\bar{D}(\delta) \leqslant \bar{D}(\delta_0) = a + \sqrt{a^2 + b^2 - 2br} \\ + r\left(\alpha - \arccos \frac{r}{\sqrt{a^2 + (r-b)^2}}\right). \tag{3.32}$$

上式右端定义为 $L_3(r)$, 不碰撞条件成为

$$l > \begin{cases} a + r\alpha, & r \geqslant (a^2 + b^2)/2b, \\ L_3(r), & r < (a^2 + b^2)/2b. \end{cases} \tag{3.33}$$

三、综合各种情形建立模型

综合前面的讨论, 我们的结论是: 不碰撞条件是下述各式同时满足

$$l > L_1(r),$$

$$l > L_4(r) = \begin{cases} L_2(r), & b < r < \sqrt{a^2 + b^2}, \\ L_1(r), & r \geqslant \sqrt{a^2 + b^2}, \end{cases} \tag{3.34}$$

$$l > \begin{cases} L_3(r), & b < r < (a^2 + b^2)/2b, \\ a + r\alpha, & r \geqslant (a^2 + b^2)/2b. \end{cases}$$

不难证明

$$a + r\alpha \leqslant L_1(r), \tag{3.35}$$

以及当 $r < \sqrt{a^2 + b^2}$ 时,

$$L_1(r) < L_2(r). \tag{3.36}$$

所以不碰撞条件最终化为

$$l > L(r) = \begin{cases} \max(L_3(r), L_4(r)), & b < r < (a^2 + b^2)/2b, \\ L_4(r), & r \geqslant (a^2 + b^2)/2b. \end{cases} \tag{3.37}$$

这就是从该问题的数学模型中我们所得到的主要结论.

§3.3   模型的求解和应用

若给定工件的长、宽分别为 $2a$ 和 $2b$,又给定了流水线弯道的半径 r_0,那么容易用 (3.37) 式求出 $l_0 = L(r_0)$,只要取相邻工件中心间轨道长 $l > l_0$,即可保证不发生碰撞.

给定了相邻工件中心间轨道长 $l = l_0$,要决定弯道半径 r_0,问题就比较复杂一些.当然,若 r 趋于无穷大,弯道转化为直道,不会发生碰撞.原则上,只要 r 取得足够大,总能保证不碰撞.但由于流水线的费用和场地的限制,一般都希望弯道半径不要过大,这样就有必要决定不发生碰撞的 r 的确切范围.此时就需要解函数不等式

$$l_0 > L(r). \tag{3.38}$$

通常的做法是,先求(例如用二分法)函数方程

$$f(r) = L(r) - l_0 = 0 \tag{3.39}$$

的所有零点,将 $(b, +\infty)$ 划分成若干区间,然后找出成立 $f(r) < 0$ 的一切区间.

例如,对于 $a = 20$,$b = 16$,$l_0 = 57$ 的情形,$\sqrt{a^2 + b^2} \approx 25.6$,可求得 $f(r)$ 的零点 $r_0 \approx 33.9$,当 $r > r_0$ 时,$l_0 > L(r)$,工件不会相互碰撞.图 3-8 绘出 $l = L(r)$ 的图形,其中点 A 是 $l = L(r)$ 与 $l = 57$ 的交点.

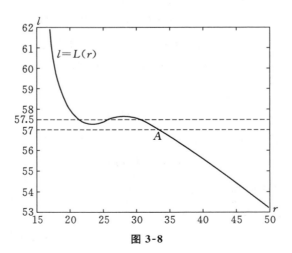

图 3-8

另一做法是先解不等式

$$l_0 > L_1(r), \tag{3.40}$$

求得满足不等式的 r 的两个区间为 $(16, 25.6)$ 和 $(33.9, +\infty)$,但因 $r \in$ $(16, 25.6)$ 时,$r < \sqrt{a^2 + b^2}$,应该用条件 $l_0 > L_2(r)$ 判别,但此时 $L_2(r) > l_0$,必须舍去 $(16, 25.6)$。

注意到 $l = L(r)$ 不是单调的,对某些特定的 l_0 可能会出现弯道半径 r 较小时工件不碰撞、r 增大反而会碰撞的有趣现象。如对 $l_0 = 57.5$,r 的不碰撞区间为 $(21.30, 25.53)$ 和 $(30.94, +\infty)$(见图 3-8),当 $r = 25$ 时工件不会碰撞,但取 $r = 27$ 时工件反而发生碰撞。

§3.4　进一步的讨论

本文讨论的流水线设计问题实际上是一个简单的机械装置干涉分析问题。这类问题是十分广泛的,如飞机的起落架收拢和放下时会不会碰到飞机的其他部位,内燃机的曲轴-连杆机构在工作时会不会与其他零件碰撞,等等。对比较复杂的问题,有时难以给出简洁的避免碰撞的准则。针对这种情况,往往采用建立描述零部件运动的数学模型,用计算机模拟其运动,并在运动过程中频繁地判别该零件与其他零件之间有无接触或"侵入"的现象,一旦发生这种现象立即报警,并用图形显示干涉的情况。这种干涉分析已成为计算机辅助设计的一个重要组成部分。

在 §3.2 中建立的模型还可以用来优化流水线的设计。例如,允许 r 和 l 在一定范围内变化,如何选取 r 和 l,使得流水线既能顺利工作(不碰撞)又使流水线造价最低或占地面积最小。

习　　题

1. 设 $a, b > 0$,$r > b$,证明:当 $r \geqslant (a^2 + b^2)/2b$ 时,成立

$$a < r\arctan \frac{a}{r - b}.$$

2. 设 $a, b > 0$,$r > b$,证明:当 $r^2 < a^2 + b^2$ 时,成立

$$2r\arctan \frac{a}{r - b} < a - \sqrt{r^2 - b^2} + 2r\arctan \sqrt{\frac{r + b}{r - b}}.$$

3. 某种平面连杆摆动机构如图 3-9 所示。摆杆 OQ 绕 O 摆动,通过连杆 PQ 带动滑块 P

水平往复运动. 设摆杆长 $OQ = r$, 连杆长 $PQ = l$, 摆角中心 O 到滑轨 $O'P$ 的距离为 h, 且 $r < h < l+r$, $l \leqslant r+h$. 试求:

(1) P 的位移 x 与摆角 β 的函数关系;

(2) 摆角 β 的变化范围;

(3) 滑块 P 的行程(即滑动的最大距离).

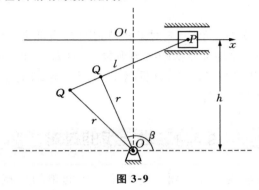

图 3-9

实 践 与 思 考

1. 如何选取 r 和 l, 使得流水线既能顺利工作(不碰撞)又使流水线造价最低或占地面积最小?

2. 为保证病人平躺在长宽分别为 p, q 的病床上从病房进入手术室(见图 3-10), 两条垂直的通道至少应宽多少?

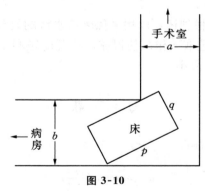

图 3-10

第四章　数码相机定位

提要　本章介绍与数码相机定位有关的数学模型,主要是双目定位模型和定位系统外部参数标定的数学模型.学习本章须了解几何光学的针孔成像原理和坐标变换的基础知识.

§4.1　引　言

数码相机定位是指用数码相机或数码摄像机拍摄物体的照片、确定物体表面某些特征点的位置.如今数码相机定位有着广泛的应用,如用于工业检测、现场测量、地貌勘探、军事侦察、交通监管等方面.它和计算机硬软件技术相结合成为计算机视觉技术的一个重要组成部分,在三维物体扫描、自动化和机器人技术方面取得了广泛的应用.

最常用的数码相机定位方法之一是双目定位,即用两部相机来定位.对物体上的一个特征点,用两部固定于不同位置的相机摄得物体的像,分别获得该点在两部相机像平面的坐标.只要知道两部相机精确的相对位置,或知道每部相机的位置和定向,就可以设法根据相机的特性,用几何的方法得到该特征点在一部相机坐标系中的坐标,亦即确定了特征点的位置.本章将基于几何光学的针孔成像原理建立双目定位的数学模型,给出双目定位的具体方法.

对双目定位,精确地确定两部相机的位置是问题的关键之一,这一过程称为系统的外部参数标定.本章将建立系统外部参数标定的一种数学模型与方法.

§4.2　针孔成像原理

数学建模最基本的方法之一是机理建模,最常见的情形是根据问题的机理,建立物理模型,然后建立数学模型.在忽略了镜头的非线性畸变、像平面上相邻像素中心的横向与纵向距离的不同以及像平面中心的偏移等因素之后,摄影成像的光学原理可用针孔成像原理的物理模型来刻画.

实际上,可以通过一些其他的手段(如实验等)来获得刻画相机特征的一些参数,如成像时的有效聚焦长度(effective focus length)、像平面上相邻像素中心的横向与纵向距离、像平面中心的偏移和镜头的非线性畸变参数等,确定数码相机这些内部参数的过程称为相机内部参数标定.得到这些参数后就可对图像数据进行适当的校正,针孔成像原理就正确无误了.

针孔成像原理可表述为:物体表面上任一点 P,经连接点 P 与针孔的直线投射到像平面上 p,从而构成物体的像.针孔对应于相机的光学中心,像平面与光心的距离称为有效聚焦长度或像距.

取相机的光学中心为原点,以光轴为 z 轴方向指向被摄物体,x,y 轴分别平行于相片边框并构成右手坐标系.设像距为 f,像平面方程为 $z = -f$,作像关于原点的等距对称,得到平面 $z = f$ 上的图像.我们不妨将 $z = f$ 视作像平面,而将 $z = -f$ 上的像在 $z = f$ 上的对称图像视作物体的像(见图 4-1).

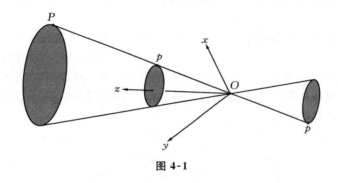

图 4-1

设点 P 的坐标为 (x, y, z),其像 p 的坐标为 (u, v, f).因为 P,p 在过原点的同一直线上,于是有

$$\begin{cases} x = tu, \\ y = tv, \\ z = tf. \end{cases}$$

由此得

$$\begin{cases} u = \dfrac{fx}{z}, \\ v = \dfrac{fy}{z}, \end{cases} \tag{4.1}$$

称为中心射影变换.

进一步假设数码相机的中心偏移已得到校正,又设像素的纵横间距相等. 取两个像素中心的距离作为长度单位(称为像素单位),令相片中心为像平面的原点,则(4.1)式可视作物体到像平面的成像映射关系.

§4.3 双目定位的数学模型与方法

我们来建立双目定位的数学模型. 有两部相机,按照上一节的方法分别建立两部相机的相机坐标系. 设空间任意一点在第一部相机的相机坐标系中的坐标为 $\boldsymbol{x} = (x, y, z)^{\mathrm{T}}$,而同一点在第二部相机的相机坐标系中的坐标为 $\boldsymbol{X} = (X, Y, Z)^{\mathrm{T}}$. 已知两部相机的相对位置,即已知坐标变换关系

$$\boldsymbol{x} = \boldsymbol{R}\boldsymbol{X} + \boldsymbol{T}, \tag{4.2}$$

其中

$$\boldsymbol{R} = \begin{pmatrix} r_{11} & r_{12} & r_{13} \\ r_{21} & r_{22} & r_{23} \\ r_{31} & r_{32} & r_{33} \end{pmatrix}$$

为正交矩阵,称为旋转变换矩阵,而

$$\boldsymbol{T} = (t_1, t_2, t_3)^{\mathrm{T}}$$

为平移向量.

设同一点在两部相机中的像的像素坐标分别为 (u, v) 和 (U, V),我们要据此分别确定该点在两个相机坐标系中的坐标 $\boldsymbol{x}_0 = (x_0, y_0, z_0)^{\mathrm{T}}$ 和 $\boldsymbol{X}_0 = (X_0, Y_0, Z_0)^{\mathrm{T}}$. 设两部相机的有效聚焦长度分别为 f 和 F,由(4.1)式可得

$$\begin{cases} u = \dfrac{fx_0}{z_0}, \quad v = \dfrac{fy_0}{z_0}, \\ U = \dfrac{FX_0}{Z_0}, \quad V = \dfrac{FY_0}{Z_0}. \end{cases}$$

由此有

$$\begin{cases} \boldsymbol{x}_0 = z_0 \left(\dfrac{u}{f}, \dfrac{v}{f}, 1 \right)^{\mathrm{T}}, \\ \boldsymbol{X}_0 = Z_0 \left(\dfrac{U}{F}, \dfrac{V}{F}, 1 \right)^{\mathrm{T}}. \end{cases} \tag{4.3}$$

代入(4.2)式得

$$x_0 = RX_0 + T, \tag{4.4}$$

这是关于 z_0 和 Z_0 的超定方程,从中解出 z_0 和 Z_0,再由(4.3)式得到该点在两个相机坐标系中的坐标 $\boldsymbol{x}_0 = (x_0, y_0, z_0)^\mathrm{T}$ 和 $\boldsymbol{X}_0 = (X_0, Y_0, Z_0)^\mathrm{T}$,这就实现了该点的定位.

有时,人们希望确定目标点在某个固定在地面的坐标系(通常称为世界坐标系)中的坐标,则只要知道其中一部相机在世界坐标系中的相对位置,再通过一个坐标变换,就可实现.

§4.4　相机相对位置的确定

从上一节的讨论可以看到,要实现双目定位,确定两部相机的相对位置是关键.确定两部相机的相对位置就是要确定两部相机的相机坐标系之间的坐标变换关系.这一过程按相机定位的术语称为定位系统的外部参数标定.外部参数标定的想法是引入世界坐标系,利用已知点在相机坐标系和世界坐标系之间的对应关系,决定相机坐标系和世界坐标系之间的变换.

先研究一个相机坐标系与世界坐标系之间的坐标变换关系.设空间一点在世界坐标系和相机坐标系中的坐标分别为 $\boldsymbol{X} = (X, Y, Z)^\mathrm{T}$ 和 $\boldsymbol{x} = (x, y, z)^\mathrm{T}$. 取若干点,它们的世界坐标是已知的.为方便计,取在 $Z = 0$ 平面上.设这些点的世界坐标为 $(X_i, Y_i, 0)$,用该相机拍摄后得到它们像的像素坐标为 (u_i, v_i),由中心射影变换(4.1)可得它们的相机坐标为 $\left(\dfrac{u_i z_i}{f}, \dfrac{v_i z_i}{f}, z_i \right)$. 设坐标变换关系为

$$\boldsymbol{x} = \boldsymbol{R}\boldsymbol{X} + \boldsymbol{T},$$

其中

$$\boldsymbol{R} = \begin{pmatrix} r_{11} & r_{12} & r_{13} \\ r_{21} & r_{22} & r_{23} \\ r_{31} & r_{32} & r_{33} \end{pmatrix}, \quad \boldsymbol{T} = \begin{pmatrix} t_1 \\ t_2 \\ t_3 \end{pmatrix}.$$

由变换关系应成立

$$\begin{pmatrix} \dfrac{u_i}{f} \\ \dfrac{v_i}{f} \\ 1 \end{pmatrix} z_i = \boldsymbol{R} \begin{pmatrix} X_i \\ Y_i \\ 0 \end{pmatrix} + \boldsymbol{T},$$

即

$$\begin{cases} \dfrac{u_i z_i}{f} = r_{11} X_i + r_{12} Y_i + t_1, \\[2mm] \dfrac{v_i z_i}{f} = r_{21} X_i + r_{22} Y_i + t_2, \\[2mm] z_i = r_{31} X_i + r_{32} Y_i + t_3. \end{cases}$$

将第三式代入前两式得

$$\begin{cases} u_i (r_{31} X_i + r_{32} Y_i + t_3) = f(r_{11} X_i + r_{12} Y_i + t_1), \\[2mm] v_i (r_{31} X_i + r_{32} Y_i + t_3) = f(r_{21} X_i + r_{22} Y_i + t_2), \end{cases} \quad i = 1, 2, \cdots, N.$$

将上式和正交条件

$$\boldsymbol{R}\boldsymbol{R}^{\mathrm{T}} = \boldsymbol{I}$$

联立, 只要 N 适当大就可求得 $\boldsymbol{R}$ 和 $\boldsymbol{T}$, 确定变换关系.

对于双目定位的情形, 设点在两个相机坐标系中的坐标分别为 $\boldsymbol{x}_1 = (x_1, y_1, z_1)$ 和 $\boldsymbol{x}_2 = (x_2, y_2, z_2)$, 用以上的方法可以分别得到两个相机坐标系与世界坐标系的变换

$$\boldsymbol{x}_1 = \boldsymbol{R}_1 \boldsymbol{X} + \boldsymbol{T}_1,$$

$$\boldsymbol{x}_2 = \boldsymbol{R}_2 \boldsymbol{X} + \boldsymbol{T}_2.$$

易得两相机之间的坐标变换为

$$\boldsymbol{x}_2 = \boldsymbol{R}\boldsymbol{x}_1 + \boldsymbol{T},$$

其中

$$\boldsymbol{R} = \boldsymbol{R}_2 \boldsymbol{R}_1^{\mathrm{T}}, \quad \boldsymbol{T} = \boldsymbol{T}_2 - \boldsymbol{R}_2 \boldsymbol{R}_1^{\mathrm{T}} \boldsymbol{T}_1.$$

§4.5　外部参数标定的一种实现方法

一、靶标及其像

标定时, 在一块平板上画若干个点, 将平板置于适当位置, 同时用已安装好的两部相机摄影, 分别得到这些点在相片中的位置, 利用这两组像点的关系就可求得这两部相机的相对位置. 然而无论在物平面上还是在像平面上, 人们都无法直接得到没有几何尺寸的"点". 实际的做法是在物平面上画若干个圆 (称为靶

标,见图 4-2),它们的圆心就是几何的点了.

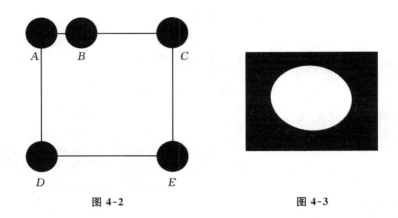

图 4-2   图 4-3

由于靶标平面一般并不平行于相机的像平面,靶标上圆的像一般会变形,如图 4-3 所示,因此必须精确地找到照片中圆心的像.

一种可以采用的近似方法是求像的形心,将其作为圆心的像.但是通过实验发现,对某些情形,特别是在靶标平面相对像平面倾斜度较大时,这种方法的误差较大.所以有必要寻找一种新的更精确的求圆心像的方法,取代求形心的方法,在此基础上进行标定,以获得更好的外部参数标定效果.

例如,对一部相机摄得靶标的像由图 4-4 所示.

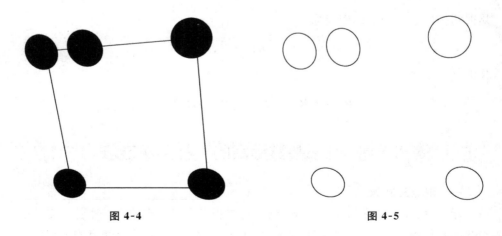

图 4-4   图 4-5

首先用图像处理软件(如 MATLAB 的图像处理工具箱)对图像进行预处理,提取各个圆的像的边界.结果如图 4-5 所示.

二、公切线方法

不难证明,变换(4.1)将空间的直线变换为像平面的直线,亦即直线的像仍为直线,而圆的像为椭圆.然而,圆心的像一般不是像椭圆的中心.

由于通过成像变换,空间直线变换成像平面上的直线,因此两直线的交点必然映射为两条像直线的交点.另外还可以证明,平面上圆的切线的切点映射为相应椭圆的切点.根据这样的分析,我们就可以用作公切线的方法求出各圆圆心像的坐标.例如,分别称圆 A,B,C,D,E 的像为椭圆 A',椭圆 B',$\cdots$.作椭圆 A',椭圆 B',椭圆 C' 的两条外公切线,与椭圆 A' 相切于 M 和 M';再作椭圆 A' 与椭圆 D' 的两条外公切线,与椭圆 A' 相切于 N 和 N'.那么,显然 MM' 和 NN' 分别是

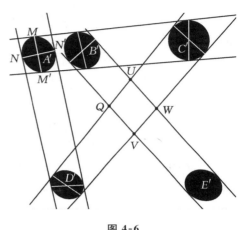

图 4-6

圆 A 的两条直径的像,它们的交点 A' 就是圆 A 的圆心 A 的像.类似地,我们可以求得其余 4 个圆的圆心的像的坐标(见图 4-6).

不仅如此,我们还可以利用求其他公切线的交点,得到更多的靶标上已知点的像的坐标,如图 4-6 中的 Q,U,V,W 等.

但是,如果直接对椭圆边界的像素点采用离散的方法求切线和切点会带来较大的误差.比较精确的方法是利用获得的椭圆边界离散点拟合出椭圆方程的表达式,然后用解析方法求切点和公切线,再求出相应的交点.

三、优化方法

求靶标中圆心像的另一种方法是解非线性方程组或将其化为相应的优化问题,不妨称为优化方法.

设在相机坐标系中靶标平面的方程为

$$ax + by + cz - p = 0, \tag{4.5}$$

其中 a,b,c 为平面法线的方向余弦,成立 $a^2 + b^2 + c^2 = 1$.设靶标上某圆的圆心坐标为 (x_0, y_0, z_0),半径为 R,圆上任一点坐标为 (x, y, z),由成像映射(4.1),应有

$$x = \frac{zu}{f}, \quad y = \frac{zv}{f}.$$

由于 (x, y, z) 落在平面 (4.5) 上，因此应有

$$\frac{z}{f}(au + bv + cf) = p,$$

从而

$$z = \frac{pf}{au + bv + cf},$$

且

$$x = \frac{pu}{au + bv + cf}, \quad y = \frac{pv}{au + bv + cf}.$$

令 $l = au + bv + cf$，由于 (x, y, z) 落在圆周上，因此应有

$$\left(\frac{p}{l}u - x_0\right)^2 + \left(\frac{p}{l}v - y_0\right)^2 + \left(\frac{p}{l}f - z_0\right)^2 = R^2,$$

其中 R 为圆的半径. 由于我们已经得到了椭圆边界上的若干点的坐标 (u_j, v_j)，$j = 1, 2, \cdots, N$，因此令 $l_j = au_j + bv_j + cf$，可以建立数学模型如下：

求 $(x_0, y_0, z_0, a, b, c, p)$，使得

$$\left(\frac{p}{l_j}u_j - x_0\right)^2 + \left(\frac{p}{l_j}v_j - y_0\right)^2 + \left(\frac{p}{l_j}f - z_0\right)^2 = R^2,$$

且成立

$$\begin{cases} a^2 + b^2 + c^2 = 1, \\ ax_0 + by_0 + cz_0 = p. \end{cases}$$

这一模型也可以化为在上述约束条件下，极小化函数

$$F(a, b, c, x_0, y_0, z_0, p) = \sum_{j=1}^{N} \left[\left(\frac{p}{l_j}u_j - x_0\right)^2 + \left(\frac{p}{l_j}v_j - y_0\right)^2 + \left(\frac{p}{l_j}f - z_0\right)^2 - R^2 \right]^2.$$

在求得 x_0, y_0, z_0 后，可用

$$\begin{cases} u_0 = \frac{x_0 f}{z_0}, \\ v_0 = \frac{y_0 f}{z_0} \end{cases}$$

求得该圆圆心像的像素坐标.

习   题

1. 设使用的靶标在一平板上,取一个边长为 100 mm 的正方形,分别以 4 个顶点 A, C, D, E 为圆心,以 12 mm 为半径画 4 个圆,再以 AC 边上距点 A 30 mm 处的点 B 为圆心画半径为 12 mm 的圆(见图 4-2),一相机摄得相片如图 4-4 所示,试求各圆心像在像平面上的坐标.

2. 试讨论不平行于像平面的靶标上的圆的圆心的像与该圆的像的形心为何是不同的.

实 践 与 思 考

1. 车灯线光源的优化设计. 安装在汽车头部的车灯的形状为一旋转抛物面,车灯的对称轴水平地指向正前方,其开口半径为 36 mm,深度为 21.6 mm. 经过车灯的焦点,在与对称轴相垂直的水平方向,对称地放置一定长度的均匀分布的线光源. 要求在某一设计规范标准下确定线光源的长度.

该设计规范在简化后可描述如下:在焦点 F 正前方 25 m 处的点 A 放置一测试屏,屏与 FA 垂直,用以测试车灯的反射光. 在屏上过点 A 引出一条与地面相平行的直线,在该直线点 A 的同侧取点 B 和点 C,使 $AC = 2AB = 2.6$ m. 要求点 C 的光强度不小于某一额定值(可取为 1 个单位),点 B 的光强度不小于该额定值的 2 倍(只需考虑一次反射).

请解决下列问题:

(1) 在满足该设计规范的条件下,计算线光源长度,使线光源的功率最小.

(2) 对得到的线光源长度,在有标尺的坐标系中画出测试屏上反射光的亮区.

(3) 讨论该设计规范的合理性.

第五章 投资效益、加工次序及其他

提要 有些离散优化问题可以用计算机枚举来解决,本章结合若干实例,建立计算机枚举或搜索的数学模型,并进行适当的定量分析,达到减少枚举工作量的目的.

在实际生活中经常会遇到在众多的方案中选择可行方案或进一步选择最优方案的问题. 有时这类问题须用枚举法加以解决,即列举各种可能的方案,一一检验它们是否是可行的,然后从中找出最优的方案. 然而在可能的方案很多时,枚举一切可能的方案工作量是十分巨大的. 有时,即使用电子计算机来担当这项任务也不能在实际允许的时限内完成. 因此,这种被人们称为"穷举法"的穷尽一切可能方案的枚举法是不可取的. 通过建立合理的数学模型和经过适当的定量分析,可以大大减少枚举的工作量,为用计算机进行枚举建立坚实的基础. 本章将给出几个典型例子来说明如何科学地进行枚举.

§5.1 投资效益问题

一、问题的提出

一个公司有 22 亿元资金可用来投资,现有 6 个项目可供选择,各项目所需投资金额和预计年收益如表 5-1 所示.

表 5-1

项　目	1	2	3	4	5	6
投资/亿元	5	2	6	4	6	8
收益/亿元	0.5	0.4	0.6	0.5	0.9	1

应选择哪几个项目投资收益最大?

二、模型的建立

引入表征是否对第 i 个项目投资的变量 x_i：

$$x_i = \begin{cases} 1, & \text{若对第 } i \text{ 个项目投资}, \\ 0, & \text{若不对第 } i \text{ 个项目投资}. \end{cases}$$

显然，投资总额 I 满足

$$I = 5x_1 + 2x_2 + 6x_3 + 4x_4 + 6x_5 + 8x_6,$$

而预计年总收益 P 满足

$$P = 0.5x_1 + 0.4x_2 + 0.6x_3 + 0.5x_4 + 0.9x_5 + x_6.$$

从而数学模型为：在约束条件

$$x_i = 0, 1 \ (i = 1, \cdots, 6),$$

$$5x_1 + 2x_2 + 6x_3 + 4x_4 + 6x_5 + 8x_6 \leqslant 22$$

下，决定 x_i，使得收益 P 达到最大.

三、模型的求解

上述模型可以用穷举法求解，由于共有 6 个项目，对每一个项目都有投资或不投资两种可能的选择，因此总共有 $2^6 = 64$ 种投资方案. 穷举法必须对这 64 个方案一一验证是否可行，即是否满足约束条件，对可行的方案分别计算收益，进行比较，选出最优方案. 这样做计算量较大，若可供选择的投资项目更多，穷举法的工作量更大，难以实现. 本节介绍用**分支定界法**进行求解.

首先，我们计算出每个项目的收益率，即单位投资的收益，加入到表 5-1 中得到表 5-2.

表 5-2

项　目	1	2	3	4	5	6
投资/亿元	5	2	6	4	6	8
收益/亿元	0.5	0.4	0.6	0.5	0.9	1
收益率	0.1	0.2	0.1	0.125	0.15	0.125

然后，我们放宽约束条件，允许 x_i 取正实数值，优先选择收益率最高的项目，得到两组最优解：

$$(x_1, x_2, x_3, x_4, x_5, x_6) = \left(0, 1, \frac{1}{3}, 1, 1, 1\right),$$

$$(x_1, x_2, x_3, x_4, x_5, x_6) = \left(\frac{2}{5}, 1, 0, 1, 1, 1\right).$$

简记为 $\left(0,\ 1,\ \dfrac{1}{3},\ 1,\ 1,\ 1\right)$ 和 $\left(\dfrac{2}{5},\ 1,\ 0,\ 1,\ 1,\ 1\right)$，它们对应的年收益分别为

$$0.4+\frac{1}{3}\cdot 0.6+0.5+0.9+1=3.0,$$

$$\frac{2}{5}\cdot 0.5+0.4+0.5+0.9+1=3.0.$$

由于放宽了 x_i 必须取值 0，1 的约束，因此上述最优收益率超过实际的最优收益率. 在上述两组最优解中，都包含了非 0 也非 1 的值，不满足约束条件，实际上不是可行解. 为此，我们必须作进一步处理. 先考察第一个最优解 $\left(0,\ 1,\ \dfrac{1}{3},\ 1,\ 1,\ 1\right)$，第二个最优解 $\left(\dfrac{2}{5},1,\ 0,\ 1,\ 1,\ 1\right)$ 稍后再加以讨论. 由于 $x_3=\dfrac{1}{3}$，不满足取值为 0 或 1 的约束，我们增加 $x_3=0$ 或 $x_3=1$ 的约束，仍允许其余变量取非负实数值，根据优先选取收益率高的项目的原则，分别可得两组最优解 $\left(\dfrac{2}{5},1,\ 0,\ 1,\ 1,\ 1\right)$ 和 $(0,\ 1,\ 1,\ 0,\ 1,\ 1)$，对应的年收益分别为 3.0 亿元和 2.9 亿元. 其中解 $(0,\ 1,\ 1,\ 0,\ 1,\ 1)$ 已满足变量取 0，1 值的约束，因此是原问题的一个可行解. 它的年收益可以作为原问题最优解的一个候选者，即年收益低于 2.9 亿元的解，不会是最优解. 另外对应于 $x_3=0$ 的最优解 $\left(\dfrac{2}{5},\ 1,\ 0,\ 1,\ 1,\ 1\right)$ 恰为第一步得到的尚未进一步处理的解. 这一过程可以用图 5-1 直观地表示，其中解右侧的数字表示该解对应的年收益.

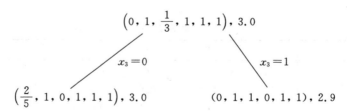

图 5-1

由于具有约束 $x_3=0$ 的解中 $x_1=\dfrac{2}{5}$，我们进一步增加约束 $x_1=0$ 或 $x_1=1$ 来考察，即将变量取 0，1 值的约束分别改为 $x_3=0$，$x_1=0$ 或 $x_3=0$，$x_1=1$ 来求解. 对于约束 $x_3=0$，$x_1=0$，满足投资总额不超过 22 亿元的最优解为 $(0,\ 1,\ 0,\ 1,\ 1,\ 1)$，对应的年收益为 2.8 亿元，由于变量均取 0，1 值，因而是原问题的一

个可行解,但它的收益低于 2.9 亿元,不可能为最优解.对于约束 $x_3 = 0$, $x_1 = 1$,有两组最优解 $\left(1, 1, 0, 1, 1, \frac{5}{8}\right)$ 和 $\left(1, 1, 0, \frac{1}{4}, 1, 1\right)$,对应的年收益均为 2.925亿元,我们将先考虑解 $\left(1, 1, 0, \frac{1}{4}, 1, 1\right)$.上述过程可由图 5-2 表示.

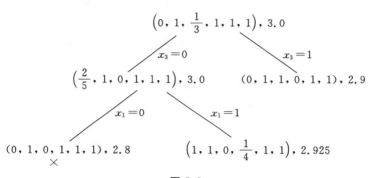

图 5-2

再在 $\left(1, 1, 0, \frac{1}{4}, 1, 1\right)$ 的基础上分别增加 $x_4 = 0$ 或 $x_4 = 1$ 的约束,即在约束 $x_3 = 0$, $x_1 = 1$, $x_4 = 0$ 或 $x_3 = 0$, $x_1 = 1$, $x_4 = 1$ 下分别求满足投资总额约束的最优解,它们分别为 $(1, 1, 0, 0, 1, 1)$,年收益2.8亿元和 $\left(1, 1, 0, 1, 1, \frac{5}{8}\right)$,年收益 2.925 亿元,前者是可行解,但年收益低于 2.9 亿元,不是最优解;后者恰为上一步骤中尚未处理的解,再用图 5-3 将上述过程直观地表达出来.

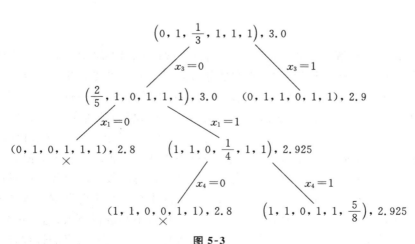

图 5-3

继续在 $\left(1, 1, 0, 1, 1, \dfrac{5}{8}\right)$ 的基础上,对 x_6 分别增加 $x_6 = 0$ 或 $x_6 = 1$ 的约束,得解 $(1, 1, 0, 1, 1, 0)$,年收益为 2.3 亿元或解 $\left(1, 1, 0, 1, \dfrac{1}{2}, 1\right)$,年收益为 2.85 亿元. 前者是可行解,但收益仅为 2.3 亿元,当然不可能为最优解,而后者不是可行解,其收益只有 2.85 亿元,若再增加约束,收益将继续下降,因此,不必继续增加约束 $x_5 = 0$ 或 $x_5 = 1$ 求解,而可以断言 $(0, 1, 1, 0, 1, 1)$ 是最优解,最优年收益为 2.9 亿元. 这一求解的全过程,可以用图 5-4 表示出来.

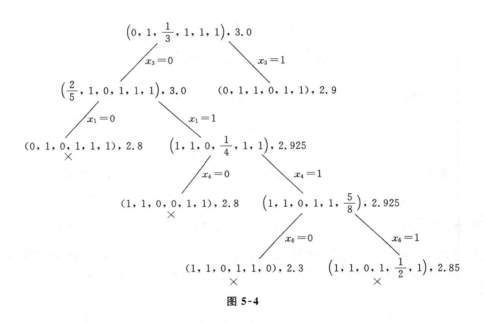

图 5-4

回顾这一求解的过程,我们首先放松 x_i 取值 0,1 的约束,求得最优解,这个放松约束的步骤可称为**松弛**. 求得的最优解可能其中有变量取值不为 0 或 1,这时就采取增加该变量取值为 0 或取值为 1 的不同约束,这一过程用图表示时,产生了两个分支,因此这一步骤称为**分支**. 在分支求解的过程中会出现各变量均取 0,1 值的可行解,这些解对应的收益值之最大者,可定为原问题最优收益的一个候选者,同时,分支求解所得的最优解(不论变量是否取分数值)提供一个重要的信息:其最优值必是该分支所含有的一切可行解的收益的上界. 这一过程称为**定界**. 当分支进行到某一步时发现某一分支的上界不大于已发现的候选者,或继续分支将找不到可行解时,这一支的分支过程可不必进行下去,这一过程可以被形象地描述为**剪支**. 分支定界法就是不断进行分支、定界、剪支的过程,最终得到最优解.

对所考虑的投资问题,共枚举了 9 种方案,相对穷举法须枚举 64 种方案而言,分支定界法要优越得多.

§5.2　加工次序问题

一、问题的提出

有 10 个工件在一台机床上加工. 这 10 个工件中,有些工件必须在另一些工件加工完毕之后才能加工,这些必须先加工的工件称为前期工件. 按规定,在工件运抵后 266 h 内应加工完毕,否则要支付一定的赔款,赔款数正比于延误的时间,各工件每延误 1 h 的赔款额不同. 表 5-3 列出了各工件所需的加工时间、加工次序要求和每延误 1 h 的赔款额.

表 5-3

工件号	1	2	3	4	5	6	7	8	9	10
加工时间/h	20	28	25	45	16	12	60	10	20	30
前期工件	3	8	7	/	1, 2, 6	8	4	3	5	9
每小时赔款/元	12	14	15	10	10	11	12	8	6	7

设由于机床的故障,10 个工件运抵之后 T h 才开始加工. 要安排一个加工次序,使得支付的赔款最少.

二、建立模型

1. 网络图

用圆圈表示加工一个工件,用箭头表示加工的次序要求,即箭头指向的圆圈内的工件必须在箭尾圆圈内的工件加工完毕之后方能开始加工. 据表 5-3 可画出网络图(如图 5-5 所示),其中圆圈内的数字表示加工的工件号,圆圈外的数字表示该工件所需的加工时间. 这张图十分明显地表示了工艺强制要求的工件加工次序约束.

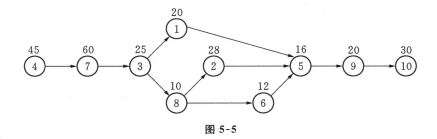

图 5-5

2. 优化的目标

假设两个工件加工之间,机床做准备工作的时间可以忽略.设 s_1, s_2, $\cdots$, s_{10} 是 1, 2, $\cdots$, 10 的一个排列,满足由图 5-5 中的网络描述的加工次序约束,称为可行的加工次序.由于开工延误了 T h,第 s_j 个工件的完工时间为

$$\sum_{i=1}^{j} t_{s_i} + T,$$

其中 $t_l(l = 1, 2, \cdots, 10)$ 表示第 l 个工件的加工时间.令 w_j 为第 j 个工件延误 1 h 的赔款数,那么赔款总额为

$$P = \sum_{j=1}^{10} \max\left(\sum_{i=1}^{j} t_{s_i} + T - 266, \ 0\right) w_{s_j}.$$

为方便计,不妨设 $T = 166$,但以下的方法是不失一般性的,此时,赔款总额为

$$P = \sum_{j=1}^{10} \max\left(\sum_{i=1}^{j} t_{s_i} - 100, \ 0\right) w_{s_j}.$$

从而问题归结为:求可行加工次序 $(s_1, s_2, \cdots, s_{10})$,使 P 达到最小.

三、模型的求解

从图 5-5 可以看出,工件 4,7,3 和 5,9,10 的加工次序是确定的,所以,我们实际上只须确定工件 1,2,6,8 的加工次序.为此,仍采用分支定界法来求解这个极小化问题.采用的分支是上述工件的"部分次序",相应的赔款便是这一分支的下界.

首先,工件 4,7,3 加工完毕后,耗时 130 h,工件 7 须赔款 $5 \times 12 = 60$(元),工件 3 须赔款 $30 \times 15 = 450$(元),共计 510 元.工件 3 加工完毕后可以加工工件 1,完成时耗时 150 h,赔款 $50 \times 12 = 600$(元),累计 1 110 元;另一可能是工件 3 完工之后加工工件 8,完成时耗时 140 h,赔款 $40 \times 8 = 320$(元),累计 830 元,如图5-6所示,其中方框内的数字为完工时间,框外数字为累计赔款额.

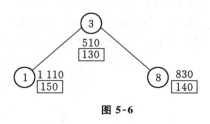

图 5-6

工件加工顺序③—①完成之后,由加工顺序约束,必须加工工件 8,完工时耗时 160 h,赔款 $60 \times 8 = 480$(元),累计赔款 1 590 元;而加工顺序③—⑧完成后,继续加工的工件分别可为 1,2 或 6,完成时耗时分别为 160 h,168 h 或 152 h,累计赔款额分别为 1 550 元,1 782 元和 1 402 元,可用

图 5-7 表示.

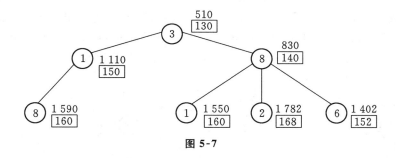

图 5-7

由图 5-7 可见,工件 3 加工完后加工工件 1,然后再加工工件 8,赔款额为 1 590 元,超过先加工工件 8,然后再加工工件 1 的赔款额 1 550 元.因此加工顺序③—①—⑧这一支不会达到最优,可以剪去.

加工顺序③—⑧—①完成后,可以继续加工工件 2 或 6,完成时间分别为 188 h 或 172 h,累计赔款额分别为 2 782 元或 2 342 元;加工顺序③—⑧—②完成后可继续加工工件 1 或 6,完成时间分别为 188 h 或 180 h,累计赔款额分别为 2 838 元或 2 662 元;加工顺序③—⑧—⑥完成后,可继续加工工件 1 或 2,完工时间分别为 172 h 或 180 h,累计赔款额分别为 2 266 元或 2 522 元,如图 5-8 所示.

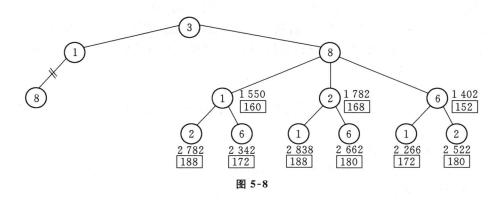

图 5-8

比较加工顺序③—⑧—②—①和③—⑧—①—②,因前者的累计赔款额高,对应的支可以剪去.同理,通过比较加工顺序③—⑧—①—⑥和③—⑧—⑥—①以及比较加工顺序③—⑧—②—⑥和③—⑧—⑥—②,可将对应于较高累计赔款额的支③—⑧—①—⑥和③—⑧—②—⑥剪去.

加工顺序③—⑧—①—②完成后,最后加工工件 6,累计赔款额为 3 882 元;

加工顺序③—⑧—⑥—①完成后,最后加工工件 2,累计赔款额为 3 666 元;加工顺序③—⑧—⑥—②完成后,最后加工工件 1,累计赔款额为 3 722 元.由此可见,采取加工顺序③—⑧—⑥—①—②,赔款金额最少,为 3 666 元(见图5-9).再加上工件 5,9,10 的赔款金额 3 138 元,共计赔款 6 804 元.因此,最优加工顺序为④—⑦—③—⑧—⑥—①—②—⑤—⑨—⑩,总赔款额为 6 804 元.

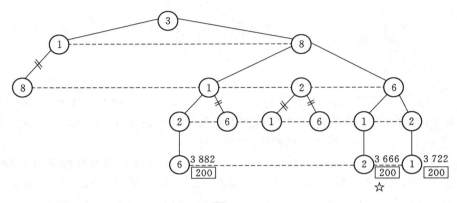

图 5-9

上述分支定界计算不难在计算机上实现,从而可以处理工件多达数十个的问题.从图 5-9 不难看出,分支定界分为 5 个层次,第一层表示在工件 4 和工件 7 加工完毕后第一个加工的工件,第二层表示然后加工的工件,依此类推.在枚举同一层的各种可能性之后进行比较和剪支.这种枚举方法称为**广度优先**,上一节投资问题的枚举也属于广度优先的.

§5.3　两辆平板车的装载问题

一、问题的提出

有两辆长 10.2 m,载重 40 t 的铁路平板车,要装载 7 种不同规格的货物箱.这 7 种箱子的厚度、重量、库存量如表 5-4 所示.

表 5-4

箱类型	c_1	c_2	c_3	c_4	c_5	c_6	c_7
厚度/cm	48.7	52	61.3	72	48.7	52	64
重量/t	2	3	1	0.5	4	2	1
库存量/个	8	7	9	6	6	4	8

若各种箱子的高度和宽度均符合铁路运输的标准(不妨设它们的宽度和高度均相同),在每辆车上装载的货物箱的厚度和不超出 10.2 m、总重量不超过 40 t 的前提下,应如何装载,使平板车浪费的空间最小? 当地铁路部门还有一个附加的规定:第 5、6、7 这 3 种箱子装车的厚度和不得超过 302.7 cm.

二、模型的建立

我们设装载时相邻两货物箱之间的间隙可以忽略. 令 t_i, w_i, n_i 分别表示第 i 种货物箱的厚度、重量和库存量,设 x_i 和 x_i' 分别表示第 i 种货物箱在两辆平板车上的装载数,显然这些量均为非负的.

使车辆浪费的空间最小,等价于使装载货物箱的厚度和达到最大. 令 s 表示装在两辆车上货物箱的厚度和,显然有

$$s = \sum_{i=1}^{7} t_i(x_i + x_i'). \tag{5.1}$$

两辆车装载空间的限制和载重量的限制可分别写为

$$\sum_{i=1}^{7} t_i x_i \leqslant 1\,020, \qquad \sum_{i=1}^{7} t_i x_i' \leqslant 1\,020, \tag{5.2}$$

$$\sum_{i=1}^{7} w_i x_i \leqslant 40, \qquad \sum_{i=1}^{7} w_i x_i' \leqslant 40, \tag{5.3}$$

货物箱库存量的限制为

$$x_i + x_i' \leqslant n_i \quad (i = 1, \cdots, 7), \tag{5.4}$$

关于第 5, 6, 7 这 3 种货物箱的限制可以写为

$$\sum_{i=5}^{7} t_i(x_i + x_i') \leqslant 302.7. \tag{5.5}$$

于是两辆平板车的装车问题可归结为如下数学模型:求满足约束条件 (5.2)～(5.5) 的非负整数 x_i, x_i',使由 (5.1) 式定义的 s 达到最大. 这是一个整数规划模型.

三、模型的求解

用直接枚举法解决这个问题是快捷与方便的.

1. 一般的枚举方法

为方便起见,将 x_i, $x_i'(i = 1, \cdots, 7)$ 统一写成 $y_i(i = 1, \cdots, 14)$,成立

$y_{2i-1} = x_i$, $y_{2i} = x_i'(i = 1, \cdots, 7)$.

一种最原始的方法就是穷举 y_1, $\cdots$, y_{14} 的一切可能的组合,对每一可能组合验证其是否满足约束条件(5.2)~(5.5).若不满足则将其淘汰;若满足所有约束就得可行解,计算其对应的目标函数值,若与已得的可行解对应的目标函数值相比它是最大的,记录该可行解与相应的目标函数值.如此穷尽 y_i 的一切可能组合,最后记录的最大目标函数值就是所求的最大值,对应于这个目标函数值的一切可行解就是最优解.这个过程可以用流程图(见图 5-10)直观地表示.这个枚举过程亦可用枚举树来描述.为简单起见,设共有 3 个变量 y_1,y_2 和 y_3.y_1 可取值 y_1^1,y_1^2 和 y_1^3;y_2 可取值 y_2^1 和 y_2^2;y_3 可取值 y_3^1 和 y_3^2.这一问题的枚举树由图 5-11 表示,其中圆圈中的 y_i 表示对 y_i 取值,该圆圈发出的分支上的文字表示 y_i 的具体取值,分支末端的方框表示判断是否为可行解、目标函数值的计算和比较等.对于实际问题,无论从层次和分支数来看,一般都要复杂得多.实际枚举可以这样进行,先取 $y_1 = y_1^1$,$y_2 = y_2^1$,$y_3 = y_3^1$ 这一组合,它对应于枚举树的如图 5-12 所示的分支,对它进行计算之后,保持 $y_1 = y_1^1$ 和 $y_2 = y_2^1$,另取 $y_3 = y_3^2$(图中最后为虚线的分支)进行计算.在固定 $y_1 = y_1^1$ 和 $y_2 = y_2^1$ 的前提下,穷尽 y_3 的一切可能取值.下一步可以回溯一个层次,改变 y_2,令 $y_2 = y_2^2$,再取 $y_3 = y_3^1$,即对组合 $y_1 = y_1^1$,$y_2 = y_2^2$,$y_3 = y_3^1$ 进行计算;然后再取 $y_3 = y_3^2$,即

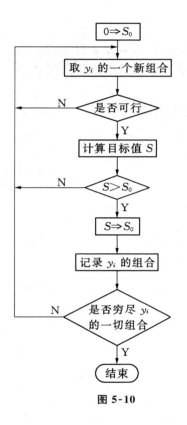

图 5-10

对组合 $y_1 = y_1^1$,$y_2 = y_2^2$,$y_3 = y_3^2$ 进行计算和判别(分别对应于图 5-13 的实线和虚线分支).这时在 $y_1 = y_1^1$ 的前提下穷尽了 y_2 和 y_3 一切可能取值的组合.此时,又可以再回溯一层,改变 y_1 的取值,令 $y_1 = y_1^2$,重复前述的类似过程,即对图 5-11 中间的 4 个分支进行枚举,最后再取 $y_1 = y_1^3$,对相应的 4 个分支进行枚举.

这一枚举过程与§5.1和§5.2中叙述的枚举过程不同,并非对分叉树的同一层进行计算和比较,而是对一个分支直至末端进行计算和判别,然后回溯到上一层再对另一完整分支进行计算和判别.这种枚举过程可称为**深度优先**,在计算机上,这一枚举过程可由计算机语言的多重循环来实现.

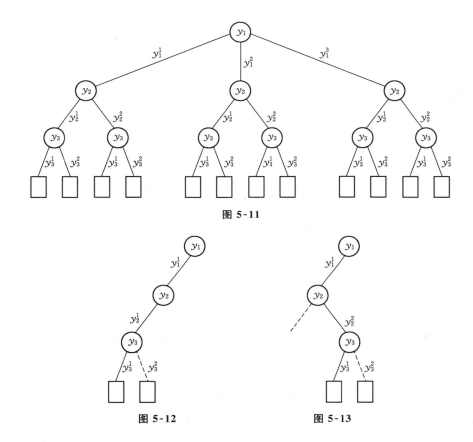

图 5-11

图 5-12   图 5-13

实际中,变量往往很多,每个变量的取值范围又较大,枚举树的分支很多,即使用计算机也很难实现枚举. 对两辆平板车装车问题,共有 14 个变量,其取值范围可以是 $0 \leqslant y_1$,y_2,y_{13},$y_{14} \leqslant 8$,$0 \leqslant y_3$,$y_4 \leqslant 7$,$0 \leqslant y_5$,$y_6 \leqslant 9$,$0 \leqslant y_7$,y_8,y_9,$y_{10} \leqslant 6$,$0 \leqslant y_{11}$,$y_{12} \leqslant 4$,枚举树共有 2 520 473 760 000 个分支,穷举是十分困难的.

为了减少枚举树的分支数,减少枚举树的分叉,特别是接近枚举树主干的分叉(即减少枚举树的宽度),用某种准则及时剪支应是有效的方法. 如何减少枚举树的宽度或剪支,须视不同的问题采用不同的方法. 对以本节两辆平板车的装车问题为代表的一类问题,可采用如下方法:在考虑枚举树的第 k 层的分叉时,可将包含 y_k 的约束条件写成

$$\sum_{i=1}^{14} b_i^l y_i \leqslant q^l \quad (l = 1, 2, \cdots, L),$$

注意到 b_k^l 均为非负的,又注意到此时 y_1,…,y_{k-1} 均已取定,当 $b_k^l \neq 0$ 时,上述约束可以改写为

$$y_k \leqslant \left(q^l - \sum_{i=1}^{k-1} b_i^l y_i - \sum_{i=k+1}^{L} b_i^l y_i \right) \bigg/ b_k^l.$$

显然成立

$$y_k \leqslant \left(q^l - \sum_{i=1}^{k-1} b_i^l y_i \right) \bigg/ b_k^l \quad (l = 1, 2, \cdots, L),$$

于是有

$$y_k \leqslant \min_{1 \leqslant l \leqslant L} \left(q^l - \sum_{i=1}^{k-1} b_i^l y_i \right) \bigg/ b_k^l \triangleq B_k.$$

这样,y_k 的取值范围就缩小为满足

$$0 \leqslant y_k \leqslant B_k$$

的整数,这就显著地减少了枚举树的分叉数. 在每一层分叉都用此法减少分叉,枚举就可以在微型计算机上实现.

2. 一些技巧

对两辆平板车装车问题,还可以利用问题和数据的特点,采用一些特殊的技巧,进一步减少枚举的工作量.

首先,注意到第 5、第 6、第 7 类货物箱至多装载宽度为 302.7 cm 的约束,可以发现,即使两辆平板车上装载的这 3 种货物箱的厚度达到这一极限,还剩下 $2040 - 302.7 = 1737.3 \text{(cm)}$ 宽度的空间来装载其余 4 种货物箱. 但经过简单的计算可以发现,前 4 种货物箱的全部库存的总厚度恰好为 1 737.3 cm. 若一种装车方案未能将前 4 种货物箱装完,那么装载这 4 种箱子的总厚度不会超过 $1737.3 - 48.7 = 1688.6 \text{(cm)}$,因为在前 4 种货物箱中,厚度最小的一种也达到 48.7 cm. 此时,即使后 3 种货物箱装足 302.7 cm 的厚度,装载的总厚度也至多为 $1688.6 + 302.7 = 1991.3 \text{(cm)}$. 但是很容易取到一种将前 4 种货物箱全部装载的可行方案:$x_1 = 4$,$x_2 = 2$,$x_3 = 6$,$x_4 = 3$,$x_5 = x_6 = 0$,$x_7 = 2$,$x_1' = 4$,$x_2' = 5$,$x_3' = 3$,$x_4' = 3$,$x_5' = x_6' = 0$,$x_7' = 2$,其装载总厚度为 1 993.3 cm. 这就说明,若不将前 4 种货物箱全部装车,不可能得到最优解,亦即最优解必成立

$$x_i + x_i' = n_i \quad (i = 1, 2, 3, 4).$$

其次,由于前 4 种货物箱必须全部装车,因此前 4 种货物的装载厚度和可固定为 1 737.3 cm. 为使装载量最大,必须使两种车所装载的后 3 种货物箱的厚度

和越大越好. 通过简单的枚举可以发现,当 $x_5 + x_5' = 3$, $x_6 + x_6' = 3$, $x_7 = x_7' = 0$ 时,这 3 种货物箱的装载厚度和为 302.1 cm,是满足 $\leqslant 302.7$(cm)的最大值. 由此可见,装载货物的厚度和的最大值不可能超过 $1\ 737.3 + 302.1 = 2\ 039.4$(cm),对应于此目标函数值的可行解必为最优解.

至此,我们只须取定 $x_7 = x_7' = 0$,关于 $x_1, \cdots, x_6$ 进行枚举,枚举范围为满足 $0 \leqslant x_1 \leqslant 8$, $0 \leqslant x_2 \leqslant 7$, $0 \leqslant x_3 \leqslant 9$, $0 \leqslant x_4 \leqslant 6$, $0 \leqslant x_5 \leqslant 3$, $0 \leqslant x_6 \leqslant 3$ 的整数,枚举次数仅为 80 640 次,在微型计算机上只需几秒钟就可以完成. 若再用第 1 小段的方法处理关于厚度和重量的约束,枚举次数还可进一步减少.

用这样的方法可以得到 60 组不同的最优解. 若注意到两辆平板车的对称性,即对一组最优解,将 x_i 和 x_i' 互换,得到的仍然是最优解,枚举次数还可进一步减少.

§5.4   拼板问题

一、问题的提出

有一种智力玩具,由一块面积为 8×8 的正方形底板和 8 块形状不同、颜色各异的小拼板构成. 每块小拼板的两面着相同的颜色,皆由 8 个单位面积的小正方形构成(见图 5-14). 有多少种不同的方法能将这 8 块小拼板正好拼成 8×8 的正方形后放置在底板上?

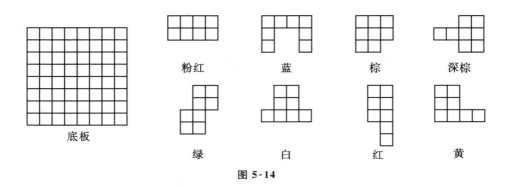

图 5-14

二、模型的建立

1. 拼板的不同放置方法

对每一小块拼板,在拼入 8×8 正方形底板时可以有多种不同的放置方法,

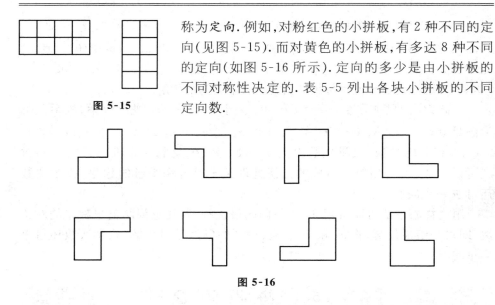

图 5-15

称为**定向**. 例如,对粉红色的小拼板,有 2 种不同的定向(见图 5-15). 而对黄色的小拼板,有多达 8 种不同的定向(如图 5-16 所示). 定向的多少是由小拼板的不同对称性决定的. 表 5-5 列出各块小拼板的不同定向数.

图 5-16

表 5-5

颜　色	粉红	蓝色	棕色	深棕	绿色	白色	红色	黄色
定向数	2	4	4	4	4	4	8	8

将颜色进行编码,如表 5-6 所示. 设第 i 种颜色的拼板共有 l_i 种不同的定向($i = 1, 2, \cdots, 8$),将颜色编码为 i 的拼板的不同定向从 1 至 l_i 依次编号,那么,可用 $i^j (1 \leqslant i \leqslant 8, 1 \leqslant j \leqslant l_i)$ 表示将颜色编码为 i,按编号 j 的定向拼入底板之中.

表 5-6

颜色	粉红	蓝色	棕色	深棕	绿色	白色	红色	黄色
编码	1	2	3	4	5	6	7	8

2. 拼图的数学描述

将底板上的 8×8 个小正方形与一个 8×8 矩阵 $\boldsymbol{A} = (a_{pq})_{8 \times 8}$ 建立一个对应关系:若第 p 行第 q 列的小正方形未被小拼板覆盖,则 $a_{pq} = 0$,否则若该正方形被颜色编码为 i 的小拼板覆盖,则 $a_{pq} = i$. 此矩阵称为**覆盖矩阵**. 若一块特定颜色和定向的小拼板拼入图中时,其左上角的单位正方形所覆盖的底板上的单位正方形的位置已经确定,则该小拼板拼入后的状态就唯一确定了. 设该小正方形位于底板的 p 行 q 列,则称 (p, q) 为定位点. 对 8 种颜色的小拼板各选定一种定向,同时给出它们各自的定位点就给出了一种拼图的方案.当然这种方案未必能恰好拼出一个 8×8 的正方形,这时称该方案是不可行的.若一个方案完全覆盖了 8×8 正方形底板就称为可行的方案,对应的矩阵 A 给出了这种拼法的数学描述.

人们在拼板时,通常会采取这样一种办法:用一种颜色的小拼板按某种定向覆盖底板左上角的空间,然后再用另一种颜色的小拼板按某种定向覆盖底板上未被覆盖的左上方空间,即选择最上方未被完全覆盖行的最左方列作为定位点.若开始时将 A 的元素全部置为 0,则在一块新的小拼板被拼入底板后,就可根据其覆盖底板上小正方形的情形及时修改 A 的对应元素.然后,选取矩阵 A 中包含 0 元素的指标最小的行,设其下标为 p_0,该行中最左方的 0 元素位于 q_0 列,则选 (p_0, q_0) 为下一块小拼板的定位点.如此,当一块小拼板拼入后,下一块小拼板的定位点就唯一确定了.按照这样的规则,序列

$$i_1^{j_1}, \ i_2^{j_2}, \ \cdots, \ i_8^{j_8} \tag{5.6}$$

就唯一地给出了一个拼板的方案,其中 $(i_1, i_2, \cdots, i_8)$ 是 $(1, 2, \cdots, 8)$ 的一个排列,而 j_k 满足 $1 \leqslant j_k \leqslant l_{i_k}$ 表示颜色编码为 i_k 的某一定向.不妨称序列(5.6)为一个覆盖序列.

3. 数学模型

称能完全覆盖底板上 8×8 个单位小正方形的覆盖序列为**完全覆盖序列**.求拼板问题的可行解就归结为寻找出所有的完全覆盖序列.每一个完全覆盖序列所对应的矩阵 A 给出了这一完全覆盖序列所对应的具体拼法.

问题亦可换一种提法,即从以下 8 个集合 $\{1^1, 1^2\}$,$\{2^1, 2^2, 2^3, 2^4\}$,$\{3^1, 3^2, 3^3, 3^4\}$,$\{4^1, 4^2, 4^3, 4^4\}$,$\{5^1, 5^2, 5^3, 5^4\}$,$\{6^1, 6^2, 6^3, 6^4\}$,$\{7^1, 7^2, \cdots, 7^8\}$,$\{8^1, 8^2, \cdots, 8^8\}$ 各抽一个元素构成的排列(即覆盖序列)全体中,找出所有的完全覆盖序列.

三、模型的求解

若采用穷举的方法,本模型须枚举

$$2 \times 4^5 \times 8^2 \times 8! = 5\ 284\ 823\ 040(\text{次}).$$

采用深度优先的枚举方法可以大大减小枚举的次数.

若用枚举树直观地表示,枚举树的第 k 层元素表示第 k 次拼入底板的小拼板的颜色与定向.每一层向下一层分叉时,不能再出现其母支上已经出现过的颜色编码.为了直观起见,我们用一个简化的问题来加以说明,它只有两块小拼板,

其定向分别为 $\{1^1,\ 1^2\}$，$\{2^1,\ 2^2,\ 2^3\}$，对应的枚举树如图 5-17 所示.

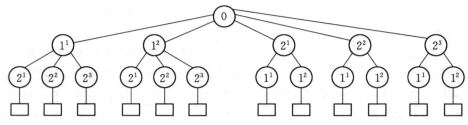

图 5-17

对这一问题，深度优先的枚举为:先考察 1^1，2^1 是否为完全覆盖序列,若是完全覆盖序列,记下它的覆盖矩阵,然后再对覆盖序列 1^1，2^2 进行考察……再对覆盖序列 1^1，2^3 进行考察……然后,回溯到第 0 层,考察以 1^2 开始的序列……如在第一层发现某些分支不可能产生完全覆盖序列,就可及早将该支剪去,减少枚举的工作量. 例如,若以 2^2 开始的序列经某种方法判定不可能产生完全覆盖序列,则剪去如图 5-18 所示的分支,并回溯至上一层,对以 2^3 开始的序列进行考察.

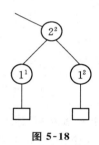

图 5-18

对于原来的拼板问题,在覆盖序列前 $k-1$ 个元素已经确定的情况下,考察第 k 个元素 $i_k^{j_k}$:若 $i_1^{j_1}$，$i_2^{j_2}$，$\cdots$，$i_{k-1}^{j_{k-1}}$，$i_k^{j_k}$ 有可能构成完全覆盖序列,就继续挑选序列的第 $k+1$ 个元素;若已能判别以此 k 个元素开始的序列不可能构成完全覆盖序列,则进一步考察 j_k. 若 $j_k < l_{i_k}$,则用 $i_k^{j_k+1}$ 代替 $i_k^{j_k}$ 作为序列的第 k 个元素进行考察;若 $j_k = l_{i_k}$,则回溯一层,改变 $i_{k-1}^{j_{k-1}}$ 的选择. 如此继续进行到最后一层时,不管得到的序列是否是完全覆盖序列,都要进行回溯. 对得到的完全覆盖序列则记录对应的覆盖矩阵.

由此可见,减少枚举次数的关键在于如何及早从覆盖序列的前几个元素的构成,排除其成为完全覆盖序列的可能性. 若 $i_k^{j_k}$ 按定位点覆盖上去后,越出底板的边界,或重复覆盖了底板上已被覆盖的单位正方形,或在由覆盖矩阵中 0 元素构成的连通区域里,0 元素个数不为 8 的倍数时,显然不可能构成完全覆盖序列. 当然,还可以给出更加细致的准则,进一步减少枚举的次数.

用上述方法,在计算机上很快就可找到全部 48 种不同的拼板方法. 若将用一种拼法通过旋转 90°，180°，270°或镜像对称所得的 8 种拼法视为相同,那么,不同的拼法只有 6 种,如图 5-19 所示.

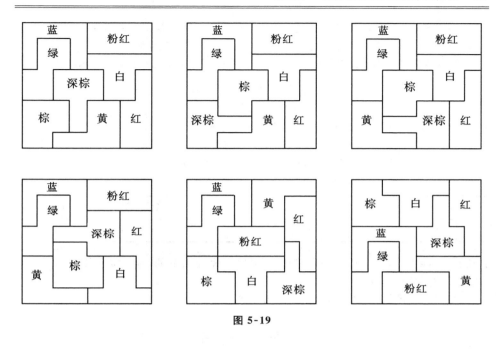

图 5-19

习 题

1. 一个旅行者的背包可以装 12 kg 物品,他可以从 5 件物品中选择若干件物品放在背包内,每件物品的价值和重量分别为 c_j 和 w_j($j=1, 2, \cdots, 5$),具体数值见表 5-7. 他应该选择哪几件物品放在背包内,使携带的物品价值最大?

表 5-7

物 品	1	2	3	4	5
重量/kg	3	4	3	4	6
价值/百元	12	12	9	16	30

2. 现有 14 件工件等待在一台机床上加工. 某些工件的加工必须安排在另一些工件完工以后才能开始. 第 j 号工件的加工时间 t_j(单位略)及先期必须完工的工件号由表 5-8 给出.

表 5-8

工件序号 j	1	2	3	4	5	6	7	8	9	10	11	12	13	14
加工时间 t_j	20	28	25	16	42	12	32	10	24	20	40	24	36	16
前期工件号	3,4	5,7,8	5,9	—	10,11	3,8,9	4	3,5,7	4	—	4,7	6,7,14	5,12	1,2,6

(1) 如给出一个加工顺序,则确定了每个工件的完工时间(包括等待与加工两个阶段). 试设计一个满足条件的加工顺序,使各个工件的完工时间之和达到最小.

(2) 若第 j 号工件紧接着第 i 号工件完工后开工,机床需要花费的准备时间 t_{ij} 满足

$$t_{ij} = \begin{cases} i+j, & i<j, \\ 2(i-j), & i>j. \end{cases}$$

试设计一个满足条件的加工顺序,使机床花费的总时间最小.

(3) 假定工件的完工时间(包括等待与加工两个阶段)超过一确定时限 u,则须支付一定的补偿费用,其数值等于超过时间与补偿费率 w_j 的乘积(各工件的补偿费率 w_j 见表 5-9).

表 5-9

j	1	2	3	4	5	6	7	8	9	10	11	12	13	14
w_j	12	10	15	16	10	11	10	8	5	4	10	10	8	12

试在 $u=100$ 及各 $t_{ij}=0$ 的情况下安排一个加工顺序,使花费的总补偿费用最小.

(4) 试对(3)中的 u 进行讨论.

(5) 能否对某些一般情形下上述各问题的解法作一些讨论?

实 践 与 思 考

1. 最佳泄洪方案. 有一条河流由于河床泥沙淤结,每当上游发生洪水时,就会破堤淹没两岸,造成人员和财产损失. 为减少总的损失,人们采取破堤泄洪方法. 图 5-20 所示是该河一岸区域的信息示意图. 在该区域边界上有很高的山,使该区域成为封闭区域. 区域内又分成 15 个小区,每个小区内标有 3 个数字,分别表示该小区的海拔高度 $h(\text{m})$、面积 $S(\text{km}^2)$ 及被完全淹没时土地、房屋和财产等损失总数 k(百万元). 假设:

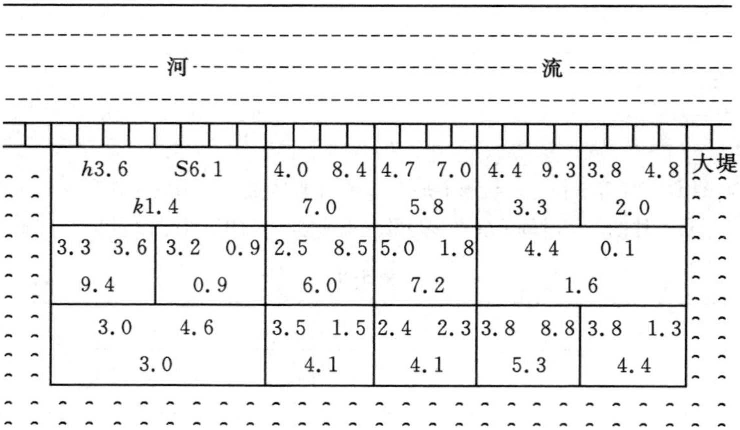

图 5-20

（a）各小区间有相对高度为 1.2 m 的小堤互相隔离. 例如左上方第一块 $(k = 1.4)$ 和第二块 $(k = 7.0)$ 小区间事实上有海拔 5.2 m 的小堤.

（b）当洪水淹没一个小区且水位高于该小区高度 p m 时, 该小区的损失为该小区的 k 和 p 的函数：

$$损失 = \begin{cases} kp, & 0 \leqslant p \leqslant 1, \\ k, & p \geqslant 1. \end{cases}$$

（c）假设决堤口可选在大堤或小堤的任何地方, 决堤口数目不受限制. 但一经决口, 就不能再补合. 从河流经大堤决口流入小区的洪水量按决口数成比例分配. 如在小区之间小堤开一决口, 则假设该两小区之间的这段小堤不复存在. 若水位高过小堤, 则将自动向邻近最低的一个小区泄洪. 若这样的小区有几块时, 则平均泄洪.

求：

（1）整个区域全部受损失的最小洪水量 Q；

（2）当洪水量为 $Q/6$, $Q/3$ 时分别制定泄洪方案, 使总损失最小（在一种方案中, 决堤同时进行）, 并计算出该方案的损失数.

第六章 公务员招聘模型

提要 本章讨论公务员招聘问题,在公平公正的前提下,根据笔试和面试的综合成绩确定录用方案,以满足用人部门的需要和应聘者的志愿.学习本章需要用到最优化的有关知识.

§6.1 问题的提出

我国公务员制度已实施多年,通常公务员招聘考试分为初试(笔试)和复试(面试)两个阶段.

参加应聘的人员先参加初试,根据初试的成绩选择若干名候选者进入复试.进入复试阶段的人员一般比实际招收的人员要多,以便从中择优录取.

复试采用面试方式,主要考核应聘人员的知识面、对问题的理解能力、应变能力和表达能力.面试专家组对每个应聘人员以上 4 个方面分别给出等级评分,从高到低依次为 A,B,C,D 4 个等级.

考虑到每个部门的不同性质,对招聘人员的要求也不尽相同.假设每个部门对各个面试项目均有相应的基本要求,且要求每个部门至少招收一名公务员.试设计一种合理的录用分配方案.

§6.2 择优录用模型

这是在日常工作生活中经常遇到的一类问题,例如单位招聘、研究生录取、本科生的自主招生等都是适用的,具有相当的普遍性.通常的做法是,根据面试的成绩,由高分到低分决定录取人员,这克服了一试(笔试)定终身的弊病,但对表达能力不太强的人会带来新的不公平,显得比较片面.如何综合笔试和面试的成绩来决定录取人员,这就是我们需要考虑的问题.

合理的方法是采用择优录用的方案,对所有应聘者,按其初试和复试的综合成绩,从高分到低分进行录取.

假设某单位有 M 个部门,拟招聘 $C(> M)$ 名公务员,进入复试阶段的应聘

者有 N 人.

　　记第 $j(j=1, 2, \cdots, N)$ 个应聘者的初试成绩为 A_j，第 $k(k=1, 2, 3, 4)$ 个单项的复试成绩为 b_{jk}，综合成绩为 B_j，最终总的综合成绩为 C_j.

　　由于复试的每个单项成绩均为等级分，应先对其进行量化，从而给出每个应聘者的复试成绩. 较为简单的方法是，将 A, B, C, D 这 4 个等级与 5, 4, 3, 2 相对应，相当于采用 5 级计分制. 这种方法没有考虑到不同等级对用人单位的影响. 通常 B 等成绩表示应聘者该项能力是较好的，而 D 等成绩则表示应聘者该项能力很差，不能胜任有关工作. 因此，这里采用偏大型的隶属函数更加好一些. 例如，取

$$f(x) = \begin{cases} [1 + \alpha(x - \beta)^{-2}]^{-1}, & 1 \leqslant x \leqslant 3, \\ a\ln x + b, & 3 < x \leqslant 5, \end{cases} \tag{6.1}$$

其中 α, β, a, b 为待定常数. 当等级为 A 时，令隶属度为 1，即 $f(5) = 1$；当等级为 C 时，令隶属度为 0.8，即 $f(3) = 0.8$；当等级为 E 时(考虑到 5 级计分制中，最低分为 1)，令隶属度为 0.01，即 $f(1) = 0.01$. 这样，可以求出 $\alpha = 1.108\,6$，$\beta = 0.894\,2$，$a = 0.391\,5$，$b = 0.369\,9$，从而得到隶属函数为

$$f(x) = \begin{cases} [1 + 1.108\,6(x - 0.894\,2)^{-2}]^{-1}, & 1 \leqslant x \leqslant 3, \\ 0.391\,5\ln x + 0.369\,9, & 3 < x \leqslant 5. \end{cases} \tag{6.2}$$

由(6.2)式可得，当等级为 B 时，$f(4) = 0.912\,6$；当等级为 D 时，$f(2) = 0.524\,5$.

　　利用上述方法，对每个应聘者各个单项成绩进行量化，得到单项成绩 b_{jk}. 假设这些单项成绩在综合评价中是同等重要的，则第 j 个应聘者的综合复试成绩为

$$B_j = \frac{1}{4} \sum_{k=1}^{4} b_{jk} \quad (j = 1, 2, \cdots, N). \tag{6.3}$$

　　注意到初试成绩与复试成绩在数值上相差甚远，为了能够进行统一比较，必须对两种成绩作标准化处理. 一种方法是，初试成绩满分为 300 分，故将初试成绩除以 300 作为初试标准化成绩，即令

$$A_j' = \frac{A_j}{300} \quad (j = 1, 2, \cdots, N). \tag{6.4}$$

而复试的综合成绩经过量化处理后已经介于 0 和 1 之间，无须再作处理了.

　　另一种方法是，采用规格化方法，即将所有应聘者初试成绩的最高分定义为 1，最低分定义为 0，中间的分数作线性化处理，从而得到初试成绩的规格化值为

$$A_j' = \frac{A_j - \min\limits_{1 \leqslant k \leqslant N} A_k}{\max\limits_{1 \leqslant k \leqslant N} A_k - \min\limits_{1 \leqslant k \leqslant N} A_k} \quad (j = 1, 2, \cdots, N). \tag{6.5}$$

对复试成绩作同样的处理,其规格化值为

$$B_j' = \frac{B_j - \min\limits_{1 \leqslant k \leqslant N} B_k}{\max\limits_{1 \leqslant k \leqslant N} B_k - \min\limits_{1 \leqslant k \leqslant N} B_k} \quad (j = 1, 2, \cdots, N). \tag{6.6}$$

不同的用人单位对初试和复试成绩的重视程度可能会有所不同,引入权系数 $\lambda(0 \leqslant \lambda < 1)$ 表示用人单位对初试成绩的重视程度,$\lambda = 0$ 表示仅以复试成绩为依据录用应聘者. 这样,第 j 个应聘者的综合成绩为

$$C_j = \lambda A_j' + (1 - \lambda)B_j' \quad (j = 1, 2, \cdots, N). \tag{6.7}$$

根据择优录用的原则,只须对综合成绩 $C_j(j = 1, 2, \cdots, N)$ 从大到小进行排序,录取前 C 名应聘者即可.

考察一个实例,假设某单位有 7 个部门,拟招聘 8 名公务员,每个部门至少招收 1 名,即 $M = 7$, $C = 8$. 经过初试,根据成绩从中选择出 16 名应聘人员进入复试,即 $N = 16.16$ 名应聘人员的初试成绩和复试成绩如表 6-1 所示.

表 6-1

应聘人员	初试成绩	复 试 成 绩			
		专业知识面	认识理解能力	灵活应变能力	表达能力
人员 1	290	A	A	B	B
人员 2	288	A	B	A	C
人员 3	288	B	A	D	C
人员 4	285	A	B	B	B
人员 5	283	B	A	B	C
人员 6	283	B	D	A	B
人员 7	280	A	B	C	B
人员 8	280	B	A	A	C
人员 9	280	B	B	A	B
人员 10	280	D	B	A	C
人员 11	278	D	C	B	A
人员 12	277	A	B	C	A
人员 13	275	B	C	D	A
人员 14	275	D	B	A	B
人员 15	274	A	B	C	B
人员 16	273	B	A	B	C

由(6.2)~(6.3)式可得 16 名应聘人员复试各单项成绩的量化值及综合复

试成绩(见表6-2).

表 6-2

应聘人员	复试量化成绩				综合复试成绩
	专业知识面	认识理解能力	灵活应变能力	表达能力	
人员 1	1.000 0	1.000 0	0.912 6	0.912 6	0.956 3
人员 2	1.000 0	0.912 6	1.000 0	0.800 0	0.928 2
人员 3	0.912 6	1.000 0	0.524 5	0.800 0	0.809 3
人员 4	1.000 0	0.912 6	0.912 6	0.912 6	0.934 5
人员 5	0.912 6	1.000 0	0.912 6	0.800 0	0.906 3
人员 6	0.912 6	0.524 5	1.000 0	0.912 6	0.837 4
人员 7	1.000 0	0.912 6	0.800 0	0.912 6	0.906 3
人员 8	0.912 6	1.000 0	1.000 0	0.800 0	0.928 2
人员 9	0.912 6	0.912 6	1.000 0	0.912 6	0.934 5
人员 10	0.524 5	0.912 6	1.000 0	0.800 0	0.809 3
人员 11	0.524 5	0.800 0	0.912 6	1.000 0	0.809 3
人员 12	1.000 0	0.912 6	0.800 0	1.000 0	0.928 2
人员 13	0.912 6	0.800 0	0.524 5	1.000 0	0.809 3
人员 14	0.524 5	0.912 6	1.000 0	0.912 6	0.837 4
人员 15	1.000 0	0.912 6	0.800 0	0.912 6	0.906 3
人员 16	0.912 6	1.000 0	0.912 6	0.800 0	0.906 3

因此,由(6.5)～(6.7)式可得各应聘人员的初试、复试标准化成绩、综合成绩(取 $\lambda = 0.5$)以及排名(见表6-3).根据择优录用的原则,应录取排名为前 8 名的应聘人员.

表 6-3

应聘人员	初试标准成绩	复试标准成绩	综合成绩	排　名
人员 1	1.000 0	1.000 0	1.000 0	1
人员 2	0.882 4	0.808 5	0.845 4	2
人员 3	0.882 4	0.000 0	0.441 2	9
人员 4	0.705 9	0.851 5	0.778 7	3
人员 5	0.588 2	0.660 0	0.624 1	5
人员 6	0.588 2	0.191 5	0.389 9	10
人员 7	0.411 8	0.660 0	0.535 9	7
人员 8	0.411 8	0.808 5	0.610 1	6

应聘人员	初试标准成绩	复试标准成绩	综合成绩	排　　名
人员 9	0.411 8	0.851 5	0.631 6	4
人员 10	0.411 8	0.000 0	0.205 9	13
人员 11	0.294 1	0.000 0	0.147 1	15
人员 12	0.235 3	0.808 5	0.521 9	8
人员 13	0.117 6	0.000 0	0.058 8	16
人员 14	0.117 6	0.191 5	0.154 6	14
人员 15	0.058 8	0.660 0	0.359 4	11
人员 16	0.000 0	0.660 0	0.330 0	12

§6.3　考虑用人部门要求的模型

一般来说,用人部门对所招聘的人员都有一个基本要求,复试内容通常是根据这些要求进行设计的.用人部门通常不会太看重应聘人员之间初试成绩的少量差异,而更注重应聘者的特长.因此,用人部门评价一个应聘者主要依据复试时应聘者所表现出来的特长.根据每个用人部门的基本要求和每个应聘者的实际条件(专家组的评价)的差异,用人部门对各个应聘者都存在一个相应的评价指标,称为满意度,记为 S_{ij},表示第 i 个部门对第 j 个应聘者的评价指标.

假设用人部门对应聘者的某项指标的满意程度可以分为"很不满意、不满意、不太满意、基本满意、比较满意、满意、很满意"7 个等级,并赋予相应的数值 1, 2, 3, 4, 5, 6, 7. 当应聘者的某项指标等级与用人部门相应的要求一致时,则认为用人部门为基本满意,即满意程度为 4;当应聘者的某项指标等级比用人部门相应的要求高一级时,则用人部门的满意度上升一级,即满意程度为 5;当应聘者的某项指标等级比用人部门相应的要求低一级时,则用人部门的满意度下降一级,即满意程度为 3;依此类推.

为了得到满意度的量化指标,注意到人们对不满意程度的敏感远远大于对满意程度的敏感,即用人部门对应聘者的满意程度降低一级可能导致用人部门极大的抱怨,但对满意程度增加一级只能引起用人部门满意度的少量增长.根据这样一个基本事实,可以取偏大型隶属函数

$$f(x) = \begin{cases} [1 + \alpha(x - \beta)^{-2}]^{-1}, & 1 \leqslant x \leqslant 4, \\ \alpha \ln x + b, & 4 < x \leqslant 7, \end{cases} \tag{6.8}$$

其中 α, β, a, b 为待定常数. 当用人部门对应聘者很满意时, 令满意度的量化值为 1, 即 $f(7) = 1$; 当用人部门对应聘者基本满意时, 令满意度的量化值为 0.8, 即 $f(4) = 0.8$; 当用人部门对应聘者很不满意时, 令满意度的量化值为 0.01, 即 $f(1) = 0.01$. 于是, 可以确定出 $\alpha = 2.494\,4$, $\beta = 0.841\,3$, $a = 0.357\,4$, $b = 0.304\,5$. 故

$$f(x) = \begin{cases} [1 + 2.494\,4(x - 0.841\,3)^{-2}]^{-1}, & 1 \leqslant x \leqslant 4, \\ 0.357\,4\ln x + 0.304\,5, & 4 < x \leqslant 7. \end{cases} \quad (6.9)$$

经计算得 $f(2) = 0.349\,9$, $f(3) = 0.651\,3$, $f(5) = 0.879\,7$, $f(6) = 0.944\,9$, 则用人部门对应聘者各单项指标满意程度的量化值从小到大依次为 0.01, 0.349 9, 0.651 3, 0.8, 0.879 7, 0.944 9, 1. 记第 i 个部门对第 j 个应聘者的各单项指标满意度的量化值为

$$(S_{ij}^{(1)}, S_{ij}^{(2)}, S_{ij}^{(3)}, S_{ij}^{(4)}) \quad (i = 1, 2, \cdots, M, \ j = 1, 2, \cdots, N), \quad (6.10)$$

并设应聘者的 4 项特长指标在用人部门对应聘者的综合评价中有同等的重要性, 于是第 i 个部门对第 j 个应聘者的总体满意度为

$$S_{ij} = \frac{1}{4}\sum_{k=1}^{4} S_{ij}^{(k)} \quad (i = 1, 2, \cdots, M, \ j = 1, 2, \cdots, N). \quad (6.11)$$

引入决策变量 $x_{ij}(i = 1, 2, \cdots, M, \ j = 1, 2, \cdots, N)$, 表示第 j 个应聘者是否被录用, 并分配到第 i 个部门, 即

$$x_{ij} = \begin{cases} 1, & \text{当录用第 } j \text{ 个应聘者, 并将其分配给第 } i \text{ 个部门时,} \\ 0, & \text{否则.} \end{cases} \quad (6.12)$$

根据"择优按需录用"的原则, 同时兼顾应聘者的初试、复试综合成绩以及用人部门对应聘者的满意度, 引入权重系数 $\mu(0 \leqslant \mu \leqslant 1)$, 目标函数可取为

$$z = \mu\sum_{i=1}^{M}\sum_{j=1}^{N} C_j x_{ij} + (1 - \mu)\sum_{i=1}^{M}\sum_{j=1}^{N} S_{ij} x_{ij}. \quad (6.13)$$

由假设, 每个部门至少要招收一名公务员, 因此有约束条件

$$\sum_{j=1}^{N} x_{ij} \geqslant 1 \quad (i = 1, 2, \cdots, M). \quad (6.14)$$

总共招收 C 名公务员, 于是有约束条件

$$\sum_{i=1}^{M}\sum_{j=1}^{N} x_{ij} = C. \quad (6.15)$$

每个应聘者最多只能被分配到一个部门,即有

$$\sum_{i=1}^{M} x_{ij} \leqslant 1 \quad (j = 1, 2, \cdots, N). \tag{6.16}$$

于是问题就归结为下面的 0-1 规划问题:

$$\begin{cases} \max z = \mu \sum_{i=1}^{M} \sum_{j=1}^{N} C_j x_{ij} + (1-\mu) \sum_{i=1}^{M} \sum_{j=1}^{N} S_{ij} x_{ij}, \\ \text{s. t. } \sum_{i=1}^{M} \sum_{j=1}^{N} x_{ij} = C, \\ \sum_{i=1}^{M} x_{ij} \leqslant 1 \quad (j = 1, 2, \cdots, N), \\ \sum_{j=1}^{N} x_{ij} \geqslant 1 \quad (i = 1, 2, \cdots, M), \\ x_{ij} = 0 \text{ 或 } 1 \quad (i = 1, 2, \cdots, M, j = 1, 2, \cdots, N). \end{cases} \tag{6.17}$$

对于上一节给出的实例,假设各用人部门对招聘人员每个特长的基本要求如表 6-4 所示.

表 6-4

用人部门	部门类别	各部门对公务员特长的期望要求			
		专业知识面	认识理解能力	灵活应变能力	表达能力
部门 1	(1)	B	A	C	A
部门 2	(2)	A	B	B	C
部门 3	(2)				
部门 4	(3)	C	C	A	A
部门 5	(3)				
部门 6	(4)	C	B	B	A
部门 7	(4)				

由(6.9)式和(6.11)式可计算出各用人部门对应聘者的满意度(见表 6-5).

由模型(6.17),用匈牙利算法求解,可得录用分配方案(见表 6-6),其中 μ 取为 0.5,目标函数的最大值为 5.950 6.

表 6-5

应聘人员	部门 1	部门 2 和部门 3	部门 4 和部门 5	部门 6 和部门 7
人员 1	0.802 7	0.839 9	0.798 1	0.819 0
人员 2	0.706 5	0.819 9	0.743 6	0.743 6
人员 3	0.650 3	0.670 2	0.546 1	0.614 8
人员 4	0.765 5	0.819 9	0.781 8	0.799 1
人员 5	0.707 4	0.782 8	0.706 5	0.727 3
人员 6	0.601 6	0.690 2	0.745 6	0.690 2
人员 7	0.745 6	0.782 8	0.706 5	0.761 9
人员 8	0.723 7	0.802 7	0.743 6	0.747 3
人员 9	0.761 9	0.802 7	0.802 7	0.802 7
人员 10	0.574 0	0.622 4	0.670 2	0.670 2
人员 11	0.594 9	0.601 6	0.725 7	0.725 7
人员 12	0.782 8	0.799 1	0.743 6	0.799 1
人员 13	0.650 3	0.649 4	0.622 4	0.670 2
人员 14	0.649 4	0.642 4	0.745 6	0.745 6
人员 15	0.745 6	0.782 8	0.706 5	0.761 9
人员 16	0.707 4	0.782 8	0.706 5	0.727 3

表 6-6

部　门	1	2	3	4	5	6	7
应聘者	1	2, 5	8	4	9	12	7

§6.4　考虑应聘者志愿的模型

随着社会的发展,目前用人单位的招聘通常都是双向选择,不仅用人部门有权选择优秀人才,应聘人员也有权选择有发展前途的单位和部门.假设每个应聘者都可以填写若干志愿,表示其愿意前往工作的部门.那么模型中还必须考虑应聘者对录取单位的满意程度,称为应聘者的满意度.

记 $v_{jk}(j = 1, 2, \cdots, N, k = 1, 2, \cdots, K)$ 表示第 j 个应聘者第 k 个志愿,其中 K 表示每个应聘者最多能够填写的志愿数.

类似于用人部门对应聘者满意度的处理方法,取应聘者对用人部门的满意度函数为 $f(x) = a\sqrt{b - x}$. 当用人部门为其第一志愿,则满意度为 1,即 $f(1) = 1$;当用人部门不在其志愿之列,则满意度为 0,即 $f(K + 1) = 0$,这里,我们用 $K + 1$ 表示不是其志愿的部门.容易得到

$$a = \frac{1}{\sqrt{K}}, \quad b = K + 1, \qquad (6.18)$$

即

$$f(x) = \frac{\sqrt{K+1-x}}{\sqrt{K}}. \qquad (6.19)$$

这样,第 j 个应聘者对第 i 个用人部门的满意度为

$$T_{ij} = \begin{cases} f(k), & \text{当 } v_{jk} = i \text{ 时}, \\ 0, & \text{当部门 } i \text{ 不是第 } j \text{ 个应聘者的志愿时}. \end{cases} \qquad (6.20)$$

于是,应聘者与用人部门之间的综合满意度可取为双方各自满意度的几何平均,即

$$R_{ij} = \sqrt{S_{ij} \cdot T_{ij}} \quad (i = 1, 2, \cdots, M, \ j = 1, 2, \cdots, N), \qquad (6.21)$$

从而问题可以归结为下面的 0-1 规划问题:

$$\begin{cases} \max z = \sum_{i=1}^{M} \sum_{j=1}^{N} R_{ij} x_{ij}, \\ \text{s. t. } \sum_{i=1}^{M} \sum_{j=1}^{N} x_{ij} = C, \\ \sum_{i=1}^{M} x_{ij} \leqslant 1 \quad (j = 1, 2, \cdots, N), \\ \sum_{j=1}^{N} x_{ij} \geqslant 1 \quad (i = 1, 2, \cdots, M), \\ x_{v_{jk}, j} = 0 \text{ 或 } 1 \quad (j = 1, 2, \cdots, N, k = 1, 2, \cdots, K), \\ x_{ij} = 0 \quad (j = 1, 2, \cdots, N, i \neq v_{jk}, k = 1, 2, \cdots, K). \end{cases} \qquad (6.22)$$

假设 7 个部门分成 4 类(见表 6-4),每个应聘人员可以填报 2 个志愿(即 $K = 2$),所填报的志愿是各部门的类别(见表 6-7).

表 6-7

应聘人员	志愿类别		应聘人员	志愿类别	
人员 1	(2)	(3)	人员 9	(1)	(3)
人员 2	(3)	(1)	人员 10	(3)	(1)
人员 3	(1)	(2)	人员 11	(4)	(1)
人员 4	(4)	(3)	人员 12	(3)	(4)
人员 5	(3)	(2)	人员 13	(2)	(1)
人员 6	(3)	(4)	人员 14	(1)	(3)
人员 7	(4)	(1)	人员 15	(1)	(4)
人员 8	(2)	(4)	人员 16	(4)	(1)

由(6.18)~(6.20)式可得应聘者对用人部门的满意度及双方的综合满意度,具体结果分别见表6-8和表6-9.

表 6-8

部门 应聘人员	部门 1	部门 2 和部门 3	部门 4 和部门 5	部门 6 和部门 7
人员 1	0.000 0	1.000 0	0.707 1	0.000 0
人员 2	0.707 1	0.000 0	1.000 0	0.000 0
人员 3	1.000 0	0.707 1	0.000 0	0.000 0
人员 4	0.000 0	0.000 0	0.707 1	1.000 0
人员 5	0.000 0	0.707 1	1.000 0	0.000 0
人员 6	0.000 0	0.000 0	1.000 0	0.707 1
人员 7	0.707 1	0.000 0	0.000 0	1.000 0
人员 8	0.000 0	1.000 0	0.000 0	0.707 1
人员 9	1.000 0	0.000 0	0.707 1	0.000 0
人员 10	0.707 1	0.000 0	1.000 0	0.000 0
人员 11	0.707 1	0.000 0	0.000 0	1.000 0
人员 12	0.000 0	0.000 0	1.000 0	0.707 1
人员 13	0.707 1	1.000 0	0.000 0	0.000 0
人员 14	1.000 0	0.000 0	0.707 1	0.000 0
人员 15	1.000 0	0.000 0	0.000 0	0.707 1
人员 16	0.707 1	0.000 0	0.000 0	1.000 0

表 6-9

部门 应聘人员	部门 1	部门 2 和部门 3	部门 4 和部门 5	部门 6 和部门 7
人员 1	0.000 0	0.916 4	0.751 2	0.000 0
人员 2	0.706 8	0.000 0	0.862 3	0.000 0
人员 3	0.806 4	0.688 4	0.000 0	0.000 0
人员 4	0.000 0	0.000 0	0.743 5	0.893 9
人员 5	0.000 0	0.744 0	0.840 5	0.000 0
人员 6	0.000 0	0.000 0	0.863 5	0.698 6
人员 7	0.726 1	0.000 0	0.000 0	0.872 9
人员 8	0.000 0	0.895 9	0.000 0	0.726 9
人员 9	0.872 9	0.000 0	0.753 4	0.000 0
人员 10	0.637 1	0.000 0	0.818 7	0.000 0
人员 11	0.648 6	0.000 0	0.000 0	0.851 9
人员 12	0.000 0	0.000 0	0.862 3	0.751 7
人员 13	0.678 1	0.805 8	0.000 0	0.000 0
人员 14	0.805 8	0.000 0	0.726 1	0.000 0
人员 15	0.863 5	0.000 0	0.000 0	0.734 0
人员 16	0.707 3	0.000 0	0.000 0	0.852 8

利用匈牙利算法求解模型(6.22),可得最终录用分配方案(见表 6-10),目标函数的最大值为 7.041 3.注意最优解不是唯一的.

表 6-10

部 门	1	2	3	4	5	6	7
应聘者	9, 15	1	8	2	6	4	7

习　　题

1. 已知有 6 个人(A_1, A_2, …, A_6)可以做 6 项工作(B_1, B_2, …, B_6),每个人做每项工作的效率如表 6-11 所示.如何安排每个人的工作,使得总的工作效率最大?

表 6-11

A_i ＼ B_i	B_1	B_2	B_3	B_4	B_5	B_6
A_1	3	5	1	0	0	2
A_2	6	4	3	2	5	4
A_3	1	4	2	2	1	2
A_4	1	2	3	3	3	1
A_5	2	1	3	2	4	2
A_6	3	2	5	4	6	6

2. 某游泳队准备从 5 名游泳队员中选择 4 人组成接力队,参加 4×100 m 混合泳接力比赛.5 名队员 4 种泳姿的百米平均成绩如表 6-12 所示,问应如何选拔队员组成接力队?

表 6-12

游泳项目 ＼ 队员	甲	乙	丙	丁	戊
蝶　泳	1′06″8	57″2	1′18″	1′10″	1′07″4
仰　泳	1′15″6	1′06″	1′07″8	1′14″2	1′11″
蛙　泳	1′27″	1′06″4	1′24″6	1′09″6	1′23″8
自由泳	58″6	53″	59″4	57″2	1′02″

3. 有一份中文说明书,须译成英、日、德、俄 4 种文字,分别记为 E, J, G, R.现有甲、乙、丙、丁 4 个人,他们将中文说明书翻译成不同语种的说明书所需要的时间如表 6-13 所示.应如何安排各人的翻译工作,使得所需要的总时间最少?

表 6-13

翻译员　　译文语种	E	J	G	R
甲	2	15	13	4
乙	10	4	14	15
丙	9	14	16	13
丁	7	8	11	9

实 践 与 思 考

1. 机场通常都是用"先来后到"的原则来分配飞机跑道,即当飞机准备好离开登机口时,驾驶员电告地面控制中心,加入等候跑道的队伍.

假设控制塔可以从快速联机数据库中得到每架飞机的如下信息:

(1) 预定离开登机口的时间;

(2) 实际离开登机口的时间;

(3) 机上乘客人数;

(4) 预定在下一站转机的人数和转机的时间;

(5) 到达下一站的预定时间.

又设共有 7 种飞机,载客量从 100 人起以 50 人递增,载客最多的一种是 400 人.

试开发和分析一种能使乘客和航空公司双方满意的数学模型.

第七章　飞行管理问题

提要　本章研究一个飞行管理问题. 通过不同的简化方法, 我们分别建立了问题的非线性规划和线性规划模型. 本章涉及平面解析几何和线性、非线性规划的初步知识.

§7.1　问题的提出

为了保障飞机的安全飞行, 人们将距地面 10 000 m(民航飞机通常的飞行高度)高空的近似平面的飞行区域剖分为若干互相邻接的相同的正方形区域, 每个区域由一个地面雷达站进行管理. 每当有一架飞机到达区域的边界时, 地面雷达站立即测量其位置和飞行方向, 并进行计算, 判断该飞机是否有与已在区域内的飞机发生碰撞的可能. 若有碰撞的可能, 则设法计算如何调整该飞机和区域内各飞机的飞行方向以避免碰撞, 并及时通知各飞机加以执行. 这就是我们要考察的飞行管理问题. 这个问题有时也称为空中交通管制问题.

由于飞机飞行的速度很快, 一般民航飞机的速度约为 800 km/h, 因此, 我们必须建立一个能实现快速计算的数学模型, 用控制论的术语, 建立的模型应该是"实时"的. 这就对我们的建模和模型的求解提出了较高的要求.

§7.2　假设与记号

为建立数学模型, 我们需要作一些假设与简化. 首先, 假设所有飞机均以飞行高度 10 000 m 进行飞行. 事实上不同类型的飞机有不同的飞行高度, 因此需要多层飞行管理, 在此我们不予考虑, 因为这仅仅是单层管理的简单推广. 我们还假设所有飞机的速度都是 800 km/h.

其次, 假设飞机飞行方向角的调整角度可以立即实现, 即不考虑转弯半径的影响. 同时方向角的调整不能太大, 例如不能超过 $\frac{\pi}{6}$.

为了保证安全, 必须使每两架飞机保持一个安全的距离, 所以当飞机间距离达到或小于 8 km 时,我们就认为有发生碰撞的危险,或干脆认为发生碰撞.我们还假定当一架飞机到达区域的边界时,它与区域内其他飞机的距离在60 km以上.同时,还假定在区域内的飞机的数量是有限制的,例如,不超过N架.

最后,注意到当飞机飞离本区域后即受邻近区域的管理,因此,不必考虑飞机离开区域以后的状况.

归纳起来,我们有以下假设:

(H1)所有飞机的飞行高度均为 10 000 m,飞行速度均为 800 km/h;

(H2)飞机飞行方向角调整幅度不超过 $\dfrac{\pi}{6}$,调整可以立即实现;

(H3)飞机不碰撞的标准是任意两架飞机之间的距离大于 8 km;

(H4)刚到达边界的飞机与其他飞机的距离均大于 60 km;

(H5)最多考虑 N 架飞机;

(H6)不必考虑飞机离开本区域以后的状况.

为方便以后的讨论,引进如下记号:

D 为飞行管理区域的边长;

Ω 为飞行管理区域,取直角坐标系使其为 $[0, D] \times [0, D]$;

v 为飞机飞行速度,$v = 800$ km/h;

(x_i^0, y_i^0)为第 i 架飞机的初始位置;

$(x_i(t), y_i(t))$为第 i 架飞机在 t 时刻的位置;

θ_i^0 为第 i 架飞机的原飞行方向角,即飞行方向与 x 轴的夹角,$0 \leqslant \theta_i^0 < 2\pi$;

$\Delta\theta_i$ 为第 i 架飞机的方向角调整,$-\dfrac{\pi}{6} \leqslant \Delta\theta_i \leqslant \dfrac{\pi}{6}$;

$\theta_i = \theta_i^0 + \Delta\theta_i$ 为第 i 架飞机调整后的飞行方向角.

§7.3 非线性规划模型

一、两架飞机不碰撞的条件

1. 两架飞机距离大于 8 km 的条件

设第 i 架和第 j 架飞机的初始位置为(x_i^0, y_i^0)和(x_j^0, y_j^0),飞行方向角分别为 θ_i 和 θ_j,那么经过时间 t,它们的位置分别为

$$\begin{cases} x_i(t) = x_i^0 + vt\cos\theta_i, \\ y_i(t) = y_i^0 + vt\sin\theta_i \end{cases} \tag{7.1}$$

和

$$\begin{cases} x_j(t) = x_j^0 + vt\cos\theta_j, \\ y_j(t) = y_j^0 + vt\sin\theta_j. \end{cases} \tag{7.2}$$

若记时刻 t 它们的距离为 $r_{ij}(t)$,则它们之间的距离的平方为

$$r_{ij}^2(t) = (x_i(t) - x_j(t))^2 + (y_i(t) - y_j(t))^2.$$

经简单计算可得

$$\begin{aligned} r_{ij}^2(t) = {}& v^2[(\cos\theta_i - \cos\theta_j)^2 + (\sin\theta_i - \sin\theta_j)^2]t^2 \\ & + 2v[(x_i^0 - x_j^0)(\cos\theta_i - \cos\theta_j) + (y_i^0 - y_j^0)(\sin\theta_i - \sin\theta_j)]t \\ & + (x_i^0 - x_j^0)^2 + (y_i^0 - y_j^0)^2. \end{aligned} \tag{7.3}$$

引入

$$a_{ij} = v^2[(\cos\theta_i - \cos\theta_j)^2 + (\sin\theta_i - \sin\theta_j)^2], \tag{7.4}$$

$$b_{ij} = 2v[(x_i^0 - x_j^0)(\cos\theta_i - \cos\theta_j) + (y_i^0 - y_j^0)(\sin\theta_i - \sin\theta_j)], \tag{7.5}$$

那么

$$r_{ij}^2(t) = a_{ij}t^2 + b_{ij}t + r_{ij}^2(0). \tag{7.6}$$

由此可见,两架飞机不碰撞的条件为

$$r_{ij}^2(t) = a_{ij}t^2 + b_{ij}t + r_{ij}^2(0) > 64. \tag{7.7}$$

2. 飞机到达区域边界的时间

由假设(H6),我们不必理会飞机飞离区域 Ω 的状况,因此,在考虑两架飞机是否在区域内发生碰撞时,只须考察两架飞机有一架到达边界之前(7.7)式是否成立就可以了.记第 i 架飞机到达边界的时间为 t_i,

$$t_{ij} = \min(t_i, t_j) \tag{7.8}$$

表示第 i 架飞机和第 j 架飞机中至少有一架到达边界的时间,从而在区域 Ω 内不发生碰撞的条件就成为要求(7.7)式在 $t \leqslant t_{ij}$ 时成立.

现在我们要计算第 i 架飞机到达边界的时间 t_i.通过对方向角 θ_i 的分析,不难得到 t_i 的计算公式如下:

$$t_i = \begin{cases} \dfrac{D - x_i^0}{v\cos\theta_i}, & \text{若 } 0 \leqslant \theta_i < \dfrac{\pi}{2},\ \tan\theta_i \leqslant \dfrac{D - y_i^0}{D - x_i^0} \text{ 或 } \dfrac{3\pi}{2} < \theta_i < 2\pi,\ -\tan\theta_i \leqslant \dfrac{y_i^0}{D - x_i^0}, \\[3mm] \dfrac{D - y_i^0}{v\sin\theta_i}, & \text{若 } 0 < \theta_i \leqslant \dfrac{\pi}{2},\ \tan\theta_i \geqslant \dfrac{D - y_i^0}{D - x_i^0} \text{ 或 } \dfrac{\pi}{2} \leqslant \theta_i < \pi,\ -\tan\theta_i \geqslant \dfrac{D - y_i^0}{x_i^0}, \\[3mm] \dfrac{-x_i^0}{v\cos\theta_i}, & \text{若 } \dfrac{\pi}{2} < \theta_i \leqslant \pi,\ -\tan\theta_i \leqslant \dfrac{D - y_i^0}{x_i^0} \text{ 或 } \pi \leqslant \theta_i < \dfrac{3\pi}{2},\ \tan\theta_i \leqslant \dfrac{y_i^0}{x_i^0}, \\[3mm] \dfrac{-y_i^0}{v\sin\theta_i}, & \text{若 } \pi < \theta_i \leqslant \dfrac{3\pi}{2},\ \tan\theta_i \geqslant \dfrac{y_i^0}{x_i^0} \text{ 或 } \dfrac{3\pi}{2} \leqslant \theta_i < 2\pi,\ -\tan\theta_i \geqslant \dfrac{y_i^0}{D - x_i^0}. \end{cases}$$

$$\tag{7.9}$$

二、不碰撞条件的另一种表述

由于飞机是作直线飞行,如果初始时刻两架飞机之间的距离有不减的趋势,而初始时飞机之间距离超过 8 km,两架飞机是不可能相撞的.这一条件即为

$$\frac{\mathrm{d}}{\mathrm{d}t} r_{ij}^2(t) \Big|_{t=0} \geqslant 0$$

或

$$b_{ij} \geqslant 0. \tag{7.10}$$

当

$$b_{ij} < 0 \tag{7.11}$$

满足时,有可能发生碰撞,碰撞时应成立

$$a_{ij} t^2 + b_{ij} t + r_{ij}^2(0) = 64.$$

令

$$c_{ij} = r_{ij}^2(0) - 64, \tag{7.12}$$

碰撞时应成立

$$a_{ij} t^2 + b_{ij} t + c_{ij} = 0. \tag{7.13}$$

若成立

$$b_{ij}^2 - 4a_{ij} c_{ij} < 0, \tag{7.14}$$

方程(7.13)无实根,碰撞不可能发生.

而当

$$b_{ij}^2 - 4a_{ij} c_{ij} \geqslant 0 \tag{7.15}$$

成立时,

$$T_{ij} = \frac{-b_{ij} - \sqrt{b_{ij}^2 - 4a_{ij} c_{ij}}}{2a_{ij}} \tag{7.16}$$

为这两架飞机碰撞的时间.而 $(x_i(T_{ij}), y_i(T_{ij}))$ 和 $(x_j(T_{ij}), y_j(T_{ij}))$ 为此时两架飞机所在位置.只要

$$x_i(T_{ij}) < 0 \quad \text{或} \quad x_i(T_{ij}) > D, \tag{7.17}$$

$$y_i(T_{ij}) < 0 \quad \text{或} \quad y_i(T_{ij}) > D, \tag{7.18}$$

$$x_j(T_{ij}) < 0 \quad \text{或} \quad x_j(T_{ij}) > D, \tag{7.19}$$

$$y_j(T_{ij}) < 0 \quad \text{或} \quad y_j(T_{ij}) > D \tag{7.20}$$

中有一式成立,碰撞发生在区域 Ω 以外,是不必考虑的情况. 于是在区域内不发生碰撞的条件就归结为

(C1) $b_{ij} \geqslant 0$, 或

(C2) $b_{ij} < 0$, $b_{ij}^2 - 4a_{ij}c_{ij} < 0$, 或

(C3) $b_{ij} < 0$, $b_{ij}^2 - 4a_{ij}c_{ij} \geqslant 0$, (7.17)~(7.20) 式中的任意一式成立.

三、非线性规划模型

设有一架飞机到达区域 Ω 的边界时,连同已在区域内的飞机共有 N 架. 设它们的位置为 (x_i^0, y_i^0),飞行方向角为 θ_i^0 $(i = 1, 2, \cdots, N)$. 为了避免在区域 Ω 内发生碰撞,对各架飞机进行 $\Delta\theta_i$ 的飞行角调整,又设调整后的飞行角为

$$\theta_i = \theta_i^0 + \Delta\theta_i, \quad i = 1, 2, \cdots, N.$$

调整的目的是避免在区域内发生碰撞,但显然应该使调整量越小越好. 引入目标函数

$$F(\Delta\theta_1, \Delta\theta_2, \cdots, \Delta\theta_n) = \sum_{i=1}^{N} |\Delta\theta_i|. \tag{7.21}$$

在我们讨论的飞行管理问题中它是有待于极小化的. 目标函数亦可取为 $\sum_{i=1}^{N} \Delta\theta_i^2$. 由前面的分析,第 i 架飞机与第 j 架飞机在 Ω 中不碰撞的条件为

$$r_{ij}^2(t) > 64, \quad t \leqslant t_{ij},$$

其中 $r_{ij}(t)$ 和 t_{ij} 分别由(7.6)式和(7.8)式定义. 而 N 架飞机在 Ω 中两两不相碰撞的条件可表述为

$$r_{ij}^2(t) > 64, \quad t \leqslant t_{ij}, i, j = 1, 2, \cdots, N, i \neq j, \tag{7.22}$$

这是极小化过程中必须满足的约束条件. 由假设(H2),另一约束条件应为

$$|\Delta\theta_i| \leqslant \frac{\pi}{6}, \quad i = 1, 2, \cdots, N. \tag{7.23}$$

飞行管理问题的数学模型就归结为在约束条件(7.22)和(7.23)下,求目标函数(7.21)的极小值. 通常表示为

$$\begin{cases} \min F(\Delta\theta_1, \Delta\theta_2, \cdots, \Delta\theta_N) = \sum_{i=1}^{N} |\Delta\theta_i|, \\ \text{s. t. } r_{ij}^2(t) > 64, \quad t \leqslant t_{ij}, i, j = 1, 2, \cdots, N, i \neq j, \\ \quad |\Delta\theta_i| \leqslant \frac{\pi}{6}, \quad i = 1, 2, \cdots, N. \end{cases} \tag{7.24}$$

由于在这个极小化问题中目标函数和约束条件关于变量 $\Delta\theta_1$, $\cdots$, $\Delta\theta_N$ 均为非线性的,因此方程组(7.24)是一个有约束的非线性规划模型.

由于约束条件(7.22)有较强的非线性,特别是 t_{ij} 的表达式比较复杂,我们可以将问题进一步简化.注意到区域 Ω 的对角线长度为 $\sqrt{2}D$,任一架飞机在 Ω 内的飞行距离不会超过 $\sqrt{2}D$,从而在区域内停留的时间不超过

$$t_m = \sqrt{2}D/v. \tag{7.25}$$

只要在时间 t_m 内飞机不发生碰撞就可以保证在 Ω 内不会发生碰撞.据此,我们将假设(H6)修改为

(H6)′ 不考虑飞机在时间 $t_m = \sqrt{2}D/v$ 以后的状况.

数学模型可简化为

$$
\begin{cases}
\min F(\Delta\theta_1, \Delta\theta_2, \cdots, \Delta\theta_N) = \sum_{i=1}^{N} |\Delta\theta_i|, \\
\text{s.t. } r_{ij}^2(t) > 64, \quad t \leqslant t_m, \ i, j = 1, 2, \cdots, N, i \neq j, \\
|\Delta\theta_i| \leqslant \dfrac{\pi}{6}, \ i = 1, 2, \cdots, N.
\end{cases} \tag{7.26}
$$

由于 t_m 是一个不依赖 $\Delta\theta_i$ 的常数,问题得到了明显的简化.

§7.4 非线性规划模型的求解

一、枚举法

将 $\Delta\theta_i$ 的取值范围 $\left[-\dfrac{\pi}{6}, \dfrac{\pi}{6}\right]$ 进行等分,设 $\Delta\theta_i$ 仅取这些分点上的值.我们称这为将 $\Delta\theta_i$ 离散化的过程.例如将 $\left[-\dfrac{\pi}{6}, \dfrac{\pi}{6}\right]$ 6 000 等分,$\Delta\theta_i$ 共有 6 001 种取值,即 $\Delta\theta_i = -30$, $\Delta\theta_i = -29.99$, $\cdots$, $\Delta\theta_i = 29.99$, $\Delta\theta_i = 30$,单位为度.那么 $(\Delta\theta_1, \Delta\theta_2, \cdots, \Delta\theta_N)$ 共有 $6\,001^N$ 种不同的取法.

1. 穷举法

对所有 $6\,001^N$ 种 $(\Delta\theta_1, \Delta\theta_2, \cdots, \Delta\theta_N)$ 的不同组合,逐一检验各架飞机采用飞行方向角 $\theta_i = \theta_i^0 + \Delta\theta_i$, $i = 1, 2, \cdots, N$ 是否会发生碰撞,若发生碰撞,则将其排除,否则记录 $(\Delta\theta_1, \Delta\theta_2, \cdots, \Delta\theta_N)$ 及 $\sum_{i=1}^{N} |\Delta\theta_i|$ 的值.对应于这些 $\sum_{i=1}^{N} |\Delta\theta_i|$ 的最小值的 $(\Delta\theta_1, \Delta\theta_2, \cdots, \Delta\theta_N)$ 即为我们所求的最优方向角调整值.

由于 $\Delta\theta_i$ 的取值是以 0.01 度的步长变化的,用上述方法穷举的精度达到了

0.01 度.

在判别用组合 $(\Delta\theta_1,\ \Delta\theta_2,\ \cdots,\ \Delta\theta_N)$ 作为飞行方向角调整是否发生碰撞时,用碰撞条件检验要比用不碰撞条件检验更为方便. 即在检验第 i 架飞机和第 j 架飞机时,若

$$b_{ij} < 0,$$

$$b_{ij}^2 - 4a_{ij}c_{ij} \geqslant 0,$$

$$0 \leqslant x_i(T_{ij}),\ y_i(T_{ij}),\ x_j(T_{ij}),\ y_j(T_{ij}) \leqslant D \tag{7.27}$$

同时成立,即在 Ω 内发生碰撞,否则不发生碰撞.

用穷举法的计算量是极大的,以 $N = 6$ 为例,枚举次数约达到 4.7×10^{22} 次,即使用最快的计算机也不可能完成飞行的实时管理.

2. 枚举方法的改进

一种改进的方法称为多尺度枚举法,其主要思想是:为了达到较高的精度,先用较低的精度进行穷举,然后在该精度的极小值附近用更高的精度进行穷举. 例如,我们需要的最终精度是 0.01 度. 先用 1 度为步长将 $\left[-\dfrac{\pi}{6},\ \dfrac{\pi}{6}\right]$ 分成 60 等分,求得使 $\displaystyle\sum_{i=1}^{N}|\Delta\theta_i|$ 达极小的、不碰撞的 $(\Delta\theta_1^1,\ \Delta\theta_2^1,\ \cdots,\ \Delta\theta_N^1)$. 此时 $\Delta\theta_i^1$ 的取值均为整数. 然后,将 $\Delta\theta_i$ 的搜索范围改为 $[\Delta\theta_i^1 - 1,\ \Delta\theta_i^1 + 1]$,$i = 1,\ 2,\ \cdots,\ N$,将其分为 20 等分,再进行穷举,得 $(\Delta\theta_1^2,\ \Delta\theta_2^2,\ \cdots,\ \Delta\theta_N^2)$,此时精度为 0.1 度,再将 $\Delta\theta_i$ 的搜索范围改变为 $[\Delta\theta_i^2 - 0.1,\ \Delta\theta_i^2 + 0.1]$,再分为 20 等分进行穷举,精度即可达到 0.01 度.

另一种改进的方法是,注意到搜索目标是不发生碰撞的最小的 $\displaystyle\sum_{i=1}^{N}|\Delta\theta_i|$,在离散化后,将 $(\Delta\theta_1,\ \Delta\theta_2,\ \cdots,\ \Delta\theta_N)$ 的所有不同组合按 $\displaystyle\sum_{i=1}^{N}|\Delta\theta_i|$ 不减的次序排序,按照此次序进行搜索,搜索到第一个不发生碰撞的组合,即为所求.

二、使用导数的非线性规划算法

飞行管理的非线性规划模型实际上是在某些约束条件下求一个多元函数的极小值. 这种问题一般可以写成:

$$\begin{cases} \min F(x_1,\ x_2,\ \cdots,\ x_n), \\ \text{s. t. } f(x_1,\ x_2,\ \cdots,\ x_n) = 0, \\ \quad\quad g(x_1,\ x_2,\ \cdots,\ x_n) \leqslant 0, \end{cases} \tag{7.28}$$

其中 $F(x_1, x_2, \cdots, x_n)$ 称为目标函数, $f(x_1, x_2, \cdots, x_n) = 0$ 和 $g(x_1, x_2, \cdots, x_n) \leqslant 0$ 称为约束条件,前者称为等式约束,后者称为不等式约束. 一般的情况下,等式约束条件和不等式约束条件都可以不止一个.

最常用的约束非线性规划的求解方法是,首先将其化为无约束的非线性规划问题,然后利用导数信息求其极值.

1. 化为无约束非线性规划

引入罚函数项的方法通常可以将约束非线性规划化为无约束非线性规划.

首先引入函数正部的概念,对函数 $g(x_1, x_2, \cdots, x_n)$,其正部定义为

$$(g(x_1, x_2, \cdots, x_n))_+ = \begin{cases} g(x_1, x_2, \cdots, x_n), & \text{若 } g(x_1, x_2, \cdots, x_n) > 0, \\ 0, & \text{若 } g(x_1, x_2, \cdots, x_n) \leqslant 0. \end{cases}$$

引入两个罚函数项:

$$C_1 f^2(x_1, x_2, \cdots, x_n) \tag{7.29}$$

和

$$C_2(g(x_1, x_2, \cdots, x_n))_+^2, \tag{7.30}$$

其中 C_1, C_2 为适当大的正数,约束非线性规划问题(7.28)即可以用无约束非线性规划问题

$$\min F'(x_1, x_2, \cdots, x_n) = F(x_1, x_2, \cdots, x_n) + C_1 f^2(x_1, x_2, \cdots, x_n) \\ + C_2(g(x_1, x_2, \cdots, x_n))_+^2 \tag{7.31}$$

来代替. 有兴趣的同学可以参阅非线性规划或最优化的专门著作.

2. 无约束非线性规划的导数方法

现考虑无约束非线性规划问题

$$\min F(x_1, x_2, \cdots, x_n) = F(\boldsymbol{X}), \tag{7.32}$$

其中 $\boldsymbol{X} = (x_1, x_2, \cdots, x_n)$ 是 n 维向量.

通常求解过程是决定一个迭代序列 $\boldsymbol{X}_0$, $\boldsymbol{X}_1$, $\cdots$,若此序列为有限,其最后一项,使 $F(\boldsymbol{X})$ 达到最小;若 $\{\boldsymbol{X}_i\}$ 为无限,则要求 $F(\boldsymbol{X}_i)$ 趋近于函数的最小值. 而迭代序列 $\{\boldsymbol{X}_i\}$ 利用函数 $F(\boldsymbol{X})$ 及其导数的信息产生.

最简单的方法称为最速下降法,其主要依据是函数的负梯度方向为其最速下降的方向. 据此,若 k 次迭代为 $\boldsymbol{X}_k$,求 $F(\boldsymbol{X})$ 在该点的梯度 $\nabla F(\boldsymbol{X}_k) = \left(\frac{\partial F}{\partial x_1}(\boldsymbol{X}_k), \frac{\partial F}{\partial x_2}(\boldsymbol{X}_k), \cdots, \frac{\partial F}{\partial x_n}(\boldsymbol{X}_k) \right)^{\mathrm{T}}$,那么函数在负梯度方向上的值为

$$f_k(t) = F(\boldsymbol{X}_k - t \nabla F(\boldsymbol{X}_k)). \tag{7.33}$$

求此一元函数的极小值

$$f_k(t_k) = \min_t f_k(t), \tag{7.34}$$

则取

$$\boldsymbol{X}_{k+1} = \boldsymbol{X}_k - t_k \, \boldsymbol{\nabla} F(\boldsymbol{X}_k), \tag{7.35}$$

由此得到迭代序列 $\boldsymbol{X}_0$，$\boldsymbol{X}_1$，…. 当 $|\boldsymbol{\nabla} F(\boldsymbol{X}_k)| < \varepsilon$ 时，就可用 $\boldsymbol{X}_k$ 作为近似最小值点，其中 ε 是事先给定的小正数.

若用 $F(\boldsymbol{X})$ 在 $\boldsymbol{X}_k$ 附近的泰勒(Taylor)展开的二次近似代替 $F(\boldsymbol{X})$，并求相应的下降方向的方法就是牛顿(Newton)法. 其他相关的方法还有共轭梯度法和拟牛顿法等.

在采用上述方法时，初值 $\boldsymbol{X}_0$ 的选择是十分重要的. 例如，我们用较低精度的枚举得到的结果作为迭代初值，可以取得好的效果.

3. 软件的使用

目前的数学软件如 MATLAB 和 MATHEMATICA 都有求解无约束和约束非线性规划的程序模块和有关的命令语句. 另外还有许多非线性规划软件包.

在使用这些软件时，只要按要求将目标函数与约束条件按规定正确输入，应用有关的命令与语句，即可获得结果.

§7.5 线性规划模型

§7.4 中建立的模型(7.24)和(7.26)由于目标函数和约束条件都不是线性函数，因而它们都是非线性规划问题. 若放弃假设(H6)，将不碰撞理解为两架飞机永远不会产生距离达到 8 km 的情形，那么约束条件可以化为线性的，从而将模型归结为求解多个线性规划问题.

一、目标函数的处理

目标函数(7.21)因包含绝对值，所以不是线性的，但是如果增加一些约束条件就可以将绝对值去掉，将其化为线性函数. 例如对于 $N = 3$ 的情形，目标函数(7.21)可化为 $2^3 = 8$ 个目标函数为线性的规划问题，以下列举其中的 3 个，其余 5 个可用类似方法写出：

$$\begin{cases} \min \Delta\theta_1 + \Delta\theta_2 + \Delta\theta_3, \\ \text{s. t. } r_{ij}^2(t) \geqslant 64, \quad t \leqslant t_{ij}, \ i, j = 1, 2, 3, \ i \neq j, \\ \quad \Delta\theta_1 \leqslant \dfrac{\pi}{6}, \quad \Delta\theta_2 \leqslant \dfrac{\pi}{6}, \quad \Delta\theta_3 \leqslant \dfrac{\pi}{6}, \\ \quad \Delta\theta_1 \geqslant 0, \quad \Delta\theta_2 \geqslant 0, \quad \Delta\theta_3 \geqslant 0; \end{cases}$$

$$\begin{cases} \min \Delta\theta_1 + \Delta\theta_2 - \Delta\theta_3, \\ \text{s. t. } r_{ij}^2(t) > 64, \quad t \leqslant t_{ij}. \ i, j = 1, 2, 3, \ i \neq j, \\ \quad \Delta\theta_1 \leqslant \dfrac{\pi}{6}, \quad \Delta\theta_2 \leqslant \dfrac{\pi}{6}, \quad \Delta\theta_3 \geqslant -\dfrac{\pi}{6}, \\ \quad \Delta\theta_1 \geqslant 0, \quad \Delta\theta_2 \geqslant 0, \quad \Delta\theta_3 \leqslant 0; \end{cases}$$

$$\begin{cases} \min -\Delta\theta_1 - \Delta\theta_2 - \Delta\theta_3, \\ \text{s. t. } r_{ij}^2(t) > 64, \quad t < t_{ij}, \ i, j = 1, 2, 3, \ i \neq j, \\ \quad \Delta\theta_1 \geqslant -\dfrac{\pi}{6}, \quad \Delta\theta_2 \geqslant -\dfrac{\pi}{6}, \quad \Delta\theta_3 \geqslant -\dfrac{\pi}{6}, \\ \quad \Delta\theta_1 \leqslant 0, \quad \Delta\theta_2 \leqslant 0, \quad \Delta\theta_3 \leqslant 0. \end{cases}$$

将此 8 个规划问题求解后,取其目标函数最小的解即为原问题的解. 不难看出,这样的处理,同时去掉了约束条件(7.23)的绝对值. 对一般的 N,用这样的方法要解 2^N 个目标函数线性化的规划问题.

二、不碰撞约束的处理

对目标函数和约束条件(7.23),用补充 $\Delta\theta_i$ 符号的约束条件的方法已经化为线性函数或约束. 现用相对运动的观点来考察不碰撞约束.

根据相对运动的观点,在考察两架飞机 i 和 j 的飞行时,可以将飞机 i 视为不动而飞机 j 以相对速度

$$\boldsymbol{v} = (v\cos\theta_j - v\cos\theta_i, \ v\sin\theta_j - v\sin\theta_i) \tag{7.36}$$

相对于飞机 i 运动. 对(7.36)式进行适当的化约可得

$$\begin{aligned} \boldsymbol{v} &= 2v\left(-\sin\frac{\theta_j + \theta_i}{2}\sin\frac{\theta_j - \theta_i}{2}, \ \sin\frac{\theta_j - \theta_i}{2}\cos\frac{\theta_j + \theta_i}{2}\right) \\ &= 2v\sin\frac{\theta_j - \theta_i}{2}\left(-\sin\frac{\theta_j + \theta_i}{2}, \ \cos\frac{\theta_j + \theta_i}{2}\right) \\ &= 2v\sin\frac{\theta_j - \theta_i}{2}\left(\cos\left(\frac{\pi}{2} + \frac{\theta_j + \theta_i}{2}\right), \ \sin\left(\frac{\pi}{2} + \frac{\theta_j + \theta_i}{2}\right)\right). \tag{7.37} \end{aligned}$$

不妨设 $\theta_j \geqslant \theta_i$,此时相对飞行方向角为 $\alpha_{ij} = \dfrac{\pi}{2} + \dfrac{\theta_i + \theta_j}{2}$,见图 7-1.

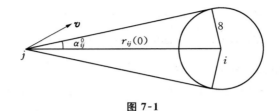

图 7-1

由于两架飞机的初始距离为

$$r_{ij}(0) = \sqrt{(x_i^0 - x_j^0)^2 + (y_i^0 - y_j^0)^2},\tag{7.38}$$

记

$$\alpha_{ij}^0 = \arcsin \frac{8}{r_{ij}(0)},\tag{7.39}$$

则只要飞行方向角 α_{ij} 满足

$$\alpha_{ij}^0 < \alpha_{ij} < 2\pi - \alpha_{ij}^0,\tag{7.40}$$

两架飞机不可能碰撞(见图 7-1).

由于 α_{ij} 是飞行方向角,应满足 $0 \leqslant \alpha_{ij} < 2\pi$,但 α_{ij} 是由 $\alpha_{ij} = \dfrac{\pi}{2} + \dfrac{\theta_j + \theta_i}{2}$ 给出的,注意到 $0 \leqslant \theta_i^0$, $\theta_j^0 < 2\pi$, $-\dfrac{\pi}{6} \leqslant \Delta\theta_i$, $\Delta\theta_j \leqslant \dfrac{\pi}{6}$,因此有

$$\frac{\pi}{3} \leqslant \alpha_{ij} \leqslant 2\pi + \frac{2\pi}{3}.\tag{7.41}$$

α_{ij} 有可能超出 2π,此时只须将(7.40)式修改为

$$\alpha_{ij}^0 < \alpha_{ij}\,(\text{mod}\,2\pi) < 2\pi - \alpha_{ij}^0\tag{7.42}$$

即可.此时第 i 架与第 j 架飞机不碰撞的条件就成为

$$\alpha_{ij}^0 < \frac{\pi}{2} + \frac{1}{2}(\theta_i^0 + \theta_j^0 + \Delta\theta_i + \Delta\theta_j) < 2\pi - \alpha_{ij}^0\tag{7.43}$$

或

$$\alpha_{ij}^0 < \frac{1}{2}(\theta_i^0 + \theta_j^0 + \Delta\theta_i + \Delta\theta_j) - \frac{3\pi}{2} < 2\pi - \alpha_{ij}^0.\tag{7.44}$$

这两个条件均为线性的.

这样一来各架飞机两两不碰撞条件也是关于 $\Delta\theta_i(i = 1, 2, \cdots, n)$ 的线性不等式,整个问题就化为线性规划问题.

三、线性规划问题的求解

上述线性规划模型可以用数学软件中的程序模块或命令语句求解,例如用 MATLAB 中的 linprog 命令.只须分别输入目标函数系数向量和约束矩阵,直接用 linprog 命令就可以得到结果.

也可以用专门的线性规划软件包,如用 LINDO 求解.

在使用软件包时,一般有变量为非负的要求.因此,在使用软件包之前,还须对飞行管理问题归结出来的包含 $\Delta\theta_i < 0$ 的问题进行适当的变换,取 $\overline{\Delta\theta_i} = -\Delta\theta_i$ 作为新的变量才能使用软件.

习　　题

1. 导出(7.9)式.
2. 设空中交通管理的区域为矩形 $[0, D_1] \times [0, D_2]$,区域内最多允许 5 架飞机,试建立空中交通管理的数学模型.

实 践 与 思 考

1. 设空中交通管理区域 $\Omega = [0, 160] \times [0, 160]$,当有一架飞机进入区域时,各架飞机的位置与方向角如表 7-1 所示.试问各架飞机应如何调整其方向角?

表 7-1

飞机编号	横坐标 x	纵坐标 y	方向角 /(°)
1	150	140	243
2	85	85	236
3	150	155	220.5
4	145	50	159
5	130	150	230
新进入	0	0	52

第八章　投入产出综合平衡模型

提要　本章介绍宏观经济中的投入产出模型.列昂节夫(Leontief)因为提出这一模型获得了1973年的诺贝尔经济学奖.学习本章主要需要矩阵代数预备知识.

§8.1　引　言

国民经济各个部门之间是存在某种连锁关系的.一个经济部门的生产依赖于其他部门的产品或半成品,同时它也直接或间接地为其他经济部门的生产提供必要条件.如何在一种特定的经济形势下确定各经济产业部门的产出水平以满足整个社会的经济需求是一个十分重要的问题.投入产出综合平衡模型就是利用数学方法综合地描述各经济部门间产品的生产和消耗关系的一种经济数学模型.

这种数学模型最早是由美国经济学家列昂节夫提出的.数十年来这个模型被越来越多的国家所采用,用以编制和优化经济计划,进行经济预测和研究各种经济政策对经济的影响,研究诸如污染、人口等专门的社会问题等,获得很大成效.我国从20世纪70年代开始应用投入产出模型编制国民经济计划,取得了好的效果.

目前投入产出模型已形成了电子计算机软件,人们只须输入必要的数据资料,软件会自动生成投入产出表并自动进行计算、调整,最后输出反映综合平衡计划的可行的**投入产出表**.近年来投入产出模型吸收了各种优化方法,形成使某项经济指标达到最优的优化模型,还与其他计量经济的方法相结合,确定各种经济指标之间的联系.投入产出模型不仅可以用来编制一个国家的综合平衡的国民经济计划,可用来描述整个世界的投入产出或地区的投入产出,也可以用来分析一个大企业的内部平衡问题,投入产出模型的应用是十分广泛的.

投入产出模型是一种宏观的经济模型.在建立模型时往往可以将国民经济生产归并为若干个较大的部门.例如,我国第一个投入产出模型将国民经济归并为61个部门.各国的投入产出模型对部门的划分差别很大,最少的只分成3个物质生产部门,最多的达到几百个部门.在划分好部门后,认为一个部门只生产一种(或一类)产品.另一方面一个物质生产部门在生产过程中需要消耗其他部门的产品,在建立模型时,认为这种相互关系是已知的和不变的.列昂节夫将上述认识归结为以下假设:

(H1)国民经济划分为 n 个物质生产部门,每一生产部门生产一种产品.

(H2)每一个生产部门的生产意味着将其他部门的产品经过加工或"变换",变成一定数量的单一的本部门产品.在这个过程中消耗的产品称为"投入",生产所得的本部门的最终产品称为"产出".对每一部而言,投入-产出的变换关系是不变的.

根据上述假设,共有 n 个部门和 n 种产品,这 n 个部门和 n 种产品是一一对应的.若设 t_{ij} 为生产一个单位的第 j 种产品需要消耗的第 i 种产品的单位数,那么由(H2),t_{ij} 是一个常数,称为**投入系数**.显然生产 α 单位的第 j 种产品要消耗 αt_{ij} 单位的第 i 种产品.

令 x_i 为一定时间(例如 1 年)内第 i 种产品的产出,此总产出的一部分用作各部门生产活动的投入.易知用作 n 个生产部门投入的第 i 种产品总量为

$$\sum_{j=1}^{n} t_{ij}x_j, \tag{8.1}$$

剩余的第 i 种产品为

$$d_i = x_i - \sum_{j=1}^{n} t_{ij}x_j, \tag{8.2}$$

即纯产出,称为第 i 种产品的**最终需求**.

设 $\boldsymbol{x} = (x_1, x_2, \cdots, x_n)^{\mathrm{T}}$,$\boldsymbol{d} = (d_1, d_2, \cdots, d_n)^{\mathrm{T}}$,$\boldsymbol{T} = (t_{ij})_{n\times n}$,有

$$(\boldsymbol{I}-\boldsymbol{T})\boldsymbol{x} = \boldsymbol{d}, \tag{8.3}$$

这是一个线性代数方程组,其系数矩阵为 $\boldsymbol{A} = \boldsymbol{I} - \boldsymbol{T}$,$\boldsymbol{I}$ 为 n 阶单位矩阵.

由于各个部门的产量不能为负值,若对任意给定的最终需求 $\boldsymbol{d}$,线性代数方程组 $\boldsymbol{A}\boldsymbol{x} = \boldsymbol{d}$ 总有非负解,模型就是合理的,通常称为可行的.

以下对一个简单的具体例子建立投入产出模型,然后给出一般模型,并讨论模型为可行的条件.

§8.2　价值型投入产出模型

一、投入产出表

现考察一定时间内国民经济不同部门之间产品和服务的关系.

为了进行生产,每个产业部门必须有投入,这些投入包括原料、半成品和从其他部门购置的设备等,还有支付工商业税收、支付工资等.通常某些作为各部门投入的产品或服务与不重新进入生产过程的最终产品(又称外部产品)是不同的.每个部门的产出或者销售给外界的用户,或者提供给各产业部门作为投入.一张概括所有涉及产业部门的各种投入和最终产出的表格称为**投入产出表**.

下面是一个将国民经济简化为仅由农业、制造业和服务业构成的例子.每个产业只生产一种产品,分别为农业产品、制造业产品和服务.这 3 个产业部门是相互依赖的,即它们彼此购买对方的产出作为自己的投入.假设没有进口,也不考虑折旧等因素,所有不重新进入生产过程的最终产品或服务全部提供给由顾客等构成的"外部部门".表 8-1 所示就是对应的投入产出表.

表 8-1

作为生产部门 ＼ 作为消耗部门	农 业	制造业	服务业	外部需求	总产出
农　业	15	20	30	35	100
制造业	30	10	45	115	200
服务业	20	60	/	70	150

表中数字表示产值,单位为亿元.表中每一行表示一个部门的总产出以及用作各部门的投入和提供给外部用户的分配,而每一列表示一个部门生产需要投入的资源.例如,第一行表示农业的总产值为 100 亿元,其中 15 亿元农产品用于农业生产本身,20 亿元农产品用于制造业生产,30 亿元农产品用于服务业,最终有 35 亿元农产品用来满足外部需求.又如,第二列表示为了生产总产值 200 亿元的制造业产品,需要投入 20 亿元农产品、10 亿元制造业本身的产品和 60 亿元的服务.

用下标 1, 2, 3 分别表示农业、制造业和服务业,设 x_i 为部门 i 的总产值,x_{ij} 为部门 j 在生产中消耗部门 i 的产值,d_i 为部门 i 的最终需求.那么表 8-1 中行的基本关系为

$$x_i = x_{i1} + x_{i2} + x_{i3} + d_i \quad (i = 1, 2, 3), \tag{8.4}$$

这表明一个部门的总产出由销售给各部门(包括自身)的中间产品产值与最终提供给顾客和模型中未涉及的其他部门的最终产品产值组成.

将投入产出表转换成表示每个部门的单位产值产出需要的投入更为方便.这样转换所得的表称为**技术投入产出表**,表中元素称为投入系数或直接消耗系

数. 将表 8-1 的各个部门的投入除以该部门的总产出就可得技术投入产出表. 表 8-1 对应的技术投入产出表为表 8-2.

表 8-2

作为生产部门 ＼ 作为消耗部门	农　业	制造业	服务业
农　业	0.15	0.10	0.20
制造业	0.30	0.05	0.30
服务业	0.20	0.30	0.00

令 t_{ij} 为表中 i 行 j 列元素,表示生产一个单位产值产品 j 须消耗的产品 i 的产值,据定义应有

$$t_{ij} = x_{ij}/x_j \quad (1 \leqslant i, j \leqslant 3), \tag{8.5}$$

将它代入 (8.4) 式得

$$x_i = t_{i1}x_1 + t_{i2}x_2 + t_{i3}x_3 + d_i \quad (i = 1, 2, 3). \tag{8.6}$$

令 $\boldsymbol{T} = (t_{ij})$,分别引入总产出向量和最终需求向量

$$\boldsymbol{x} = (x_1, x_2, x_3)^{\mathrm{T}}, \tag{8.7}$$

$$\boldsymbol{d} = (d_1, d_2, d_3)^{\mathrm{T}}. \tag{8.8}$$

(8.6) 式可写成矩阵形式

$$\boldsymbol{x} = \boldsymbol{T}\boldsymbol{x} + \boldsymbol{d} \tag{8.9}$$

或

$$(\boldsymbol{I} - \boldsymbol{T})\boldsymbol{x} = \boldsymbol{d}.$$

令

$$\boldsymbol{A} = \boldsymbol{I} - \boldsymbol{T}, \tag{8.10}$$

(8.6) 式最终化为

$$\boldsymbol{A}\boldsymbol{x} = \boldsymbol{d}. \tag{8.11}$$

在本例中

$$\boldsymbol{T} = \begin{pmatrix} 0.15 & 0.10 & 0.20 \\ 0.30 & 0.05 & 0.30 \\ 0.20 & 0.30 & 0.00 \end{pmatrix}, \quad \boldsymbol{A} = \begin{pmatrix} 0.85 & -0.10 & -0.20 \\ -0.30 & 0.95 & -0.30 \\ -0.20 & -0.30 & 1.00 \end{pmatrix}.$$

二、模型及应用

实际问题是：若直接消耗系数保持不变，社会最终需求确定，要求出各部门的总产出；或者社会最终需求改变，相应的总产出应如何改变？ 为解决这个问题，需要对给定的 d 求解线性代数方程组(8.11).若对任何的外部需求 d(其元素不会出现负值)，方程组都有非负解 x，就称此经济系统是可行的.

对于本例，A 的逆阵(取小数点以后 4 位数字)为

$$A^{-1} = \begin{bmatrix} 1.345\,9 & 0.250\,4 & 0.344\,3 \\ 0.563\,4 & 1.267\,6 & 0.493\,0 \\ 0.438\,2 & 0.430\,4 & 1.216\,7 \end{bmatrix},$$

其元素全部非负，因此对任何最终需求向量 d(元素全部非负)，解得的总产出向量 $x = A^{-1}d$ 的元素亦全部非负，即此经济系统是可行的.

例如，对最终需求向量 $d = (100,\ 200,\ 300)^{\mathrm{T}}$，产出向量 $x = A^{-1}d = (288.96,\ 458.76,\ 494.91)^{\mathrm{T}}$. 即为了满足社会最终需求，农业、制造业、服务业的总产出应分别为 $288.96,\ 458.76,\ 494.91$(亿元).

若对农产品社会最终需求产值增加至 300 亿元，即新的社会最终需求向量改变为 $\bar{d} = (300,\ 200,\ 300)^{\mathrm{T}}$，对应的总产出向量为 $\bar{x} = A^{-1}\bar{d} = (558.14,\ 570.44,\ 582.55)^{\mathrm{T}}$. 由此可见，各个部门的产出都必须增加，但农业本身的产出增加最为显著.

§8.3　开放的投入产出模型

本节考虑一般的模型.投入产出模型的种类很多，这里仅讨论比较简单的开放模型，即模型中包含了社会最终需求.前两节讨论的都属于这种类型.

一、实物型投入产出模型

和前面一样，将经济分为 n 个部门，每个部门生产一种产品，供给本部门和其他部门并满足外部需求.设投入和产出都用产品的件数来计算.注意到部门 i 可由它生产的产品 i 来区分，因此采用以下记号：

x_i 为部门 i 的总产量；

x_{ij} 为部门 i 提供给部门 j 的产品数；

d_i 为对部门 i 的社会需求产量；

t_{ij} 为生产 1 件产品 j 消耗的产品 i 的件数.

t_{ij} 仍称为投入系数或直接消耗系数.这样，各经济部门之间的综合平衡可由以下

n 个方程表示

$$x_i = \sum_{j=1}^{n} x_{ij} + d_i \quad (1 \leqslant i \leqslant n).\tag{8.12}$$

进一步设,若产品的产量发生改变,消耗自身和其他部门产品的数量是按比例变化的,即直接消耗系数 t_{ij} 是常数并满足

$$t_{ij} = x_{ij}/x_j \quad (1 \leqslant i, j \leqslant n),\tag{8.13}$$

则方程组(8.12)化为

$$x_i = \sum_{j=1}^{n} t_{ij} x_j + d_i \quad (1 \leqslant i \leqslant n).\tag{8.14}$$

令 $\boldsymbol{T} = (t_{ij})$,$\boldsymbol{A} = \boldsymbol{I} - \boldsymbol{T}$,经济综合平衡关系成为

$$\boldsymbol{Ax} = \boldsymbol{d},\tag{8.15}$$

其中 $\boldsymbol{x} = (x_1, x_2, \cdots, x_n)^{\mathrm{T}}$,$\boldsymbol{d} = (d_1, d_2, \cdots, d_n)^{\mathrm{T}}$ 分别为产出向量和最终需求向量.

这个模型就称为**实物型开放的投入产出模型**. $\boldsymbol{T} = (t_{ij})$ 称为**投入矩阵**. 矩阵 $\boldsymbol{A}$ 称为**列昂节夫型矩阵**,它的元素 a_{ij} 除了对角元外,全部是非正的. 显然,开放型投入产出模型的特性完全由矩阵 $\boldsymbol{A}$ 的性质决定.

二、价格-价值系统

对实物型的投入产出模型有伴随的价格-价值系统,它从价格或价值的侧面刻画了投入产出关系. 引入下述量 p_j 为第 j 种产品的价格,v_j 为单位产品 j 的增值,那么

$$\sum_{i=1}^{n} t_{ij} p_i \quad (1 \leqslant j \leqslant n)\tag{8.16}$$

表示单位产品 j 的成本. 因此

$$p_j - \sum_{i=1}^{n} t_{ij} p_i\tag{8.17}$$

表示单位产品 j 的纯级差,即单位产量的增值,它应等于 v_j. 分别用 $\boldsymbol{p}$ 和 $\boldsymbol{v}$ 表示以 p_j 和 v_j 为元素构成的列向量,上述关系可表述为

$$\boldsymbol{p}^{\mathrm{T}} - \boldsymbol{p}^{\mathrm{T}} \boldsymbol{T} = \boldsymbol{v}^{\mathrm{T}}\tag{8.18}$$

或

$$\boldsymbol{p}^{\mathrm{T}} \boldsymbol{A} = \boldsymbol{v}^{\mathrm{T}},\tag{8.19}$$

其中 $A = I - T$ 与以前完全相同,向量 p 和 v 分别称为投入产出模型的**价格向量**和**增值向量**.

由(8.15)式和(8.19)式易得

$$v^T x = p^T d \tag{8.20}$$

或

$$\sum_{i=1}^{n} v_i x_i = \sum_{j=1}^{n} p_j d_j, \tag{8.21}$$

它揭示了投入产出模型与其伴随的价格-价值系统之间的联系.(8.20)式的左端可解释为国民经济产生的价值,右端为国民经济的收入,两者是相等的.

三、模型为可行和有利的判别准则

1. 可行和有利的概念

经济学家关心的问题是对于给定的社会最终需求能否从投入产出模型中决定出合理的总产出,以及对给定的各种产品的增值能否从相应的价格-价值系统中确定合理的价格.这两个问题导致了模型的可行及有利的概念,为此定义如下.

定义 8.1 对实物型开放投入产出模型(8.15),若对任一非负向量 d 均有非负解向量 x,就称模型为**可行的**;若对任一非负增值向量 v,价格-价值系统(8.19)均有非负的解向量 p,则称模型为**有利的**.

2. 判别准则

为给出可行和有利的判别准则,需要矩阵范数,现定义如下.

定义 8.2 设 $T = (t_{ij})$ 为 n 阶方阵,称

$$\max_{1 \leqslant j \leqslant n} \sum_{i=1}^{n} |t_{ij}| \quad \text{和} \quad \max_{1 \leqslant i \leqslant n} \sum_{j=1}^{n} |t_{ij}| \tag{8.22}$$

为 T 的**范数**,分别记为 $\|T\|_1$ 和 $\|T\|_\infty$.

我们有如下结果.

引理 8.1 若 $\|T\|_1 < 1$ 或 $\|T\|_\infty < 1$ 成立,则当 $k \to \infty$ 时 $T^k \to O$(O 为零矩阵,其元素全为零).

证 我们仅对 $\|T\|_1 < 1$ 的情形证明,对 $\|T\|_\infty < 1$ 的情形证明是类似的.若 R 和 S 是两个同阶方阵,由定义易知

$$\|RS\|_1 \leqslant \|R\|_1 \cdot \|S\|_1, \tag{8.23}$$

从而有

$$\|T^k\|_1 \leqslant \|T\|_1^k.$$

由 $\|T\|_1 < 1$，当 $k \to \infty$ 时，$\|T\|_1^k \to 0$，于是

$$\|T^k\|_1 \to 0 \quad (\text{当 } k \to \infty). \tag{8.24}$$

由范数定义即知 T^k 的任一元素 $(T^k)_{ij} \to 0$ $(1 \leqslant i,\ j \leqslant n)$，引理得证.

引理 8.2 设 $T = (t_{ij})$ 是元素皆为非负实数的方阵，若成立 $\|T\|_1 < 1$ 或 $\|T\|_\infty < 1$，则 $I - T$ 的逆阵存在且元素皆为非负.

证 由于

$$(I - T)(I + T + T^2 + \cdots + T^k) = I - T^{k+1}, \tag{8.25}$$

注意到 T 的范数小于 1，由引理 8.1，$T^k \to 0$ $(k \to \infty)$. 令 (8.25) 式两边的 k 趋于无穷大，得

$$(I - T) \cdot \sum_{k=0}^{\infty} T^k = I, \tag{8.26}$$

即

$$(I - T)^{-1} = \sum_{k=0}^{\infty} T^k, \tag{8.27}$$

其元素皆为非负.

定理 8.1 若投入产出模型的投入系数阵 $T = (t_{ij})$ 的元素满足

$$\begin{cases} t_{ij} \geqslant 0 & (i,\ j = 1,\ 2,\ \cdots,\ n), \\ \sum_{i=1}^{n} t_{ij} < 1 & (j = 1,\ 2,\ \cdots,\ n), \end{cases} \tag{8.28}$$

则模型为可行的.

证 易见

$$\|T\|_1 = \max_j \sum_{i=1}^{n} t_{ij} < 1,$$

利用引理 8.2 可知

$$A^{-1} = (I - T)^{-1} = \sum_{k=0}^{\infty} T^k$$

的元素全部为非负，从而对任何非负向量 d，

$$x = A^{-1}d = \sum_{k=0}^{\infty} T^k \cdot d \tag{8.29}$$

也是非负的，这就证明了模型是可行的.

模型的价格-价值系统 (8.19) 可以改写为

$$A^T p = v. \tag{8.30}$$

注意到 $\| T^T \|_\infty = \| T \|_1$，定理 8.1 的条件足以保证模型是有利的.所以有下述推论.

推论 8.1 投入系数阵满足条件(8.28)的投入产出模型是有利的.

若用 $\rho(T)$ 表示方阵 T 的谱半径,即 T 的特征值模的最大值,还可以进一步证明下面的定理.

定理 8.2 对投入系数阵为 T 的投入产出模型,以下事实等价:

(1) 模型是可行的;

(2) 模型是有利的;

(3) $\rho(T) < 1$.

习　　题

1. 设投入产出模型的投入系数阵为

$$T = \begin{pmatrix} 0.2 & 0.3 & 0.2 \\ 0.4 & 0.1 & 0.2 \\ 0.1 & 0.3 & 0.2 \end{pmatrix},$$

若 $A = I - T$, 试说明

$$A^{-1} = \frac{1}{0.384} \begin{pmatrix} 0.66 & 0.30 & 0.24 \\ 0.34 & 0.62 & 0.24 \\ 0.21 & 0.27 & 0.60 \end{pmatrix}.$$

2. 证明上题的投入产出模型是可行的,并计算社会外部需求为

$$d_1 = 10, \quad d_2 = 5, \quad d_3 = 6$$

时的总产出 x_1, x_2, x_3.

3. 试判断投入系数阵为

$$T = \begin{pmatrix} 0.5 & 0.6 \\ 0.3 & 0.7 \end{pmatrix}$$

的投入产出模型是否是可行的.

4. 证明:若以 T 为投入系数阵的投入产出模型是可行的,则至少存在 T 的某一列,其元素之和小于 1.

5. 证明:以 T 为投入系数阵的投入产出模型为可行或有利的必要条件是 $\rho(T) < 1$.

第九章 经济学中的差分方程模型

提要 本章研究经济学中的几个重要的离散数学模型.这些模型可分别用一阶或二阶线性差分方程来刻画.这些差分方程模型在其他领域中也有广泛的应用.

§9.1 引 言

近年来,数学模型在经济学中发挥着重要甚至是关键的作用.经济学是一门研究社会对资源的分配、以满足人类发展需求的科学,又是研究人的理性行为的竞争的科学.无论是资源的分配或是理性行为的竞争,隐藏在它们背后都有起着支配作用的数学关系,因此其定量化就显得更加重要了.经济学研究中持续了几十年的定量化趋势仍然在继续.瑞典经济学家伦德博格(Lunderberg)在 20 世纪 70 年代指出,"在过去几十年中,经济学发展的鲜明特点是分析技巧的形式化程度日益增长,它部分地是借助数学方法所带来的".

在 1969 年第一届诺贝尔经济学奖颁奖会上,伦德博格说:"在过去的 40 年里,经济科学在经济行文的数学规范化和统计定量化的方向上已经越来越发展.沿着这样路线的科学分析,通常用来解释诸如经济增长、商情周期波动以及为各种目的来对资源重新配置那样复杂的经济现象.……对于外行来说,在无法用实验支持的条件下,去寻求这些极为复杂过程中的发展规律,可能被看作有点异想天开.然而,经济学家有关战略性的经济关系构造数学模型的企图,以致借助时间序列的统计分析来定量地阐述它们,事实上已经被证明是成功的."

目前国际上最流行的宏观和微观经济学教科书之一,是由巴德(Bade)和帕金(Parkin)夫妇编写的《宏观经济学原理》和《微观经济学原理》.他们在论述经济学含义和研究方法时指出:"经济科学的任务就是找到与我们在现实中的观察相一致,并能够帮助我们理解现实世界的实证性陈述,同时将这些陈述分类编目,这是一项庞大的任务,其中包括 3 大步骤:观察与测量、建立模型、检验模型."在论述建立模型时,他们又指出:"经济模型是指针对经济世界某些方面进行描述的模型的总称.它只突出体现那些与特定的研究目的有关的经济特点.模型总是比它所描述的现实世界要简单. 一个模型包括和舍弃哪些内容取决于它假设现实世界中哪些是最重要的部分,哪些是不重要的细节.""经济学家采用多种方法表示经济模型,最常用的是数学方法."

从这些论述中我们可以清楚地看到数学和数学模型在经济和经济研究中的重要作用. 至于在近年来发展起来的计量经济学、数理经济学和信息经济学等经济学的新分支学科中,数学模型和数学方法更是贯穿始终,起着完全支配的作用.

瑞典皇家科学院颁发的诺贝尔经济学奖是经济学界的最高学术奖励,自1969 年至今有数十位科学家获此殊荣. 耐人寻味的是,几乎所有获奖者的研究工作中都运用数学去解决他们面临的特定的经济问题;几乎所有的获奖者都建立行之有效的经济问题的数学模型. 他们当中不少人有数学学位,还有一些本身就是著名的数学家. 他们建立的经济数学模型往往非常简洁,而揭示的经济规律又是如此的深刻,令人叹为观止. 这也有力地佐证了数学和数学模型在经济学中的巨大威力.

以下的国民收入的凯恩斯(Keynes)模型就是一个很好的例证.

令 Y 表示国民收入,C 表示总消费,I 表示投资,那么应有 $C = c_0 + cY$,其中 c_0 为最低消费,它是由储蓄等支持的;$c(0 < c < 1)$ 称为"边际消费",反映了消费随收入增加而增加的倾向.

另外,总支出 E 为消费和投资两部分之和,即 $E = C + I$. 由总收入等于总支出 $Y = E$ 即解得

$$Y = \frac{c_0 + I}{1 - c}.$$

由于 $0 < c < 1$,$\frac{1}{1 - c} > 1$,因此 c 越接近 1,国民收入越大. 这解释了扩大消费可以促进国民收入的增加,这种效应称为乘数效应.

设 G 为政府的支出(如投资基本建设等),则 $E = C + I + G$. 此时可解得

$$Y = \frac{c_0 + I}{1 - c} + \frac{G}{1 - c},$$

其中

$$\frac{G}{1 - c} = \Delta Y$$

为国民收入增量. 显然,政府的支出 G 拉动了国民收入增加 $\frac{1}{1-c}G$,超过了 G. $\frac{1}{1-c}$ 称为乘数,乘数越大,政府的干预能力越大.

2008 年,由美国次级房贷引发了全球金融危机,各国政府采取的应对措施主要有两条,一条就是扩大内需,另一条就是加大政府投入. 这两条措施的依据实际上就是凯恩斯数学模型. 因为扩大内需就是增大边际消费 c,从而增大乘数 $\dfrac{1}{1-c}$,达到增加国民经济总收入的目的. 而增加政府投入 G,会拉动国民经济总收入增加 $\dfrac{1}{1-c}G$,超过政府的投入 G. 从模型还可以看到在这两条措施中,扩大内需是第一位的,只有扩大了内需,政府的投入才会发挥更大的拉动作用.

本章我们将介绍均衡价格的一阶差分方程模型和乘数加速二阶差分方程模型.

§9.2　均衡价格模型

一、问题的提出

产品的价格和产量是相互制约的:产品多了,价格就低,厂商因为利润低就会降低产量. 但是随着产品的减少,又会再现供不应求的状况,该产品的价格又会上涨. 价格上涨又刺激厂方增产,直至价格再次下跌……那么,产品的价格会不会无休止地周而复始地上下波动呢? 这就是我们要讨论的问题.

二、模型的建立

引入 3 个函数 $p(t)$, $Q_d(t)$, $Q_s(t)$ 分别表示时刻 t 某商品的价格、需求量和供给量. 实际上,我们并不需要细致研究每一时刻的情形,而只关心它们在一天、一周、一月甚至一年的变化,所以可以认为这些函数定义在距离相等的点上.

先建立需求与价格之间关系的数学模型. 设它们之间的关系是线性的,注意到随着价格的上涨,社会的需求量会下降,于是可建立如下的数学模型:

$$Q_d(t) = -ap(t) + b,$$

其中 a, b 为正常数,显然 b 的意义是社会的最大需求量. 第一项的系数为负数反映了随价格上涨社会需求量下降这一事实.

由于商品的生产需要一定的时间,因此价格对商品供应量的影响有一定的滞后性. 同样,假设商品的供给(即产量)与价格的关系是线性的,它们之间的关系可用以下数学模型描述:

$$Q_s(t) = cp(t-1) - d,$$

其中 c, d 均为正常数,而 d/c 表示生产方能接受的最低价格.

应设法求出使供求达到某种动态平衡的价格（即均衡价格），此时应成立 $Q_d(t) = Q_s(t)$，即

$$-ap(t) + b = cp(t-1) - d,$$

移项整理得

$$p(t) = -\frac{c}{a}p(t-1) + \frac{b+d}{a}. \tag{9.1}$$

三、一阶线性常系数差分方程的求解

这个数学模型称为差分方程. 其未知量是一个数列 $p(t)$，其中 t 取整数值.

这个差分方程关于未知数列的元素是一次的，称为线性差分方程. 方程表现为数列元素用它的前一项元素表示，所以称为一阶差分方程. 又因(9.1)中的各个系数均与变量 t 无关，故称为常系数的差分方程. 为方便起见，我们考虑如下一般的一阶常系数差分方程

$$x_{n+1} = \alpha x_n + \beta, \tag{9.2}$$

其中 α, β 均为与 n 无关的常数. 考虑到初始条件，完整的一阶线性常系数差分方程模型为

$$\begin{cases} x_{n+1} = \alpha x_n + \beta, \\ x_0 \text{ 已知}. \end{cases} \tag{9.3}$$

我们称

$$x_{n+1} = \alpha x_n \tag{9.4}$$

为相应于差分方程(9.2)的齐次方程，而称其具有一个任意常数的解为其通解. 显然，齐次方程(9.4)的通解是

$$x_n = c\alpha^n. \tag{9.5}$$

我们有以下结论.

命题 9.1 设 $\{y_n\}$ 是差分方程(9.2)的齐次方程(9.4)的通解，而 $\{x_n\}$ 是(9.2)的任一解，则 $\{x_n + y_n\}$ 是差分方程(9.2)的解.

证 由于 $\{y_n\}$ 是齐次方程(9.4)的解，它满足 $y_{n+1} = \alpha y_n$，而 $\{x_n\}$ 是(9.2)的解，因此满足 $x_{n+1} = \alpha x_n + \beta$. 于是

$$x_{n+1} + y_{n+1} = \alpha x_n + \alpha y_n + \beta = \alpha(x_n + y_n) + \beta,$$

亦即 $z_n = x_n + y_n$ 满足方程 $z_{n+1} = \alpha z_n + \beta$. 这就证明了命题.

命题中的解 $x_n + y_n$ 仍然包含一个任意常数，称为差分方程(9.2)的通解. 命

题 9.1 提供了一种求差分方程 (9.2) 通解的方法,即先求出相应齐次方程的通解,再求出原方程的任一解,将它们相加就得到方程 (9.2) 的通解. 我们已经得到齐次方程的通解,所以只需要求出方程 (9.2) 的任一解即可. 为简单计,我们求 (9.2) 的常数解,即求 $x_n \equiv d$ 形式的解. 将它代入 (9.2) 式得 $d = \alpha d + \beta$.

只要 $\alpha \neq 1$, 我们得

$$d = \frac{\beta}{1-\alpha}. \tag{9.6}$$

根据命题 9.1, 当 $\alpha \neq 1$ 时, 差分方程 (9.2) 的通解为

$$x_n = c\alpha^n + \frac{\beta}{1-\alpha}. \tag{9.7}$$

对 $\alpha = 1$ 的情形, 差分方程 (9.2) 退化为 $x_{n+1} = x_n + \beta$. 这表明 $\{x_n\}$ 是公差为 β 的等差数列, 其通解为 $x_n = c + n\beta$.

以后我们主要考虑 $\alpha \neq 1$ 的情形.

利用初始条件, 在 (9.7) 式中令 $n = 0$, 得

$$x_0 = c + \frac{\beta}{1-\alpha},$$

亦即

$$c = x_0 - \frac{\beta}{1-\alpha}.$$

将其代入 (9.7) 式得到差分方程模型 (9.3) 的解为

$$x_n = \left(x_0 - \frac{\beta}{1-\alpha} \right)\alpha^n + \frac{\beta}{1-\alpha} \tag{9.8}$$

或

$$x_n = x_0\alpha^n + \frac{1-\alpha^n}{1-\alpha}\beta. \tag{9.9}$$

四、模型的求解与应用

数学模型 (9.1) 是一个关于价格的一阶常系数差分方程, 利用 (9.8) 式, 可得

$$p(t) = \left(p_0 - \frac{b+d}{a+c} \right)\left(-\frac{c}{a} \right)^t + \frac{b+d}{a+c},$$

式中 $p_0 = p(0)$ 为初始价格. 显然, 当 $p_0 = \dfrac{b+d}{a+c}$ 时, 有

$$p(t) \equiv \frac{b+d}{a+c}.$$

而当 $p_0 \neq \dfrac{b+d}{a+c}$ 时,$p(t)$ 随时间而变化,是一个动态过程.

若 $a > c$,随着 t 的增大,$\left(-\dfrac{c}{a}\right)^t$ 的绝对值越来越小;

若 $a < c$,随着 t 的增大,$\left(-\dfrac{c}{a}\right)^t$ 的绝对值越来越大;

当 $a = c$ 时,$\left(-\dfrac{c}{a}\right)^t$ 在 -1 和 1 间跳跃变化.

若用极限表示,当 $p_0 \neq \dfrac{b+d}{a+c}$ 成立时,有

$$\lim_{t \to \infty} p(t) = \begin{cases} \dfrac{b+d}{a+c}, & a > c, \\ 不存在, & a = c, \\ \infty, & a < c. \end{cases}$$

称 $\dfrac{b+d}{a+c}$ 为静态均衡价格.从上述分析可以看到,若初始价格为静态均衡价格,则价格始终保持不变,整个过程变为静态.当初始价格不等于静态均衡价格,但 $a > c$ 时,随着时间的推移,价格越来越接近于静态均衡价格.而当 $a \leqslant c$ 时,意味着供给对价格的反应比需求对价格的反应更加灵敏.随着时间的推移,价格不会趋向于静态均衡价格,或者在其上下波动,甚至越来越背离静态均衡价格.

例 9.1 对某种商品的价格、产量、销量作了 5 个月的调查,调查数据如表 9-1所示.试求该商品的长期价格趋势.

表 9-1

月　　份	3 月	4 月	5 月	6 月	7 月
价格 /元	947	1 028	985	1 008	996
产量 /万件	380	244	291	269	285
销量 /万件	368	264	318	290	305

解 社会需求和价格成立关系 $Q_d(t) = -ap(t) + b$. 以表 9-1 中第 2 和第 4 行数据为依据,则可用回归方法确定 $a \approx 1.28$, $b \approx 1\,579.78$.

又由供给和价格成立关系 $Q_s(t) = cp(t-1) - d$. 从原始数据可知 $Q_s(t)$ 与 $p(t-1)$ 的对应关系如表 9-2 所示.

表 9-2

$p(t-1)$	947	1 028	985	1 008	996
$Q_s(t)$	244	291	269	285	—

利用一元线性拟合方法,确定 $c \approx 0.599$,$d \approx 322.24$,静态均衡价格为

$$\frac{b+d}{a+c} \approx \frac{1\,579.78 + 322.24}{1.28 + 0.599} \approx 1\,012.25(元).$$

因为 $a > c$,所以经较长时间后,价格趋向于静态均衡价格 1 012.25 元.

§9.3 乘数加速模型

一、问题的提出

扩大消费会促进投资,从而进一步促进国民收入的提高. 对这一过程的任何定量刻画是宏观经济学中的一个重要问题. 诺贝尔经济学奖 1970 年获奖者萨缪尔森(Samuelson)建立了一个十分简单的乘数加速模型,并可以化为一个二阶线性差分方程. 通过求解这一差分方程可以解释经济增长中的一些重要现象.

萨缪尔森是当代对数理经济学最有贡献的经济学家,是"新凯恩斯主义经济学"的领袖. 他坚持认为数学对于理解整个经济学是本质的. 他建立了众多经济学的数学模型,大大提高了经济科学的分析水平和方法论水平. 本例中介绍的乘数加速模型就是其中的一个典范.

二、模型的建立

萨缪尔森将凯恩斯模型推广到动态的情形. 用 Y_t,C_t 和 I_t 分别表示 t 年的国民收入、消费和投资,那么可以建立如下数学模型:

$$\begin{cases} Y_t = C_t + I_t, \\ C_t = c_0 + cY_{t-1}, \\ I_t = I_0 + \beta(C_t - C_{t-1}), \end{cases} \tag{9.10}$$

其中前两个方程是凯恩斯静态方程的推广,第三个方程中的 I_0 称为自发性投资,而第二项 $\beta(C_t - C_{t-1})$ 称为诱发性投资,β 是 0,1 之间的正数. 这一项刻画了消费增加对投资的刺激作用.

由模型(9.10)的第一、第二式即得 $Y_t = c_0 + I_t + cY_{t-1}$,由第二、第三式可得

$$I_t = I_0 + \beta c(Y_{t-1} - Y_{t-2}),$$

将其代入上一式略加整理即得

$$Y_t - (1+\beta)cY_{t-1} + \beta cY_{t-2} = c_0 + I_0. \tag{9.11}$$

这是关于国民收入 Y_t 的一个二阶线性差分方程模型.

三、二阶线性常系数差分方程的性质与求解

考察一般的二阶线性常系数差分方程

$$y_{n+2} + ay_{n+1} + by_n = f, \tag{9.12}$$

相应的齐次方程为

$$y_{n+2} + ay_{n+1} + by_n = 0. \tag{9.13}$$

1. 解的性质

对二阶线性常系数差分方程我们给出两个命题,它们揭示了线性差分方程解的性质,对导出解的表达式是有用的.

命题 9.2 若 y_n 是差分方程(9.12)的任一解,x_n 是相应的齐次差分方程(9.13)的解,则 $z_n = y_n + x_n$ 也是(9.12)的解.

证 将 z_n 代入(9.12)式的左端得

$$\begin{aligned}
z_{n+2} + az_{n+1} + bz_n &= y_{n+2} + x_{n+2} + a(y_{n+1} + x_{n+1}) + b(y_n + x_n) \\
&= y_{n+2} + ay_{n+1} + by_n + x_{n+2} + ax_{n+1} + bx_n = f.
\end{aligned}$$

这说明 z_n 是(9.12)的解.

命题 9.3 若 x_n 和 y_n 是齐次方程(9.13)的解,则对任意常数 c_1, c_2, $z_n = c_1 x_n + c_2 y_n$ 也是齐次方程(9.13)的解.

证 将 z_n 代入齐次方程(9.13)的左端得

$$\begin{aligned}
z_{n+2} + az_{n+1} + bz_n &= c_1 x_{n+2} + c_2 y_{n+2} + a(c_1 x_{n+1} + c_2 y_{n+1}) + b(c_1 x_n + c_2 y_n) \\
&= c_1(x_{n+2} + ax_{n+1} + bx_n) + c_2(y_{n+2} + ay_{n+1} + by_n) = 0.
\end{aligned}$$

这证明了 $z_n = c_1 x_n + c_2 y_n$ 是齐次方程(9.13)的解.

二阶差分方程包含两个任意常数的解称为通解. 根据以上两个命题,我们若能求出齐次方程(9.13)的两个独立的解和方程(9.12)的任一解,将它们适当组合就可得到原差分方程(9.12)的通解. 齐次方程(9.13)的两个解 x_n 和 y_n 独立是指不存在常数 c,使 $x_n = cy_n$.

2. 二阶线性常系数差分方程的求解

受一阶线性常系数差分方程解的形式的启发,我们试探求齐次方程的形如

$y_n = t^n$ 的指数形式的解,将其代入齐次方程(9.13)得

$$t^{n+2} + at^{n+1} + bt^n = 0.$$

$t = 0$ 不是我们需要的解,可设 $t \neq 0$,上式化为

$$t^2 + at + b = 0. \tag{9.14}$$

(9.14)式称为差分方程(9.12)的特征方程. 我们希望由此得到齐次差分方程的两个独立的实解.

根据二次方程(9.14)根的不同性态,我们可以分 3 种不同的情形加以讨论.

(1) 情形 1: $a^2 - 4b > 0$. 方程有两个实根

$$t_1 = \frac{-a + \sqrt{a^2 - 4b}}{2}, \quad t_2 = \frac{-a - \sqrt{a^2 - 4b}}{2}. \tag{9.15}$$

显然 t_1^n 和 t_2^n 是齐次方程(9.13)的两个独立的解,所以对任意常数 c_1 和 c_2,

$$y_n = c_1 t_1^n + c_2 t_2^n \tag{9.16}$$

是齐次方程(9.13)的通解.

(2) 情形 2: $a^2 - 4b = 0$. 二次方程(9.14)只有一个实根,即有

$$t = \bar{t} = -\frac{a}{2}, \tag{9.17}$$

因此 $\bar{t}^n$ 是齐次方程(9.13)的解. 为了构造通解,我们还须求出一个独立的解. 不难验证 $y_n = n\bar{t}^n = n\left(-\frac{a}{2}\right)^n$ 也是齐次方程(9.13)的一个解,从而

$$y_n = (c_1 n + c_2)\bar{t}^n = (c_1 n + c_2)\left(-\frac{a}{2}\right)^n \tag{9.18}$$

是齐次方程的通解.

(3) 情形 3: $a^2 - 4b < 0$. 特征方程(9.14)有一对共轭复根,即

$$t_1 = -\frac{a}{2} + i\frac{\sqrt{4b - a^2}}{2}, \quad t_2 = -\frac{a}{2} - i\frac{\sqrt{4b - a^2}}{2}. \tag{9.19}$$

由于要求的是差分方程的实解,因此我们必须作一些技术上的处理. 首先将(9.19)改写为

$$t_1 = R(\cos\theta + i\sin\theta), \quad t_2 = R(\cos\theta - i\sin\theta), \tag{9.20}$$

其中

$$R = \sqrt{b}, \quad \theta = -\arctan \frac{\sqrt{4b - a^2}}{a}. \tag{9.21}$$

令

$$y_n = d_1 t_1^n + d_2 t_2^n, \tag{9.22}$$

其中 d_1，d_2 是任意复数，(9.22)式是齐次方程(9.13)的复数解. 我们适当选取 d_1 和 d_2，设法得到齐次方程(9.13)的实的通解. 注意到

$$
\begin{aligned}
y_n &= d_1 t_1^n + d_2 t_2^n \\
&= d_1 R^n (\cos \theta + \mathrm{i}\sin \theta)^n + d_2 R^n (\cos \theta - \mathrm{i}\sin \theta)^n \\
&= d_1 R^n (\cos n\theta + \mathrm{i}\sin n\theta) + d_2 R^n (\cos n\theta - \mathrm{i}\sin n\theta) \\
&= (d_1 + d_2) R^n \cos n\theta + \mathrm{i}(d_1 - d_2) R^n \sin n\theta.
\end{aligned} \tag{9.23}
$$

上述推导中用到了复数运算的棣莫弗(De Moivre)公式. 在上式中，我们特别取 d_1，d_2 为一对任意的共轭复数，即

$$d_1 = \frac{1}{2}(c_1 - \mathrm{i}c_2), \quad d_2 = \frac{1}{2}(c_1 + \mathrm{i}c_2), \tag{9.24}$$

那么(9.23)式化为

$$y_n = c_1 R^n \cos n\theta + c_2 R^n \sin n\theta. \tag{9.25}$$

它是齐次方程(9.13)的实的通解.

我们可以求出非齐次方程(9.12)的常数列特解. 设 $1 + a + b \neq 0$，则

$$y_n = \frac{f}{1 + a + b} \tag{9.26}$$

就是原方程(9.12)的一个特解.

最后根据不同的情形，将(9.16)式，(9.18)式或(9.25)式与(9.26)式作和就得到差分方程(9.12)的通解.

例 9.2　斐波那契(Fibonacci)方程的求解. 斐波那契方程的解是斐波那契数列

$$x_n = \{1, 1, 2, 3, 5, 8, 13, \cdots\}.$$

我们可以通过求解斐波那契差分方程得到该数列的通项.

斐波那契方程及初始条件为

$$
\begin{cases}
x_{n+2} - x_{n+1} - x_n = 0, \\
x_1 = x_2 = 1.
\end{cases} \tag{9.27}
$$

其特征方程为

$$t^2 - t - 1 = 0, \tag{9.28}$$

它有两个实根

$$t_1 = \frac{1+\sqrt{5}}{2}, \quad t_2 = \frac{1-\sqrt{5}}{2}, \tag{9.29}$$

所以通解为

$$x_n = c_1 \left(\frac{1+\sqrt{5}}{2} \right)^n + c_2 \left(\frac{1-\sqrt{5}}{2} \right)^n. \tag{9.30}$$

利用初始条件 $x_1 = x_2 = 1$，我们得到关于 c_1，c_2 的线性方程组

$$\begin{cases} c_1 \left(\dfrac{1+\sqrt{5}}{2} \right) + c_2 \left(\dfrac{1-\sqrt{5}}{2} \right) = 1, \\ c_1 \left(\dfrac{3+\sqrt{5}}{2} \right) + c_2 \left(\dfrac{3-\sqrt{5}}{2} \right) = 1. \end{cases}$$

不难解得

$$c_1 = \frac{1}{\sqrt{5}}, \quad c_2 = -\frac{1}{\sqrt{5}},$$

从而

$$x_n = \frac{1}{\sqrt{5}} \left[\left(\frac{1+\sqrt{5}}{2} \right)^n - \left(\frac{1-\sqrt{5}}{2} \right)^n \right]. \tag{9.31}$$

这就是斐波那契数列的通项. 我们发现, 非常规则的整数数列的通项竟然是用无理数表现的. 这充分呈现了数学的奇妙!

四、模型的解及其经济学应用

对萨缪尔森模型

$$Y_t - (1+\beta)cY_{t-1} + \beta c Y_{t-2} = c_0 + I_0,$$

先来求对应齐次方程的通解, 它的特征方程为

$$t^2 - (1+\beta)ct + \beta c = 0, \tag{9.32}$$

其判别式为

$$\Delta \equiv (1+\beta)^2 c^2 - 4\beta c.$$

(1) 情形 1: 当 $c > \dfrac{4\beta}{(1+\beta)^2}$ 时, $\Delta > 0$, 特征方程有两个实根

$$t_1 = \frac{(1+\beta)c + \sqrt{\Delta}}{2}, \quad t_2 = \frac{(1+\beta)c - \sqrt{\Delta}}{2}, \tag{9.33}$$

对应的齐次方程通解为 $y_t = c_1 t_1^t + c_2 t_2^t$. 又因为非齐次方程的特解为 $Y_t = \frac{c_0 + I_0}{1-c}$, 所以萨缪尔森模型的通解为

$$y_t = c_1 t_1^t + c_2 t_2^t + \frac{c_0 + I_0}{1-c}, \tag{9.34}$$

其中 c_1, c_2 是任意常数. 注意到由韦达(Vièta)定理, $t_1 + t_2 = (1+\beta)c > 0$, $t_1 t_2 = \beta c > 0$, 因此有 $t_1 > 0$, $t_2 > 0$. 又因为 $0 < c < 1$, 所以

$$(1-t_1)(1-t_2) = 1 - (t_1 + t_2) + t_1 t_2 = 1 - (1+\beta)c + \beta c = 1 - c > 0.$$

故只可能有以下两种情况:

(i) $t_1 > 1$, $t_2 > 1$(即 $\beta c > 1$), 当 $t \to +\infty$ 时, $Y_t \to +\infty$, 即国民收入是无限增长的;

(ii) $t_1 < 1$, $t_2 < 1$(即 $\beta c < 1$), 当 $t \to +\infty$ 时, $Y_t \to Y^* = \frac{c_0 + I_0}{1-c}$, 称 Y_t 是有阻尼的振荡并收敛于 Y^*.

(2) 情形 2: 当 $c = \frac{4\beta}{(1+\beta)^2}$ 时, $\Delta = 0$, 此时特征方程有重根

$$t_1 = t_2 = \bar{t} = \frac{1+\beta}{2}c, \tag{9.35}$$

模型的通解为

$$Y_t = (c_3 + c_4 t)\left[\frac{(1+\beta)c}{2}\right]^t + \frac{c_0 + I_0}{1-c}, \tag{9.36}$$

其中 c_3, c_4 是任意常数.

(i) $0 < \bar{t} < 1$(即 $\beta c < 1$), 当 $t \to +\infty$ 时, 有

$$Y_t \to \frac{c_0 + I_0}{1-c} = Y^*.$$

(ii) $\bar{t} \geqslant 1$(即 $\beta c \geqslant 1$), 当 $t \to +\infty$ 时, 有

$$Y_t \to +\infty,$$

即 Y_t 是振荡型发散的.

(3) 情形 3: 当 $c < \frac{4\beta}{(1+\beta)^2}$ 时, $\Delta < 0$, 此时特征方程有一对共轭复根

$t_{1,2} = p \pm \mathrm{i}q$, 其中

$$p = \frac{(1+\beta)c}{2}, \quad q = \frac{1}{2}\sqrt{4\beta c - (1+\beta)^2 c^2}.$$

令

$$R = \sqrt{p^2 + q^2}, \quad \tan\theta = \frac{q}{p},$$

模型的通解为

$$y_t = R^t[c_5\cos(t\theta) + c_6\sin(t\theta)] + \frac{c_0 + I_0}{1-c}, \tag{9.37}$$

其中 c_5, c_6 是任意常数.

(i) $R < 1$(即 $\beta c < 1$),当 $t \to +\infty$ 时,有

$$Y_t \to \frac{c_0 + I_0}{1-c} = Y^*,$$

即 Y_t 是有阻尼的单调递减振荡,最终收敛于 Y^*,它刻画了经济的周期增长现象.

(ii) $R = 1$(即 $\beta c = 1$),Y^* 是振荡的,且不收敛.

(iii) $R < 1$(即 $\beta c > 1$),当 $t \to +\infty$ 时,$Y_t \to +\infty$.

五、模型的改进

若引进第 t 年政府的支出为 G_t,且假设其增长规律为

$$G_t = G_0(1+\alpha)^t, \tag{9.38}$$

则可将萨缪尔森模型修改为如下希克斯(Hichs)模型:

$$\begin{cases} Y_t = C_t + I_t + G_t, \\ C_t = c_0 + cY_{t-1}, \\ I_t = I_0 + \beta(C_t - C_{t-1}), \\ G_t = G_0(1+\alpha)^t, \end{cases} \tag{9.39}$$

其中 $0 < \alpha < 1$, $G_0 > 0$ 为适当的常数.

习　　题

1. 在银行存款 p 元,存期为 1 月,期(月)利率为 r,按复利计息,存 n 月,取出本利和

是多少?

2. 每月初去银行存款 A 元,银行月利率为 r,按复利计息,到 n 月末,本利和为多少?

3. 住房抵押贷款(等额本息还款). 住房抵押贷款是指买房时支付部分款项后,住房价款的不足部分以所购房屋作为抵押向银行借贷. 在规定期限内,每月末向银行还一部分款,直到还清为止. 等额本息贷款的特点是在还款期限内每月末向银行还款额均相等. 设向银行借款总额为 W 元,银行贷款月利率为 r,按复利计息,还款期为 N 个月,每月还款额为多少?

4. 已知某国初始人口数、人口自然增长率和每年迁入人口数,求 n 年后该国的人口数.

5. 污水处理厂通过清除污水中的污染物获得清洁用水并生产肥料. 该厂的污水处理装置每小时从处理池清除掉 12% 的污染残留物. 一天后还有百分之几的污染物残留在池中? 使污染物减半要多长时间? 要降到原来含污染物的水平的 10% 要多长时间?

6. 一活水湖上游有固定流量的水流入,同时水通过下游河道流出,湖水体积保持在 2×10^7 m³ 左右. 由于受到污染,湖水中某种不能自然分解的污染物浓度达到 0.2 g/m³. 目前上游的污染已得到治理,流入湖中的水已不含该污染物,但湖周围每天仍有 50 g 这种污染物进入湖中. 环保机构希望湖水水质达到含污染物不超过 0.05 g/m³ 的标准,若不采取其他治污措施,则需多少时间湖水可以达标(上游污染停止 1 天后测得湖水中该污染物浓度为 $0.199\,875$ g/m³)?

7. 物体温度下降服从牛顿定律,即物体温度下降的速度正比于物体和外界的温差. 有一罐 $25\,℃$ 的饮料放入冰箱的冷藏室内,若冷藏室的温度为 $10\,℃$,设牛顿传热系数 $\alpha = 0.0081$,需多长时间饮料可以下降至 $18\,℃$?

8. 某地发生一起凶杀案. 下午 4:00 刑警和法医到达现场,测得尸体温度为 $30\,℃$,环境温度为 $20\,℃$,凶杀是什么时候发生的(已知在环境温度 $20\,℃$ 的情形,尸体在最初 2 h 温度下降 $2\,℃$)?

9. (^{14}C 断代)1972 年出土的马王堆一号墓中的木炭中的 ^{14}C 的蜕变速度为 29.787 /min,而活树木中 ^{14}C 的蜕变速度为 38.73 /min,试确定该墓的入葬年代(^{14}C 的半衰期为 $5\,730$ 年).

10. 在萨缪尔森模型中,设 $\beta = 0.5$,$c = 0.1$,$c_0 = 100$(亿). 试分析国民收入长期发展趋势.

实 践 与 思 考

1. 试搜集比较各种住房抵押贷款的还款方式. 有人说:房贷采用等额本金还贷比等额本息还贷合算,其理由是前者所付利息较少. 用货币时间价值的观点说明上述说法的理由是错误的.

第十章 密码的加密与解密

提要 本章介绍了密码学的基本概念和常见密码的加密与解密方法,详细描述了安全性很高的 RSA 公开密钥系统.所用的数学知识涉及初等数论和矩阵计算.

§10.1 引 言

随着社会的信息化,通信技术迅速发展,信息高速公路的建立,使网络安全问题越来越受到各方面的重视.当网络中从计算机到计算机传输的财务报告、医疗记录以及其他敏感的信息很容易被截取破译时,有关安全以及保障隐私权的担心也就与日俱增.信息的发送方为了保护自己的信息不被敌方轻易破解,通常会先将信息进行加密,形成一堆普通人无法看懂的乱码,然后再发送出去;而接收方接到加密信息后,则对其进行解密,还原出原始信息,从而既完成信息的传递,又达到保密的目的.

事实上,密码作为军事和政治斗争中的一种技术,古已有之,自从人类有了战争,也就产生了密码.如何使敌人无法破译密文而又能使盟友容易译出密文,一直是外交官和军事首脑关心的重要问题.近三四十年来,随着计算机科学的蓬勃发展,数据安全作为一个新的分支已活跃在计算机科学领域,各种加密方法如雨后春笋般地出现,20 世纪 70 年代后半期出现的数据加密标准和公开密钥系统就是其中两种重要的加密方法.

密码学涉及众多的数学理论,如数论、信息论、概率统计、代数几何中的椭圆曲线等,我们无法一一介绍,有兴趣的读者可以参阅有关密码学的书籍.这里只介绍几个较为简单的编制密码的方法.

如果甲方要通过公共信道向乙方传送信息(message),为了保护信息不被第三方窃取和篡改,在发送信息之前需要把它变成秘密的形式.我们将要传送的原始信息称为明文(plaintext),而将在公共信道中传递的明文的秘密形式称为密文(ciphertext).用某种方法把明文变为密文的过程称为加密(encryption),利用密码把密文还原为明文的过程称为解密(decryption),密码中的关键信息称为密钥(key).显然,密钥在保密通信中占有极其重要的地位,通常由通信双方秘密商定.加密、解密过程如图 10-1 所示.

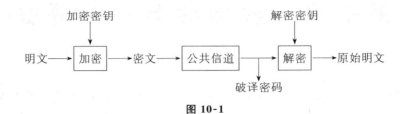

图 10-1

§10.2　置换密码

我们最熟悉的密码大概要算置换密码了,这是一个最容易被人们想到且最容易实现的加密方法,古罗马伟大的军事家和政治家凯撒(Caesar)大帝在公元前 50 年使用的凯撒密码就是一个典型的系统置换密码.置换密码的方法非常简单,只要把每个字母由某个其他的字母来替换,替换的规律可以是随机的,也可以是系统的,因此总共有 26! 种可能的密码.

例如凯撒密码就是把明文中的每个字母用按顺序后移 3 位之后的字母来表示形成密文,即 A→D, B→E, …, W→Z, X→A, Y→B, Z→C.事实上,这个密码可以用下面的数学模型来描述:首先将 26 个字母与整数 0~25 建立一一对应关系(见表 10-1),用 p 表示明文中的字母编号,c 表示相应的密文中的字母编号,那么

$$c \equiv p + 3 \pmod{26}, \tag{10.1}$$

这里 $a \equiv b \pmod{m}$ 表示整数 a 和 b 对模 m 是同余的,即 $a-b$ 可以被 m 整除.

表 10-1

A	B	C	D	E	F	G	H	I	J	K	L	M
0	1	2	3	4	5	6	7	8	9	10	11	12
N	O	P	Q	R	S	T	U	V	W	X	Y	Z
13	14	15	16	17	18	19	20	21	22	23	24	25

例 10.1　将 MATHEMATICAL　MODELING 用凯撒密码表示出来就是

PDWKHPDWLFDO　PRGHOLQJ

为了迷惑敌人,密文通常都写成 5 个字母一组的形式.于是有

$$\text{PDWKH} \quad \text{PDWLF} \quad \text{DOPRG} \quad \text{HOLQJ}$$

显然在凯撒密码中,整数 3 就是密钥. 如果要对一个用凯撒密码加密的密文进行解密,我们只要对 p 求解同余式(10.1),即可得

$$p \equiv c - 3 \pmod{26}. \tag{10.2}$$

一般地,称由下面公式给出的密码为移位置换密码:

$$c \equiv p + k \pmod{m}, \tag{10.3}$$

其中 $k \, (1 \leqslant k \leqslant m-1)$ 为移位因子.

对于移位置换密码来说,破译的关键在于如何确定移位因子 k 的数值. 通常有两种方法,一种是穷举法,对 k 从 1 到 $m-1$ 分别计算 $p \equiv c - k \pmod{m}$,直到出现有明确意义的明文为止. 这种方法仅对移位置换密码有效,如果是随机置换密码,此方法就会失效,因为枚举次数将达到 $m!$. 另一种是根据英语中每个字母出现的频率进行破译. 书面语言的一个重要特征是单个字母不是以同样的频率出现的. 在英文常用文章中,平均说来,字母"E"出现的频率最高,可以占到所有字母的 13%,其次是字母"T",大致可占所有字母的 10% 左右,而字母"Z"出现的频率远远小于 1%. 表 10-2 是英文字母出现的频率分布表. 因此我们很容易根据这个性质破解置换密码,找出密文中出现次数最多的字母,使之与最终常出现的字母"E"相对应,出现频率次高的字母与字母"T"相对应,等等.

表 10-2

A	B	C	D	E	F	G
0.085 6	0.013 9	0.027 9	0.037 8	0.130 4	0.028 9	0.019 9
H	I	J	K	L	M	N
0.052 8	0.062 7	0.001 3	0.004 2	0.033 9	0.024 9	0.070 7
O	P	Q	R	S	T	U
0.079 7	0.019 9	0.001 2	0.067 7	0.000 7	0.104 5	0.024 9
V	W	X	Y	Z		
0.009 2	0.014 9	0.001 7	0.019 9	0.000 8		

例 10.2 已知下面的密文是用移位置换密码编写的,试破译该密文.

UQJFX JLTYT YMJBT WQIYW FIJHJ SYJWY TFYYJ
SIYMJ RJJYN SLFYY MWJJU RSJCY BJISJ XIFD

容易看出,其中出现频率最高的字母是"J",将其与字母"E"相对应,这样可求出 $k = 5$,于是可以破译出相应的有明确意义的明文为

PLEAS　EGOTO　THEWO　RLDTR　ADECE　NTERT　OATTE
NDTHE　MEETI　NGATT　HREEP　MNEXT　WEDNE　SDAY

即 PLEASE GO TO THE WORLD TRADE CENTER TO ATTEND THE
MEETING AT THREE PM NEXT WEDNESDAY(请在下周三下午 3 点到世界贸易中心参加会议).

§10.3　仿射变换密码

移位置换密码的一个简单变种就是仿射变换密码,它也是一种系统置换密码,其数学表示形式是

$$c \equiv ap + b \pmod{m}, \tag{10.4}$$

其中自然数 a 必须与模 m 互素.

在移位置换密码下,明文中相邻的字母对应的密文字母也是相邻的,而对于仿射变换密码来说,明文中相邻的字母对应的密文字母之间间隔 a 个字母. 例如,在凯撒密码下明文中的字母 A 和 B 对应的密文字母分别为 D 和 E,但在仿射变换 $c \equiv 3p + 5 \pmod{26}$ 之下,对应的密文字母分别为 F 和 I,它们之间有 3 个字母的间隔 ($a = 3$).

仿射变换的解密公式可以通过求解同余方程(10.4)得到

$$ap \equiv c - b \pmod{m}. \tag{10.5}$$

记整数 a 关于模 m 的同余逆为 a^{-1},即 $aa^{-1} \equiv 1 \pmod{m}$,对(8.5)式的两边同时乘以 a^{-1},即得

$$p \equiv a^{-1}(c - b) \pmod{m}. \tag{10.6}$$

显然整数 a 与 m 互素的条件是非常重要的,因为只有在 a 与 m 互素的条件下,才可能存在 a 关于模 m 的同余逆 a^{-1}.

例 10.3　假设下面的密文是使用仿射变换密码加密的,试破译此段密文.

FSFPR　EDLFS　HRLER　KFXRS　KTDMM　PRRKF　SFUXA　FSDHK
FSPVM　RDSKA　RLVUU　RRIFE　FKKAN　EHOFZ　FUKRE　SVVS

对于这个问题,假设明文是由 26 个英文字母组成的,可取 $m = 26$. 由于 a 与 26 互素,于是 a 的数值有 12 种可能的取法,b 有 26 种不同的取法,所以仿射

变换总共有 $12 \times 26 = 312$ 种可能的变化. 如果采用穷举法破译这段密文,就要进行 312 次尝试. 当字符系统更为复杂时,如考虑标点符号和数字等,需要枚举的次数将会大为增加,因此采用其他更为有效的破译方法是需要的. 上一节提到的字母频率法仍然有效.

计算密文中各字母出现的频率,我们发现"F"出现 12 次,"R"出现 11 次,"S"出现 9 次,"K"出现 8 次,其他字母出现的次数较少. 我们使用字母频率法,假设密文中出现频率最高的字母对应于英文中最常见的字母,用"F"对应"E","R"对应"T",得到如下两个同余式

$$5 \equiv 4a + b \pmod{26} \text{ 和 } 17 \equiv 19a + b \pmod{26}.$$

两式相减,可得 $12 \equiv 15a \pmod{26}$. 因为 15 关于模 26 的同余逆是 7,故有 $a \equiv 7 \times 12 \pmod{26} \equiv 6 \pmod{26}$. 但 $a = 6$ 与 26 不是互素的,无法对密文进行解密.

再用"R"对应"E","S"对应"T",得到另外两个同余式

$$17 \equiv 4a + b \pmod{26} \text{ 和 } 18 \equiv 19a + b \pmod{26}. \tag{10.7}$$

两式相减,得 $1 \equiv 15a \pmod{26}$,于是 $a \equiv 7 \times 1 \equiv 7 \pmod{26}$. 把这个值代入 (10.7) 式的第一个式子,得 $b \equiv 17 - 4 \times 7 \equiv -11 \equiv 15 \pmod{26}$. 于是我们得到加密公式为 $c \equiv 7p + 15 \pmod{26}$. 关于 p 求解这个方程可得解密公式 $p \equiv 15c + 9 \pmod{26}$. 利用这个解密公式对密文进行解密,得到的结果是

GTGAE　RCSGT　KESRE　DGQET　DICHH　AEEDG　TGXQJ　GTCKD
GTAMH　ECTDJ　ESMXX　EEZGR　GDDJW　RKLGU　GXDER　TMMT

这是一串没有意义的文字,解密失败.

再令"R"对应"E", "K"对应"T",可得同余式

$$17 \equiv 4a + b \pmod{26} \text{ 和 } 10 \equiv 19a + b \pmod{26}. \tag{10.8}$$

两式相减,得 $7 \equiv -15a \equiv 11a \pmod{26}$. 因为 11 关于模 26 的同余逆是 19, $a \equiv 19 \times 7 \equiv 3 \pmod{26}$. 把这个值代入 (10.8) 式的第一个式子,得 $b \equiv 17 - 4 \times 3 \equiv 5 \pmod{26}$. 于是我们得到了一个加密公式 $c \equiv 3p + 5 \pmod{26}$. 关于 p 求解这个方程就可以求得解密公式 $3p \equiv c - 5 \pmod{26}$. 因为 3 的同余逆是 9,故有

$$p \equiv 9(c - 5) \equiv 9c + 7 \pmod{26}. \tag{10.9}$$

最后利用解密公式 (10.9) 得到破译后的明文为

ANAME　RICAN　SECRE　TAGEN　TWILL　MEETA　NAFGH　ANIST
ANMOL　EINTH　ECOFF　EEBAR　ATTHU　RSDAY　AFTER　NOON

即 AN AMERICAN SECRET AGENT WILL MEET AN AFGHANISTAN MOLE IN THE COFFEE BAR AT THURSDAY AFTERNOON(周四下午一个美国特工将在咖啡馆与一位阿富汗间谍接头),破译成功.

§10.4 Hill 密码

前面介绍了如何破译置换密码,即使在字母的置换是随机的情况下,仍然可以利用字母出现的频率,同时考虑字母组合出现的频率进行解密,从而达到破译密码的目的. 究其原因,问题出在明文中给定的字母在密文中总是用同一个字母来表示. 这样,明文中文字的所有特性都会在密文中体现出来,可以利用这些特性对密文进行解密.

为了防止利用字母频率解密,可以采用下面的加密方式,每次加密一组字母而不是加密单个字母. 把 n 个明文字母组成一组,用 n 个密文字母来代替,这种加密方法称为 Hill_n 密码. Hill 密码使密文中字母出现的频率变得不规则起来,也就是说它将使明文中同一个字母在密文中有大量的表示方式,从而彻底改变明文中的文字特性.

例 10.4 设明文为 MEET,采用 Hill_2 密码对其进行加密,即对每两个字母一组进行加密. 假设加密矩阵为 $\boldsymbol{A} = \begin{bmatrix} 1 & 2 \\ 0 & 5 \end{bmatrix}$,求这段明文的 Hill_2 密文.

将明文分为两组

$$\text{ME} \quad \text{ET}$$

由此构造出两个二维列向量

$$\begin{bmatrix} 12 \\ 4 \end{bmatrix}, \quad \begin{bmatrix} 4 \\ 19 \end{bmatrix}, \tag{10.10}$$

在上述两个向量的左边乘以矩阵 $\boldsymbol{A}$,得到两个新的列向量

$$\begin{bmatrix} 20 \\ 20 \end{bmatrix}, \quad \begin{bmatrix} 42 \\ 95 \end{bmatrix}, \tag{10.11}$$

再对这两个列向量关于模 26 作同余运算,得到

$$\begin{bmatrix} 20 \\ 20 \end{bmatrix}, \quad \begin{bmatrix} 16 \\ 17 \end{bmatrix}, \tag{10.12}$$

于是对应的密文为 UUQR.

　　注意,明文中的同一个字母"E"在密文中分别用两个不同字母"U"和"Q"表示,而密文中的同一个字母"U"则对应于不同的明文字母"M"和"E". 由此,明文中字母出现的频率就被完全打乱了,从而使破译变得困难起来.

　　由例 10.4 的加密过程可以看到,Hill_n 密码的加密过程为:

　　(S1) 选择一个 n 阶可逆整数方阵 A 作为加密矩阵,它是这个加密系统的密钥.

　　(S2) 将明文字符按顺序进行分组,每 n 个字符一组. 若最后一组不足 n 个字符,则补充一些没有实际意义的虚字符,使每一组都由 n 个字符组成.

　　(S3) 将每个明文字符对应于一个整数,构成一组 n 维列向量 $\boldsymbol{\alpha}$.

　　(S4) 用加密矩阵 A 左乘每一个列向量 $\boldsymbol{\alpha}$,得到新的 n 维列向量 $\boldsymbol{\beta} = A\boldsymbol{\alpha}$.

　　(S5) 对 $\boldsymbol{\beta}$ 的每个分量关于模 m 取同余运算(这里假设明文信息字符集由 m 个字符组成).

　　(S6) 将 $\boldsymbol{\beta}$ 的 n 个分量分别对应于 n 个字符,即得密文信息.

　　解密过程只须将上述过程反向进行即可.

　　例如要将例 10.4 中的密文 UUQR 解密,只要将上述加密过程逆转回去,先将密文按同样方式分组,构造出两个二维列向量(10.12). 现在的问题是向量(10.12)是向量(10.11)关于模 26 取同余运算后的结果. 如何从向量(10.12)求得向量(10.10)? 这是在模运算意义下,如何解方程组

$$A\boldsymbol{\alpha} \equiv \boldsymbol{\beta} \quad (\bmod\, m) \tag{10.13}$$

的问题.

　　我们知道,一个一般的 n 阶方阵可逆的充要条件为 $\det A \neq 0$. 而在模运算意义下矩阵可逆与一般的矩阵可逆有所不同.

　　定义 10.1　设 m 为一正整数,记整数集合 $\boldsymbol{Z}_m = \{0, 1, 2, \cdots, m-1\}$. 对于一个元素属于集合 $\boldsymbol{Z}_m$ 的 n 阶方阵 A,若存在一个元素属于集合 $\boldsymbol{Z}_m$ 的方阵 B,使得

$$AB \equiv BA \equiv I_n \quad (\bmod\, m), \tag{10.14}$$

称 A 为模 m 可逆,B 为 A 的模 m 逆矩阵,记为 $B \equiv A^{-1}(\bmod\, m)$,这里 I_n 表示 n 阶单位阵.

　　可以证明下面的命题和推论(请读者自行证明).

　　命题 10.1　元素属于 $\boldsymbol{Z}_m$ 的方阵 A 模 m 可逆的充要条件是,m 和 $\det A$ 是互素的.

　　推论 10.1　若方阵 A 的每个元素都属于 $\boldsymbol{Z}_m$,而且 $\det A = 1$,则 A 是模 m 可逆的,且它的逆矩阵 $A^{-1}(\bmod\, m)$ 就是 A 的模 m 逆矩阵.

　　命题 10.1 和推论 10.1 给我们提供了构造 Hill 加密矩阵的方法.

对问题(10.13),设方阵 $A = \begin{bmatrix} a & b \\ c & d \end{bmatrix}$ 满足命题 10.1 的条件,容易验证

$$A^{-1} \equiv (ad - bc)^{-1} \begin{bmatrix} d & -b \\ -c & a \end{bmatrix} \pmod{m}, \tag{10.15}$$

其中 $(ad - bc)^{-1}$ 是 $ad - bc$ 关于模 m 的同余逆. 于是,在模 m 意义下,方程组 (10.13)的解为

$$\boldsymbol{\alpha} \equiv A^{-1}\boldsymbol{\beta} \pmod{m}. \tag{10.16}$$

在例 10.4 中,明文字母共 26 个,即 $m = 26$. 由于 26 的素数因子为 2 和 13,所以 Z_{26} 上的方阵 A 可逆的充要条件为 $\det A$ 不能被 2 和 13 整除. 现在 $A = \begin{bmatrix} 1 & 2 \\ 0 & 5 \end{bmatrix}$,$\det A = 5$,满足命题 10.1 的条件,故 A 关于模 26 的逆为

$$A^{-1} \equiv 5^{-1} \begin{bmatrix} 5 & -2 \\ 0 & 1 \end{bmatrix} \equiv 21 \begin{bmatrix} 5 & -2 \\ 0 & 1 \end{bmatrix}$$

$$= \begin{bmatrix} 105 & -42 \\ 0 & 21 \end{bmatrix} \equiv \begin{bmatrix} 1 & 10 \\ 0 & 21 \end{bmatrix} \pmod{26}.$$

于是对密文 UUQR 进行解密,得到

$$\begin{bmatrix} 1 & 10 \\ 0 & 21 \end{bmatrix} \begin{bmatrix} 20 \\ 20 \end{bmatrix} = \begin{bmatrix} 220 \\ 420 \end{bmatrix} \equiv \begin{bmatrix} 12 \\ 4 \end{bmatrix} \pmod{26},$$

$$\begin{bmatrix} 1 & 10 \\ 0 & 21 \end{bmatrix} \begin{bmatrix} 16 \\ 17 \end{bmatrix} = \begin{bmatrix} 186 \\ 357 \end{bmatrix} \equiv \begin{bmatrix} 4 \\ 19 \end{bmatrix} \pmod{26},$$

即明文为 MEET.

Hill 密码的加密与解密过程类似于在 n 维向量空间中进行线性变换及其逆变换. 每个明文向量是一个 Z_m 上的 n 维向量,乘以加密矩阵并对 m 取同余后,仍为 Z_m 上的一个 n 维向量. 由于加密矩阵 A 为模 m 的可逆矩阵,所以,如果知道了 n 个线性无关的 n 维明文向量与其对应的密文向量,就可以求出它的加密矩阵 A 及其模 m 的逆矩阵 $A^{-1} \pmod{m}$.

例 10.5　假设我们截获一段密文

VOEMO　LGFSF　MTGFK　SPWVO　EMOLG
FEHDV　BPKYG　UZSRF　　MTCGX　HCW

经分析,这段密文是由 Hill$_2$ 密码编写的,且 EHDV 分别表示 DKIN. 试破译这段密文.

记加密矩阵为 $\boldsymbol{A}$,仍然假设字母 A～Z 对应于数字 0～25,则有

$$\begin{bmatrix} E \\ H \end{bmatrix} \leftrightarrow \boldsymbol{\beta}_1 = \begin{bmatrix} 4 \\ 7 \end{bmatrix} = \boldsymbol{A}\boldsymbol{\alpha}_1 \Leftrightarrow \boldsymbol{\alpha}_1 = \begin{bmatrix} 3 \\ 10 \end{bmatrix} \leftrightarrow \begin{bmatrix} D \\ K \end{bmatrix},$$

$$\begin{bmatrix} D \\ V \end{bmatrix} \leftrightarrow \boldsymbol{\beta}_2 = \begin{bmatrix} 3 \\ 21 \end{bmatrix} = \boldsymbol{A}\boldsymbol{\alpha}_2 \Leftrightarrow \boldsymbol{\alpha}_2 = \begin{bmatrix} 8 \\ 13 \end{bmatrix} \leftrightarrow \begin{bmatrix} I \\ N \end{bmatrix}.$$

于是

$$\det(\boldsymbol{\alpha}_1, \boldsymbol{\alpha}_2) = \begin{vmatrix} 3 & 8 \\ 10 & 13 \end{vmatrix} = -41 \equiv 11 \ (\mathrm{mod}\ 26),$$

$$\det(\boldsymbol{\beta}_1, \boldsymbol{\beta}_2) = \begin{vmatrix} 4 & 3 \\ 7 & 21 \end{vmatrix} = 63 \equiv 11 \ (\mathrm{mod}\ 26),$$

它们关于模 26 都是可逆的,所以,$\boldsymbol{\alpha}_1$ 与 $\boldsymbol{\alpha}_2$ 在模 26 的意义下线性无关,$\boldsymbol{\beta}_1$ 与 $\boldsymbol{\beta}_2$ 在模 26 的意义下也线性无关.

记 $\boldsymbol{B} = (\boldsymbol{\alpha}_1, \boldsymbol{\alpha}_2)$,$\boldsymbol{C} = (\boldsymbol{\beta}_1, \boldsymbol{\beta}_2)$,则 $\boldsymbol{C} \equiv \boldsymbol{AB}\ (\mathrm{mod}\ 26)$,$\boldsymbol{A} \equiv \boldsymbol{CB}^{-1}(\mathrm{mod}\ 26)$,$\boldsymbol{A}^{-1} \equiv \boldsymbol{BC}^{-1}(\mathrm{mod}\ 26)$. 可以利用模 26 意义下的初等行变换,求得 $(\boldsymbol{A}^{-1})^{\mathrm{T}}$,从而得到 $\boldsymbol{A}^{-1}$.

$$(\boldsymbol{C}^{\mathrm{T}} \ \vdots \ \boldsymbol{B}^{\mathrm{T}}) = \begin{bmatrix} 4 & 7 & \vdots & 3 & 10 \\ 3 & 21 & \vdots & 8 & 13 \end{bmatrix} \xrightarrow{\text{交换两行}} \begin{bmatrix} 3 & 21 & \vdots & 8 & 13 \\ 4 & 7 & \vdots & 3 & 10 \end{bmatrix}$$

$$\xrightarrow{\text{第一行}\times 3^{-1}(\mathrm{mod}\ 26)} \begin{bmatrix} 1 & 7 & \vdots & 20 & 13 \\ 4 & 7 & \vdots & 3 & 10 \end{bmatrix}$$

$$\xrightarrow{\text{第二行}+\text{第一行}\times(-4)\ (\mathrm{mod}\ 26)} \begin{bmatrix} 1 & 7 & \vdots & 20 & 13 \\ 0 & 5 & \vdots & 1 & 10 \end{bmatrix}$$

$$\xrightarrow{\text{第二行}\times 5^{-1}(\mathrm{mod}\ 26)} \begin{bmatrix} 1 & 7 & \vdots & 20 & 13 \\ 0 & 1 & \vdots & 21 & 2 \end{bmatrix}$$

$$\xrightarrow{\text{第一行}+\text{第二行}\times(-7)\ (\mathrm{mod}\ 26)} \begin{bmatrix} 1 & 0 & \vdots & 3 & 25 \\ 0 & 1 & \vdots & 21 & 2 \end{bmatrix},$$

故

$$(\boldsymbol{A}^{-1})^{\mathrm{T}} = \begin{bmatrix} 3 & 25 \\ 21 & 2 \end{bmatrix}, \ \text{即}\ \boldsymbol{A}^{-1} = \begin{bmatrix} 3 & 21 \\ 25 & 2 \end{bmatrix}.$$

这样可以求得这段密文的明文为

THEUN ITEDS TATES ANDTH EUNIT

EDKIN GDOMW ILLAT TACKI RAQ

即 THE UNITED STATES AND THE UNITED KINGDOM WILL ATTACK IRAQ(美国和英国将进攻伊拉克),破译成功.

注 10.1   也可以利用(10.15)式直接求 $\boldsymbol{A}^{-1}$. 事实上,由(10.15)式,

$$\boldsymbol{C}^{-1} \equiv 63^{-1}\begin{pmatrix} 21 & -3 \\ -7 & 4 \end{pmatrix} \equiv 11^{-1}\begin{pmatrix} 21 & -3 \\ -7 & 4 \end{pmatrix} \equiv 19\begin{pmatrix} 21 & -3 \\ -7 & 4 \end{pmatrix}$$

$$= \begin{pmatrix} 399 & -57 \\ -133 & 76 \end{pmatrix} \equiv \begin{pmatrix} 9 & 21 \\ 23 & 24 \end{pmatrix} \ (\text{mod } 26),$$

所以

$$\boldsymbol{A}^{-1} = \boldsymbol{B}\boldsymbol{C}^{-1} = \begin{pmatrix} 3 & 8 \\ 10 & 13 \end{pmatrix}\begin{pmatrix} 9 & 21 \\ 23 & 24 \end{pmatrix}$$

$$= \begin{pmatrix} 211 & 255 \\ 389 & 522 \end{pmatrix} \equiv \begin{pmatrix} 3 & 21 \\ 25 & 2 \end{pmatrix} \ (\text{mod } 26).$$

我们得到相同的结果. 当然用初等行变换的方法求解更具一般性,可用于 n 阶矩阵求模 m 的逆矩阵.

§10.5 公开密钥系统

利用 Hill 密码对明文进行加密,明文中文字的特性被打乱,字母组合的信息也不复存在,使解密变得困难. 但是这里还有一个非常重要的问题,那就是密钥的传递问题. 由于信息的发送方和接收方使用同一个密钥,发送方使用某个密钥对将要发送的明文进行加密,而接收方使用同一个密钥对收到的密文进行解密. 这样的系统称为单密钥系统. 在单密钥系统中,密钥必须保持秘密,又要被收发双方共同使用. 那么收发双方如何传递这个密钥呢? 此外,如果在一通信系统中有一个联络站被间谍渗入或被敌方占领,则密码的机密可能全盘暴露.

解决这个问题的一个有效方法是使用双密钥系统,即在信息传递过程中设置两个密钥,加密和解密分别使用两个不同的密钥. 双密钥系统又称为公开密钥系统,密钥的拥有者将其中一个密钥公开,放入公开密钥词典中,而保持另一个密钥的私密性. 这样,即使发方被捕,敌人仍榨不出解密密码的机密来. 注意,在双密钥

系统中,两个密钥是互逆的,任何一个都可以作为加密的密钥,而用另一个进行解密.

双密钥系统的程序是这样的:

(S1) 收方先告诉发方如何把情报制成密码(敌人也听到了这个做法).

(S2) 发方依法发出情报的密码(敌人也听到了这个信号).

(S3) 收方将密码还原成原始信息(但敌人却解不开此密码).

具体地,例如 A 希望发送一个信息 M 给 B , A 首先在公开密钥的词典中查到 B 的公开密钥 E_B , A 使用 E_B 对 M 进行加密,得到密文 $C = E_B(M)$,然后将 C 发送给 B. B 收到信息 C 后,使用他的私密密钥 D_B 对 C 进行解密,即 $M = D_B(C)$. 注意到 E_B 与 D_B 是互逆的,因此

$$M = D_B(C) = D_B(E_B(M)) = M,$$

B 将密文 C 还原为原来的明文信息 M. 由于解密密钥 D_B 未曾公开, B 是唯一知道这一密钥的人,这就决定了 B 是唯一可以对 C 进行解密的人,从而保证了信息发送的安全. 由此可见,如果两个人加入了公开密钥系统,他们就可以在无须事先交换密钥的前提下进行保密性的通信,比以前收发双方都知道密钥的保密性高多了.

双密钥系统的思想最早是由迪费(Diffie)和海曼(Hellman)提出的. 由于两个密钥中有一个是公开的,而另一个又与之互逆,因此这一系统实现的关键在于如何保证从已知的密钥计算出未知密钥是无法做到的,至少是困难的.

公开密钥加密的第一个算法是由默克(Merkle)和海曼开发的背包算法,它的安全性由背包难题所保证,因为这是一个 NP 完全问题. 不过很可惜,这个算法后来被发现是不安全的.

背包算法出现后不久,李弗斯特(Rivest)、夏麦(Shamir)和阿特曼(Adleman)提出了第一个切实可行的方法实现了双密钥系统,这个方法称为 RSA 公开密钥系统. 在已提出的公开密钥算法中,RSA 系统是最容易理解和实现的.

RSA 密码系统的基础是初等数论的有关理论.

定义 10.2　设 n 为正整数,由模 n 的所有不同剩余组成的集合称为**模 n 的完全剩余组**. 在模 n 的完全剩余组中,删除那些与模 n 不互素的剩余,剩下的便组成与模 n 互素的剩余组. 与模 n 互素的剩余的个数,称为**欧拉(Euler)函数**,记为 $\varphi(n)$.

命题 10.2　若 $(a, b) = 1$,则

$$\varphi(ab) = \varphi(a)\varphi(b). \tag{10.17}$$

命题 10.3　若 p 为素数,则

$$\varphi(p) = p - 1. \tag{10.18}$$

命题 10.4(欧拉定理) 若 $(a, n) = 1$, 则

$$a^{\varphi(n)} \equiv 1 \pmod{n}. \tag{10.19}$$

证 记 $r_1, r_2, \cdots, r_{\varphi(n)}$ 是与模 n 互素的剩余组,由于 a 与 n 互素,所以 ar_1, $ar_2, \cdots, ar_{\varphi(n)}$ 也是与模 n 互素的剩余组(见习题 7). 于是

$$ar_1 \equiv r_{i_1} \pmod{n},$$

$$ar_2 \equiv r_{i_2} \pmod{n},$$

$$\cdots\cdots$$

$$ar_{\varphi(n)} \equiv r_{i_{\varphi(n)}} \pmod{n}.$$

将这些同余式逐项相乘,得到

$$a^{\varphi(n)} r_1 \cdot r_2 \cdot \cdots \cdot r_{\varphi(n)} \equiv r_{i_1} \cdot \cdots \cdot r_{i_{\varphi(n)}} \pmod{n}.$$

由于 $r_{i_1}, r_{i_2}, \cdots, r_{i_{\varphi(n)}}$ 只是 $r_1, r_2, \cdots, r_{\varphi(n)}$ 的一个重新排列,故

$$a^{\varphi(n)} r_1 \cdot r_2 \cdot \cdots \cdot r_{\varphi(n)} \equiv r_1 \cdot r_2 \cdot \cdots \cdot r_{\varphi(n)} \pmod{n}.$$

$r_1, r_2, \cdots, r_{\varphi(n)}$ 均与 n 互素,两边消去 $r_1 \cdot r_2 \cdot \cdots \cdot r_{\varphi(n)}$,即可得到(10.19)式.

命题 10.5(费马小定理) 若 p 为素数,则对所有整数 a 成立

$$a^p \equiv a \pmod{p}. \tag{10.20}$$

证 若 $(a, p) = 1$,由欧拉定理,$a^{p-1} \equiv 1 \pmod{p}$. 两边乘以 a,即得(10.20)式. 若 $(a, p) \neq 1$,则 a 必能被 p 整除,故 a^p 也必能被 p 整除. 所以

$$a^p \equiv 0 \equiv a \pmod{p}.$$

利用命题 10.2~10.5 可以得到 RSA 密码系统的建立步骤.

(S1) 随机选取两个大素数 p, q ($p \neq q$),计算 $n = pq$.

(S2) 计算欧拉函数 $\varphi(n)$. 由命题 8.2 和命题 8.3 可知 $\varphi(n) = (p-1)(q-1)$.

(S3) 任意选取一个正整数 e 作为公开的加密密钥,要求数 e 与欧拉函数 $\varphi(n)$ 互素,并且 $2^e > n$.

(S4) 由数 e 求出解密密钥 d,它是 e 关于模 $\varphi(n)$ 的同余逆,即它是同余方程 $de \equiv 1 \pmod{\varphi(n)}$ 的解. 由于 e 与 $\varphi(n)$ 是互素的,因此 d 总是存在的.

用 RSA 密码系统加密明文 M 的过程如下:先将明文 M 数字化,如果 M 太长,可以将 M 分成若干块,通常要求 $M < n$. 然后将编码后的数字作以下运算:

$$E(M) = M^e \equiv C \pmod{n}, \tag{10.21}$$

即得密文 C.

解密时,只要利用解密密钥 d,对密文作相同的运算:

$$D(C) = C^d \equiv M \pmod{n}, \tag{10.22}$$

即可还原出明文 M.

事实上,由于 $D(C) = C^d \equiv (M^e)^d = M^{de} = M^{k\varphi(n)+1}$,若 $(M, n) = 1$,由命题 10.4 可知

$$D(C) \equiv (M^{\varphi(n)})^k \cdot M \equiv M \pmod{n}.$$

若 $(M, n) \neq 1$,由于 $M < n$,所以 M 要么是 p 的倍数而不是 q 的倍数,要么是 q 的倍数而不是 p 的倍数.不妨设 $M = cp$,且 $(M, q) = 1$,则由命题 10.4 可得 $M^{\varphi(q)} \equiv 1 \pmod{q}$.由命题 10.2,有

$$M^{k\varphi(n)} = M^{k\varphi(p)\varphi(q)} = (M^{\varphi(q)})^{k\varphi(p)} \equiv 1 \pmod{q}.$$

令 $M^{k\varphi(n)} = lq + 1$,则

$$D(C) \equiv M^{k\varphi(n)+1} = M(lq + 1) = lcpq + M$$
$$= lcn + M \equiv M \pmod{n}.$$

作为一个例子,用较小的素数来说明用 RSA 密码系统的加密和解密过程.

例 10.6　取 $p = 11$, $q = 19$,计算可得 $n = pq = 209$,$\varphi(n) = (p-1) \cdot (q-1) = 180$. 取与 $\varphi(n)$ 互素的正整数 $e = 97$ 作为公开密钥,求解同余方程 $97d \equiv 1 \pmod{180}$,得到解 $d = 13$ 作为解密密钥.

假设明文为 CODE,我们对它进行加密.将明文数字化为 $M = 02140304$. 这里的 M 太大,我们将之分成几组,使得每一组都小于 n. 于是 $M_1 = 02$,$M_2 = 14$,$M_3 = 03$,$M_4 = 04$,用(10.21)式对每组 M_i 分别进行加密可得

$$C_1 = M_1^e = 02^{97} \equiv 128 \pmod{209},$$

$$C_2 = M_2^e = 14^{97} \equiv 174 \pmod{209},$$

$$C_3 = M_3^e = 03^{97} \equiv 097 \pmod{209},$$

$$C_4 = M_4^e = 04^{97} \equiv 082 \pmod{209}.$$

于是加密后的密文为 $C = 128174097082$.

反之,若我们要将密文 $C = 128174097082$ 解密,则要利用解密密钥 $d = 13$,计算(10.22)式得到

$$M_1 = C_1^d = 128^{13} \equiv 02 \pmod{209},$$

$$M_2 = C_2^d = 174^{13} \equiv 14 \ (\mathrm{mod}\ 209),$$

$$M_3 = C_3^d = 097^{13} \equiv 03 \ (\mathrm{mod}\ 209),$$

$$M_4 = C_4^d = 082^{13} \equiv 04 \ (\mathrm{mod}\ 209).$$

使用 RSA 密码系统还可以对信息的真伪进行鉴别. 由于加密密钥是公开的, 任何人都可从公开密钥词典中得到这个密钥, 因此敌方也可以利用这个密钥伪造信息, 传递虚假消息. 为了判别收到的消息是否真的是对方发送的, 我们可以按以下过程来实现. 设发送方 A 发送信息 M 给 B, B 希望在收到信息的同时确认这个信息是否确实是 A 发送的.

A 首先使用他的解密密钥 D_A 把 M 加密, 得到 $D_A(M)$（加密密钥与解密密钥是互逆的, 它们可以互换使用）, 然后再使用 B 的公开密钥把它加密, 得到密文 $C = E_B(D_A(M))$. A 把密文 C 发送给 B. 当 B 收到密文 C 后, 首先用自己的解密密钥 D_B 去解密, 得到 $D_B(C) = D_B(E_B(D_A(M)))$, 因为 D_B 和 E_B 是互逆的, 所以 $D_B(C) = D_A(M)$. 然后他再使用 A 的公开密钥进行解密, 得到结果 $E_A(D_A(M))$, 同样由于 E_A 与 D_A 是互逆的, B 就恢复得到了明文信息 $E_A(D_A(M)) = M$. 最后一个步骤就是再检验信息是否是由 A 发出来的, 因为只有 A 拥有他自己的解密密钥.

综上所述, 在 RSA 密码系统中, 整数对 (e, n) 是公开密钥, 它们被载入公开密钥词典中, 任何人都可以查询得到. 而整数对 $(d, \varphi(n))$ 和素数 p, q 都是保密的, 只有使用者知道它. 对使用者来说, 使用 RSA 密码系统进行加密和解密都是很容易的（当然要依赖于计算机的帮助）.

由于 RSA 系统使用的两个密钥是互逆的, 而且其中一个密钥是公开的, 那么窃密者能否通过公开密钥反解出解密密钥呢？ RSA 系统加密、解密都是对一个充分大的数 n 作取余运算得到的, 而 n 是由两个大素数 p 和 q 相乘得到的. 因此如果某人不知道保密的密钥 d, 又希望把它找出来, 他就需要知道 p 和 q. 直接的解决方法就是对 n 进行因子分解, 得到两个素数因子, 这样解密密钥 d 就可以由 $\varphi(n) = (p-1)(q-1)$ 和公开密钥 e 得到.

通常素数 p 和 q 选取得相当大（100 位或更大的十进制数）, 这样数 n 是一个至少有 200 位长的很大的整数. 从计算上说进行因子分解要比区分素数与合数困难得多. 使用计算机检验一个 200 位的整数是否是素数最多需要 10 min, 然而要求对同样大小的一个合数进行因子分解所需要的计算时间是令人不敢想象的. 可以作如下的估计：使用当前已知的最快的因子分解的算法对一个 200 位的整数分解它的素数因子, 大约需要作 1.2×10^{23} 次计算机的运算. 假设每次运算需要 $1\ \mu s(10^{-6}\mathrm{s})$, 则因子分解的时间大约是 3.8×10^9 年.

　　RSA 密码系统的安全性完全依赖于分解大数的难度,从技术上来说这是不正确的,只是一种推测.从数学上从未证明过需要分解 n 才能从 C 和 e 中计算出 M.用一种完全不同的方法来对 RSA 密码进行分析还只是一种想象.如果这种方法能让密码分析者推算出 d,它也可作为分解大数的一种新方法.由此可见,只要有足够的时间,且存在一种有效的因子分解算法,RSA 密码系统是可以被破译的.但在当前的计算技术下,RSA 密码系统是相当安全的.

习　　题

1. 请用凯撒密码对 FUDAN UNIVERSITY 进行加密.

2. 已知下面的密文是用移位置换密码加密的,请对它进行解密.

　　　　WSLHZ　LZLUK　TLAOY　LLJVW　PLZVM
　　　　AOLIY　VJOBY　LAOPZ　LCLUP　UN

3. 已知下面的密文是用仿射变换密码加密的,请对它进行解密.

　　　　GEHFB　HVJWH　LHRZP　UUHGZ　UIFII
　　　　CHLHH　IJSVJ　　SLRZO　OJTH

4. 证明命题 10.1.

5. 设

$$A = \begin{pmatrix} 1 & 2 & 4 \\ 4 & 7 & 6 \\ 6 & 10 & 5 \end{pmatrix}, \quad B = \begin{pmatrix} 1 & 2 & 3 \\ 4 & 6 & 7 \\ 5 & 2 & 3 \end{pmatrix}.$$

试问 A 和 B 能否作为 Hill_3 密码系统的加密矩阵? 如果可以,请对 CRYPTOGRAPHY 加密.

6. 已知一段用 Hill_3 密码加密的密文为 FYYGLMOGB,对应的明文为 RECTANGLE,试确定对应的加密矩阵和解密矩阵.

7. 设 $(a, n) = 1$, b 是任意整数.证明:

(1) 当 x 通过模 n 的完全剩余组时, $ax + b$ 也通过模 n 的完全剩余组;

(2) 当 x 通过与模 n 互素的剩余组时, ax 也通过与模 n 互素的剩余组.

8. 已知 $p = 19$, $q = 31$,公开密钥是 $(527, 589)$.今收到一个密文 04926 44064 06010.请给出明文信息.

实 践 与 思 考

1. 在 RSA 密码系统中,需要对整数的幂次求同余运算.譬如要求 $M^e (\bmod n)$, $e = 10^{10}$,这样就要计算 10^{10} 次乘法和求同余运算,计算量很大.试设计一个算法,以减少计算量.

第十一章 CT 的图像重建

提要 本章介绍计算机断层成像(CT)的图像重建方法,所用的数学方法涉及线性代数及其计算方法的有关知识.

§11.1 引 言

CT(computed tomography),即计算机体层摄影,也称为计算机断层成像,是由美国科学家科马克(Cormack)和英国科学家豪斯费尔德(Hounsfield)于1972年发明的,为此他们共同获得了1979年诺贝尔医学奖.CT采用准直后的X射线束对人体的某一层面进行扫描,衰减后的X射线由探测器接收成为多组原始数据,再经计算机重建产生显示数据矩阵,然后在CRT(阴极射线管)或胶片上成像.

CT出现以后,不仅在医学上,而且在其他很多领域中也得到了广泛的应用,如工业无损检测、生态环境检测等.CT自问世之后的几十年中有了迅猛的发展,1989年单方向连续旋转型CT的问世以及随后在此基础上产生的螺旋式扫描CT,将其技术推上了一个新的水平.目前CT已经发展到了第五代,图像的清晰度有了进一步的提高.

那么CT的工作原理是什么? 为什么CT能够清晰地显示物体断层的组织结构? 它是如何重建图像,产生显示数据矩阵的? 为了搞清这些问题,我们首先要了解X射线的基本原理.

§11.2 基 本 原 理

X射线在穿过物质时其强度按指数形式衰减,因此X射线通过均匀物质后的强度 I_{out} 与入射强度 I_{in} 的关系为

$$I_{out} = I_{in} \cdot e^{-\mu l}, \tag{11.1}$$

其中 l 为 X 射线在均匀物质中传播的距离,μ 为物质对 X 射线的衰减系

数(见图 11-1).

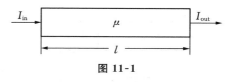

图 11-1

不同物质的衰减系数 μ 是不相同的,X 射线在其中传播时,衰减的速度也不同.图 11-2 表明,在具有较小衰减系数 μ_1 的物质中,X 射线经过较长距离才被完全吸收;而在具有较大衰减系数 μ_3 的物质中,X 射线只须经过较短距离就已完全衰减.

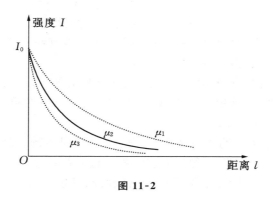

图 11-2

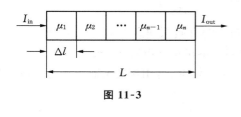

图 11-3

当 X 射线穿过一组长度相同而衰减系数不同的模块后(见图 11-3),其出射强度与入射强度之间的关系为

$$I_{out} = I_{in} \cdot e^{-\mu_1 \Delta l} \cdot e^{-\mu_2 \Delta l} \cdots \cdot e^{-\mu_n \Delta l}$$
$$= I_{in} \cdot e^{-(\mu_1 + \mu_2 + \cdots + \mu_n)\Delta l},$$

其中 Δl 为每个同质模块的长度,μ_1,μ_2,$\cdots$,μ_n 分别为各个模块的衰减系数.因此对于不均匀物质,

$$I_{out} = I_{in} \cdot \exp\left(-\int_L \mu \, dl\right), \tag{11.2}$$

即 X 射线在穿过不均匀物质时,其强度按指数规律衰减,而总衰减系数为 X 射线在其传播途径中物质衰减系数的线积分值.

由(11.2)式可以看出,X 射线穿过物质后的强度与传播途径上各个点的物质的衰减系数都有关.因此当用入射强度相同的 X 射线穿过两个由不同模块组成的物质时就会发现,尽管两个物质的内部结构不同,它们的出射强度仍有可能相同.如图 11-4 所示,物质 1 由衰减系数分别为 3,7,5,9 的模块组成,物质 2 由衰减系数分别为 5,4,9,6 的模块组成,由于 $3+7+5+9=5+4+9+6$,

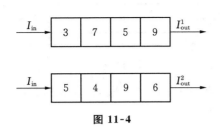

图 11-4

故穿过这两个物质后的 X 射线强度是相等的. 这说明 I_{out} 只能反映 X 射线在传播过程中的综合效果, 而不可能反映在这一路径上不同密度物质的分布情况. 这就是线积分测量方式的最大缺点与局限. 从常规 X 射线设备的成像来看, 各组织的图像相互重叠, 高密度物体（如骨骼、造影剂等）的图像将掩盖低密度组织的影像. 人们为了解决常规 X 射线设备影像重叠的问题曾采用了 X 射线断层以便突出聚焦层面的图像, 但由于未能改变其线积分测量的本质, 也就无法从根本上解决图像重叠的问题.

CT 设备克服了常规 X 射线设备的线积分测量这一缺点, 得到了反映人体组织结构分布的图像, 从根本上克服了常规 X 射线机影像重叠的弊病, 从而使医疗影像学有了一个飞跃.

在 X 射线穿过人体的物理过程中, 物质的密度是由物质对于 X 射线的衰减系数来体现的. 在研究 CT 图像时人们更关心的是人体内各组织密度间的差异, 而不是密度的绝对值, 因此采用了 CT 值的概念, 其定义为

$$某物质的 \ CT \ 值 = 1\,000 \times \frac{\mu_{该物质} - \mu_水}{\mu_水},$$

即某物质的 CT 值等于该物质的衰减系数与水的衰减系数之差再与水的衰减系数相比之后乘以 $1\,000$, 其单位名称为 HU(Hounsfield unit), $1\,000$ 即为 HU 的分度因数(scaling factor). 显然, 在这里是以水为标准, 各组织的 CT 值均与它进行比较.

显而易见

$$CT \ 值_水 = 1\,000 \times \frac{\mu_水 - \mu_水}{\mu_水} = 0(HU).$$

由于空气的衰减系数 μ 的值近似为 0, 故

$$CT \ 值_{空气} = 1\,000 \times \frac{0 - \mu_水}{\mu_水} = -1\,000 \times \frac{\mu_水}{\mu_水} = -1\,000,$$

即空气的 CT 值为 $-1\,000(HU)$.

物质的 CT 值反映物质的密度, 即物质的 CT 值越高相当于密度越高.

应该指出的是, 物质对于 X 射线的衰减系数 μ 除了与物质本身的密度有关外, 还与通过该物质的 X 射线能量有关, X 射线能量越低, 则物质的 μ 值相对偏高. 因此 CT 值会在一定程度上受 CT 机产生的 X 射线能量的影响.

CT 的图像实际上是人体某一部位有一定厚度的体层的图像.我们将成像的体层分成按矩阵排列的若干个小的基本单元.而以一个 CT 值综合代表每个小单元内的物质的密度.这些小单元称为体素(voxel).同样地,一幅 CT 的图像由许多按矩阵排列的小单元组成,这些组成图像的基本单元称为像素(pixel).像素越小,图像的分辨率越高,图像的清晰度也就越高,越容易分清图像的细节.

用准直的 X 射线穿过人体的某一层面,用一个探测器阵列来接收经人体后衰减的 X 射线信号,这些信号经放大后进行模数转换,所得到的数据称为原始数据.组成 CT 某层面图像的数据是该层面各体素 CT 值的矩阵,在这一矩阵中的数据称为显示数据.

在 CT 中用专门的计算机将收集到的原始数据经复杂的运算过程而得到一个显示数据的矩阵.由原始数据经计算而得到显示数据的过程称为重建.CT 的本质就是重建图像,CT 正是用重建图像才克服了常规 X 射线设备线积分测量的局限性.

1917 年拉东给出了拉东变换逆映射的显式表达式,为 CT 图像的重建奠定了理论基础.

设 C 为一固定平面,$f(x, y)$ 是定义在该平面上的函数,L 是平面中的一条直线,则拉东变换定义为

$$P_f(L) = \int_L f(x, y) \mathrm{d}s, \tag{11.3}$$

其中 s 表示沿 L 的弧长.

如果 $f(x, y)$ 是连续且具有紧支集的函数,对平面 C 中任意一条直线 L 拉东变换(11.3)都有定义.对平面 C 内任意一点 Q,记 $F_Q(q)$ 表示沿所有与点 Q 相距 $q(>0)$ 的直线 L 的 $P_f(L)$ 的平均值,则 f 在平面 C 中任意一点 Q 的值可以由下式重构:

$$f(Q) = -\frac{1}{\pi} \int_0^\infty \frac{\mathrm{d}F_Q(q)}{q}. \tag{11.4}$$

从纯数学的角度来说,(11.4)式给出了 CT 重建问题的完整的解答,然而从应用的角度来说,这还仅仅是开始.首先仅仅有逆映射的公式是不够的,逆映射的稳定性是至关重要的,如果逆映射不稳定,就需要有非常精确的测量值,否则,微小的测量误差就会导致反演得到的 f 值有很大的偏差.其次,在应用中,通常需要对积分离散化,用求和代替积分,这是非常精细而困难的工作.

在本章中,我们不从拉东变换出发讨论 CT 图像的重建问题,而直接从离散

的角度,用较为简单的线性代数方法进行处理.

§11.3   数学模型的建立

将待检测物体的截面分成若干体素,每个体素均为边长为 δ 的小正方形. 设一束宽度为 δ 的射线,平行于体素的边,整个穿过第 j 个体素,如图 11-5 所示. 由(11.1)式,X 射线的强度以一定的速率被体素内的组织吸收而衰减,衰减速率正比于该体素的衰减系数. 记第 j 个体素的 X 射线密度为 x_j,定义为

$$x_j = \ln \frac{\text{进入第 } j \text{ 个体素的 X 射线强度}}{\text{离开第 } j \text{ 个体素的 X 射线强度}}. \tag{11.5}$$

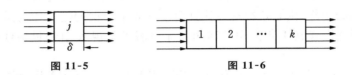

图 11-5   图 11-6

如果第 i 束 X 射线穿过连续 k 个体素(见图 11-6),记

$$b_i = \ln \frac{\text{第 } i \text{ 束 X 射线进入时的强度}}{\text{第 } i \text{ 束 X 射线离开时的强度}}, \tag{11.6}$$

称为第 i 束 X 射线的密度,则

$$x_1 + x_2 + \cdots + x_k = b_i. \tag{11.7}$$

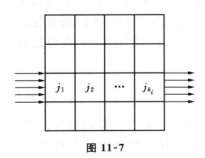

图 11-7

在(11.7)式中 b_i 可以通过测量得到,而 x_1, x_2, $\cdots$, x_k 是未知的.

这样,将待检测的截面分割成 N 个体素,并将它们从 1 到 N 进行编号(见图 11-7). 设第 i 束射线穿过 k_i 个体素,这些体素的编号分别为 j_1, j_2, $\cdots$, j_{k_i},则(11.7)式可写为

$$x_{j_1} + x_{j_2} + \cdots + x_{j_{k_i}} = b_i. \tag{11.8}$$

令

$$a_{ij} = \begin{cases} 1, & \text{当 } j = j_1, j_2, \cdots, j_{k_i} \text{ 时}, \\ 0, & \text{其他}, \end{cases} \tag{11.9}$$

则(11.8)式可写为

$$a_{i1}x_1 + a_{i2}x_2 + \cdots + a_{iN}x_N = b_i, \tag{11.10}$$

其中 b_i 可通过测量得到, x_j 为待求的未知量.

然而, X 射线不一定沿平行于体素边的方向穿过该体素, 因而需要对 (11.9) 式定义的 a_{ij} 进行修正. 常用的方法有下述几种.

1. 中心法(见图 11-8)

$$a_{ij} = \begin{cases} 1, & \text{当第 } i \text{ 束 X 射线经过第 } j \text{ 个体素的中心时,} \\ 0, & \text{当第 } i \text{ 束 X 射线不经过第 } j \text{ 个体素的中心时.} \end{cases} \tag{11.11}$$

2. 中心线法(见图 11-9)

设 X 射线的中心线位于体素内的长度为 l, 有

$$a_{ij} = \frac{\text{第 } i \text{ 束 X 射线的中心线位于第 } j \text{ 个体素内的长度}}{\text{第 } j \text{ 个体素的边长}} = \frac{l}{\delta}. \tag{11.12}$$

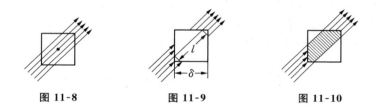

图 11-8   图 11-9   图 11-10

3. 面积法(见图 11-10)

$$a_{ij} = \frac{\text{第 } i \text{ 束 X 射线位于第 } j \text{ 个体素内的面积 } A_i}{\text{第 } i \text{ 束 X 射线若平行于体素边时位于第 } j \text{ 个体素内的面积 } A}. \tag{11.13}$$

若总共有 M 束 X 射线, N 个体素, 利用上述 3 种方法中的任何一种方法选择 a_{ij}, 则可得到一个含有 N 个未知数、M 个方程的线性代数方程组

$$\sum_{j=1}^{N} a_{ij}x_j = b_i, \quad i = 1, 2, \cdots, M. \tag{11.14}$$

方程组 (11.14) 的矩阵形式为

$$Ax = b, \tag{11.15}$$

其中 $A = (a_{ij})_{M \times N}$, $b = (b_1, b_2, \cdots, b_M)^{\mathrm{T}}$, $x = (x_1, x_2, \cdots, x_N)^{\mathrm{T}}$.

由于矩阵 A 的元素很多, 又有许多元素为零, 用消元法求解不仅会花费很多时间, 而且还要占用很多存储资源. 又由于数据是测量得到的, 不可避免地存

在着误差,会出现无解的情形.因此在 CT 中通常采用迭代法进行求解.

§11.4　求解线性代数方程组的迭代法

一、雅可比(Jacobi)迭代法

考虑线性代数方程组

$$\sum_{j=1}^{n} a_{ij}x_j = b_i, \quad i = 1, 2, \cdots, n, \tag{11.16}$$

其中 $a_{ii} \neq 0$ $(i = 1, 2, \cdots, n)$,且系数矩阵 $\boldsymbol{A} = (a_{ij})$ 为非奇异阵.由第 i 个方程反解出

$$x_i = \frac{1}{a_{ii}}\Big(b_i - \sum_{j \neq i} a_{ij}x_j\Big), \quad i = 1, 2, \cdots, n. \tag{11.17}$$

任取初始值 $x^{(0)}$,将其代入(11.17)式的右端,得到一个新的值 $x^{(1)}$,再将 $x^{(1)}$ 代入(11.17)式的右端,得到 $x^{(2)}$.不断重复这一过程,得到一个向量序列 $x^{(0)}$, $x^{(1)}$, $x^{(2)}$, $\cdots$.这个过程可以写成如下的迭代公式:

$$x_i^{(k+1)} = \frac{1}{a_{ii}}\Big(b_i - \sum_{j \neq i} a_{ij}x_j^{(k)}\Big), \quad i = 1, 2, \cdots, n, k = 0, 1, 2, \cdots, \tag{11.18}$$

称为雅可比迭代法.

例 11.1　求解线性代数方程组

$$\begin{cases} 8x_1 + 2x_2 - 3x_3 = 3, \\ -x_1 + 6x_2 + 2x_3 = 17, \\ -3x_1 + 4x_2 + 10x_3 = 35. \end{cases} \tag{11.19}$$

这个方程组的精确解为 $\boldsymbol{x}^* = (1, 2, 3)^{\mathrm{T}}$.

下面用雅可比迭代公式来求解.先将方程组(11.19)改写为

$$\begin{cases} x_1 = \dfrac{1}{8}(-2x_2 + 3x_3 + 3), \\ x_2 = \dfrac{1}{6}(x_1 - 2x_3 + 17), \\ x_3 = \dfrac{1}{10}(3x_1 - 4x_2 + 35), \end{cases} \tag{11.20}$$

由此得到迭代公式:

$$\begin{cases} x_1^{(k+1)} = \dfrac{1}{8}(-2x_2^{(k)} + 3x_3^{(k)} + 3), \\[2mm] x_2^{(k+1)} = \dfrac{1}{6}(x_1^{(k)} - 2x_3^{(k)} + 17), \\[2mm] x_3^{(k+1)} = \dfrac{1}{10}(3x_1^{(k)} - 4x_2^{(k)} + 35). \end{cases} \tag{11.21}$$

任取初始值,例如 $\boldsymbol{x}^{(0)} = (0, 0, 0)^{\mathrm{T}}$,将其代入(11.21)式右边,得到新的值 $\boldsymbol{x}^{(1)} = (x_1^{(1)}, x_2^{(1)}, x_3^{(1)})^{\mathrm{T}} = (0.375, 2.833, 3.5)^{\mathrm{T}}$,再将 $\boldsymbol{x}^{(1)}$ 代入(11.21)式右边得到 $\boldsymbol{x}^{(2)}$. 迭代 15 次后,有

$$\boldsymbol{x}^{(15)} = (0.999\,990\,8,\ 2.000\,012\,3,\ 3.000\,007\,4)^{\mathrm{T}},$$

$$\|\boldsymbol{\varepsilon}^{(15)}\|_{\infty} = \|\boldsymbol{x}^{(15)} - \boldsymbol{x}^*\|_{\infty} = 0.000\,012\,3.$$

从这个例子可以看出,由迭代法作出的向量序列 $\boldsymbol{x}^{(k)}$ 逐步逼近方程组的精确解 $\boldsymbol{x}^*$.

当然并不是任何一个方程组(11.16)按照雅可比迭代法(11.18)作出的向量序列 $\{\boldsymbol{x}^{(k)}\}_{k=0}^{\infty}$ 都是收敛的,例如

$$\begin{cases} x_1 = 2x_2 + 3, \\ x_2 = 4x_1 + 5. \end{cases}$$

请读者自行验证.

下面给出雅可比迭代法的矩阵形式. 将矩阵 $\boldsymbol{A}$ 分解为

$$\boldsymbol{A} = \begin{pmatrix} a_{11} & & & & \\ & a_{22} & & & \\ & & a_{33} & & \\ & & & \ddots & \\ & & & & a_{nn} \end{pmatrix} + \begin{pmatrix} 0 & & & & \\ a_{21} & 0 & & & \\ a_{31} & a_{32} & 0 & & \\ \vdots & \vdots & \vdots & \ddots & \\ a_{n1} & a_{n2} & a_{n3} & \cdots & 0 \end{pmatrix}$$

$$+ \begin{pmatrix} 0 & a_{12} & a_{13} & \cdots & a_{1n} \\ & 0 & a_{23} & \cdots & a_{2n} \\ & & 0 & \cdots & a_{3n} \\ & & & \ddots & \vdots \\ & & & & 0 \end{pmatrix}$$

$$= \boldsymbol{D} + \boldsymbol{L} + \boldsymbol{U}, \tag{11.22}$$

则方程组(11.17)可以写成

$$\boldsymbol{x} = \boldsymbol{Bx} + \boldsymbol{f}, \tag{11.23}$$

其中

$$\boldsymbol{B} = \begin{bmatrix} 0 & -\dfrac{a_{12}}{a_{11}} & \cdots & -\dfrac{a_{1n}}{a_{11}} \\ -\dfrac{a_{21}}{a_{22}} & 0 & \cdots & -\dfrac{a_{2n}}{a_{22}} \\ \vdots & \vdots & & \vdots \\ -\dfrac{a_{n1}}{a_{nn}} & -\dfrac{a_{n2}}{a_{nn}} & \cdots & 0 \end{bmatrix}$$

$$= \boldsymbol{I} - \boldsymbol{D}^{-1}\boldsymbol{A} = -\boldsymbol{D}^{-1}(\boldsymbol{L} + \boldsymbol{U}),$$

$$\boldsymbol{f} = \boldsymbol{D}^{-1}\boldsymbol{b}.$$

对方程组(11.23)应用雅可比迭代法,迭代公式为

$$\boldsymbol{x}^{(k+1)} = \boldsymbol{B}\boldsymbol{x}^{(k)} + \boldsymbol{f}, \quad k = 0, 1, 2, \cdots, \tag{11.24}$$

这就是雅可比方法的矩阵形式.

二、高斯-塞德尔(Gauss-Seidel)迭代法

从雅可比迭代公式(11.18)可以看出,在每一步迭代计算中,都是使用第 k 步 $\boldsymbol{x}^{(k)}$ 的全部分量来计算第 $k+1$ 步 $\boldsymbol{x}^{(k+1)}$ 的所有分量. 显然在计算第 i 个分量 $x_i^{(k+1)}$ 时,第 $k+1$ 步的前 $i-1$ 个分量 $x_1^{(k+1)}$, $x_2^{(k+1)}$, $\cdots$, $x_{i-1}^{(k+1)}$ 都已经计算出来了.直观上,这些新算出的分量可能比原分量要好些,因此在计算 $x_i^{(k+1)}$ 时可以利用这些值,期望得到更好的结果,这种方法就是解线性代数方程组的高斯-塞德尔迭代法,迭代公式为

$$x_i^{(k+1)} = \frac{1}{a_{ii}}\Big(b_i - \sum_{j=1}^{i-1} a_{ij} x_j^{(k+1)} - \sum_{j=i+1}^{n} a_{ij} x_j^{(k)}\Big),$$

$$i = 1, 2, \cdots, n, \; k = 0, 1, 2, \cdots. \tag{11.25}$$

将(11.25)式写成矩阵形式:

$$\boldsymbol{D}\boldsymbol{x}^{(k+1)} = \boldsymbol{b} - \boldsymbol{L}\boldsymbol{x}^{(k+1)} - \boldsymbol{U}\boldsymbol{x}^{(k)}, \tag{11.26}$$

其中 $\boldsymbol{D}$, $\boldsymbol{L}$, $\boldsymbol{U}$ 如(11.22)式定义,于是

$$(\boldsymbol{D} + \boldsymbol{L})\boldsymbol{x}^{(k+1)} = \boldsymbol{b} - \boldsymbol{U}\boldsymbol{x}^{(k)}, \tag{11.27}$$

由假设可知 $\boldsymbol{D}+\boldsymbol{L}$ 可逆,因此

$$\boldsymbol{x}^{(k+1)} = -(\boldsymbol{D} + \boldsymbol{L})^{-1}\boldsymbol{U}\boldsymbol{x}^{(k)} + (\boldsymbol{D} + \boldsymbol{L})^{-1}\boldsymbol{b}, \tag{11.28}$$

这样高斯-塞德尔迭代公式的矩阵形式可以写成

$$x^{(k+1)} = Gx^{(k)} + f, \tag{11.29}$$

其中 $G = -(D+L)^{-1}U$，$f = (D+L)^{-1}b$.

例 11.2 用高斯-塞德尔迭代法求解例 11.1. 仍取 $x^{(0)} = (0, 0, 0)^{\mathrm{T}}$，迭代公式为

$$\begin{cases} x_1^{(k+1)} = \dfrac{1}{8}(-2x_2^{(k)} + 3x_3^{(k)} + 3), \\[2mm] x_2^{(k+1)} = \dfrac{1}{6}(x_1^{(k+1)} - 2x_3^{(k)} + 17), \\[2mm] x_3^{(k+1)} = \dfrac{1}{10}(3x_1^{(k+1)} - 4x_2^{(k+1)} + 35). \end{cases} \tag{11.30}$$

迭代到第 11 次有

$$x^{(11)} = (0.999\,997\,1, \ 2.000\,001\,1, \ 2.999\,998\,7)^{\mathrm{T}},$$

$$\|\varepsilon^{(11)}\|_{\infty} = 0.000\,002\,9.$$

从这个例子看出，高斯-塞德尔迭代法通常比雅可比迭代法收敛得快. 当然这个结论是有条件的，甚至有这样的方程组，雅可比迭代法是收敛的，而高斯-塞德尔迭代法却是发散的(参见习题 4).

有关迭代法的收敛性结论这里就不赘述了，有兴趣的读者可以参阅计算方法的有关教材.

三、超松弛迭代法

超松弛迭代法是高斯-塞德尔方法的一种加速方法，是解大型稀疏矩阵方程组的有效方法之一，它具有计算公式简单、程序设计容易、占用计算机内存较少等特点，但需要选择好的加速因子，即最佳松弛因子.

首先讨论如何改进迭代法. 将方程组(11.16)中的系数矩阵 A 分解为 $A = I - B$，则该方程组等价于方程组

$$x = Bx + b, \tag{11.31}$$

我们有迭代公式

$$x^{(k+1)} = Bx^{(k)} + b. \tag{11.32}$$

引进 $x^{(k)}$ 的剩余向量 $r^{(k)} = b - Ax^{(k)}$，则(11.32)式可以写成

$$x^{(k+1)} = x^{(k)} + r^{(k)}, \quad k = 0, 1, 2, \cdots. \tag{11.33}$$

由此可见，对方程组(11.16)使用迭代法，实际上是用剩余向量 $r^{(k)}$ 改进解的第 k 次

近似. 我们引进一个松弛因子 ω, 对(11.33)式进行改进, 得到如下的加速迭代公式:

$$\boldsymbol{x}^{(k+1)} = \boldsymbol{x}^{(k)} + \omega(\boldsymbol{b} - \boldsymbol{A}\boldsymbol{x}^{(k)}), \quad k = 0, 1, 2, \cdots. \tag{11.34}$$

写成分量形式为

$$x_i^{(k+1)} = x_i^{(k)} + \omega\left(b_i - \sum_{j=1}^{n} a_{ij} x_j^{(k)}\right), \quad i = 1, 2, \cdots, n, k = 0, 1, 2, \cdots. \tag{11.35}$$

若对上述改进的迭代公式, 在计算第 $k+1$ 步时考虑利用已计算出的最新分量, 我们可以得到新的迭代公式

$$x_i^{(k+1)} = x_i^{(k)} + \omega\left(b_i - \sum_{j=1}^{i-1} a_{ij} x_j^{(k+1)} - \sum_{j=i}^{n} a_{ij} x_j^{(k)}\right),$$
$$i = 1, 2, \cdots, n, k = 0, 1, 2, \cdots. \tag{11.36}$$

特别地, 当 $a_{ii} \neq 0$ $(i = 1, 2, \cdots, n)$ 时, 将(11.36)式应用到与方程组(11.16)等价的方程组

$$\sum_{j=1}^{n} \frac{a_{ij}}{a_{ii}} x_j = \frac{b_i}{a_{ii}}, \quad i = 1, 2, \cdots, n, \tag{11.37}$$

得到方程组(11.16)的超松弛迭代公式

$$x_i^{(k+1)} = x_i^{(k)} + \omega\left(\frac{b_i}{a_{ii}} - \sum_{j=1}^{i-1} \frac{a_{ij}}{a_{ii}} x_j^{(k+1)} - \sum_{j=i}^{n} \frac{a_{ij}}{a_{ii}} x_j^{(k)}\right),$$
$$i = 1, 2, \cdots, n, k = 0, 1, 2, \cdots. \tag{11.38}$$

显然当 $\omega = 1$ 时, (11.38)式就是高斯-塞德尔迭代法. 通常 ω 的取值范围为 $0 < \omega < 2$.

例 11.3　用超松弛迭代法求解例 11.1.

取 $x^{(0)} = (0, 0, 0)^{\mathrm{T}}$, 松弛因子 $\omega = 1.1$, 迭代公式为

$$\begin{cases} x_1^{(k+1)} = x_1^{(k)} + \dfrac{\omega}{8}(3 - 8x_1^{(k)} - 2x_2^{(k)} + 3x_3^{(k)}), \\[2mm] x_2^{(k+1)} = x_2^{(k)} + \dfrac{\omega}{6}(17 + x_1^{(k+1)} - 6x_2^{(k)} - 2x_3^{(k)}), \\[2mm] x_3^{(k+1)} = x_3^{(k)} + \dfrac{\omega}{10}(35 + 3x_1^{(k+1)} - 4x_2^{(k+1)} - 10x_3^{(k)}). \end{cases} \tag{11.39}$$

迭代 10 次后得到

$$\boldsymbol{x}^{(10)} = (0.999\,998\,4,\ 0.999\,999\,0,\ 0.999\,999\,8)^{\mathrm{T}},$$

$$\|\boldsymbol{\varepsilon}^{(10)}\|_{\infty} = 0.000\,001\,6.$$

下面给出超松弛迭代公式的矩阵形式.(11.38)式可写为

$$a_{ii}x_i^{(k+1)} = (1-\omega)a_{ii}x_i^{(k)} + \omega\Big(b_i - \sum_{j=1}^{i-1}a_{ij}x_j^{(k+1)} - \sum_{j=i+1}^{n}a_{ij}x_j^{(k)}\Big),$$

$$i = 1,\,2,\,\cdots,\,n,\ k = 0,\,1,\,2,\,\cdots, \tag{11.40}$$

则

$$\boldsymbol{D}\boldsymbol{x}^{(k+1)} = (1-\omega)\boldsymbol{D}\boldsymbol{x}^{(k)} + \omega(\boldsymbol{b} - \boldsymbol{L}\boldsymbol{x}^{(k+1)} - \boldsymbol{U}\boldsymbol{x}^{(k)}), \tag{11.41}$$

其中 $\boldsymbol{D},\ \boldsymbol{L},\ \boldsymbol{U}$ 由(11.22)式定义.于是

$$(\boldsymbol{D} + \omega\boldsymbol{L})\boldsymbol{x}^{(k+1)} = ((1-\omega)\boldsymbol{D} - \omega\boldsymbol{U})\boldsymbol{x}^{(k)} + \omega\boldsymbol{b}. \tag{11.42}$$

由假设,对任何一个 ω 值,$\boldsymbol{D} + \omega\boldsymbol{L}$ 是非奇异阵,因此

$$\boldsymbol{x}^{(k+1)} = (\boldsymbol{D} + \omega\boldsymbol{L})^{-1}((1-\omega)\boldsymbol{D} - \omega\boldsymbol{U})\boldsymbol{x}^{(k)} + \omega(\boldsymbol{D} + \omega\boldsymbol{L})^{-1}\boldsymbol{b}. \tag{11.43}$$

记

$$\boldsymbol{L}_{\omega} = (\boldsymbol{D} + \omega\boldsymbol{L})^{-1}((1-\omega)\boldsymbol{D} - \omega\boldsymbol{U}),$$

$$\boldsymbol{f} = \omega(\boldsymbol{D} + \omega\boldsymbol{L})^{-1}\boldsymbol{b},$$

则超松弛迭代法的矩阵形式为

$$\boldsymbol{x}^{(k+1)} = \boldsymbol{L}_{\omega}\boldsymbol{x}^{(k)} + \boldsymbol{f}. \tag{11.44}$$

§11.5　含有测量误差的处理

一、无解的情形

前面我们已经指出,由于方程组中的数据是通过测量仪器获得的,不可避免含有误差,从而往往会出现方程组无解的情形.然而这是一个实际问题,由实际问题的意义,方程组应该有解,因此需要考虑相应的近似解.

通常 X 射线的数目不等于体素的总数,我们考虑更一般的情形:

$$\sum_{j=1}^{n}a_{ij}x_j = b_i,\quad i = 1,\,2,\,\cdots,\,m. \tag{11.45}$$

记 $\boldsymbol{A} = (a_{ij})_{m\times n}$,$\boldsymbol{x} = (x_1,\,x_2,\,\cdots,\,x_n)^{\mathrm{T}}$,$\boldsymbol{b} = (b_1,\,b_2,\,\cdots,\,b_m)^{\mathrm{T}}$.

对于方程组(11.45)无解的情形,任意给定一个向量 $\boldsymbol{x}$,$\boldsymbol{A}\boldsymbol{x} \neq \boldsymbol{b}$,它们之间

的误差为 $b - Ax$. 通常我们希望求得 x, 使得误差 $b - Ax$ 的模最小, 即令

$$E(x) = \| b - Ax \|_2 = (b - Ax)^\mathrm{T}(b - Ax)$$
$$= b^\mathrm{T}b - 2x^\mathrm{T}A^\mathrm{T}b + x^\mathrm{T}A^\mathrm{T}Ax, \tag{11.46}$$

选择 x, 使得 $E(x)$ 最小.

对 $E(x)$ 关于 x 求导, 可得

$$\nabla E(x) = 2A^\mathrm{T}Ax - 2A^\mathrm{T}b,$$

于是

$$A^\mathrm{T}Ax = A^\mathrm{T}b. \tag{11.47}$$

方程组(11.47)的解称为原方程的最小二乘解, 这种方法称为最小二乘法.

当系数矩阵 A 列满秩, 即 $\mathrm{rank}(A) = n$ 时, 方程组(11.47)存在唯一解, 可以采用前面的迭代法进行计算.

例 11.4   求解线性方程组

$$\begin{cases} 2x_1 + x_2 = 21, \\ 3x_1 + 5x_2 = 11, \\ 4x_1 + x_2 = -1. \end{cases} \tag{11.48}$$

易知方程组(11.48)无解, 我们求其最小二乘解. 由(11.47)式, 问题转化为求解 $Cx = f$, 其中

$$C = A^\mathrm{T}A = \begin{bmatrix} 29 & 21 \\ 21 & 27 \end{bmatrix}, \quad f = A^\mathrm{T}b = \begin{bmatrix} 71 \\ 75 \end{bmatrix},$$

最小二乘解为 $x^* = (1, 2)^\mathrm{T}$.

利用超松弛迭代法, 取 $\omega = 1.2$, $x^{(0)} = (0, 0)^\mathrm{T}$, 经过 12 次迭代, 得到 $x = (1.000\,001\,5,\ 1.999\,999\,2)^\mathrm{T}$.

二、有无穷多解的情形

如果线性代数方程组有无穷多组解, 我们可以求相应的模最小解. 首先证明下述命题.

命题 11.1   如果线性代数方程组(11.45)有无穷多组解, 则存在唯一的一个解 $x_{\min}$, 使得对于该方程组的所有解 x, 都有 $\| x_{\min} \|_2 \leqslant \| x \|_2$, 其中 $\| x \|_2 = x^\mathrm{T}x$. 称 $x_{\min}$ 为最小模解.

证   设 A 的秩为 $\mathrm{rank}(A) = r < n$, 则存在基础解系 $\xi_1, \xi_2, \cdots, \xi_{n-r}$ 及一个特解 x_0, 使得对任意一个解 x, 成立

$$\boldsymbol{x} = \boldsymbol{x}_0 + \sum_{j=1}^{n-r} c_j \boldsymbol{\xi}_j,$$

其中 c_1, c_2, $\cdots$, c_{n-r} 为任意常数. 记

$$E = \boldsymbol{x}^{\mathrm{T}} \boldsymbol{x} = \boldsymbol{x}_0^{\mathrm{T}} \boldsymbol{x}_0 + 2\sum_{j=1}^{n-r} c_j \boldsymbol{x}_0^{\mathrm{T}} \boldsymbol{\xi}_j + \sum_{i,\,j=1}^{n-r} c_i c_j \boldsymbol{\xi}_i^{\mathrm{T}} \boldsymbol{\xi}_j, \tag{11.49}$$

则

$$\frac{\partial E}{\partial c_j} = 2\boldsymbol{x}_0^{\mathrm{T}} \boldsymbol{\xi}_j + 2\sum_{i=1}^{n-r} c_i \boldsymbol{\xi}_i^{\mathrm{T}} \boldsymbol{\xi}_j, \tag{11.50}$$

$$\frac{\partial^2 E}{\partial c_i \partial c_j} = 2\boldsymbol{\xi}_i^{\mathrm{T}} \boldsymbol{\xi}_j. \tag{11.51}$$

由于 $\boldsymbol{\xi}_1$, $\boldsymbol{\xi}_2$, $\cdots$, $\boldsymbol{\xi}_{n-r}$ 线性无关,故$(\boldsymbol{\xi}_i^{\mathrm{T}} \boldsymbol{\xi}_j)$是一个正定矩阵,因此存在唯一的 c_1, c_2, $\cdots$, c_{n-r},使得(11.50)式的右端等于零,即存在唯一的最小模解 $\boldsymbol{x}_{\min}$.

于是问题就转化为:求 $\boldsymbol{x}$,使得

$$\min \boldsymbol{x}^{\mathrm{T}} \boldsymbol{x},$$
$$\text{s. t. } \boldsymbol{Ax} = \boldsymbol{b}.$$

利用拉格朗日(Lagrange)乘子法,记拉格朗日乘子为 $\boldsymbol{\lambda} = (\lambda_1, \lambda_2, \cdots, \lambda_m)^{\mathrm{T}}$,拉格朗日函数为

$$L = \boldsymbol{x}^{\mathrm{T}} \boldsymbol{x} + \boldsymbol{\lambda}^{\mathrm{T}} (\boldsymbol{Ax} - \boldsymbol{b}),$$

于是

$$\begin{cases} 2\boldsymbol{x} + \boldsymbol{A}^{\mathrm{T}} \boldsymbol{\lambda} = \boldsymbol{0}, \\ \boldsymbol{Ax} = \boldsymbol{b}. \end{cases} \tag{11.52}$$

当系数矩阵 $\boldsymbol{A}$ 行满秩,即 $\mathrm{rank}(\boldsymbol{A}) = m$ 时,上述方程组的系数矩阵

$$\boldsymbol{C} = \begin{bmatrix} 2\boldsymbol{I}_n & \boldsymbol{A}^{\mathrm{T}} \\ \boldsymbol{A} & \boldsymbol{O} \end{bmatrix}$$

是非奇异的,但由于 $c_{ii}(i = n+1, n+2, \cdots, n+m)$ 为零,故不能直接使用前面的迭代法求解. 记

$$\tilde{\boldsymbol{x}} = \begin{bmatrix} \boldsymbol{x} \\ \boldsymbol{\lambda} \end{bmatrix}, \quad \boldsymbol{f} = \begin{bmatrix} \boldsymbol{0} \\ \boldsymbol{b} \end{bmatrix},$$

由于 $\boldsymbol{C}$ 是非奇异的,故方程组(11.52)等价于如下方程组:

$$\boldsymbol{C}^{\mathrm{T}} \boldsymbol{C} \tilde{\boldsymbol{x}} = \boldsymbol{C}^{\mathrm{T}} \boldsymbol{f}, \tag{11.53}$$

其中

$$C^{\mathrm{T}}C = \begin{pmatrix} 4I_n + A^{\mathrm{T}}A & 2A^{\mathrm{T}} \\ 2A & AA^{\mathrm{T}} \end{pmatrix}, \quad C^{\mathrm{T}}f = \begin{pmatrix} A^{\mathrm{T}}b \\ 0 \end{pmatrix}.$$

如果 $C^{\mathrm{T}}C$ 的对角线元素全不为零,则可对方程组(11.53)使用前面的迭代法求解.

例 11.5　用超松弛迭代法求解线性代数方程组

$$\begin{cases} 5x_1 - x_2 + 2x_3 = 3, \\ 2x_1 - 6x_2 + x_3 = -10. \end{cases} \tag{11.54}$$

显然,这个方程组有无穷多组解,其通解为

$$x = k \begin{pmatrix} -11 \\ 1 \\ 28 \end{pmatrix} + \begin{pmatrix} 1 \\ 2 \\ 0 \end{pmatrix},$$

其中 k 是任意常数.

由 $E = x^{\mathrm{T}}x = (-11k+1)^2 + (k+2)^2 + (28k)^2$ 得到

$$\frac{\mathrm{d}E}{\mathrm{d}k} = -22(-11k+1) + 2(k+2) + 1\,568k = 0.$$

于是,当 $k = \dfrac{3}{302}$ 时,方程有最小模解

$$x_{\min} = \begin{pmatrix} \dfrac{269}{302} \\[2mm] \dfrac{607}{302} \\[2mm] \dfrac{42}{151} \end{pmatrix} \approx \begin{pmatrix} 0.890\,728\,5 \\ 2.009\,933\,8 \\ 0.278\,145\,7 \end{pmatrix}.$$

由(11.53)式,最小模解满足方程 $C^{\mathrm{T}}Cx = C^{\mathrm{T}}f$, 其中

$$C^{\mathrm{T}}C = \begin{pmatrix} 4I_n + A^{\mathrm{T}}A & 2A^{\mathrm{T}} \\ 2A & AA^{\mathrm{T}} \end{pmatrix} = \begin{pmatrix} 33 & -17 & 12 & 10 & 4 \\ -17 & 41 & -8 & -2 & -12 \\ 12 & -8 & 9 & 4 & 2 \\ 10 & -2 & 4 & 30 & 18 \\ 4 & -12 & 2 & 18 & 41 \end{pmatrix},$$

$$f = \begin{pmatrix} A^{\mathrm{T}}b \\ 0 \end{pmatrix} = \begin{pmatrix} -5 \\ 57 \\ -4 \\ 0 \\ 0 \end{pmatrix}.$$

用超松弛迭代法求解,取 $\omega = 1.2$, $\boldsymbol{x}^{(0)} = (0, 0, 0)^{\mathrm{T}}$, 经过 16 次迭代, 得 $\boldsymbol{x}^{(16)} = (0.890\,725\,3,\ 2.009\,932\,1,\ 0.278\,149\,2)^{\mathrm{T}}$.

三、利用解线性不等式方程组的松弛迭代法

显然,方程组(11.45)等价于如下的不等式方程组:

$$\begin{cases} \displaystyle\sum_{j=1}^{n} a_{ij} x_j \leqslant b_i, & i = 1, 2, \cdots, m, \\ -\displaystyle\sum_{j=1}^{n} a_{ij} x_j \leqslant -b_i, & i = 1, 2, \cdots, m. \end{cases} \tag{11.55}$$

为了书写方便起见,将不等式方程组(11.55)重新写为

$$(\boldsymbol{\alpha}_i,\ \boldsymbol{x}) \leqslant d_i, \quad i = 1, 2, \cdots, M, \tag{11.56}$$

其中 $M = 2m$, 以及

$$\boldsymbol{\alpha}_i = \begin{cases} (a_{j1},\ a_{j2},\ \cdots,\ a_{jn})^{\mathrm{T}}, & j = i,\ i = 1, 2, \cdots, m, \\ -(a_{j1},\ a_{j2},\ \cdots,\ a_{jn})^{\mathrm{T}}, & j = i-m,\ i = m+1, m+2, \cdots, 2m, \end{cases}$$

$$d_i = \begin{cases} b_j, & j = i,\ i = 1, 2, \cdots, m, \\ -b_j, & j = i-m,\ i = m+1, m+2, \cdots, 2m, \end{cases}$$

$(\cdot, \cdot)$ 表示两个向量的内积, 即若 $\boldsymbol{\alpha} = (\alpha_1,\ \alpha_2,\ \cdots,\ \alpha_n)^{\mathrm{T}}$, $\boldsymbol{\beta} = (\beta_1,\ \beta_2,\ \cdots,\ \beta_n)^{\mathrm{T}}$, 则

$$(\boldsymbol{\alpha},\ \boldsymbol{\beta}) = \sum_{i=1}^{n} \alpha_i \beta_i. \tag{11.57}$$

线性不等式方程组(11.56)可以用下面的迭代法求解.

任取初始值 $\boldsymbol{x}^{(0)} = (x_1^{(0)},\ x_2^{(0)},\ \cdots,\ x_n^{(0)})^{\mathrm{T}}$, 按下面的迭代公式计算 $\boldsymbol{x}^{(k+1)}$.

$$\boldsymbol{x}^{(k+1)} = \begin{cases} \boldsymbol{x}^{(k)}, & \text{当}(\boldsymbol{\alpha}_{i_k},\ \boldsymbol{x}^{(k)}) \leqslant d_{i_k} \text{ 时}, \\ \boldsymbol{x}^{(k)} + \omega\,\dfrac{d_{i_k} - (\boldsymbol{\alpha}_{i_k},\ \boldsymbol{x}^{(k)})}{\|\boldsymbol{\alpha}_{i_k}\|^2}\,\boldsymbol{\alpha}_{i_k}, & \text{当}(\boldsymbol{\alpha}_{i_k},\ \boldsymbol{x}^{(k)}) > d_{i_k} \text{ 时}, \end{cases} \tag{11.58}$$

其中 ω 为松弛因子,取值范围为 $0 < \omega < 2$; $i_k = k(\mathrm{mod}\,M) + 1$, 即每一步迭代在不等式组中轮换进行.

迭代法(11.58)的意义是:对第 k 步迭代来说,如果 $(\boldsymbol{\alpha}_{i_k},\ \boldsymbol{x}^{(k)}) \leqslant d_{i_k}$, $\boldsymbol{x}^{(k)}$ 满足第 i_k 个不等式,不需要修改 $\boldsymbol{x}^{(k)}$, 故 $\boldsymbol{x}^{(k+1)} = \boldsymbol{x}^{(k)}$. 如果 $(\boldsymbol{\alpha}_{i_k},\ \boldsymbol{x}^{(k)}) > d_{i_k}$, 则 $\boldsymbol{x}^{(k)}$

不满足第 i_k 个不等式,按公式

$$x^{(k+1)} = x^{(k)} + \omega \frac{d_{i_k} - (\boldsymbol{\alpha}_{i_k}, \ x^{(k)})}{\parallel \boldsymbol{\alpha}_{i_k} \parallel^2} \boldsymbol{\alpha}_{i_k}$$

对 $x^{(k)}$ 进行修改. 修改以后,有

$$(\boldsymbol{\alpha}_{i_k}, \ x^{(k+1)}) = (\boldsymbol{\alpha}_{i_k}, \ x^{(k)}) + \omega(d_{i_k} - (\boldsymbol{\alpha}_{i_k}, \ x^{(k)})) < (\boldsymbol{\alpha}_{i_k}, \ x^{(k)}).$$

特别地,当 $\omega = 1$ 时,$(\boldsymbol{\alpha}_{i_k}, \ x^{(k+1)}) = d_{i_k}$,此时 $x^{(k+1)}$ 是使第 i_k 个不等式等号成立的临界值.

　　例 11.6　求线性代数方程组(11.54)的最小模解.

　　取初值为 $x^{(0)} = (0, 0, 0)^{\mathrm{T}}$,$\omega = 1.2$,利用迭代公式(11.58),经过 33 次迭代得到 $x^{(33)} = (0.890\,727\,2, 2.009\,933\,6, 0.278\,145\,2)^{\mathrm{T}}$.

习　　题

　　1. 用雅可比迭代法和高斯-塞德尔迭代法求解下列线性代数方程组:

(1) $\begin{cases} 8x_1 - 3x_2 + 2x_3 = 8, \\ 4x_1 + 11x_2 - x_3 = 23, \\ 6x_1 + 3x_2 + 12x_3 = 48; \end{cases}$ 　　(2) $\begin{cases} 5x_1 + 2x_2 + x_3 = 20, \\ -x_1 + 4x_2 + 2x_3 = 7, \\ 2x_1 - 3x_2 + 10x_3 = 10. \end{cases}$

精度取为 10^{-5}.

　　2. 用超松弛迭代法求解线性代数方程组:

(1) $\begin{cases} -4x_1 + x_2 + x_3 + x_4 = 1, \\ x_1 - 4x_2 + x_3 + x_4 = 1, \\ x_1 + x_2 - 4x_3 + x_4 = 1, \\ x_1 + x_2 + x_3 - 4x_4 = 1; \end{cases}$ 　　(2) $\begin{cases} 4x_1 - x_2 = 1, \\ -x_1 + 4x_2 - x_3 = 4, \\ -x_2 + 4x_3 = -3. \end{cases}$

松弛因子分别取为 $\omega = 0.8$,$\omega = 1$,$\omega = 1.2$,精度为 10^{-5}.

　　3. 验证方程组

$$\begin{cases} x_1 = 2x_2 + 3, \\ x_2 = 4x_1 + 5 \end{cases}$$

按照雅可比迭代法作出的向量序列是发散的.

　　4. 考察求解方程组

$$\begin{cases} x_1 + 2x_2 - 2x_3 = 1, \\ x_1 + x_2 + x_3 = 1, \\ 2x_1 + 2x_2 + x_3 = 1 \end{cases}$$

的雅可比迭代法、高斯-塞德尔迭代法及超松弛迭代法的敛散性.

5. 求线性代数方程组

$$\begin{cases} 4x_1 + x_2 - x_3 = 3, \\ 2x_1 + 5x_2 + 4x_3 = 24 \end{cases}$$

的最小模解.

6. 求线性代数方程组

$$\begin{cases} x_1 + x_2 = 2, \\ x_1 - 2x_2 = -2, \\ 3x_1 - x_2 = 3 \end{cases}$$

的最小二乘解.

实 践 与 思 考

1. 山体、隧洞、坝体等的某些内部结构可用弹性波测量来确定. 一个简化问题可描述为: 一块由均匀介质构成的矩形平板内有一些充满空气的空洞, 在平板的两个邻边分别等距地设置若干波源, 在它们的对边对等地安放同样多的接收器, 记录弹性波由每个波源到达对边上每个接收器的时间, 根据弹性波在介质中和在空气中不同的传播速度, 来确定板内空洞的位置. 现考察如下的具体问题:

一块 240 m×240 m 的平板(见图 11-11), 在 AB 边等距地设置 7 个波源 $P_i(i = 1, 2, \cdots, 7)$, 在 CD 边对等地安放 7 个接收器 $Q_j(j = 1, 2, \cdots, 7)$, 记录由 P_i 发出的弹性波到达 Q_j 的时间 t_{ij} s(见表 11-1); 在 AD 边等距地设置 7 个波源 $R_i(i = 1, 2, \cdots, 7)$, 在 BC 边对等地安放 7 个接收器 $S_j(j = 1, 2, \cdots, 7)$, 记录由 R_i 发出的弹性波到达 S_j 的时间 τ_{ij} s(见表 11-2). 已知弹性波在介质和空气中的传播速度分别为 2 880 m/s 和 320 m/s, 且弹性波沿板边缘的传播速度与在介质中的传播速度相同.

表 11-1

i ＼ Q_j	Q_1	Q_2	Q_3	Q_4	Q_5	Q_6	Q_7
P_1	0.061 1	0.089 5	0.199 6	0.203 2	0.418 1	0.492 3	0.564 6
P_2	0.098 9	0.059 2	0.441 3	0.431 8	0.477 0	0.524 2	0.380 5
P_3	0.305 2	0.413 1	0.059 8	0.415 3	0.415 6	0.356 3	0.191 9
P_4	0.322 1	0.445 3	0.404 0	0.073 8	0.178 9	0.074 0	0.212 2
P_5	0.349 0	0.452 9	0.226 3	0.191 7	0.083 9	0.176 8	0.181 0
P_6	0.380 7	0.317 7	0.236 4	0.306 4	0.221 7	0.093 9	0.103 1
P_7	0.431 1	0.339 7	0.356 6	0.195 4	0.076 0	0.068 8	0.104 2

表 11-2

$\diagdown$ j i	S_1	S_2	S_3	S_4	S_5	S_6	S_7
R_1	0.064 5	0.060 2	0.081 3	0.351 6	0.386 7	0.431 4	0.572 1
R_2	0.075 3	0.070 0	0.285 2	0.434 1	0.349 1	0.480 0	0.498 0
R_3	0.345 6	0.320 5	0.097 4	0.409 3	0.424 0	0.454 0	0.311 2
R_4	0.365 5	0.328 9	0.424 7	0.100 7	0.324 9	0.213 4	0.101 7
R_5	0.316 5	0.240 9	0.321 4	0.325 6	0.090 4	0.187 4	0.213 0
R_6	0.274 9	0.389 1	0.589 5	0.301 6	0.205 8	0.084 1	0.070 6
R_7	0.443 4	0.491 9	0.390 4	0.078 6	0.070 9	0.091 4	0.058 3

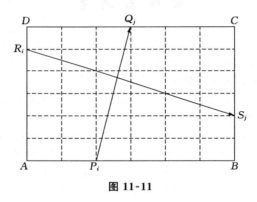

图 11-11

(1) 确定该平板内空洞的位置.

(2) 只根据由 P_i 发出的弹性波到达 Q_j 的时间 $t_{ij}(i, j = 1, 2, \cdots, 7)$,能确定空洞的位置吗? 讨论在同样能够确定空洞位置的前提下,减少波源和接收器的方法.

2. "渡江"是武汉城市的一张名片. 1934 年 9 月 9 日,武汉警备旅官兵与体育界人士联手,在武汉第一次举办横渡长江游泳竞赛活动,起点为武昌汉阳门码头,终点设在汉口三北码头,全程约 5 000 m. 有 44 人参加横渡,40 人到达终点,张学良将军特意向冠军获得者赠送了一块银盾,上书"力挽狂澜".

2001 年,"武汉抢渡长江挑战赛"重现江城. 2002 年,正式命名为"武汉国际抢渡长江挑战赛",于每年的 5 月 1 日进行. 由于水情、水性的不可预测性,这种竞赛更富有挑战性和观赏性.

2002 年 5 月 1 日,抢渡的起点设在武昌汉阳门码头,终点设在汉阳南岸咀,江面宽约 1 160 m. 据报载,当日的平均水温 16.8 ℃,江水的平均流速为 1.89 m/s. 参赛的国内外选手共 186 人(其中专业人员将近一半),仅 34 人到达终点,第一名的成绩为 14 min 8 s. 除了气象条件外,大部分选手由于路线选择错误,被滚滚的江水冲向下游,而未能准确到达终点.

假设在竞渡区域两岸为平行直线,它们之间的垂直距离为 1 160 m,从武昌汉阳门的正对岸到汉阳南岸咀的距离为 1 000 m,见图 11-12.

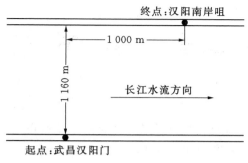

图 11-12

请通过数学建模来分析上述情况,并回答以下问题:

(1) 假定在竞渡过程中游泳者的速度大小和方向不变,且竞渡区域每点的流速均为 1.89 m/s. 试说明 2002 年第一名是沿着怎样的路线前进的,求他游泳速度的大小和方向. 如何根据游泳者自己的速度选择游泳方向,试为一个速度能保持在 1.5 m/s 的人选择游泳方向,并估计他的成绩.

(2) 在(1)的假设下,如果游泳者始终以和岸边垂直的方向游,他们能否到达终点? 根据你的数学模型说明为什么 1934 年和 2002 年能游到终点的人数的百分比有如此大的差别. 给出能够成功到达终点的选手的条件.

(3) 若流速沿离岸边距离的分布为(设从武昌汉阳门垂直向上为 y 轴正向)

$$v(y) = \begin{cases} 1.47 \text{ m/s}, & 0 \text{ m} \leqslant y \leqslant 200 \text{ m}, \\ 2.11 \text{ m/s}, & 200 \text{ m} \leqslant y \leqslant 960 \text{ m}, \\ 1.47 \text{ m/s}, & 960 \text{ m} \leqslant y \leqslant 1 160 \text{ m}, \end{cases}$$

游泳者的速度大小(1.5 m/s)仍全程保持不变,试为他选择游泳方向和路线,估计他的成绩.

(4) 若流速沿离岸边距离为连续分布,例如

$$v(y) = \begin{cases} \dfrac{2.28}{200} y, & 0 \text{ m} \leqslant y \leqslant 200 \text{ m}, \\ 2.28, & 200 \text{ m} \leqslant y \leqslant 960 \text{ m}, \\ \dfrac{2.28}{100}(1\ 160 - y), & 960 \text{ m} \leqslant y \leqslant 1 160 \text{ m}, \end{cases}$$

或你认为合适的连续分布,如何处理这个问题?

第十二章 分子模型

提要 本章介绍了一类平面型碳氢化合物分子的图论模型. 学习本章需要初等有机化学和线性代数的预备知识.

很多有机化合物的分子由多原子构成, 具有很复杂的结构. 分子的不同结构对化合物的化学性质有很大的影响, 所以研究分子结构有很重要的意义. 迄今为止, 人们还未能建立一种能刻画所有分子结构的理论. 但是人们已经成功地建立了一些分子结构的数学模型, 利用电子计算机发现了某些化合物的新结构, 或事先用电子计算机给出某些新的化合物的结构造型, 然后指导人工合成这种新的化合物.

在这一章中, 我们介绍一种将某些关联密切的化合物的分子图的特性数量化, 从而建立揭示这些分子某种内在性质的数学模型, 即对平面型碳氢化合物建立其分子结构的模型.

§12.1 平面型碳氢化合物分子

平面型碳氢化合物是有机化学中一类很重要又是较为简单的化合物. 根据化合价和化合键的理论, 碳原子的化合价为 4, 氢原子的化合价为 1. 在一个分子中 1 个碳原子通过 4 根化合键与其他原子连接, 而氢原子通过 1 根化合键与其他原子连接. 所谓平面型碳氢化合物是完全由碳原子和氢原子构成的化合物, 构成分子的各原子大体分布在同一个平面上. 这类化合物具有一定的特点, 经抽象和简化可归纳为以下假设:

(H1) 构成分子的各个原子落在一个平面上. 分子中的各原子是连通的, 即分子中任何两个原子总可以通过某些化合键和其他原子之间的键连接起来.

(H2) 分子中的每 1 个碳原子与 3 个相邻的原子用化合键连接, 键长相等.

(H3) 由同一碳原子出发的所有相邻键之间的夹角为 120°(见图 12-1).

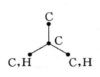

图 12-1

由于碳的化合价是 4, 氢的化合价是 1, 又由于平面型碳氢化合物中的 1 个碳原子只能与周围 3 个原子用键相连,故此原子发出的键中有且只有 1 根双键.又因为氢的化合价为 1,所以此双键只能与另一碳原子相连接.另外 2 根单键与另外 2 个原子相连接,这 2 个原子既可能是氢原子,也可能是碳原子.

图 12-2 和图 12-3 给出了两种最常见的平面型碳氢化合物——苯(C_6H_6)和萘($C_{10}H_8$)的分子图形.

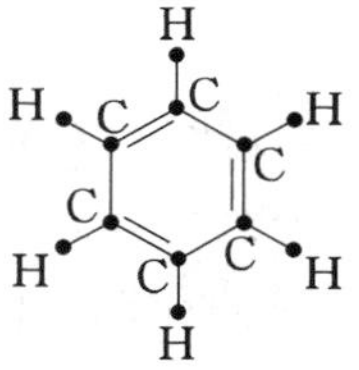

图 12-2

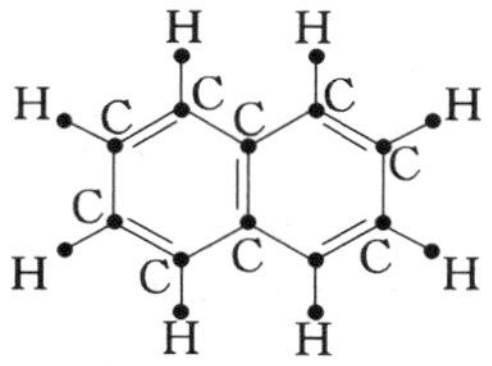

图 12-3

§12.2 图和矩阵模型

一、分子简图

将平面型碳氢化合物的分子图作一些简化.首先,去掉氢原子及其相应的单键;然后将双键也简化为单键,得到一个只保留碳原子和碳—碳键且不区分单双键的分子简图,又称为"骨架图".图 12-4 给出了一系列平面型碳氢化合物分子的骨架图.图中的顶点表示碳原子,边表示碳—碳键.

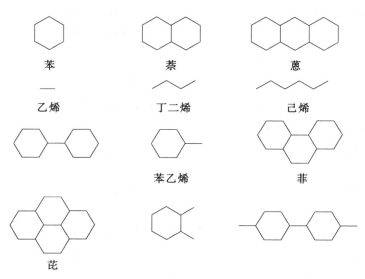

苯　　　　　　萘　　　　　　蒽

乙烯　　　　　丁二烯　　　　己烯

苯乙烯　　　　菲

芘

图 12-4

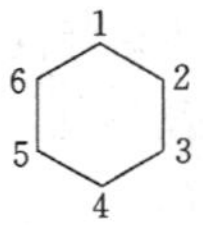

图 12-5

将分子骨架图的顶点(碳原子)依次编号就得到了分子的图模型. 例如, 将苯的分子骨架图如图 12-5 编号, 即得顶点集为 $V = \{1,$ $2, 3, 4, 5, 6\}$, 边集为 $E = \{(1, 2), (2, 3), (3, 4), (4, 5),$ $(5, 6), (6, 1)\}$ 的无向图 $G = (V, E)$.

二、邻接阵和归约邻接阵

1. 邻接阵

图论中用邻接阵表示图的顶点之间的邻接关系. 设图共有 n 个顶点, 邻接阵是一个 n 阶方阵, 元素均为 0 或 1, 若顶点 i 与顶点 j 之间有边相连, 则邻接阵位于 i 行 j 列的元素为 1, 否则为 0. 对图 12-5 中的苯的骨架图, 邻接阵为

$$T = \begin{pmatrix} 0 & 1 & 0 & 0 & 0 & 1 \\ 1 & 0 & 1 & 0 & 0 & 0 \\ 0 & 1 & 0 & 1 & 0 & 0 \\ 0 & 0 & 1 & 0 & 1 & 0 \\ 0 & 0 & 0 & 1 & 0 & 1 \\ 1 & 0 & 0 & 0 & 1 & 0 \end{pmatrix}. \tag{12.1}$$

2. 图的二分性

若一个图中的顶点可以分为两类, 每一类的顶点都没有边将它与同一类中的顶点相连, 就称该图为**二分图**. 若将这两类顶点分别用不同的颜料着色, 每一条边连接的两个顶点颜色必然不同. 所以二分图又称为**二色图**.

图 $G = (V, E)$ 的部分顶点和部分边构成的图称为**子图**. G 中一个由顶点和边交错组成的非空有限序列

$$Q = v_{i_0} e_{j_1} v_{i_1} \cdots v_{i_{s-1}} e_{j_s} v_{i_s} \cdots v_{i_{l-1}} e_{j_l} v_{i_l}$$

称为 G 中连接 v_{i_0} 与 v_{i_l} 的**路**. 若 $v_{i_0} = v_{i_l}$, 则称 Q 为**圈**. 若 Q 中除 $v_{i_0} = v_{i_l}$ 外再无其他相同的顶点, 则称 Q 为**初级圈**.

下面将说明平面型碳氢化合物分子骨架图是二分图. 为此要用到图论中的如下定理.

定理 12.1   一个图为二色图的充分必要条件是: 该图中的每一个圈都是偶数边的.

注意到平面型碳氢化合物中的每个碳原子发出的相邻两键之间的夹角均为 $\frac{2}{3}\pi$, 它的骨架图中的圈的内角均为 $\frac{2}{3}\pi$ 或 $\frac{4}{3}\pi$, 由此即可断言它的任一圈的边数均为偶数.

事实上,设圈的边数为 m,其各内角为 α_i, $i = 1, 2, \cdots, m$. 利用多边形内角和的公式可得

$$\sum_{i=1}^{m} \alpha_i = (m-2)\pi. \tag{12.2}$$

将上式两边分别除以 $\dfrac{\pi}{3}$,得

$$3m = 6 + \sum_{i=1}^{m} \frac{3\alpha_i}{\pi}. \tag{12.3}$$

由于 a_i 为 $\dfrac{2}{3}\pi$ 或 $\dfrac{4}{3}\pi$,上式右端必为偶数,从而 m 必为偶数. 利用定理 12.1 即得如下命题.

命题 12.1 平面型碳氢化合物的分子骨架图必为二色图.

3. 归约邻接阵

根据命题 12.1,可以将平面型碳氢化合物分子骨架图的顶点分为两类,每一类顶点之间都没有边连接. 例如,在图 12-5 所示的苯分子骨架图中,编号为奇数的顶点和编号为偶数的顶点分属这两个不同的类,对一般平面型碳氢化合物,我们也将两类顶点分别称为奇类顶点和偶类顶点.

将图的顶点按奇类顶点在前、偶类顶点在后的方式重新编号,邻接阵必具有如下的形式:

$$T = \begin{bmatrix} O & B \\ B^{\mathrm{T}} & O \end{bmatrix}, \tag{12.4}$$

其中 B 称为归约邻接阵,它包含了邻接阵所有重要的信息,但规模比邻接阵小得多. 例如,苯的归约邻接阵为

$$B = \begin{matrix} & 2 & 4 & 6 \\ 1 \\ 3 \\ 5 \end{matrix} \begin{bmatrix} 1 & 0 & 1 \\ 1 & 1 & 0 \\ 0 & 1 & 1 \end{bmatrix}, \tag{12.5}$$

矩阵左侧与上方的数字标记对应于原编号的行与列.

利用 B 容易得到有关原来分子的一些信息,如 B 的行数与列数之和为骨架图的顶点总数 n,即分子中碳原子的总数. 另外分子中所有碳—碳键(即骨架图的边)之总和 N 为 B 的元素之和,或更方便地表示为

$$N = \mathrm{Tr}(B^{\mathrm{T}} B), \tag{12.6}$$

其中 Tr 表示迹算子,即矩阵的对角线元素之和.

分子中的苯基(即骨架图中以碳—碳键为边的正六边形圈)的个数是一个重要的特性,记为 r. 它虽不能明显地直接从 B 得到,但与 N 和 n 是有密切关联的. 事实上,可以证明下面的命题.

命题 12.2　$r = N - n + 1$.

在先编奇类顶点、后编偶类顶点的前提下,仍有多种不同的编号方式. 不同的编号可能会改变 B 的某些性质. 然而,值得指出的是,某些性质如 N, n 和 r 是不随编号的改变而改变的.

§12.3　奇偶类顶点差的计算

平面型碳氢化合物分子骨架图的顶点可化为奇类顶点和偶类顶点两类. 奇

图 12-6

类顶点个数与偶类顶点个数不一定相同,对应的归约邻接阵则表现为方阵或长方阵. 例如,在图 12-6 所示的分子骨架图中,奇类顶点为 7 个,偶类顶点为 6 个,归约邻接阵为 7×6 长方阵.

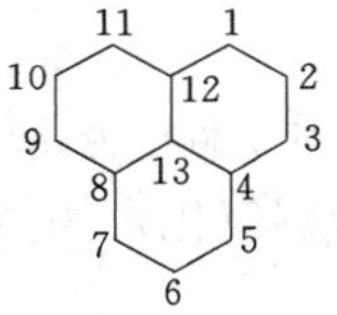

若分子中碳原子个数(分子简图中的顶点数)为奇数,则奇偶类顶点数肯定不同. 但即使碳原子个数为偶数,奇偶类顶点数也未必相等. 有一个比较容易求出奇偶类顶点差的方法.

先去掉骨架图中的垂直边以及边上的顶点. 由于任一边必须连接一个奇类顶点和一个偶类顶点,因此去掉垂直边和相应的顶点后不会改变奇偶类顶点之差. 剩下的顶点可以分成向上的(图 12-7(a))或向下的(图 12-7(b))两

(a)　　　　　　　　(b)

图 12-7

类. 一切向上的顶点都有相同的奇偶性;一切向下的顶点也有相同的奇偶性,两者的奇偶性不同. 用 λ 记向上顶点的总数,用 μ 记向下顶点的总数,那么奇偶类顶点差为 $|\lambda - \mu|$. 例如,图 12-8 所示的分子骨架图在去掉垂直边以及有关顶点后剩下 3 个向上的顶点,1 个向下的顶点,即 $\lambda = 3$, $\mu = 1$, 从而奇偶类顶点差为 2.

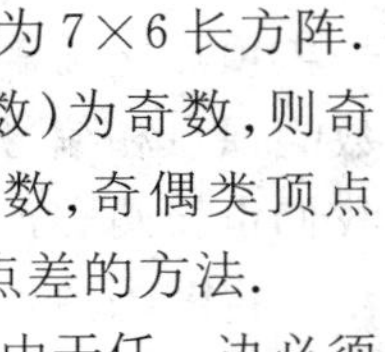

奇偶类碳原子不等的平面型碳氢化合物分子的化学活动性较强,称为**自由基**. 从骨架图判断奇偶类原子个数是否相等是有意义的.

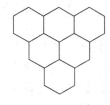

图 12-8

§12.4　双键的配置

一、分子的结构和双键配置

平面型碳氢化合物中,每个碳原子必以一个双键与分子中另一个碳原子相连接.对大多数平面型碳氢化合物分子,双键可能有若干种不同的配置方法.同一种化合物分子的不同双键配置称为该分子的不同结构.通常同一种分子的不同化学性质可以用分子的不同结构加以解释,所以必须研究分子骨架图中双键的各种不同配置方法.例如,萘分子有 3 种不同的双键配置方法,即有 3 种可能的不同结构(见图 12-9).

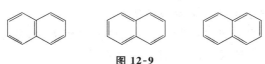

图 12-9

在前面的讨论中,无论双键或单键都作为图的一条边,未曾加以区别.现在要讨论一个分子的不同结构数以及设法给出具体的双键配置.原则上可用枚举法穷尽各种不同的双键配置.但当分子中包含大量碳原子且具有复杂的拓扑结构时,枚举的工作量十分巨大.我们将给出在某些情形下计算结构总数或用图论方法减少枚举工作量的技巧.

二、奇偶类顶点数相等时结构数的计算

1.用归约邻接阵的积和式表示结构总数

奇偶类顶点相等时,归约邻接阵 B 为一个方阵.现建立 B 和分子结构的关系.

设分子有 m 个奇类顶点和 m 个偶类顶点,将它们分别编号为 $1, 2, \cdots, m$ 和 $1', 2', \cdots, m'$.注意到每个碳原子有且仅有一个双键,将双键列出为

$$\{(1, j_1'), (2, j_2'), \cdots, (m, j_m')\}, \tag{12.7}$$

称为该分子的一个双键配置,其中 $j_1, j_2, \cdots, j_m$ 是 $1, 2, \cdots, m$ 的一个排列,且成立 $b_{ij_i} = 1, i = 1, 2, \cdots, m$.

显然,双键的不同配置总数 M 满足

$$M = \sum_{b_{ij_i}=1} 1 = \sum_{b_{ij_i}=1} b_{1j_1} \cdot b_{2j_2} \cdot \cdots \cdot b_{mj_m}. \tag{12.8}$$

注意到不满足 $b_{ij_i} = 1, i = 1, 2, \cdots, m$ 时,连乘积必为 0,于是

$$M = \sum_P b_{1j_1} \cdot b_{2j_2} \cdot \cdots \cdot b_{mj_m}, \tag{12.9}$$

其中 P 为 $1, 2, \cdots, m$ 的排列的全体.

定义 12.1　对矩阵 $\boldsymbol{A} = (a_{ij})_{n \times n}$, 称

$$\sum_P a_{1j_1} \cdot a_{2j_2} \cdot \cdots \cdot a_{nj_n} \tag{12.10}$$

为 $\boldsymbol{A}$ 的**永久式**或**积和式**, 记为 $\mathrm{Per}|\boldsymbol{A}|$ 或 $|\boldsymbol{A}|_+$, 其中和式中的 $j_1, j_2, \cdots, j_n$ 遍历 $1, 2, \cdots, n$ 的一切不同的排列 P.

由上述定义及(12.9)式便得下述命题.

命题 12.3　不同双键配置总数 $M = \mathrm{Per}\,|\boldsymbol{B}|$.

2. 初级圈的边数不为 4 的倍数的情形

当分子简图中的一切初级圈的边数均非 4 的倍数时, 分子的不同结构总数可用归约邻接阵的行列式来计算, 即有如下命题.

命题 12.4　设平面型碳氢化合物的分子简图的一切初级圈的边数均不能被 4 整除, 则成立

$$M = |\det |\boldsymbol{B}||. \tag{12.11}$$

证　只须证明: 任何两个不同的双键配置所对应的排列具有相同的奇偶性. 设两个不同的双键配置为

$$J = \{(1, j_1'), (2, j_2'), \cdots, (m, j_m')\},$$

$$\bar{J} = \{(1, \bar{j}_1), (2, \bar{j}_2), \cdots, (m, \bar{j}_m)\}.$$

令 $H = J \oplus \bar{J} = \{$在 J 与 $\bar{J}$ 中仅出现一次的边全体$\}$, H' 为边集 H 和相应的顶点集构成的图.

由于 H' 中的各顶点均与两条不同的边连接, 因此 H' 是一个初级圈或几个不相交的初级圈. 不失一般性, 我们仅就一个圈的情形讨论. 由命题的假设, 该初级圈的边数和顶点数均为 $4l + 2$. 记其顶点全体为 $p_1, p_2, \cdots, p_{2l+1}, q_1, q_2, \cdots, q_{2l+1}$, 其边全体为 (p_i, q_i), $i = 1, 2, \cdots, 2l + 1$, (q_i, p_{i+1}), $i = 1, 2, \cdots, 2l$ 和 (q_{2l+1}, p_1). 于是 J 和 $\bar{J}$ 经过相同的置换可写为

$$J = \{(p_1, q_1), (p_2, q_2), \cdots, (p_{2l+1}, q_{2l+1}), * * *\},$$

$$\bar{J} = \{(p_1, q_{2l+1}), (p_2, q_1), \cdots, (p_{2l+1}, q_{2l}), * * *\},$$

其中星号表示两者相同的部分. 显然, 后者经过 $2l$ 次置换变成前者. 这就说明 $j_1', j_2', \cdots, j_m'$ 和 $\bar{j}_1, \bar{j}_2, \cdots, \bar{j}_m$ 同为 $1, 2, \cdots, m$ 的奇排列或偶排列. 由行列

式的定义即得命题结论.

三、若干化合物结构的枚举

对某些平面型碳氢化合物分子,将其骨架图的某边取定为双键或单键,从而将所有不同的结构分成两类. 由于一根键一旦取定为双键或单键,其他的双键配置就受到一定的约束,分析这两类结构就容易多了. 若有必要,再用上法将每一类结构再分成两类,这个过程可不断重复直至得到所有的结构.

1. 苯萘类化合物

苯萘类化合物的分子骨架图由并列的 r 个正六边形圈构成(见图 12-10). $r = 1$ 时为苯,$r = 2$ 时为萘.

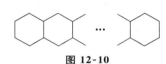

图 12-10

对这样的分子图,若某条垂直边取为双键时,其他垂直边均不能再为双键,此时就唯一地确定了一个双键配置. 另一方面每个结构必定有一条垂直边为双键,因此苯萘类分子的不同结构总数为

$$M = r + 1. \tag{12.12}$$

2. 多苯基化合物

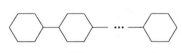

图 12-11

多苯基化合物分子骨架图为 r 个正六边形,依次用一条边连接而成(见图 12-11).

显然连接边不可能为双键. 注意到每个圈有两种可能的双键配置,各个圈的各种可能双键配置组合起来就可得到分子的所有结构,结构的总数为

$$M = 2^r. \tag{12.13}$$

3. 交错排列的一类分子

考察另一类化合物分子,其骨架图由 r 个正六边形圈交错连接而成(见图 12-12). 当 $r = 3$ 时是菲分子;当 $r = 4$ 时是䓛分子. 这类分子的不同结构总数为

$$M_r = F_{r+1}, \tag{12.14}$$

其中 F_r 是斐波那契数,满足

$$F_0 = F_1 = 1,$$

$$F_{r+2} = F_{r+1} + F_r \quad (r = 0, 1, \cdots).$$

(12.14)式可用数学归纳法证明.

当 $r=1$ 或 $r=2$ 时,分别是苯或萘分子,它们的结构数已知:$M_1 = 2$,$M_2 = 3$,即 $M_1 = F_2$,$M_2 = F_3$.

设对小于 $r+2$ 的整数 t,$M_t = F_{t+1}$ 成立,现讨论圈数 $t = r+2$ 的情形. 考察最后一个圈的双键配置.

首先,设最后一圈的上侧水平边为双键,那么最后两个圈双键配置的情形如图 12-13 所示.然而第 $r+1$ 个圈与第 r 个圈的公共边可以根据第 r 个圈的双键配置决定它或是双键或是单键.换言之,对这种情形,不同双键配置数与去掉最后两个圈,只有前 r 个圈的分子结构总数是相同的.由归纳法假设,不同结构总数应为 F_{r+1}. 因此,最后一个圈的上侧水平边为双键时,分子的不同结构共有 F_{r+1} 种.

图 12-13　　　　　　　　　　图 12-14

其次,设第 $r+2$ 个圈的上侧水平边为单键.此时最后一个圈的双键配置如图 12-14 所示.第 $r+2$ 个圈中除了第 $r+2$ 个圈与第 $r+1$ 个圈的交界边外,其余边的单双键配置已经决定.但第 $r+2$ 个圈与第 $r+1$ 个圈的交界边是双键还是单键,完全可以由前 $r+1$ 个圈的单双键配置而定,亦即第 $r+2$ 个圈的上侧水平边取为单键时,不同结构的总数和只有 $r+1$ 个圈的分子相同,由归纳法假设为 F_{r+2}.

第 $r+2$ 个圈的上侧水平边只有以上两种情形,因此不同结构总数应为上述两种情形的结构数之总和,即

$$M_{r+2} = F_{r+2} + F_{r+1} = F_{r+3}.$$

这就证明了

$$M_r = F_{r+1}$$

对一切自然数 r 成立.

习　　题

1. 试说明对一种平面型碳氢化合物的骨架图,采用不同的编号方式时,其归约邻接阵是不同的.试问这些不同的归约邻接阵有哪些联系? 在不同的编号下,归约邻接阵的哪些性质发生了改变?哪些性质保持不变?

2. 证明命题 12.2.

3. 证明:数 $x_s = \mathrm{Tr}((\boldsymbol{B}^\mathrm{T}\boldsymbol{B})^s)$, $s = 0, 1, 2, \cdots$ 是与碳原子编号方式无关的. 对苯和萘计算 x_2.

4. 导出如图 12-15 所示的一类分子的结构总数.

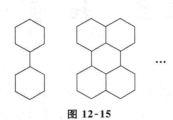

图 12-15

第十三章 扫雪问题

提要 本章利用图论的有关知识,解决了扫雪问题.分别讨论了单车双车道、单车单车道以及双车双车道3种情形下最佳的扫雪方案.

§13.1 问题的提出

某城市被大雪覆盖,现在安排两辆扫雪车分别从指定位置(如图13-1所示的城市道路示意图中的位置"＊")出发,清除路面上的积雪.假设扫雪区域中的道路都是双车道的,在扫雪过程中扫雪车不会发生故障,在交叉路口也不需要特别的扫雪方法.请给出清扫积雪的最佳方案.

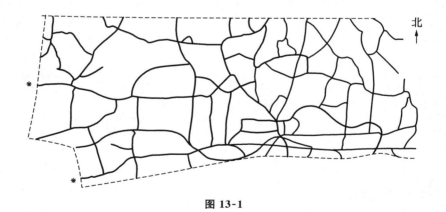

图 13-1

该问题是要为驾驶员提供一种最佳方案,使扫雪车行驶的时间最短.由于问题并没有给出扫雪车的有关信息,不妨假设两辆扫雪车的功率相同,行驶速度也相同,这样行驶时间最短就等价于行驶路程最短.

要将所有街道上的积雪清扫干净,每条街道都至少要走一次.为了使行驶路程最短,实际上就是要避免车辆空驶,即要减少在已清扫过的街道上行驶.

将街道看作边,街道与街道的交汇点看作点,图13-1所示的地图可以视为一个无向图.根据题意,每条马路都是双车道的,不妨假设车辆都靠右行驶,那么给连接两个点的边加上方向,无向图即变为有向图,并且有边连接的两个点实际上都是由两条相反方向的有向边组成的.这一点对问题来说并不是必需的,完全可以给某一条边加上两个相同的方向,即将这条边看作是有两条相同方向的有向边(平行边),但后面我们可以看到,现在的处理方法有助于问题的解决,使得问题的解决方案变得比较简单.

根据前面的分析,我们需要在一个有向图上找到使行驶路程最短的最佳方案.

§13.2 单车双车道的情形

首先考察单车的情形,即只派出一辆扫雪车来清除积雪.显然在这种情况下,如果扫雪车能够不重复地清除所有街道上的积雪,那么这个方案必定是最佳方案.如果上述方案存在,那么扫雪车必须通过每条街道两次,且仅能通过两次,从有向图上看,扫雪车经过每条有向边一次,且仅能经过一次.这样问题就化为能否一笔画出上述有向图.

一笔画问题是图论中的一个经典问题.图论方面的第一篇论文就是解决一笔画问题的.

1727年欧拉的朋友向欧拉提出一个问题:在普鲁士哥尼斯堡(Königsberg,现在的俄罗斯加里宁格勒(Kaliningrad))的普莱格尔河(Pregel)上有7座桥(如图13-2(a)所示).当地的居民热衷于讨论这样的问题:一个散步者能否从某一个地方出发,通过每座桥一次且仅通过一次,最后返回到出发点.1736年欧拉将此问题归结为图形的一笔画问题,从而解决了这个问题,写了第一篇图论的论文,成为图论的创始人.后来人们称此问题为**哥尼斯堡七桥问题**.在图13-2(a)中,用边表示桥,顶点表示岛屿和河的两岸,便得到一个无向图,如图13-2(b)所

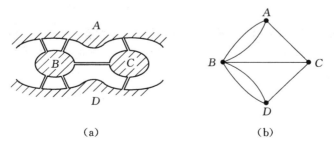

(a)   (b)

图 13-2

示.很显然,通过哥尼斯堡七桥中每一座桥一次且仅通过一次的问题等价于在图 13-2(b)的图中找一条闭链,使得每一条边出现一次且仅出现一次,也就是如何一笔画的问题.

定义 13.1 一个无向图(简称图)是由一些点和连接一对点的若干条线组成的,这些点称为图的**顶点**,线称为图的**边**.通常用 $V = \{v_1, v_2, \cdots, v_n\}$ 表示全体顶点组成的集合, $E = \{e_1, e_2, \cdots, e_m\}$ 表示全体边组成的集合,那么,无向图 G 可写为 $G = (V, E)$.连接顶点 u 和 v 的边 e 记为 $e = (u, v)$,称 u 和 v 为边 e 的两个**端点**,边 e 与顶点 u 和顶点 v **相关联**,顶点 u 与顶点 v **相邻**.

如图 13-3 所示,设无向图 $G = (V, E)$,其中

$$V = \{v_1, v_2, \cdots, v_5\}, \quad E = \{e_1, e_2, \cdots, e_8\},$$

边与顶点之间的关联情况由表 13-1 给出.

表 13-1

e	e_1	e_2	e_3	e_4	e_5	e_6	e_7	e_8
(u, v)	(v_1, v_2)	(v_1, v_4)	(v_1, v_5)	(v_2, v_3)	(v_2, v_4)	(v_2, v_4)	(v_3, v_4)	(v_4, v_5)

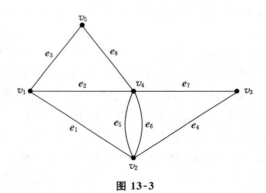

图 13-3

定义 13.2 设 $G = (V, E)$ 是一个无向图,称顶点 v 所关联的边数为顶点 v 的**度数**,记为 $d(v)$.度数为奇数的顶点称为**奇顶点**,度数为偶数的顶点称为**偶顶点**.

例如,在图 13-3 中, $d(v_1) = 3$, $d(v_2) = 4$, $d(v_3) = 2$, $d(v_4) = 5$, $d(v_5) = 2$.

对于无向图有如下结论.

命题 13.1 所有顶点的度数之和是边数的 2 倍,即

$$\sum_{i=1}^{n} d(v_i) = 2m, \tag{13.1}$$

其中 m 为边数,n 为顶点数.

证 由于每条边连接两个顶点,在计算度数时要计算两次,因此所有顶点的度数之和为边数的两倍.

命题 13.2 奇顶点共有偶数个.

证 显然,所有顶点可以分为两类:奇顶点 $\{v_j\}$ 和偶顶点 $\{v_k\}$,于是

$$\sum_{i=1}^{n} d(v_i) = \sum_{v_j \text{是奇顶点}} d(v_j) + \sum_{v_k \text{是偶顶点}} d(v_k).$$

由命题 13.1,$\sum_{i=1}^{n} d(v_i)$ 是偶数,$\sum_{v_k \text{是偶顶点}} d(v_k)$ 也是偶数,因此 $\sum_{v_j \text{是奇顶点}} d(v_j)$ 是偶数. 又 $d(v_j)$ 为奇数,因此奇顶点 v_j 的个数必为偶数.

定义 13.3 设 $G = (V, E)$ 是一个无向图,如果对 G 的每条边 $e = (u, v)$ 都规定一个方向,即指定 e 的两个端点中一个为起点,另一个为终点,则称 e 为一条有向边(或弧). 若设 u 为起点,v 为终点,那么有向边 e 仍记为 $e = (u, v)$. 仍用 V 表示顶点集,E 表示边集,那么有向图仍记为 $G = (V, E)$.

如图 13-4 所示,设有向图 $G = (V, E)$,其中

$$V = \{v_1, v_2, \cdots, v_5\}, \quad E = \{e_1, e_2, \cdots, e_8\},$$

弧与顶点之间的关联情况由表 13-2 给出.

表 13-2

e	e_1	e_2	e_3	e_4	e_5	e_6	e_7	e_8
(u, v)	(v_1, v_2)	(v_4, v_1)	(v_1, v_5)	(v_2, v_3)	(v_4, v_2)	(v_2, v_4)	(v_3, v_4)	(v_4, v_5)

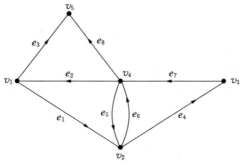

图 13-4

注 13.1 在无向图中，$(u, v) = (v, u)$，而在有向图中，$(u, v) \neq (v, u)$.

定义 13.4 设 $G = (V, E)$ 是一个有向图，以顶点 v 为起点的边数称为 v 的**出度**，记为 $d^+(v)$，以顶点 v 为终点的边数称为 v 的**入度**，记为 $d^-(v)$. 称 $d^+(v) + d^-(v)$ 为顶点 v 的**度数**，记为 $d(v)$. 类似地可定义奇顶点和偶顶点.

例如，在图 13-4 中，

$$d^+(v_1) = 2, \quad d^+(v_2) = 2, \quad d^+(v_3) = 1, \quad d^+(v_4) = 3, \quad d^+(v_5) = 0,$$

$$d^-(v_1) = 1, \quad d^-(v_2) = 2, \quad d^-(v_3) = 1, \quad d^-(v_4) = 2, \quad d^-(v_5) = 2.$$

对于有向图，有下述命题.

命题 13.3 在有向图中，所有顶点的入度之和等于所有顶点的出度之和.

定义 13.5 设 $G = (V, E)$ 为一个无向图，Q 为 G 中一个由顶点和边交错组成的非空有限序列

$$Q = v_0 e_1 v_1 e_2 v_2 \cdots v_{i-1} e_i v_i \cdots v_{k-1} e_k v_k, \tag{13.2}$$

其中 $e_i = (v_{i-1}, v_i)(i = 1, 2, \cdots, k)$，则称 Q 为 G 中一条连接 v_0 与 v_k 的**路**. 若路 Q 中的边 $e_1, e_2, \cdots, e_k$ 互不相同，则称 Q 为一条**链**. 若链 Q 中 $k > 0$，且 $v_0 = v_k$，则称 Q 为**闭链**(或**回路**、**初级圈**). 若图 G 中任意两个顶点 u, v 之间都存在一条连接 u, v 的链，则称 G 为**连通图**.

例如，在图 13-3 中，图 G 是连通图，$v_1 e_1 v_2 e_4 v_3$ 是一条连接 v_1 和 v_3 的链，$v_1 e_1 v_2 e_4 v_3 e_7 v_4 e_8 v_5 e_3 v_1$ 是一条闭链.

类似地，我们可以定义有向图的有关概念.

定义 13.6 设 $G = (V, E)$ 是一个有向图，由序列(13.2)描述的 Q 为 G 中一个由顶点和有向边交错组成的序列，且 $e_i = (v_{i-1}, v_i)$ $(i = 1, 2, \cdots, k)$，则称 Q 为 G 中一条从 v_0 到 v_k 的**有向路**. 若有向路 Q 中各有向边互不相同，则称 Q 为一条**有向链**. 若有向链 Q 中 $k > 0$，且 $v_0 = v_k$，则称 Q 为**有向闭链**(或**有向回路**).

定义 13.7 若无向图 G 中存在一条包含 G 中所有边的闭链，则称它为**欧拉闭链**，简称为**欧拉链**，称 G 为**欧拉图**. 若图 G 中存在一条包含 G 中所有边的开链，则称它为**欧拉开链**，称 G 为**半欧拉图**.

如图 13-5 所示，图(a)是欧拉图，有如下的欧拉闭链 $AEHGFEBFCGDHA$；图(b)是半欧拉图，有如下的欧拉开链 $AEDCEFCBFAB$.

下面给出欧拉图和半欧拉图的判别方法.

命题 13.4 设 G 是连通无向图，则 G 是欧拉图的充分必要条件是 G 的所有顶点都是偶顶点.

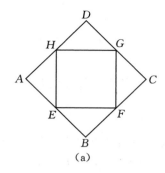

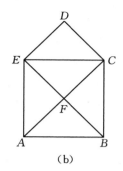

(a)   (b)

图 13-5

证 必要性. 设图 G 有欧拉链 $Q = v_0 e_1 v_1 e_2 v_2 \cdots v_{i-1} e_i v_i \cdots v_{k-1} e_k v_k$，$v_0 = v_k$，其中顶点可以重复出现，边不可以重复出现. 在序列中，每一个顶点 v_i 都与两条边 e_i 和 e_{i+1} 相关联，由于边不能重复出现，因此与 v_i 连接的边数就要增加两条. 这样，与 v_i 连接的总边数必为偶数.

充分性. 若图 G 是连通的，则可以按照以下步骤构造一条欧拉链.

(S1) 从任一顶点 v_0 开始，取与 v_0 关联的边 e_1 到 v_1，每边仅取一次. 因为所有顶点的度数均为偶数，并且 G 是连通的，所以可继续取与 v_1 关联的边 e_2 到 $v_2 \cdots\cdots$ 直到回到顶点 v_0，得到一条闭链 $C_1 = v_0 e_1 v_1 e_2 v_2 \cdots v_{i-1} e_i v_i \cdots v_0$.

(S2) 若 $C_1 = G$，则 G 即为欧拉图；否则 $G - C_1 = G_1$ 不是空集，且其中顶点的度数也均为偶数. 由于 G 是连通的，G_1 与 C_1 必有一个顶点 v_j 重合. 在 G_1 中从 v_j 出发重复(S1)的过程，得到一条闭链 $C_2 = v_j e_1' u_1 e_2' u_2 \cdots v_j$.

(S3) 若 $C_1 \bigcup C_2 = G$，则 G 即为欧拉图，即

$$C_1 \bigcup C_2 = v_0 e_1 \cdots e_j v_j e_1' u_1 \cdots v_j e_{j+1} v_{j+1} \cdots v_0;$$

否则，重复(S2)的过程，直到构造一条包含 G 中所有边的闭链为止，这条闭链就是欧拉链，G 就是欧拉图.

推论 13.1 设 G 是连通无向图，则 G 是半欧拉图的充分必要条件是 G 中恰有两个奇顶点，其余均为偶顶点.

证 必要性是显然的. 下面证明充分性.

设连通无向图 G 中恰有两个奇顶点 u 和 v，在 G 中增加一个新顶点 w 及两条新边 (w, u)，(w, v)，得到一个新的连通无向图 G'. 显然对于 G'，所有顶点都是偶顶点，由命题13.4，G' 是一个欧拉图，存在一条从 w 出发，最后又回到 w 的欧拉闭链 C'. 从 C' 中去掉顶点 w 及与 w 连接的边 (w, u)，(w, v)，即得到 G 中的一条连接 u 和 v 的欧拉开链 C. 因此 G 就是半欧拉图.

上述命题和推论的证明都是构造性的,不但可以用来判别一个无向图能否一笔画,而且为我们提供了一笔画的方法.

如前面提到的哥尼斯堡七桥问题中有 4 个奇顶点,由命题 13.4 和推论 13.1 可知,它不能用一笔画出,从而它的答案是否定的.

命题 13.5   设 G 是连通无向图,则 G 是欧拉图的充分必要条件为 G 是由若干个边不相重的回路合并而成的.

请读者自行证明命题 13.5.

对于有向图,我们可以类似地得到欧拉图和半欧拉图的充分必要条件.

定义 13.8   若连通有向图 G 中具有一条包含 G 中所有弧的有向闭链,则称该闭链为**欧拉有向链**,称 G 为**欧拉有向图**. 若连通有向图 G 中具有一条包含 G 中所有弧的有向开链,则称该开链为**欧拉有向开链**,称 G 为**半欧拉有向图**.

类似于命题 13.4 和推论 13.1 的证明,可以得到以下命题.

命题 13.6   设 G 是连通有向图,则 G 是欧拉有向图的充分必要条件为对 G 中每个顶点 v,都有 $d^+(v) = d^-(v)$.

推论 13.2   设 G 是连通有向图,则 G 是半欧拉有向图的充分必要条件为 G 中恰有两个奇顶点,其中一个入度比出度大 1,另一个出度比入度大 1,而其他顶点的出度等于入度.

回到我们需要解决的问题,现在考虑的是单车双车道的情形. 容易知道,现在由街道组成的有向图中,每个顶点都是偶顶点,且其连接的边,一半是指向该点的,另一半是离开该点的,因此每个顶点的入度均等于出度,即对每个顶点 v 均有 $d^+(v) = d^-(v)$. 由命题 13.6,它是欧拉有向图,存在欧拉回路. 这样,扫雪车可以不重复地走遍每条有向边,这就是最优方案.

§13.3   单车单车道的情形

假设每条街道都是单车道的,仍只派一辆扫雪车清扫积雪. 将街道视作无向边,得到一张无向图. 由上一节的讨论,如果每个顶点都是偶顶点,那么这是一张欧拉图,存在欧拉回路,从而扫雪车可以不重复地遍历所有边.

但是一般来说,上面的无向图不是欧拉图,要从某一点开始走遍各条边再回到起点,不可避免地要重复走一些边. 走的路程的长短,就看路线中重复边的长短. 如果把某一种走法的重复边添加在图上,由命题 13.4,所有的顶点都变成偶顶点. 因此,如果在无向图中的某些边上添一些重复边,使得添加后的图中所有顶点都是偶顶点,这样,添加重复边后的图就成为欧拉图,从而能够不重复地走遍所有边,并返回起点.

于是问题转化为：一个连通无向图有 $2n$ 个奇顶点,如何添加重复边,使得添加后的无向图没有奇顶点,且重复边的总长度最短?

我们把添加重复边后没有奇顶点的无向图称为**解**,重复边总长度最短的解称为**最优解**.

记 $2n$ 个奇顶点分别为 A_i, $B_i (1 \leqslant i \leqslant n)$,在图中寻找连接 A_i 与 B_i 的任意路 C_i,将 C_i 中的所有边作为重复边添加到原图上,得到一个新的无向图. 这时每个顶点都变成偶顶点,从而构成一个解. 由此可见,解总是存在的,而且很容易找到. 现在的问题是如何求出最优解. 也许有人会问:只要每条连接 A_i 和 B_i 的路都是最短路,不就得到最优解了吗? 问题不那么简单,把 $2n$ 个奇顶点重新配对,可能会得到更短的路.

怎样求得最优解呢? 求解的思路是,先随便取一个解,然后再逐步地修改它,缩短它的路程,最终得到最优解.

命题 13.7 如果一个解的某条边上有多于一条的重复边,这个解不是最优解.

证 如果这个解在某条边上至少有两条重复边,那么去掉其中的一对,还是一个解. 这是因为去掉一对边,不会改变图中各个顶点的奇偶性,各个顶点仍都是偶顶点. 而去掉一对边后,重复边的总长度显然是缩短了.

由命题 13.7,只须在没有重叠重复边的解里面去找最优解. 而原始无向图的边数是有限的,故没有重叠重复边的解的个数也是有限的,因此最优解必定存在.

命题 13.8 设有一个解,它没有重叠的重复边,并且在原来的无向图中的某个回路上,重复边的长度之和超过这个回路长度的一半,那么这个解不是最优解.

证 在命题指出的那个回路上,没有重复边的长度之和一定小于回路长度的一半. 如果把这个回路上原来的重复边去掉,而给原来没有重复边的边添上一条重复边. 这样修改后得到的无向图仍是一个解,并且没有重叠的重复边,而重复边的总长度却减少了.

为什么修改后的无向图仍是一个解呢? 这只须说明,这种修改不影响顶点的奇偶性. 先给这个回路上的每条边各添上一条边,这样这个回路上的每个顶点的度数都增加了 2,顶点的奇偶性不变,并且原来没有添加重复边的边添加了一条重复边,而原来已添重复边的边添加了两条重复边. 利用命题 13.7,将所有两条重叠重复边同时去掉,不会改变各顶点的奇偶性. 这一修改恰好是将原先添加的重复边去掉了. 由此可见,修改后的图仍是一个解.

从任意一个解出发,按命题 13.7 去掉重叠重复边,再反复利用命题 13.8 进行修改. 由于没有重叠重复边的解只有有限多个,每次修改都会使重复边的总长度减小,故不可能无限地修改下去,所以经过有限次修改后,一定能得到一个解,它既没有重叠边,在每个回路上的重复边的长度之和都不超过这个回路长度的一半.那么能不能断定这个解就是最优解呢?下面的两个命题回答了这个问题.

命题 13.9　如果存在两个解都满足下面两个条件:

(1) 没有重叠的重复边;

(2) 在原图中的每个回路上,重复边的长度之和不超过该回路长度的一半.那么,这两个解中的重复边的长度之和相等.

证　为方便起见,把这两个解记为 G_1, G_2,原来的无向图记为 G. 要证明

$$\text{解 } G_1 \text{ 的重复边的总长} = \text{解 } G_2 \text{ 的重复边的总长}.$$

首先,把解 G_1 和 G_2 中的所有边并在一起.这时所有原来的边都成了重叠的重复边.把它们都去掉,只剩下 G_1, G_2 的重复边,这些边构成一个新的无向图,它是 G 的一部分,并且每个顶点都是偶顶点.

其次,在新的图中去掉重叠的重复边,不重叠的重复边组成一个图 G',其顶点仍都是偶顶点.任取图 G' 中的一个回路,其边是解 G_1 或 G_2 的重复边,所以在这个回路上,G_1 的重复边的长度之和加上 G_2 重复边的长度之和等于回路的长度.但 G_1 的重复边的长度之和与 G_2 的重复边的长度之和均不超过回路长度的一半,因此在这个回路上,G_1 的重复边的长度之和与 G_2 的重复边的长度之和恰好相等.

根据命题 13.5,G' 是由若干个边不重复的回路组成的.上面已指出,G' 的每个回路上 G_1 的重复边的长度之和与 G_2 的重复边的长度之和相等,所以在整个 G' 上,G_1 的重复边的长度之和与 G_2 的重复边的长度之和也恰好相等.由此可见,G_1 的重复边的长度总和与 G_2 的重复边的长度总和相等.

命题 13.10　一个解是最优解的充分必要条件是,它满足命题 13.9 的条件(1)和(2).

证　由命题 13.7 和命题 13.8,必要性是显然的.下面证明满足条件(1)和(2)的解必是最优解.

由于最优解总是存在的,设 G_1 是一个最优解.根据已证的必要性部分,G_1 一定满足条件(1)和(2).设 G_2 是满足条件(1)和(2)的任一解.根据命题 13.9,G_1 的重复边的长度总和与 G_2 的重复边的长度总和相等,所以 G_2 也一定是最优解.

总结一下,在单车单车道的情形下,寻找最优扫雪路线的步骤如下:

(S1) 找出街道图中所有奇顶点.

(S2) 添加重复边,把奇顶点成对地连接起来.

（S3）去掉所有重叠的重复边.

（S4）对图中的所有回路反复进行修改,使回路中添加的重复边的长度之和小于回路长度的一半,直到不能修改.

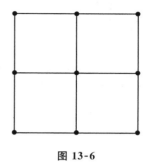

（S5）将所得到的有重复边的无向图一笔画出.

值得说明的是,这种方法还不够理想,用起来不太方便,因为条件（2）不容易检验,稍微复杂一点的图检查起来就会很困难.如图 13-6 这样简单的图形,就有 13 个回路需要检验.

图 13-6

§13.4 双车双车道的情形

双车的情形比单车的情形稍微复杂一些.也许有人说,只要将双车道一分为二,分别让两辆车去清扫就可以了.但事情没有这么简单,因为这实际上是将问题变为两个单车单车道的问题.根据上一节的讨论,街道图一般不是欧拉图,这样每辆车都会重复走一些街道,从而增加了清扫的路程.

为了尽可能使扫雪车不重复清扫道路,并且两车尽可能同时完成扫雪任务,将街道分为两个部分,每个部分的街道都是连通的,并且它们的长度尽可能相等.然后将两个部分分别分派给两辆扫雪车.由于每个部分都是由双车道构成,所以它们都是欧拉图,从而都存在欧拉回路,每辆车都可以不重复地走遍各街道.

现在的问题转化为如何将街道分为连通的两个部分,每个部分都是欧拉图,且它们的长度之差尽可能小.这是一个 NPC 问题,也就是说,无法用多项式算法完成这项工作,当道路数 m 很大时,工作量是非常惊人的.为此,要尽量减少需要枚举的道路数.

我们知道,任何一条边不重复的回路都是欧拉回路,因此如果将这条回路的两个车道分别给两辆扫雪车清扫,那么两辆车都可以不重复地遍历其中的所有边,并且它们的长度之差为 0.利用这个性质,在 G 中按以下步骤寻找一个尽可能大的欧拉回路 C.

（S1）在 G 中找一条回路 C_1.令 $C = C_1$,如果 $C = G$,则算法终止,否则转（S2）.

（S2）令 $G_1 = G - C$,在 G_1 中找一条回路 C_2.如果找不到这样的回路,算法终止.否则令 $C = C_1 \bigcup C_2$.

（S3）如果 $C = G$,则算法终止.否则重复（S2）,直到找不到回路或 $C =$

G 为止.

这样,只需要对 $G_1 = G - C$ 进行枚举,并将 G_1 中每一条街道的两个车道分派给同一辆扫雪车,以保证分派给两辆车的街道连成欧拉图,从而保证任一条街道都不会重复走.

需要注意的是,虽然这种方法可以有效地减少枚举次数,并能保证不重复走任何街道,即保证总的扫雪时间最短,但不能保证两辆车所走的街道长度之差最小,即不能保证两辆车完成扫雪任务的时间最短.

习　　题

1. 判别图 13-7 中的图形是不是欧拉图或半欧拉图.如果是,给出一条欧拉闭链或欧拉开链.

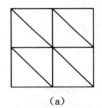
(a)
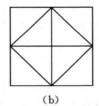
(b)
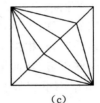
(c)

(d)

图 13-7

2. 对于图 13-8 中的图形,能否找到一条路线,恰好通过每扇门一次?

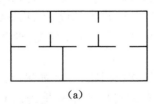
(a)
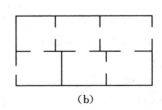
(b)

图 13-8

3. 证明命题 13.5.

4. 证明命题 13.6.

5. 如果一个连通无向图不是欧拉图,那么需要用多少笔才能将此图画出?

6. 证明任何一个连通无向图,必能从任一顶点出发走遍整个图回到出发点,并且每条边恰好走过两次.

实 践 与 思 考

1. 图 13-9 为某县的乡(镇)、村公路网示意图,公路边的数字为该路段的千米数.

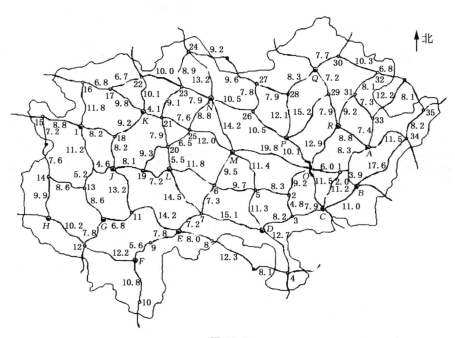

图 13-9

某年夏天该县遭受水灾.为考察灾情、组织自救,县领导决定带领有关部门负责人到全县各乡(镇)、村巡视.巡视路线从县政府所在地出发,走遍各乡(镇)、村,再回到县政府所在地.

(1) 若分 3 组(路)巡视,试设计总路程最短且各组尽可能均衡的巡视路线.

(2) 假定巡视人员在各乡(镇)停留时间 $T = 2\,\mathrm{h}$,在各村停留时间 $t = 1\,\mathrm{h}$,汽车行驶速度 $v = 35\,\mathrm{km/h}$. 要在 24 h 内完成巡视,至少应分几组?给出这种分组下你认为最佳的巡视路线.

(3) 在上述关于 T, t 和 v 的假定下,如果巡视人员足够多,则完成巡视的最短时间是多少?在这种最短时间完成巡视的要求下,给出你认为最佳的巡视路线.

(4) 若巡视组数已定(比如 3 组),要求尽快完成巡视,讨论 T, t 和 v 的改变对最佳巡视路线的影响.

2. 两个通信站间通信线路的费用与线路的长度成正比.通过引入若干个"虚设站"并构造一个新的斯坦纳(Steiner)树就可以降低由一组站生成的传统的极小生成树所需的费用.用这种方法可降低费用多达 $13.4\% \left(= 1 - \dfrac{\sqrt{3}}{2}\right)$,而且为构造一个有 n 个站的网络的费用,最低的斯坦纳树绝不需要多于 $n-2$ 个虚设站. 图 13-10 是两个最简单的例子.

对于局部网络而言,常有必要用直折线距离或"棋盘"距离来代替欧氏直线距离. 用这种尺度可以计算距离,如图 13-11 所示.

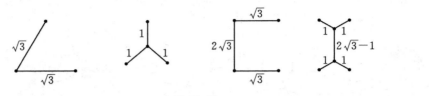

图 13-10

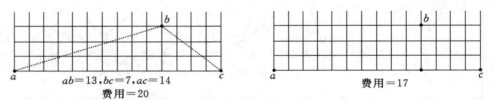

图 13-11

假定你希望设计一个有 9 个站的局部网络的最低造价生成树,这 9 个站的直角坐标是:

$$a(0, 15), \quad b(5, 20), \quad c(16, 24), \quad d(20, 20), \quad e(33, 25),$$
$$f(23, 11), \quad g(35, 7), \quad h(25, 0), \quad i(10, 3).$$

限定只能用直线,而且所有的虚设站必须位于格点上(即其坐标是整数),每条直线段的造价是其长度值.

(1) 求该网络的一个极小费用树.

(2) 假定每个站的费用为 $d^{3/2} \cdot w$,其中 $d =$ 通信站的度. 若 $w = 1.2$,求极小费用树.

(3) 试推广本问题.

第十四章 机器人避障问题

提要 本章介绍机器人在封闭环境中工作时，如何绕过静态障碍物到达指定目的地，使得行走路线的长度最短. 学习本章需要图论的基础知识.

§14.1 问题的提出

机器人避障问题是人工智能领域中一个基本而重要的问题，它要求机器人在其工作范围内，为完成一项特定的任务，寻找一条安全高效的行走路径. 通常分为两类问题：一类是基于场景信息完全的静态全局路径规划问题，另一类是基于传感器感应的局部路径规划问题. 本章主要研究第一类问题，即已知所有障碍物的形状、大小和位置，并且所有障碍物均静止不动，称之为静态避障问题.

设机器人的工作范围为 800 个单位见方的区域，其中设置了 12 个静态障碍物（如图 14-1 所示）. 障碍物有 4 种不同的形状：矩形（包括正方形）、平行四边形、三角形和圆，各障碍物的几何信息如表 14-1 所示.

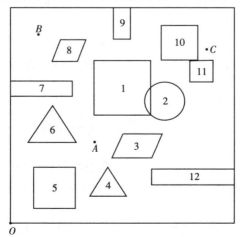

图 14-1

表 14-1

编号	障碍物形状	左下顶点坐标	其他特性描述
1	正方形	(300,400)	边长 200
2	圆		圆心坐标(550,450),半径 70
3	平行四边形	(360,240)	底边长 140,左上顶点坐标(400,330)
4	三角形	(280,100)	上顶点坐标(345,210),右下顶点坐标(410,100)
5	正方形	(80,60)	边长 150
6	三角形	(60,300)	上顶点坐标(150,435),右下顶点坐标(235,300)
7	矩形	(0,470)	长 220,宽 60
8	平行四边形	(150,600)	底边长 90,左上顶点坐标(180,680)
9	矩形	(370,680)	长 60,宽 120
10	正方形	(540,600)	边长 130
11	正方形	(640,520)	边长 80
12	矩形	(500,140)	长 300,宽 60

　　为了防止机器人与障碍物发生碰撞,要求机器人的行走路线与障碍物之间的距离至少为 10 个单位,称为安全距离. 如果距离小于安全距离,将会发生碰撞,机器人无法完成行走.

　　另外,机器人不能折线转弯,其行走路线应是光滑的,也就是说行走路线应由直线和圆弧相切连接而成,并且要求转弯半径不能小于 10 个单位.

　　我们希望建立一个机器人从区域中某一点到达另一点的避障最短路径的数学模型. 作为对模型的检验,设图 14-1 中 4 个点的坐标分别为 $O(0,0)$, $A(300,300)$, $B(100,700)$, $C(700,640)$,要求机器人从 O 点出发,分别到达 A, B, C 的最短路径,以及机器人从 O 点出发,依次经过 A, B, C,最终返回 O 点的最短路径.

§14.2　禁入区的确定

　　首先引入几个记号. 记 N 为障碍物的个数(这里 $N=12$), a 为机器人离开障碍物的最小距离,同时也是机器人转弯的最小半径(这里 $a=10$), $\omega_i(i=1, 2, \cdots, N)$ 表示第 i 个障碍物的内部区域.

　　由于机器人离开障碍物的距离至少为 a 个单位,因此,对障碍物区域应作适当的扩大. 对某一障碍物 $\omega_i(i=1, 2, \cdots, N)$,机器人实际无法进入的区域为到

障碍物 ω_i 的距离小于 a 的点的全体,表示为

$$\widetilde{\omega}_i = \{P \mid d(P, \omega_i) < a\}, \tag{14.1}$$

其中 $d(P, \omega_i) = \inf\limits_{Q \in \omega_i} d(P, Q)$ 表示 P 点到区域 ω_i 的最短距离,而 $d(P, Q)$ 表示 P, Q 两点之间的距离. 称 $\widetilde{\omega}_i$ 为障碍物 ω_i 的禁入区. 这样,整个禁入区为

$$\widetilde{\Omega} = \bigcup_{i=1}^{N} \widetilde{\omega}_i, \tag{14.2}$$

而机器人的实际工作区域为 $\Omega \setminus \widetilde{\Omega}$,其中 Ω 为原始的封闭环境(这里 $\Omega = [0,800] \times [0,800]$).

具体地,对原障碍物中的一个角点来说,其禁入区的边界应由两条直线和一条圆弧组成,两条直线分别平行于角点的两条边,间距为 a,而圆弧则以角的顶点为圆心,a 为半径,两条直线均与圆弧相切连接(如图 14-2 所示).

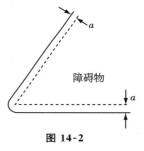

图 14-2

这样,对 4 种不同类型的障碍物,其禁入区分别由图 14-3 给出,图中虚线所围区域表示原障碍物所处区域,实线所围区域表示禁入区(即机器人实际无法进入的区域).

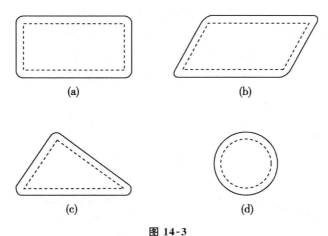

(a)　　　　　(b)

(c)　　　　　(d)

图 14-3

对图 14-1 所示的静态障碍物,其禁入区如图 14-4 所示.

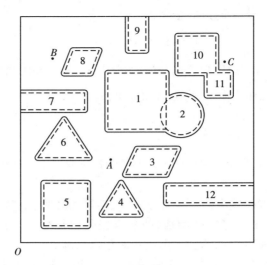

图 14-4

§14.3　单个目标点的最短路径

本节考虑只有 1 个目标点,没有中间目标点的情形.

为了更好地理解这一问题的数学模型及算法过程,我们先来看一个例子. 如图 14-4 所示,假设起点为点 O,终点为点 A. 显然,可能的最优路径有 2 条:一条从点 O 出发,从上面绕过障碍物 5 到达点 A;另一条从点 O 出发,从下面绕过障碍物 5 到达点 A.

考察第一条可能的最优路径. 如图 14-5(a)所示,过点 O 和点 A 分别作左上圆弧边界的切线 OD 和 AE,与左上圆弧分别相切于点 D 和点 E. 这样,直线段 OD,EA 及圆弧 DE 构成了一条可行的路径,记为 l_1.

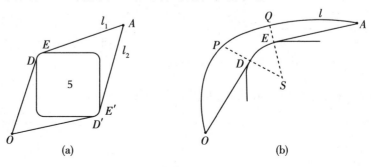

图 14-5

事实上,对任意一条从点 O 出发,从上面绕过障碍物 5 的路径 l,可以证明其长度大于等于 l_1 的长度.

记左上圆弧的圆心为 S.连接 SD,并延长交路径 l 于 P,连接 SE,并延长交路径 l 于 Q(见图 14-5(b)).显然

$$|\widetilde{OP}| \geqslant |\overline{OP}| \geqslant |\overline{OD}|, \quad |\widetilde{AQ}| \geqslant |\overline{AQ}| \geqslant |\overline{AE}|, \tag{14.3}$$

其中等号当且仅当 P 与 D 重合,Q 与 E 重合,且 OP 和 AQ 为直线段时成立.

再以 S 为极点建立极坐标系,由极坐标形式的弧长公式,有

$$|\widetilde{PQ}| = \left| \int_{\theta_1}^{\theta_2} \sqrt{\rho^2 + \rho'^2} \, d\theta \right| \geqslant \left| \int_{\theta_1}^{\theta_2} \rho \, d\theta \right| \geqslant \left| \int_{\theta_1}^{\theta_2} a \, d\theta \right| = a \, |\theta_2 - \theta_1| = |\widehat{DE}|,$$

$$\tag{14.4}$$

其中 $\rho = \rho(\theta)$ 为 PQ 的极坐标方程,θ_1 和 θ_2 分别为 Q 和 P 的极角(也是 E 和 D 的极角).(14.4)中等号当且仅当 $\rho \equiv a$,即路径 $\widetilde{PQ}$ 与圆弧 $\widehat{DE}$ 重合时成立.

由(14.3)和(14.4)可知,路径 $ODEA$ 是从上面绕过障碍物 5 的最短路径.

同样地,过点 O 和点 A 分别作右下圆弧边界的切线 OD' 和 AE',与右下圆弧分别相切于点 D' 和点 E'.从而,直线段 OD'、$E'A$ 及圆弧 $D'E'$ 构成了从点 O 出发,从下面绕过障碍物 5 的最短路径,记为 l_2(如图 14-5(a)所示).

由此可知,最优路径由直线段和半径为 a 的圆弧相切连接而成.但 l_1 和 l_2 这两条路径,究竟哪一条更短,这依赖于起点、终点与障碍物之间的相对位置.因此,要得到从起点到终点的最短路径,关键在于求出转弯时直线段与圆弧相切连接的各个切点.

如果从起点到终点要绕过多个障碍物,例如,如图 14-6 所示,从起点 A 到终点 B 要绕过两个障碍物.从一个障碍物到另一个障碍物的最短路径应为这两个障碍物圆弧边界的公切线.公切线有两种类型:外公切线(如图 14-6(a)所示)和内公切线(如图 14-6(b)所示).而外公切线可以是不同障碍物圆弧边界之间的外公切线(如图 14-6(a)中的 l_1),也可以是同一障碍物不同圆弧边界之间的外公切线(如图 14-6(a)中的 l_2).

这样,我们就得到了单个目标点最短路径的基本思想:先求出直线路径与圆弧路径相切连接的所有可能的切点,以此建立图论中的最短路模型,求出从起点到终点的最短路.具体的模型构造如下:

算法 1 记起点为 P_1,终点为 P_2.不妨假设直线段 P_1P_2 经过禁入区 $\widetilde{\Omega}$,否则直线段 P_1P_2 即为最短路径.

第 1 步 过 P_1 作各障碍物禁入区圆弧边界的切线.若切线不经过禁入区

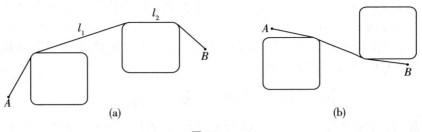

图 14-6

$\widetilde{\Omega}$,则记录相应的切点及切线长度. 记切点数为 n_1,相应的切点记为 P_3, $\cdots$, P_{n_1+2},而切线长度记为 $d_{1j}=d_{j1}(j=3,\cdots,n_1+2)$.

第 2 步 过 P_2 作各障碍物禁入区圆弧边界的切线.若切线不经过禁入区 $\widetilde{\Omega}$,则记录相应的切点及切线长度. 记切点数为 n_2,相应的切点记为 P_{n_1+3}, $\cdots$, $P_{n_1+n_2+2}$,而切线长度记为 $d_{2j}=d_{j2}(j=n_1+3,\cdots,n_1+n_2+2)$.

第 3 步 对所有障碍物,作任意两个圆弧边界之间的外公切线和内公切线,记录其中不经过禁入区 $\widetilde{\Omega}$ 的公切线的切点及公切线长度.注意到公切线的切点是成对出现的,记切点数为 $2n_3$,相应的切点记为 $P_{n_1+n_2+3}$, $\cdots$, $P_{n_1+n_2+2n_3+2}$,公切线长度记为 $d_{i,i+1}=d_{i+1,i}(i=n_1+n_2+3,n_1+n_2+5,\cdots,n_1+n_2+2n_3+1)$.

第 4 步 记 $n=n_1+n_2+2n_3+2$.对记录的任意两个点 P_i, $P_j(i,j=1,\cdots,n)$,如果它们在同一圆弧上,分别计算它们之间的(劣弧)弧长,记为 $d_{ij}=d_{ji}$.

第 5 步 以起点、终点以及所有记录下来的切点和公切点组成顶点集

$$V=\{P_i,i=1,\cdots,n\},\tag{14.5}$$

相应的切线和公切线组成边集

$$E=\{(P_1,P_j),j=3,\cdots,n_1+2\}\bigcup\{(P_2,P_j),j=n_1+3,\cdots,n_1+n_2+2\}$$
$$\bigcup\{(P_i,P_{i+1}),i=n_1+n_2+3,n_1+n_2+5,\cdots,n-1\},\tag{14.6}$$

这样,顶点集 V 和边集 E 就构成了一个无向图 $G=(V,E)$. 矩阵 $\boldsymbol{D}=(d_{ij})_{n\times n}$ 为无向图 (V,E) 的邻接权矩阵,其中的元素 d_{ij} 表示 P_i 与 P_j 之间的直线段长度或圆弧长度,分别由第 1 步至第 5 步计算得到,未计算的元素定义为 $+\infty$,表示 P_i 与 P_j 不能直达.

第 6 步 以 $\boldsymbol{D}$ 为权矩阵,计算从 P_1 到 P_2 的最短路,记为 $Q=Q_1Q_2\cdots Q_m$.

第 7 步 对路径 Q,若存在一组连续点列 $Q_iQ_{i+1}\cdots Q_{j-1}Q_j$ 落在同一条圆弧上,则去掉中间点 Q_{i+1}, $\cdots$, Q_{j-1},只保留首尾两个点 Q_i 和 Q_j. 由此得到的路径即为从起点 P_1 出发到达终点 P_2 的最短路径.

这样,就将单个目标点的最短路径问题转化为无向图的最短路问题.

§14.4 模型的求解

最短路问题可以采用 Dijkstra 算法来求解. 我们通过一个例子来说明 Dijkstra 算法的基本思想.

考察如图 14-7 所示的无向图, 如何寻找一条从 v_1 到 v_8 的路径, 使得经过的权总和最小, 这就是所谓的最短路问题.

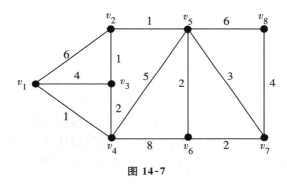

图 14-7

从 v_1 出发经过 1 条边, 只能到达 v_2, v_3 和 v_4. 从 v_1 到 v_2 的权为 6, 到 v_3 的权为 4, 到 v_4 的权为 1. 因此, 从 v_1 到 v_4 的最短路必定是 1. 若不然, 要从 v_1 到 v_4 只能先从 v_1 到 v_2 或 v_3, 然后再绕到 v_4. 而从 v_1 到 v_2 或 v_3 的权已经大于 1 了, 再加上绕行路径上的权, 总的权也必定大于 1, 从而导致矛盾.

再考虑从 v_4 出发经过 1 条边, 可以到达 v_3, v_5 和 v_6. 从 v_1 经过 v_4 到 v_3 的权为 $1+2=3$, 小于从 v_1 直接到达 v_3 的权, 因此从 v_1 直接到 v_3 的路径一定不是最短路径. 而从 v_1 经过 v_4 到达 v_5 和 v_6 的权分别为 6 和 9. 因此, 从 v_1 到 v_3 的最短路必定是 3. 若不然, 要从 v_1 到 v_3 只能先从 v_1 到 v_2 或从 v_1 到 v_4 再到 v_5 或从 v_1 到 v_4 再到 v_6, 然后再绕到 v_3. 而上述 3 条路径的权已经大于 3 了, 再加上绕行路径上的权, 总的权也必定大于 3, 从而导致矛盾.

同样地, 考虑从 v_3 出发经过 1 条边的所有可能路径, 重复上述过程. 这样, 每次都能得到一条从 v_1 到某个顶点的最短路, 从而在有限步内可以得到从 v_1 到所有顶点的最短路.

为清楚起见, 将上述计算过程列成一张表格的形式, 其中 $w_i (i=1, 2, \cdots, 8)$ 表示从 v_1 到 v_i 的最短路径的权值(见表 14-2).

表 14-2

v_i \ w_i	w_1	w_2	w_3	w_4	w_5	w_6	w_7	w_8
v_1	0	∞	∞	∞	∞	∞	∞	∞
v_4		6	4	①	∞	∞	∞	∞
v_3		6	③		6	9	∞	∞
v_2		④			6	9	∞	∞
v_5					⑤	9	∞	∞
v_6						⑦	8	11
v_7							⑧	11
v_8								⑪

从表 14-2 中可以看到,使用 Dijkstra 算法,一次就能求得从固定起点出发到其他所有点的最短路径. 算法的每一步可以得到到达某一个顶点的最短路径,由于顶点数是有限的,所以在有限步内必能求得到所有顶点的最短路径. 但是,上述计算过程只能得到从 v_1 到其他各点的最短路径的权值,而无法得到具体的路径. 为此,可以通过记录最短路径中最后一个顶点的前序顶点来完成. 如表 14-3 所示,其中 $p_i(i=1, 2, \cdots, 8)$ 表示从 v_1 到 v_i 的最短路径中 v_i 的前序顶点.

表 14-3

v_i \ p_i, w_i	p_1	w_1	p_2	w_2	p_3	w_3	p_4	w_4	p_5	w_5	p_6	w_6	p_7	w_7	p_8	w_8
v_1	—	0	—	∞	—	∞	—	∞	—	∞	—	∞	—	∞	—	∞
v_4			v_1	6	v_1	4	v_1	①	—	∞	—	∞	—	∞	—	∞
v_3			v_1	6	v_1	③			v_4	6	v_4	9	—	∞	—	∞
v_2			v_3	④					v_4	6	v_4	9	—	∞	—	∞
v_5									v_2	⑤	v_4	9	—	∞	—	∞
v_6											v_5	⑦	v_5	8	v_5	11
v_7													v_5	⑧	v_5	11
v_8															v_5	⑪

根据表 14-3，v_1 到 v_8 最短路的前一个顶点为 v_5，因此有

$$v_5 \longrightarrow v_8.$$

而 v_5 的前一个顶点为 v_2，因此有

$$v_2 \longrightarrow v_5 \longrightarrow v_8.$$

同样地，v_2 的前一个顶点为 v_3，v_3 的前一个顶点为 v_4，v_4 的前一个顶点为 v_1. 因此，从 v_1 到 v_8 的最短路径为

$$v_1 \longrightarrow v_4 \longrightarrow v_3 \longrightarrow v_2 \longrightarrow v_5 \longrightarrow v_8,$$

最短路的权值为 11.

需要注意的是，Dijkstra 算法只适用于所有 $w_{ij} \geqslant 0$ 的情形，当图中存在负权时，则算法失效. 例如，考察如图 14-8 所示的无向图，v_1 到 v_2 的最短路应为 $v_1 \longrightarrow v_3 \longrightarrow v_2$，权值为 1. 但是，如果用 Dijkstra 算法，第 1 步就得到 v_1 到 v_2 的"最短路"为 $v_1 \longrightarrow v_2$，权值为 2.

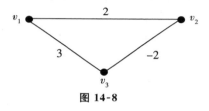

图 14-8

用算法 1 对图 14-4 所示的问题进行求解，可以得到从点 O 出发，到达点 A 的最短路径(见图 14-9).

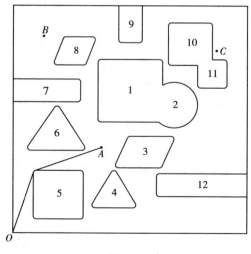

图 14-9

从点 O 出发，到达点 B 和点 C 的最短路径同样可以用算法 1 求得，作为习题请读者自行完成.

§14.5　多个目标点的最短路径

本节考虑含有中间目标点的情形,即机器人从起点出发,依次经过指定的中间目标点,最后到达终点.设起点、中间目标点及终点分别为 P_1, $\cdots$, P_k. 对于这种情形,并不是单个目标点情形的简单堆砌,即分别计算 P_i 到 $P_{i+1}(i=1, \cdots, k-1)$ 的最短路径 l_i,然后将它们依次连接起来.因为这种路径在中间目标点处通常会出现尖点(即折线连接),不符合行走路线必须连续光滑的条件.因此,从前一个点 P_{i-1} 经过 P_i 再到 P_{i+1},行走路线在 P_i 处应光滑连接.由此可知,中间目标点 P_i 应位于某个半径为 a 的圆周上,也就是说,此圆弧路径的圆心应位于以 P_i 为圆心、a 为半径的圆周上.

考虑过 $P_i(i=2, \cdots, k-1)$ 的圆弧路径的圆心 O_i. 记 P_i 的坐标为 (x_i, y_i),则 O_i 的坐标 (u_i, v_i) 可表示为

$$\begin{cases} u_i = x_i + a\cos\theta_i, \\ v_i = y_i + a\sin\theta_i, \end{cases} \tag{14.7}$$

其中 θ_i 表示圆心 O_i 相对于 P_i 的极角.这样,圆心坐标实际只有 1 个自由度 θ_i.

这样,多个目标点最短路径问题的模型可归结为:确定 $\theta_i(i=2, \cdots, k-1)$,使得从 P_1 出发,依次经过 $P_i(i=2, \cdots, k-1)$,最终到达 P_k 的总路程达到最短.

对于固定的 $\theta_i(i=2, \cdots, k-1)$,确定最短路径,可以利用算法 1 来完成.而 θ_i 的确定可以采用搜索的方法,从 0 到 2π 按一定步长进行搜索.这样,我们就得到了多个目标点最短路径的搜索算法.

算法 2　记起点为 P_1,终点为 P_k,要求依次经过中间目标点 P_2, $\cdots$, P_{k-1}.

第 1 步　给定搜索步长 $\Delta\theta$,初始极角 $\theta_2 = \cdots = \theta_{k-1} = 0$,当前最短总路程 $d_{\min} = +\infty$.

第 2 步　对给定的 θ_2, $\cdots$, θ_{k-1},由算法 1 的第 2~6 步构造无向图 (V, E) 及邻接权矩阵 $\boldsymbol{D}$.

第 3 步　以 $\boldsymbol{D}$ 为权矩阵,利用 Dijkstra 算法分别计算从 P_i 到 P_{i+1} 的最短路径,记最短路程为 $d_i(i=1, \cdots, k-1)$,则总路程为 $d = \sum_{i=1}^{k-1} d_i$.

第 4 步　若 $d < d_{\min}$,则令 $d_{\min} = d$,并记录 θ_2, $\cdots$, θ_{k-1}.

第 5 步　修正 θ_2, $\cdots$, θ_{k-1}:令 $i=k-1$.

(1) 修正 $\theta_i := \theta_i + \Delta\theta$.

（2）若 $\theta_i \geqslant 2\pi$，令 $i := i-1$．若 $i=0$，算法结束，否则返回（1）．

（3）若 $\theta_i < 2\pi$，返回第 2 步．

用算法 2 对图 14-4 所示的问题进行求解，得到从点 O 出发，依次经过 A，B，C 各点，最终返回点 O 的最短路径（见图 14-10）．

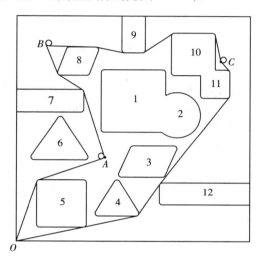

图 14-10

对于算法 2，如果中间目标点较多，搜索的计算量会非常大，可能导致在合理时间内无法完成工作．为此，可采用变步长进行搜索，即先给出较大的搜索步长 $\Delta\theta$，对各极角 θ_2，$\cdots$，θ_{k-1} 从 0 到 2π 进行搜索，得到使得总路程最短的极角 θ_i^*（$i=2$，$\cdots$，$k-1$）．然后缩小搜索步长（例如 $\Delta\theta := \Delta\theta/10$），对各极角 θ_i（$i=2$，$\cdots$，$k-1$）从 $\theta_i^* - \Delta\theta$ 到 $\theta_i^* + \Delta\theta$ 进行搜索，得到新的极角 θ_i^*（$i=2$，$\cdots$，$k-1$）．再缩小搜索步长，直至达到给定精度为止．

为了进一步减少搜索工作量，还可以对每一个中间目标点的极角分别进行优化，即将高维优化问题转化为一维优化问题．这样，原来的搜索工作量为 m^{k-2}（其中 m 表示每个极角需要的搜索工作量），而改进后算法的搜索工作量为 $(k-2)m$，节省的工作量是非常大的．

需要注意的是，在改进算法中搜索第 i 个中间目标点 P_i 的极角 θ_i 时，应以 P_{i-1} 为起点、P_{i+1} 为终点构造无向图及邻接权矩阵，以保证最短路径在 P_i 点处是光滑的．当然，改进算法只是一个近似算法，但如果相邻两个中间目标点的极角选择互不影响时，改进算法得到的是全局最优解．

习   题

1. 对图 14-4 所示的问题,求从点 O 出发,分别到达点 B 和点 C 的最短路径.
2. 对图 14-4 所示的问题,求从点 O 出发,经过点 A 到达点 C 的最短路径.

实 践 与 思 考

1. 通常机器人的行走速度与转弯半径有关,转弯越急,即转弯半径越小,为了保持平衡而不至于发生侧翻,行走速度就会越慢;而在走直线时(此时可认为转弯半径为∞),行走速度最快.也就是说,行走速度是转弯半径的递增函数.假设行走速度 v 与转弯半径 ρ 之间满足

$$v(\rho) = \frac{v_0}{1 + e^{10 - 0.1\rho^2}},$$

其中 v_0 为直线行走速度.试求从点 O 到点 A 时间最短的路径.

第十五章　房屋隔热经济效益核算

提要　本章在建立房屋墙、窗一维线性热传导数学模型的基础上对填充隔热墙和双层窗隔热的经济效益进行分析.本章仅需初等数学和初等物理的预备知识.

§15.1　问题的提出

房屋保暖的开支通常较大,特别是近年来世界性的燃料价格上涨更加突出了这一问题.尽可能使房屋保暖是重要的,然而热量往往从墙、窗、屋顶和地板散失.从房屋中损失的热量中,大约有 30% 是通过墙壁散失的,另外 25% 通过屋顶散失,还有 10% 从窗口散失.如果采取一些措施使这些热量留在室内,减少热量的散失,那么用于房屋保暖的燃料消耗就会减少.人们用隔热的方法来减少热量的散失,如用聚苯乙烯塑料球或一种称为尿素甲醛的化学物质填补墙上的空隙,使用有一定间隙的双层玻璃窗,等等.

通常,在新建房屋时对屋顶都采取了一定的隔热措施,如在屋顶上用约10 cm的隔热材料.用了这些措施,屋顶散失的热量就大为减少.然而对墙和窗往往没有采用专门的隔热措施,墙中的空隙未加填充,窗仅用 4~6 mm 的单层玻璃.

人们可以用填充隔热墙、双层玻璃窗这两项措施来减少保暖的花费.有的广告宣称,用填充隔热墙节省的热量是采用双层玻璃窗的 5 倍.这个数字是否正确?根据同样费用所产生的效果相比,哪一措施更好一些? 如果只有能力采取其中一项措施,从投资回收的角度来考虑到底选用哪个措施更好? 这些都是在作出决策之前需要回答的问题.为回答这些问题,必须建立恰当的数学模型,进行定量分析.

§15.2　模型的建立

一、问题的分析

为比较填充隔热墙和双层玻璃窗这两个房屋隔热措施的经济效果,必须考虑问题的两个不同方面,即热散失的物理机理和问题涉及的经济效益分析.

首先,找出与这两个方面有关的一些主要因素.与热散失有关的因素有:室内温度、户外温度、对流、传导、辐射、墙面积、窗面积、墙和窗的传热性质、墙和窗的厚度、隔热节省的热量等.经济效益分析须考虑的因素有:隔热措施的费用、从银行贷款支付的利息、燃料花费、隔热节省的费用、双层窗的不同品种、通货膨胀等.还有一些其他的因素如舒适性、美观性等就不在我们的考虑之列了.

二、选取关键量并建立它们之间的关系

虽然热散失的物理分析和隔热的经济效益分析是相互关联的,但作为第一步我们分别考虑热量散失的机理和经济效益的分析,然后再将两者联系起来作综合考虑.

1. 热量散失的机理模型

图 15-1 是热量通过墙或窗传输的物理过程的示意图,其中变量 T 表示温度,单位为℃,T_I 和 T_O 分别表示室内温度和户外温度,T_1 和 T_2 分别表示内侧

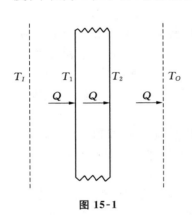

图 15-1

或外侧墙(或窗)面的温度,Q 表示单位时间通过单位面积散失的热量,热量以焦耳为单位.在图 15-1 描述的过程中,室内邻近墙面的薄层和室外邻近墙面的薄层中由于空气的运动引起对流,分别导致温度下降 $T_I - T_1$ 和 $T_2 - T_O$. 又由于固体分子的相互碰撞引起热传导,两表面之间温度下降 $T_1 - T_2$. 在图 15-1 中,辐射导致的热量散失未加考虑,这是因为辐射引起的热量散失,相对于对流和传导的热散失而言,是非常小的,可以忽略不计.

我们还假设热量散失不随时间的变化而改变,即达到了稳定的状态.在暖气开放了相当长时间,室内温度保持恒定同时室外气温和风速都无大的改变时,这个假设是合理的.另外还设通过墙或窗散失的热量是均匀的,即热流速率不随位置的变化而改变.综合起来,主要的假设是:

(H1) 辐射的影响是可以忽略的;

(H2) 单位时间内通过单位面积从墙或窗散失的热量都是与时间和地点无关的常数.

根据传热学知识,物体表面薄层空气对流传热可以用一个简单的线性关系来描述,即在墙(或窗)的内外表面成立

$$Q = h_1(T_I - T_1), \tag{15.1}$$

$$Q = h_2(T_2 - T_O),\qquad(15.2)$$

其中 Q 为单位时间通过单位面积传输的热量,h_1 和 h_2 称为**对流传热系数**,它们的值与墙(或窗)材料的表面性质以及空气流动的速度有关.

由于墙(或窗)两侧的温差 $T_1 - T_2$ 引起热传导,单位时间内单位面积传导的热量 Q 与温差 $T_1 - T_2$ 间成立一个线性关系

$$Q = \frac{k}{a}(T_1 - T_2),\qquad(15.3)$$

其中 k 称为**热传导系数**,而 a 为墙(或玻璃)的厚度.

由于室内靠墙空气薄层对流传给墙面的热量通过热传导传输到墙的外侧,再通过对流传到室外,(15.1)~(15.3)式中的 Q 取同一值. 在此 3 式中消去 T_1 和 T_2,得

$$\left(\frac{1}{h_1} + \frac{a}{k} + \frac{1}{h_2}\right)Q = T_I - T_O.\qquad(15.4)$$

引入

$$U = \left(\frac{1}{h_1} + \frac{a}{k} + \frac{1}{h_2}\right)^{-1},\qquad(15.5)$$

(15.4)式可改写为

$$Q = U(T_I - T_O).\qquad(15.6)$$

h_1 和 h_2 的单位是 $\text{W}/(\text{m}^2 \cdot \text{℃})$,$k$ 的单位是 $\text{W}/(\text{m} \cdot \text{℃})$,所以 U 的单位是 $\text{W}/(\text{m}^2 \cdot \text{℃})$,它被称为**综合传热系数**.对墙和窗,$h_1$,$h_2$ 和 k 取不同的值,因此,对墙和单层窗,(15.6)式应分别写作

$$Q_B = U_w(T_I - T_O),\qquad(15.7)$$

$$Q_G = U_s(T_I - T_O),\qquad(15.8)$$

其中 Q_B,Q_G 分别表示单位时间通过单位面积的墙或单层窗散失的热量,而 U_w 与 U_s 分别为墙或单层玻璃的综合传热系数.对常用的单层窗 $h_1 = 10$,$h_2 = 20$,$k = 1$,$a = 0.006\ \text{m}$,可得它的综合传热系数 $U_s = 6.41\ \text{W}/(\text{m}^2 \cdot \text{℃})$.

对于两层玻璃之间有空隙的双层玻璃窗,设每层玻璃厚为 a,玻璃的热传导系数为 k,又设两层玻璃之间空气的对流系数为 h_c,用类似的方法可以得到它的热量散失模型,其形式与(15.6)式完全相同:

$$Q = U_d(T_I - T_O),\qquad(15.9)$$

但它的综合传热系数为

$$U_d = \left(\frac{1}{h_1} + \frac{2a}{k} + \frac{1}{h_c} + \frac{1}{h_2} \right)^{-1}, \qquad (15.10)$$

其中玻璃间空隙的对流传热系数 h_c 与空隙的大小有关,可由实验测定. 由于 h_c 是正的常数,显然双层窗的综合传热系数比用两倍厚的玻璃做成的单层窗的综合传热系数小,从而因散失的热量少而达到隔热的效果.

表 15-1 列出了几种墙和窗的综合传热系数.

表 15-1

品 种	综合传热系数 /[W/(m² · ℃)]	品 种	综合传热系数 /[W/(m² · ℃)]
实心砖墙	1.92	单层玻璃窗/6 mm	6.41
空心砖墙	0.873	双层玻璃窗	1.27
填充隔热墙	0.50		

现在可以计算采用隔热措施节省的热量. 令 A_G 和 A_B 分别表示玻璃窗或外墙的总面积,H_G 和 H_B 分别表示双层窗和填充隔热墙单位时间节省的热量. 注意到单位时间通过全部窗口散失的热量应为通过单位面积窗口散失的热量乘以窗口的总面积,利用(15.8)式或(15.9)式,单位时间从单层窗或双层窗散失的总热量分别为 $U_s A_G (T_I - T_O)$ 和 $U_d A_G (T_I - T_O)$. 因此用双层窗取代单层窗节省的热量为

$$H_G = U_s A_G (T_I - T_O) - U_d A_G (T_I - T_O). \qquad (15.11)$$

设 U_N 和 U_I 分别表示普通墙和填充隔热墙的综合传热系数,同样可得用填充隔热墙代替普通墙节省的热量为

$$H_B = U_N A_B (T_I - T_O) - U_I A_B (T_I - T_O). \qquad (15.12)$$

2. 费用分析

设采用双层玻璃窗和填充隔热墙所需费用分别为 C_G 和 C_B,它们是采取隔热措施的一次性支出. 采取隔热措施可以节约热量,从而导致燃料费用的节约. 设单位热量的费用为 C,令 S_G 和 S_B 分别为双层玻璃窗和填充隔热墙单位时间节省的费用,应有

$$S_G = CH_G, \qquad (15.13)$$

$$S_B = CH_B. \qquad (15.14)$$

三、建立费用-效益决策模型

为了在两种隔热措施中作出选择,必须进行费用效益分析. 首先引入**投资回**

收期的概念,即通过投资产生效益回收投资所需的时间.例如用双层窗投资花费了 C_G,但单位时间由于隔热节省燃料产生的效益为 S_G,通过 C_G/S_G 时间节约燃料的收益就抵消了双层窗的投资,投资的费用就回收了.令 P_G 和 P_B 分别表示双层窗和填充墙的投资回收期,即

$$P_G = C_G/S_G, \tag{15.15}$$

$$P_B = C_B/S_B. \tag{15.16}$$

显然,我们可以用以下的准则来决定采用哪一种隔热措施:若 $P_G/P_B > 1$,填充墙投资回收快,则采用填充墙较好;若 $P_G/P_B < 1$,双层窗投资回收快,则应采用双层窗措施.

据(15.11)～(15.14)式,利用表 15-1 的数据可得

$$\frac{P_G}{P_B} = \frac{C_G}{C_B} \cdot \frac{S_B}{S_G} = \frac{C_G A_B (U_N - U_I)}{C_B A_G (U_S - U_d)}$$

$$= 0.072\,6\,\frac{C_G A_B}{C_B A_G}. \tag{15.17}$$

此式中已经不包含室内外的温度差和燃料的价格,燃料价格的上涨和下跌并不影响我们的决策.

若进一步引入安装双层窗和填充墙的单价,即每平方米双层窗和每平方米填充墙的价格分别记为 c_G 和 c_B,那么 $C_G = c_G A_G$,$C_B = c_B A_B$,因而

$$\frac{P_G}{P_B} = 0.072\,6\,\frac{c_G}{c_B}. \tag{15.18}$$

此时决策仅仅依赖于双层窗和填充墙的单价.

§15.3 模型的应用

表 15-2 列出了对某房隔热装修各种措施的单价.

表 15-2

隔 热 方 法	每平方米单价/元
请工程队用密封双层窗替换旧窗	543
请工程队在旧窗上加装双层玻璃	87
自行加装双层玻璃	48
自行加装双层玻璃并密封	90
墙空隙填充	6

对上述各种双层窗措施,算出它们与填充隔热墙的投资回收期比 P_G/P_B 分别为 6.57, 1.05, 0.58, 1.09. 所以只有在旧窗上自行加一层玻璃改装成简易双层窗,投资回收期才比采用填充隔热墙的投资回收期短.

上述模型还可作一些改进. 首先,决策的准则可以适当地修改,以便考虑某些非经济的因素. 例如若户主比较偏爱双层窗,可以将仅仅在客厅装双层窗的费用代替全部窗都装双层窗的费用. 亦可将选用双层窗的决策准则适当修改,例如改成

$$\frac{P_G}{P_B} < 2. \tag{15.19}$$

其次,考虑到采用填充隔热墙或双层窗会使房屋增值,可在装修费用支出中扣除房屋增值的部分.

习　　题

1. 用厚度为 a 的玻璃制作双层玻璃窗. 设室内近窗的对流传热系数为 h_1,室外近窗的对流传热系数为 h_2,两层玻璃间的对流传热系数为 h_c,玻璃的热传导系数为 k. 试说明此双层玻璃窗的综合传热系数为

$$U_d = \left(\frac{1}{h_1} + \frac{2a}{k} + \frac{1}{h_c} + \frac{1}{h_2} \right)^{-1}.$$

2. 双层玻璃窗玻璃间空气的对流传热系数 h_c 与玻璃间的距离成反比: $h_c = a/d$,其中 d 为玻璃间距离,a 为比例系数,$a \approx 2.5 \times 10^{-4}$ W/(m·℃). 试分析:

(1) 用双层玻璃窗比用厚度等于两层玻璃的单层玻璃窗散失的热量可以减少多少倍?

(2) 在设计双层玻璃窗时从节能和实用的角度考虑,两层玻璃间的距离取多少较为合适?

3. 若以 $P_G/P_B < 2$ 或 $P_G/P_B < 3$ 作为采用双层玻璃窗的决策准则,可采用表 15-2 中的哪一种双层窗?

4. 设一房屋窗面积为 25 m²,产生 1 kW·h 的热量燃料价为 0.5 元,计算请工程队用双层窗代替单层窗的投资回收期.

实 践 与 思 考

1. 寻找一所别墅式房屋,根据当地的气候环境计算采取填充隔热墙和双层玻璃窗节省的费用.

第十六章　为什么制造三级运载火箭

提要　本章建立了运载火箭飞行动力学的微分方程数学模型和多级火箭飞行速度的公式,论证了采用三级运载火箭的最优性.学习本章需要初等微积分和初等常微分方程的预备知识.

§16.1　问题的提出

用火箭发射卫星时,通常都采用三级火箭作为运载工具.例如,我们的长征2号火箭和欧洲共同体的阿里亚娜火箭都是三级火箭.火箭从地面发射时,先点燃第一级火箭的推进器加速火箭的飞行,到第一级火箭的燃料耗尽时将第一级火箭丢弃同时点燃第二级火箭,到第二级火箭燃尽时丢弃第二级火箭同时点燃第三级火箭,使火箭加速到一定的速度并将卫星送入轨道.

使用三级火箭是不是偶然的? 为什么不用一级、二级或四级火箭呢? 使用三级火箭而不用一级或其他多级火箭绝非偶然,而是采用数学模型与数学方法进行定量分析的结果.可以从数学上论证,采用三级火箭在某种意义下是最优的.

要作这样的分析,必须建立合适的数学模型,下面我们将建立运载火箭的数学模型并说明采用三级火箭是最优的方案.

运载火箭是一个十分复杂的系统,影响它飞行的有许多因素,例如发动机是否足够强大,火箭的结构是否有足够的强度,火箭的外形是否使前进阻力减小到最低限度,火箭的控制系统是否灵敏可靠,等等.要构造数学模型必须找出主要的因素.我们现在讨论的问题是将运载火箭垂直于地面发射,最后将卫星送入绕地球旋转的轨道并使它保持在轨道上运动而不致因地球的引力而坠落.要达到这一目的,卫星必须保持一定的速度,从而要求运载火箭在将卫星送入轨道时达到较大的速度.但此速度又是通过火箭推进器加速火箭的飞行而获得的.由牛顿第二定律,力等于加速度乘质量,要获得较大的加速度,应当具有较大的推力和较小的质量,所以必须讨论火箭发动机的推力和火箭系统的质量.归结起来,我们将分别考虑卫星的速度计算问题,如何决定火箭的推力和如何决定火箭与卫星的质量,然后确定运载火箭的最佳级数.至于火箭的结构、外形及控制等问题,在确定火箭的最佳级数时不是主要的因素,我们只假定它们能满足保证火箭正常飞行的需要而不加以考虑.

§16.2　卫星的速度

首先讨论卫星维持在轨道上运行所必需的速度.

设地球是半径为 R 的均匀球体,卫星的轨道是以地心为中心、半径为 r 的圆周(见图 16-1).又设卫星的质量为 m,地球质量为 M.在地球和卫星之间只考

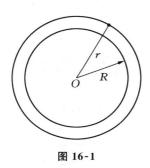

图 16-1

虑相互间的引力,其他星体的作用由于距离较远可以忽略不计.由地球是均匀球体的假设,可以将地球的质量集中在它的中心,应用牛顿万有引力定律得地球对距地心 r 处的质量为 m 的质点的引力为

$$G = \gamma \frac{Mm}{r^2} = k\frac{m}{r^2}, \qquad (16.1)$$

其中 γ 为万有引力常数,而 $k = \gamma M$ 称为**地球引力常数**.

为决定地球引力常数 k,我们考察质量为 m 的质点在地表所受的力.由引力公式(16.1),它受到地球引力 $k\dfrac{m}{R^2}$ 的作用.若已知地表的重力加速度 g,由牛顿第二定律有

$$mg = k\frac{m}{R^2},$$

从而可得

$$k = gR^2 \qquad (16.2)$$

和引力公式

$$G = mg\left(\frac{R}{r}\right)^2. \qquad (16.3)$$

由于卫星体积相对于地球而言是十分小的,可以视为一个质点,公式(16.3)即可作为描述地球对卫星的引力公式.

现考察卫星的运动.设卫星以速度 v 绕地球作匀速圆周运动(线速度为 v),所以卫星没有切向加速度,法向加速度为 $\dfrac{v^2}{r}$.卫星此时只受到地球的引力,于是由牛顿第二定律,有

$$m \frac{v^2}{r} = G = mg \left(\frac{R}{r} \right)^2,$$

从而

$$v = R \sqrt{\frac{g}{r}}. \tag{16.4}$$

这就是卫星绕地球旋转不致因地球引力而坠落的速度.

卫星是用火箭送入轨道的,所以火箭的末速度至少也应达到 v. 若近似取 $r \approx R = 6\,371\,\text{km}$,可得 $v = \sqrt{Rg} \approx 7.9\,\text{km/s}$,这就是所谓的**第一宇宙速度**. 若卫星距地面 $600\,\text{km}$,则 $r = 6\,971\,\text{km}$,从而 $v \approx 7.6\,\text{km/s}$.

§16.3　火箭推力问题

首先将火箭简化为一个由载满燃料的燃料仓和火箭发动机构成的系统. 燃料在发动机中燃烧,产生大量气体,从火箭的尾部喷射出来,对火箭产生向前的推力. 为简化分析,我们忽略影响不大的重力和空气阻力等.

设在时刻 t 火箭的质量为 $m(t)$,火箭的速度为 $v(t)$. 考察时段 $[t, t + \Delta t]$ 中火箭系统的动量变化. 在时刻 t,火箭系统的动量为 $m(t)v(t)$,而在时刻 $t + \Delta t$,动量为

$$m(t + \Delta t)v(t + \Delta t) + (m(t) - m(t + \Delta t))(v(t) - u),$$

其中 u 为气体喷射相对于火箭的速度. 由动量守恒定律

$$m(t)v(t) = m(t + \Delta t)v(t + \Delta t) - (m(t + \Delta t) - m(t))(v(t) - u). \tag{16.5}$$

两边同除以 Δt,整理后令 $\Delta t \to 0$ 得

$$\frac{\mathrm{d}(m(t)v(t))}{\mathrm{d}t} = \frac{\mathrm{d}m(t)}{\mathrm{d}t}(v(t) - u),$$

从而

$$m(t) \frac{\mathrm{d}v(t)}{\mathrm{d}t} = -u \frac{\mathrm{d}m(t)}{\mathrm{d}t}. \tag{16.6}$$

(16.6)式揭示了火箭的推力就是燃料消耗速度与气体喷射速度的乘积,此式右端称为火箭的推力或反冲力.

(16.6)式易改写成

$$\frac{\mathrm{d}v}{\mathrm{d}t} = -u\frac{\mathrm{d}(\ln m)}{\mathrm{d}t},$$

积分得

$$v(t) = v_0 - u\ln\frac{m(t)}{m_0} = v_0 + u\ln\frac{m_0}{m(t)}. \tag{16.7}$$

若初始时刻火箭是静止的,即 $v_0 = 0$,则

$$v(t) = u\ln\frac{m_0}{m(t)}, \tag{16.8}$$

其中 m_0 为火箭系统在初始时刻的质量.

§16.4 火箭系统的质量

构成火箭系统的质量有 3 个主要部分:火箭的有效载荷 m_p,火箭的结构质量 m_s 和火箭所装载的燃料的质量 m_f. 显然,初始时刻火箭系统的质量为

$$m_0 = m_p + m_f + m_s. \tag{16.9}$$

火箭的末速度,即喷射完全部燃料后的速度为

$$v = u\ln\frac{m_0}{m_p + m_s}. \tag{16.10}$$

引入火箭的**结构比**

$$\lambda = \frac{m_s}{m_f + m_s}, \tag{16.11}$$

即结构质量在结构和燃料质量中所占的比例,显然有

$$1 - \lambda = \frac{m_f}{m_f + m_s}$$

及

$$m_s = \lambda(m_f + m_s) = \lambda(m_0 - m_p),$$

从而(16.10)式可以改写为

$$v = u\ln\frac{m_0}{\lambda m_0 + (1 - \lambda)m_p}. \tag{16.12}$$

由此可见,对给定的 u 值,当有效载荷质量 $m_p = 0$ 时,火箭的速度达到最大值:

$$v = u \ln \frac{1}{\lambda}.$$

结构比 λ 和喷射速度 u 都是由技术条件决定的,目前喷射速度 u 可达 3 km/s,而结构比可达 0.1. 于是,一级火箭的末速度

$$v \leqslant u \ln \frac{1}{\lambda} = 3 \ln 10 \approx 7 (\text{km/s}).$$

由此可见,一级火箭的速度无法达到第一宇宙速度,从而在现在的技术条件下无法用一级火箭来发射人造卫星.

§16.5 理想化的可随时抛去结构质量的火箭

由 §16.3 的分析可见,减少时刻 t 火箭的质量是增加火箭速度的一个有效的措施. 于是,人们构想一种理想化的火箭,即假设这种火箭在燃料耗去一部分时,用以装载这部分燃料的火箭结构可以同时抛去.

设在时段 $[t, t + \Delta t]$ 中,喷射的燃料为 $(1 - \lambda)(m(t) - m(t + \Delta t))$,同时抛去的结构质量为 $\lambda(m(t) - m(t + \Delta t))$. 运用动量守恒定律得

$$\frac{\mathrm{d}(m(t) v(t))}{\mathrm{d}t} = \lambda \frac{\mathrm{d}m(t)}{\mathrm{d}t} v(t) + (1 - \lambda) \frac{\mathrm{d}m(t)}{\mathrm{d}t} (v(t) - u)$$

$$= \frac{\mathrm{d}m(t)}{\mathrm{d}t} v(t) - (1 - \lambda) u \frac{\mathrm{d}m(t)}{\mathrm{d}t}$$

或

$$m(t) \frac{\mathrm{d}v(t)}{\mathrm{d}t} = -(1 - \lambda) u \frac{\mathrm{d}m(t)}{\mathrm{d}t}. \tag{16.13}$$

设火箭的初速度 $v_0 = 0$,积分上式得

$$v = (1 - \lambda) u \ln \frac{m_0}{m_p} \tag{16.14}$$

或

$$\frac{m_0}{m_p} = \mathrm{e}^{\frac{v}{(1 - \lambda) u}}. \tag{16.15}$$

从理论上说,只要增大 $\dfrac{m_0}{m_p}$ 就可以无限制地增加火箭的速度. 考虑到抵消空气阻力和重力的影响,要将卫星送上轨道,火箭的末速度应达到 $v = 10.5 \text{ km/s}$. 根据目前的技术条件,$u = 3 \text{ km/s}$,$\lambda = 0.1$,由 (16.15) 式 $\dfrac{m_0}{m_p}$ 约应达到 49,即要将

1 t 有效载荷送入轨道,发射时火箭系统的总重量约为 49 t.

§16.6   多级火箭的速度公式

上述可随时抛去结构质量的火箭只是一种难以实现的理想设计. 但这种设想启迪人们创造了多级火箭,将火箭设计为若干级,当某一级燃料耗尽时,将该级火箭的结构抛弃.

一、多级火箭的速度公式

设火箭为 n 级,各级火箭的结构和燃料的总质量为 m_i. 仍引进结构比 λ,即第 i 级火箭的结构质量为 λm_i,而燃料质量为 $(1-\lambda)m_i$. 仍用 m_p 表示有效载荷,火箭的初始质量为

$$m_0 = m_p + m_1 + m_2 + \cdots + m_n. \tag{16.16}$$

当第一级火箭的燃料消耗完毕时,火箭的质量为

$$m_p + \lambda m_1 + m_2 + \cdots + m_n. \tag{16.17}$$

由 §16.3 的讨论可知,此时火箭的速度为

$$v_1 = u \ln \frac{m_0}{m_p + \lambda m_1 + m_2 + \cdots + m_n}. \tag{16.18}$$

将第一级火箭的结构抛去,点燃第二级火箭,此时火箭的质量为

$$m_p + m_2 + \cdots + m_n, \tag{16.19}$$

并具有初始速度 v_1. 再用 §16.3 的结论,当第二级火箭的燃料耗尽时,火箭的速度为

$$v_2 = v_1 + u \ln \frac{m_p + m_2 + \cdots + m_n}{m_p + \lambda m_2 + \cdots + m_n}. \tag{16.20}$$

依此类推,当第 n 级火箭的燃料耗尽时,火箭的速度为

$$v = v_{n-1} + u \ln \frac{m_p + m_n}{m_p + \lambda m_n} \tag{16.21}$$

或

$$v = u \ln \left(\frac{m_0}{m_p + \lambda m_1 + m_2 + \cdots + m_n} \cdot \frac{m_p + m_2 + \cdots + m_n}{m_p + \lambda m_2 + \cdots + m_n} \cdot \cdots \cdot \frac{m_p + m_n}{m_p + \lambda m_n} \right),$$

这就是 n 级火箭的速度公式.

二、各级火箭的质量分配

现在,设法决定各级火箭的质量,使火箭的有效载荷达到最大.更确切地说,如果已知火箭需要达到的末速度 v,气体的喷射速度 u,结构比 λ,对给定的初始质量 m_0,如何选择 m_1,m_2,$\cdots$,m_n,使得有效载荷 m_p 达到最大值?这个问题就是已知 u,v,m_0,在约束条件

$$m_p + m_1 + m_2 + \cdots + m_n = m_0$$

和

$$\ln\Big(\frac{m_0}{m_p + \lambda m_1 + \cdots + m_n} \cdot \frac{m_p + m_2 + \cdots + m_n}{m_p + \lambda m_2 + \cdots + m_n} \cdot \cdots \cdot \frac{m_p + m_n}{m_p + \lambda m_n}\Big) = \frac{v}{u}$$

之下,求 m_p 的极大值或 m_0/m_p 的极小值.

令

$$a_i = \frac{m_p + m_i + \cdots + m_n}{m_p + m_{i+1} + \cdots + m_n} \quad (i = 1, 2, \cdots, n), \tag{16.22}$$

其中 a_i 表示第 i 级火箭点燃之前火箭系统的质量与该级火箭被抛去后火箭系统质量之比.问题化为在约束条件

$$\frac{v}{u} = \ln\Big(\frac{a_1}{1 + \lambda(a_1 - 1)} \cdot \frac{a_2}{1 + \lambda(a_2 - 1)} \cdot \cdots \cdot \frac{a_n}{1 + \lambda(a_n - 1)}\Big) \tag{16.23}$$

下,求 $a_1 a_2 \cdots a_n$ 的极小值.

再令 $x_i = \dfrac{1 + \lambda(a_i - 1)}{a_i}$,$i = 1, 2, \cdots, n$,那么 $a_i = \dfrac{1 - \lambda}{x_i - \lambda}$.由 $0 < \lambda < 1$ 和 $a_i > 1$,得 $x_i > \lambda$ 和 $x_i < 1$.上述问题可进一步化为在约束条件

$$x_1 x_2 \cdots x_n = \mathrm{e}^{-\frac{v}{u}} \text{(常数)} \tag{16.24}$$

和 $\lambda < x_i < 1$ 下,求函数

$$(x_1 - \lambda)(x_2 - \lambda) \cdots (x_n - \lambda) \tag{16.25}$$

的极大值.

为解决此问题,我们给出下述命题.

命题 16.1 设 λ 与 C 为给定数值,且 $C \geqslant \lambda^n$,则 $y = \prod\limits_{i=1}^{n}(x_i - \lambda)$ 满足约束条件 $\prod\limits_{i=1}^{n} x_i = C$ 和 $x_i \geqslant \lambda$ 的最大值在 $x_i = C^{\frac{1}{n}}$,$i = 1, 2, \cdots, n$ 时达到,且最大值为 $y_{\max} = (C^{\frac{1}{n}} - \lambda)^n$.

将命题用于 n 级火箭问题可知,当

$$x_i = e^{-\frac{v}{nu}} \quad (i=1, 2, \cdots, n) \tag{16.26}$$

时,$\prod\limits_{i=1}^{n} (x_i - \lambda)$ 达到最大值 $(e^{-\frac{v}{nu}} - \lambda)^n$.

由于

$$a_i = \frac{1-\lambda}{x_i - \lambda}, \tag{16.27}$$

从而

$$\frac{m_0}{m_p} = \prod_{i=1}^{n} a_i = \frac{(1-\lambda)^n}{\prod\limits_{i=1}^{n} (x_i - \lambda)}, \tag{16.28}$$

注意到(16.26)式,当

$$a_i = \frac{1-\lambda}{e^{-\frac{v}{nu}} - \lambda} \quad (i=1, 2, \cdots, n) \tag{16.29}$$

时,质量比 m_0/m_p 达到最小值

$$\frac{m_0}{m_p} = \left(\frac{1-\lambda}{e^{-\frac{v}{nu}} - \lambda}\right)^n, \tag{16.30}$$

我们称此为最优质量比.

不难证明,多级火箭的最优质量比随火箭级数 n 的增大而单调下降,且当 $n \to \infty$ 时以 $e^{\frac{v}{(1-\lambda)u}}$ 为极限,即以可随时抛弃火箭结构的质量比为极限.

三、三级火箭的最优性

对 $v = 10.5 \text{ km/s}$,$u = 3 \text{ km/s}$,$\lambda = 0.1$,利用(16.30)式对不同的 n 计算出多级火箭的最优质量比(见表 16-1).

表 16-1

n	1	2	3	4	5	⋯	∞
$\dfrac{m_0}{m_p}$	/	149	77	65	60	⋯	49

从表 16-1 中可以十分明显地看到,三级火箭的最优质量比较二级火箭低得多,用三级火箭代替二级火箭是十分有利的. 用四级或更多级的火箭来代替三级

火箭虽然可以进一步降低最优质量比,但降低的幅度不大,而制造更多级的火箭,除了技术上的困难以外,增加的火箭发动机和燃料仓会大大提高火箭的成本.从这个意义上说,用三级火箭来发射人造卫星是最优方案.此时,若想将 1 t 重的卫星送入轨道,运载火箭发射时的总重量为 77 t.

习　　题

1. 证明命题 16.1.

2. 试求三级火箭各级火箭的最优质量分配.

3. 证明 n 级火箭的最优质量比是 n 的单调下降函数,且当 $n \to \infty$ 时趋于 $e^{\overline{(1-\lambda)u}}$.

4. 试问同步通信卫星圆形轨道的半径应为多少?(提示:同步通信卫星绕地球旋转运动的角速度与地球自转的角速度相同,即它绕地球运动一圈的时间为一昼夜.)

5. 月球飞船在飞离地球时,飞船中物体的重量会逐渐消失.试分析原因并求出飞船离地球多远时,地球和月球对飞船内物体的引力相互抵消.

第十七章　万有引力定律

提要　本章介绍历史上最光辉的数学模型之一——万有引力定律,并阐明了万有引力定律与开普勒行星运动三定律之间的关系.学习本章需要初等微积分、平面解析几何和初等常微分方程的预备知识.

§17.1　引　言

伽利略(Galileo)在比萨斜塔测定自由落体的速度,归纳出反映地球引力的自由落体的等加速定律.开普勒(Kepler)通过对火星的细致研究以及对当时已经发现的太阳系 6 大行星的轨道的综合分析,总结出著名的行星运动三定律:

第一定律　行星绕太阳运动的轨道是椭圆,太阳位于椭圆的一个焦点上.

第二定律　太阳和每个行星连接而成的矢径,随着行星的运动在单位时间内扫过的面积(称为面积速度)恒为常数.

第三定律　太阳系中各行星的运行周期的平方与轨道长半轴的立方之比对各行星相同.

这些定律从量的关系方面揭示了地球与落体或太阳与行星之间的相互作用关系.从这个意义上说,它们本身就是重要的数学模型.

牛顿进一步分析了力与这些现象之间的关系,终于得出了反映不仅存在于地球与落体、太阳与行星,而且广泛存在于宇宙万物之间力作用的**万有引力定律**:

宇宙万物之间,都存在着相互之间的引力,它的作用方向在两者的连线上,它的大小与两者质量的乘积成正比,而与两者距离的平方成反比,即

$$F = -G\frac{m_1 m_2}{r^2},$$

其中 F 是引力,m_1, m_2 分别表示两者的质量,r 表示两者之间的距离,G 是一个对万物皆同的宇宙常数.显而易见,万有引力定律是刻画存在于宇宙万物之间引力的一个数学模型.

万有引力定律的发现对科学技术的发展产生了重大的影响.人们用它更加

精确地计算了行星和彗星的轨道,作出了哈雷(Halley)彗星每 75 年回归地球一次的正确断言;人们又用万有引力定律对潮汐起因作出了正确的解释,并开展了深入的研究;人们还在万有引力定律的指导下先后发现了太阳系两颗新的行星——海王星与冥王星(其中冥王星于 2006 年 8 月 24 日被划为矮行星).至今,万有引力定律依然是人们计算卫星和其他宇航设施轨道的依据,指导运载火箭、航天飞机和宇宙飞船的设计和其他人类宇航活动的进行.毫无疑问,万有引力定律是有史以来最光辉的数学模型之一.

牛顿是如何发现万有引力定律的? 关于这个问题流传着不少有趣的传说,科学史家们也作出过种种假设和猜想.但大家一致公认,牛顿在 1687 年出版的《自然哲学的数学原理》中公开发表的万有引力定律与开普勒三定律等价的演绎证明,使万有引力定律从假说成为定律,从而最终确立了这个著名的数学模型.在本章中我们将介绍这个过程.当然,采用的记号和证明方法都比牛顿当年在《自然哲学的数学原理》中采用的有了很大的改进.

§17.2 从开普勒三定律推出万有引力定律

以太阳为极点建立极坐标系(r, θ).用矢量 r 表示行星的位置,开普勒第一定律可以表示为:行星的轨道方程为

$$r = \frac{p}{1 - e\cos\theta}, \tag{17.1}$$

其中 $p = b^2/a$, $b^2 = a^2(1 - e^2)$,而 a, b 分别为椭圆的长半轴和短半轴,e 为偏心率(见图 17-1).

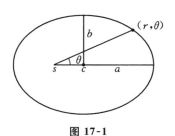

图 17-1

开普勒第二定律可表示为

$$\frac{1}{2}r^2 \frac{\mathrm{d}\theta}{\mathrm{d}t} = A, \tag{17.2}$$

其中 A 为与行星有关的常数.

设行星绕太阳运行一周所需的时间为 T,开普勒第三定律可表示为

$$\frac{T^2}{a^3} = C, \tag{17.3}$$

其中 C 是一个与行星无关的常数.

我们将在牛顿动力学定律

$$\boldsymbol{F} = m\boldsymbol{a} \tag{17.4}$$

成立的前提下,用开普勒三定律推出万有引力定律对太阳和行星是成立的,即太阳对行星的引力作用在太阳与行星的连线上,方向指向太阳,力的大小为

$$f = \mu \frac{m}{r^2}, \tag{17.5}$$

其中 m 为行星的质量,r 为行星与太阳的距离,而 μ 是一个与行星无关的常数,称为太阳引力常数.

一、引力的作用方向

以太阳所在的位置为原点,行星轨道所在平面为 x-y 平面建立笛卡尔(Descartes)直角坐标系. 设时刻 t 行星位置的坐标为 $(x(t),\ y(t),\ z(t))$,太阳对行星的作用力为 $(f_x,\ f_y,\ f_z)$,由牛顿动力学定律可得行星的运动方程

$$\begin{cases} \dfrac{\mathrm{d}^2 x}{\mathrm{d}t^2} = \dfrac{1}{m} f_x, \\[2mm] \dfrac{\mathrm{d}^2 y}{\mathrm{d}t^2} = \dfrac{1}{m} f_y, \\[2mm] \dfrac{\mathrm{d}^2 z}{\mathrm{d}t^2} = \dfrac{1}{m} f_z, \end{cases} \tag{17.6}$$

其中 m 为行星的质量. 由开普勒第一定律可知运动轨道为平面曲线,从而 $z(t) \equiv 0$. 代入方程得 $f_z \equiv 0$,故太阳对行星的作用力总在轨道平面内.

再运用开普勒第二定律,将(17.2)式化为直角坐标系下的表达式,可得

$$x \frac{\mathrm{d}y}{\mathrm{d}t} - y \frac{\mathrm{d}x}{\mathrm{d}t} = 2A. \tag{17.7}$$

将此式两边关于 t 求导一次,可得

$$x \frac{\mathrm{d}^2 y}{\mathrm{d}t^2} - y \frac{\mathrm{d}^2 x}{\mathrm{d}t^2} = 0. \tag{17.8}$$

利用运动方程(17.6)的前两式,即得

$$x f_y = y f_x$$

或

$$f_x : f_y = x : y, \tag{17.9}$$

即太阳对行星的作用力在太阳与行星的连线上.

二、引力的大小

我们考察加速度的径向分量. 加速度 $a = \left(\dfrac{\mathrm{d}^2 x}{\mathrm{d}t^2},\ \dfrac{\mathrm{d}^2 y}{\mathrm{d}t^2} \right)$, 注意到 $x = r\cos\theta$ 和 $y = r\sin\theta$ 可得

$$
\begin{aligned}
a = \Big(& \frac{\mathrm{d}^2 r}{\mathrm{d}t^2}\cos\theta - 2\frac{\mathrm{d}r}{\mathrm{d}t}\sin\theta\frac{\mathrm{d}\theta}{\mathrm{d}t} - r\cos\theta\Big(\frac{\mathrm{d}\theta}{\mathrm{d}t}\Big)^2 - r\sin\theta\frac{\mathrm{d}^2\theta}{\mathrm{d}t^2}, \\
& \frac{\mathrm{d}^2 r}{\mathrm{d}t^2}\sin\theta + 2\frac{\mathrm{d}r}{\mathrm{d}t}\cos\theta\frac{\mathrm{d}\theta}{\mathrm{d}t} - r\sin\theta\Big(\frac{\mathrm{d}\theta}{\mathrm{d}t}\Big)^2 + r\cos\theta\frac{\mathrm{d}^2\theta}{\mathrm{d}t^2} \Big),
\end{aligned}
\tag{17.10}
$$

而径向 r 的单位矢量为 $e_r = (\cos\theta,\ \sin\theta)$, 从而加速度的径向分量为

$$
a_r = a \cdot e_r = \frac{\mathrm{d}^2 r}{\mathrm{d}t^2} - r\Big(\frac{\mathrm{d}\theta}{\mathrm{d}t}\Big)^2. \tag{17.11}
$$

将 r 满足的轨道方程(17.1)改写为

$$
\frac{1}{r} = \frac{1 - e\cos\theta}{p},
$$

两边关于 t 求导,得

$$
-\frac{1}{r^2}\frac{\mathrm{d}r}{\mathrm{d}t} = \frac{e}{p}\sin\theta\frac{\mathrm{d}\theta}{\mathrm{d}t}. \tag{17.12}
$$

将上式两端同乘 $-r^2$ 并利用(17.2)式,有

$$
\frac{\mathrm{d}r}{\mathrm{d}t} = -2A\frac{e}{p}\sin\theta,
$$

将其两端关于 t 再求导一次,然后再次用(17.2)式,可得

$$
\frac{\mathrm{d}^2 r}{\mathrm{d}t^2} = -\frac{4A^2 e}{pr^2}\cos\theta. \tag{17.13}
$$

另一方面,由(17.2)式可得

$$
r\frac{\mathrm{d}\theta}{\mathrm{d}t} = \frac{2A}{r}, \quad r^2\Big(\frac{\mathrm{d}\theta}{\mathrm{d}t}\Big)^2 = \frac{4A^2}{r^2},
$$

从而用 r 满足的轨道方程(17.1)推出

$$
r\Big(\frac{\mathrm{d}\theta}{\mathrm{d}t}\Big)^2 = \frac{4A^2}{r^2}\frac{1 - e\cos\theta}{p}. \tag{17.14}
$$

将(17.13)式和(17.14)式代入(17.11)式,最终得径向加速度为

$$a_r = -\frac{4A^2}{pr^2}. \tag{17.15}$$

由前面的分析,太阳与行星之间的作用力是沿着径向的,于是再次运用牛顿动力学定律得该作用力的大小为

$$f = f_r = ma_r = -\frac{4A^2m}{pr^2} \tag{17.16}$$

或

$$f = -\mu\frac{m}{r^2}, \tag{17.17}$$

其中 $\mu = 4A^2/p$. 亦即该力与行星的质量成正比,与太阳到行星的距离平方成反比,式中的负号表示此力的方向是指向太阳的.

三、μ 是与行星无关的常数

计算行星椭圆轨道所包围的面积,注意到(17.2)式,有

$$\pi ab = \int_0^T \frac{1}{2}r^2\frac{\mathrm{d}\theta}{\mathrm{d}t}\mathrm{d}t = AT,$$

从而

$$A = \frac{\pi ab}{T}. \tag{17.18}$$

将上式代入 μ 的表达式中,即得

$$\mu = \frac{4\pi^2a^2b^2}{T^2} \cdot \frac{a}{b^2} = \frac{4\pi^2a^3}{T^2}, \tag{17.19}$$

由开普勒第三定律, a^3/T^2 是与行星无关的常数,所以从(17.19)式可见, μ 是一个与行星无关的常数.

这就完成了从开普勒三定律推出万有引力定律适用于太阳与行星的证明.

§17.3　从万有引力定律推出开普勒三定律

在本节中,我们用万有引力定律和牛顿动力学定律推出开普勒第二定律,然后再推出开普勒第一定律和第三定律.

一、假设和简化

在推导开普勒三定律时,我们对问题略作简化,作如下假设:

(H1) 太阳和行星是均匀的球体或是由均匀球壳层构成的球体;

(H2) 在考察太阳对某行星的作用时,其他星系和太阳系的其他行星或天体对该行星的引力可以忽略不计.

(H2) 之所以合理,是因为其他行星或天体或是距离较远或是质量相对较小,因此它们对该行星的引力较太阳对它的引力要小得多.

利用(H1)不难证明对太阳和行星运用万有引力定律时,可以将它们视作质量集中在各自球心的质点(见习题 3).

二、从万有引力定律推出开普勒第二定律

取以太阳为原点,某一时刻由太阳指向行星的矢量和行星运动的速度矢量所张成的平面为 x-y 平面,构成空间直角坐标系,并用 $\boldsymbol{r}(t) = (x(t), y(t), z(t))$ 表示时刻 t 行星的位置. 由万有引力定律,行星所受的力(太阳的引力) 为

$$\boldsymbol{f} = -\mu \frac{m}{r^3} \boldsymbol{r}, \tag{17.20}$$

其中 μ 为太阳引力常数,m 为该行星的质量,$r = |\boldsymbol{r}|$ 为矢径 $\boldsymbol{r}$ 的模长. 由牛顿动力学定律,行星的运动方程为

$$\begin{cases} m \dfrac{\mathrm{d}^2 x}{\mathrm{d}t^2} = -\mu \dfrac{m}{r^3} x, \\[2mm] m \dfrac{\mathrm{d}^2 y}{\mathrm{d}t^2} = -\mu \dfrac{m}{r^3} y, \\[2mm] m \dfrac{\mathrm{d}^2 z}{\mathrm{d}t^2} = -\mu \dfrac{m}{r^3} z. \end{cases} \tag{17.21}$$

由坐标系的取法,初始时刻 $\boldsymbol{r}$ 和 $\dfrac{\mathrm{d}\boldsymbol{r}}{\mathrm{d}t}$ 都落在 x-y 平面上,所以有初始值 $z(0) = \dfrac{\mathrm{d}z}{\mathrm{d}t}(0) = 0$,从而 $z(t) \equiv 0$ 满足初始条件和运动方程的第三式,是方程的解. 由方程(17.21)的解的唯一性,满足上述初始条件的解必成立 $z(t) \equiv 0$,亦即行星的运动轨道落在 x-y 平面内. 于是行星的运动方程化为

$$\begin{cases} \dfrac{\mathrm{d}^2 x}{\mathrm{d}t^2} = -\mu \dfrac{x}{r^3}, \\[2mm] \dfrac{\mathrm{d}^2 y}{\mathrm{d}t^2} = -\mu \dfrac{y}{r^3}, \end{cases} \tag{17.22}$$

其中 $r = (x^2 + y^2)^{1/2}$.

　　将运动方程(17.22)的第二式乘以 x 减去第一式乘以 y 得

$$x \frac{\mathrm{d}^2 y}{\mathrm{d}t^2} - y \frac{\mathrm{d}^2 x}{\mathrm{d}t^2} = 0.$$

或改写为 $\dfrac{\mathrm{d}}{\mathrm{d}t}\left(x \dfrac{\mathrm{d}y}{\mathrm{d}t} - y \dfrac{\mathrm{d}x}{\mathrm{d}t} \right) = 0$, 进而得运动方程(17.22) 的一个首次积分

$$x \frac{\mathrm{d}y}{\mathrm{d}t} - y \frac{\mathrm{d}x}{\mathrm{d}t} = 2A,$$

其中 A 为一个常数. 引进 x-y 平面上的极坐标 (r, θ), 由 $x = r\cos\theta$ 和 $y = r\sin\theta$, 易将上式化为

$$\frac{1}{2} r^2 \frac{\mathrm{d}\theta}{\mathrm{d}t} = A, \tag{17.23}$$

这就导出了开普勒第二定律.

三、行星的轨道是椭圆

　　将运动方程(17.22)的第一式和第二式分别乘以 $\dfrac{\mathrm{d}x}{\mathrm{d}t}$ 和 $\dfrac{\mathrm{d}y}{\mathrm{d}t}$ 并相加, 得

$$\frac{\mathrm{d}x}{\mathrm{d}t} \frac{\mathrm{d}^2 x}{\mathrm{d}t^2} + \frac{\mathrm{d}y}{\mathrm{d}t} \frac{\mathrm{d}^2 y}{\mathrm{d}t^2} = -\frac{\mu}{r^3} \left(x \frac{\mathrm{d}x}{\mathrm{d}t} + y \frac{\mathrm{d}y}{\mathrm{d}t} \right)$$

$$= -\frac{\mu}{r^3} \cdot \frac{1}{2} \frac{\mathrm{d}}{\mathrm{d}t} r^2 = \mu \frac{\mathrm{d}}{\mathrm{d}t}\left(\frac{1}{r} \right).$$

注意到上式左端等于 $\dfrac{1}{2} \dfrac{\mathrm{d}}{\mathrm{d}t}\left(\left(\dfrac{\mathrm{d}x}{\mathrm{d}t}\right)^2 + \left(\dfrac{\mathrm{d}y}{\mathrm{d}t}\right)^2 \right)$, 上式化为

$$\frac{\mathrm{d}}{\mathrm{d}t}\left(\frac{1}{2}\left(\left(\frac{\mathrm{d}x}{\mathrm{d}t}\right)^2 + \left(\frac{\mathrm{d}y}{\mathrm{d}t}\right)^2 \right) \right) = \frac{\mathrm{d}}{\mathrm{d}t}\left(\frac{\mu}{r} \right), \tag{17.24}$$

积分得

$$\frac{1}{2}\left(\left(\frac{\mathrm{d}x}{\mathrm{d}t}\right)^2 + \left(\frac{\mathrm{d}y}{\mathrm{d}t}\right)^2 \right) - \frac{\mu}{r} = C, \tag{17.25}$$

其中 C 为积分常数, 此式的左端与行星的能量仅相差一个因子 m, 所以此式的物理意义是能量守恒. 将其改写为极坐标形式

$$\frac{1}{2}\left(\left(\frac{\mathrm{d}r}{\mathrm{d}t}\right)^2 + r^2\left(\frac{\mathrm{d}\theta}{\mathrm{d}t}\right)^2 \right) - \frac{\mu}{r} = C, \tag{17.26}$$

利用(17.23)式,即 $\dfrac{\mathrm{d}\theta}{\mathrm{d}t}=\dfrac{2A}{r^2}$,并从(17.26)式中解出$\dfrac{\mathrm{d}r}{\mathrm{d}t}$,有

$$\frac{\mathrm{d}r}{\mathrm{d}t}=\pm\sqrt{2C+\frac{2\mu}{r}-\frac{4A^2}{r^2}}. \tag{17.27}$$

直接对(17.27)式积分有困难.将此式的两边分别除以相等的$\dfrac{\mathrm{d}\theta}{\mathrm{d}t}$和$\dfrac{2A}{r^2}$,得

$$\frac{\mathrm{d}r}{\mathrm{d}\theta}=\pm\frac{r^2}{2A}\sqrt{2C+\frac{2\mu}{r}-\frac{4A^2}{r^2}}, \tag{17.28}$$

将上式分离变量并积分,得

$$\pm\int\mathrm{d}\theta=\int\frac{2A\,\mathrm{d}r}{r^2\sqrt{2C+\dfrac{2\mu}{r}-\dfrac{4A^2}{r^2}}}. \tag{17.29}$$

引入 $\rho=\dfrac{2A}{r}$ 和 $C_1=\sqrt{2C+\dfrac{\mu^2}{4A^2}}$,(17.29)式化为

$$\pm\int\mathrm{d}\theta=-\int\frac{\mathrm{d}\rho}{\sqrt{C_1^2-\left(\rho-\dfrac{\mu}{2A}\right)^2}}, \tag{17.30}$$

积分得

$$\arccos\frac{\rho-\dfrac{\mu}{2A}}{C_1}=\pm(\theta-\theta_0)$$

或

$$\frac{2A}{r}=C_1\cos(\theta-\theta_0)+\frac{\mu}{2A},$$

即

$$r=\frac{2A}{\dfrac{\mu}{2A}+C_1\cos(\theta-\theta_0)}. \tag{17.31}$$

令 $p=\dfrac{4A^2}{\mu}$,$e=\dfrac{2AC_1}{\mu}$,行星的轨道方程为

$$r = \frac{p}{1 + e\cos(\theta - \theta_0)}.$$

适当选取极轴起始角,可使 $\theta_0 = \pi$,从而轨道方程为

$$r = \frac{p}{1 - e\cos\theta}. \tag{17.32}$$

注意到

$$e = \frac{2AC_1}{\mu} = \frac{\sqrt{8A^2C + \mu^2}}{\mu},$$

所以

$$
\begin{aligned}
e &< 1, \quad \text{当 } C < 0 \text{ 时,} \\
e &= 1, \quad \text{当 } C = 0 \text{ 时,} \\
e &> 1, \quad \text{当 } C > 0 \text{ 时,}
\end{aligned}
$$

即当 $C < 0$ 时,行星轨道为椭圆;当 $C = 0$ 时,行星轨道为抛物线;当 $C > 0$ 时,行星轨道为双曲线. 由于我们考虑行星绕太阳的运动,$C < 0$,故行星轨道为椭圆,且太阳在行星轨道的焦点上.

还应指出,导出(17.28)式实际上假设了 $\dfrac{\mathrm{d}\theta}{\mathrm{d}t} \neq 0$. 但 $\dfrac{\mathrm{d}\theta}{\mathrm{d}t} = 0$ 对应着一种十分特殊的情形,即行星受太阳的引力作直线运动,最后撞向太阳. 这种特殊情形显然不属我们考虑之列.

四、开普勒第三定律的证明

由于开普勒第二定律已得到证明,运用(17.18)式可得

$$T^2 = \frac{\pi^2 a^2 b^2}{A^2}, \tag{17.33}$$

其中 a, b 分别为行星椭圆轨道的长半轴和短半轴,T 为行星绕太阳运行一周的周期. 注意到 $p = b^2/a$,利用(17.33)式得

$$\frac{T^2}{a^3} = \frac{\pi^2 b^2}{A^2 a} = \frac{\pi^2 p}{A^2}. \tag{17.34}$$

太阳与行星之间的作用力大小为 $f = \mu\dfrac{m}{r^2}$,其中 $\mu = \dfrac{4A^2}{p}$,由万有引力定律,它是一个与行星无关的常数,于是

$$\frac{T^2}{a^3} = \frac{4\pi^2}{\mu}$$

也是一个与行星无关的常数. 这就证明了开普勒第三定律.

习 题

1. 一点 P 以线速度 v_1 绕一点 C 作半径为 r_1 的匀速圆周运动, 同时点 C 又以线速度 v_2 绕一固定点 E 作半径为 r_2 的匀速圆周运动, 试求点 P 的运动轨迹. 在什么条件下, P 的运动轨迹是一个椭圆?

2. 在地面上将质量为 m 的质点以速度 v_0 沿与水平方向夹角为 θ 的方向抛出, 试建立描述该质点运动的数学模型.

3. 试用两质点间成立的万有引力定律推导两均匀球体之间的引力定律: 两个质量分别为 m_1 和 m_2 的均匀球体, 两球球心间的距离为 r, 则两球之间的引力沿两球心之间的连线作用, 大小为 $F = k\dfrac{m_1 m_2}{r^2}$, 其中 k 为万有引力常数 (即可将两球体视作质量集中在球心的质点).

第十八章　生物群体模型

提要　本章介绍生态学中刻画生物群体生物总量的常微分方程稳定性模型. 学习本章需要常微分方程预备知识.

为保持生态平衡, 保护生物资源, 发展畜牧业、渔业、控制病虫害, 都需要研究生物群体的变化和发展, 特别是生物群体中生物的总数. 本章我们将建立起单物种和多物种生物群体生物数量的数学模型.

生物群体的总量本来应该是取非负整数值的离散量, 但当群体总量很大时, 生物增加或减少一个, 相对于总量来说, 其改变是十分微小的. 所以, 可近似地认为, 生物群体的总量是一个随时间连续变化的量, 甚至是一个可微的量. 这样做会对问题的研究带来很大的方便.

§18.1　单物种群体模型

先讨论单物种群体模型, 即该物种的繁衍发展不受其他生物群体的影响. 又假设该群体是孤立的, 即没有该物种的生物从其他群体迁移到这个群体中来, 也没有这个群体的生物迁移到其他群体中去. 现考察该物种群体数量在一定环境下的变化. 设 $N(t)$ 为时刻 t 该群体中生物的数量.

一、马尔萨斯(Malthus)模型

设该物种的生育率 b 和死亡率 d 皆为常数, 则 $r = b - d$ 为该群体的自然增长率, 它亦为常数. 考察时段 $[t, t + \Delta t]$ 群体总量的变化, 应有

$$N(t + \Delta t) - N(t) = r\Delta t N(t),$$

由此即得群体总数满足的微分方程

$$\frac{\mathrm{d}N}{\mathrm{d}t} = rN. \tag{18.1}$$

设初始时刻 t_0 时, 该群体生物总数为 N_0, 则有 $N(t_0) = N_0$, 由此解方程(18.1)得

$$N(t) = N_0 e^{r(t-t_0)},\tag{18.2}$$

即群体按指数规律增长.(18.2)式又被称为马尔萨斯生物总数增长定律.

曾有人观察一片土地中的田鼠数量,一开始是2只,2个月后繁殖为5只,6个月后为20只,10个月后达到109只.若假设田鼠的月生育率为40%,田鼠总数为$N(t) = 2e^{0.4t}$.用它分别计算2个、6个、10个月后田鼠的总数,与观察数列比较如表18-1所示.由表18-1可见,用马尔萨斯生物总数定律来描述10个月中田鼠总数的增长规律是相当精确的.

表 18-1

月	0	2	6	10
观察数	2	5	20	109
计算数	2	4.5	22.0	109.2

但按照月增长率40%的马尔萨斯定律,3年后田鼠数量将达到$N(36) = 2e^{0.4 \cdot 36} \approx 3\,588\,150$,10年后超过$1.4 \times 10^{21}$只,且随着$t \to \infty$,田鼠数趋于无穷,这显然是不合理的,说明模型有缺陷,有必要加以修改.

二、自限模型

马尔萨斯模型在群体总数不多时能较有效地反映群体增长的规律,但当群体总数较大时就不合实际了.它的一个十分明显的缺陷是没有反映环境和资源对群体自然增长率的影响,没有反映各生物成员之间为了争夺有限的生活场所、食物或生存空间所进行的竞争,没有反映食物和养料的紧缺对增长率的影响.为克服这一缺陷,我们进一步考察群体总数的另一模型——**自限模型**(Logistic 模型).

设在考察的自然环境下,群体可能达到的最大总数(称为**生存极限数**)为K.若开始时群体的自然增长率为r,随着群体的增大增长率下降.一旦群体中生物总数达到K,群体停止增长,即增长率为零.所以增长率应该是群体中生物总数的函数,可以用$r\left(1 - \dfrac{N(t)}{K}\right)$来描述,于是模型就可以改进为

$$\begin{cases} \dfrac{dN}{dt} = r\left(1 - \dfrac{N}{K}\right)N, \\ N(0) = N_0. \end{cases}\tag{18.3}$$

引入常数$c = \dfrac{r}{K}$,模型(18.3)的第一式可改写为

$$\frac{\mathrm{d}N}{\mathrm{d}t} = rN - cN^2,$$

其右端第二项反映了群体在有限的生存空间和资源下对自身继续增长的限制，称为自限项，c 称为自限系数.

模型(18.3)不难用分离变量法求解得

$$N(t) = \frac{KN_0\,\mathrm{e}^{rt}}{N_0(\mathrm{e}^{rt}-1)+K}$$

或

$$N(t) = \frac{K}{1 + \left(\dfrac{K}{N_0}-1\right)\mathrm{e}^{-rt}}. \tag{18.4}$$

从(18.4)式可见，若 $N_0 < K$，对一切 t 成立 $N(t) < K$；若 $N_0 > K$，则对一切 t，$N(t) > K$，且当 $t \to +\infty$ 时，$N(t) \to K$.

再考察 $N(t)$ 的导数，其一阶导数由(18.3)式中的方程给出，为考察其二阶导数，将方程关于 t 再求导一次，得

$$\frac{\mathrm{d}^2 N}{\mathrm{d}t^2} = r\left(1 - \frac{2N}{K}\right)\frac{\mathrm{d}N}{\mathrm{d}t}. \tag{18.5}$$

设 $N_0 < K$，由 $N(t) < K$ 得 $\dfrac{\mathrm{d}N}{\mathrm{d}t} > 0$，即 $N(t)$ 随时间的增加而增加. 当 $N < \dfrac{K}{2}$ 时，由(18.5)式，$\dfrac{\mathrm{d}^2 N}{\mathrm{d}t^2} > 0$，$\dfrac{\mathrm{d}N}{\mathrm{d}t}$ 单调增加，即 $N(t)$ 增加的速率越来越大；但当 $N > \dfrac{K}{2}$ 时，$\dfrac{\mathrm{d}^2 N}{\mathrm{d}t^2} < 0$，$\dfrac{\mathrm{d}N}{\mathrm{d}t}$ 单调减少，即 $N(t)$ 增长越来越慢. 对 $N_0 > K$ 可作类似的讨论.

在图 18-1(a)，(b)中，我们分别给出 $N(t)$ 的图形及 $\dfrac{\mathrm{d}N}{\mathrm{d}t}$ 随 N 改变而变化的图形.

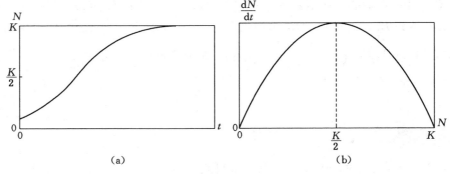

(a)　　　　　　　　　　　(b)

图 18-1

有人曾用草履虫做试验. 他将 5 个草履虫放在盛有 0.5 cm³ 营养液的小试管中, 连续 6 天观察试管中草履虫的个数. 观察发现, 当草履虫个数较少时, 每天以 230.9% 的速率增长, 开始增长很快, 后来增长逐渐缓慢, 第 4 天达到最高水平 375 个. 若用 $N_0 = 5$, $K = 375$, $r = 2.309$ 的自限模型, 时间 t(天)草履虫的个数为

$$N(t) = \frac{375}{1 + 74e^{-2.309t}}. \tag{18.6}$$

将用公式(18.6)计算的结果和观察值画在图 18-2 中, 曲线表示计算所得的 $N(t)$ 的函数图形, 圆圈表示观察值. 易见两者吻合程度相当令人满意.

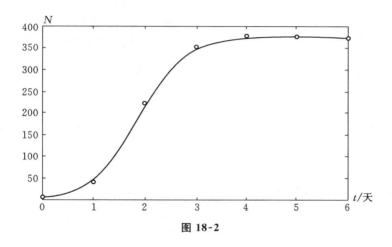

图 18-2

自限模型是荷兰生物数学家弗胡斯特(Verhulst)首先发现的. 这个模型比马尔萨斯模型有了较大的改进. 但是模型还是有缺陷的, 主要表现在将生育率平均到每个个体, 没有考虑动物不同性别的数量差异; 也没有考虑到生育率的时滞性和不同年龄时生育率的变化(群体中不同年龄的生物数一般是不同的). 此外, 自然增长率 r 和生存极限数 K 与很多因素有关, 难以确定, 这也给自限模型的应用带来了一定的困难. 在第三十一章中我们将给出一个考虑女性不同年龄有不同生育率的模型, 这个模型对单物种种群也是适用的.

§18.2　相互竞争的二物种群体系统

通常在一定的生态环境中, 存在着多个物种的生物群体. 每一物种群体中生物数量的变化既受到本群体自限规律的制约, 同时又受到其他物种群体的影响. 有的群体之间为争夺赖以生存的同一资源相互竞争; 有的群体之间弱肉强食; 有的物

种相互依存. 我们考虑二物种群体系统,首先考察相互竞争的二物种群体.

一、二物种竞争系统模型的建立

设时刻 t 二物种群体的总数分别为 $N_1(t)$ 和 $N_2(t)$. 每一物种群体的增长都受到上一节叙述的自限规律的制约. 同时,这两个物种依靠同一种资源生存,这两种生物的数量越多,获得的资源就越少,使生物的增长率降低. 设这两物种的自然增长率为 r_1 和 r_2,在同一环境下只维持第一种或第二种生物群体的生存极限数分别为 K_1 和 K_2.

第一物种群体最初(设开始时两物种群体的总数均较小)以它的自然增长率增长,但随着本群体总数的增加和第二物种群体总数的增加,该群体增长减缓,到这两个群体消耗的资源相当于 K_1 个第一物种生物消耗的资源时,第一物种群体的增长率为 0. 若每个第二物种的生物个体消耗的资源相当于第一物种生物个体消耗资源的 α_1 倍,第一物种群体总数的增长率为 $r_1\left(1 - \dfrac{N_1 + \alpha_1 N_2}{K_1}\right)N_1$. 同理,设每个第一物种生物个体消耗的资源为第二物种生物个体消耗资源的 α_2 倍,第二物种群体总数的增长率为 $r_2\left(1 - \dfrac{N_2 + \alpha_2 N_1}{K_2}\right)N_2$. 这里应该成立 $\alpha_2 = \dfrac{1}{\alpha_1}$,但我们可以考虑更一般的 α_1 和 α_2 独立的情形.

综上所述,二物种群体竞争系统的群体总数 $N_1(t)$ 和 $N_2(t)$ 满足微分方程组

$$\begin{cases} \dfrac{\mathrm{d}N_1}{\mathrm{d}t} = r_1\left(1 - \dfrac{N_1 + \alpha_1 N_2}{K_1}\right)N_1, \\ \dfrac{\mathrm{d}N_2}{\mathrm{d}t} = r_2\left(1 - \dfrac{N_2 + \alpha_2 N_1}{K_2}\right)N_2. \end{cases} \tag{18.7}$$

引入

$$b_{11} = \frac{r_1}{K_1}, \quad b_{12} = \frac{r_1 \alpha_1}{K_1}, \quad b_{21} = \frac{r_2 \alpha_2}{K_2}, \quad b_{22} = \frac{r_2}{K_2}, \tag{18.8}$$

方程组(18.7)可改写为

$$\begin{cases} \dfrac{\mathrm{d}N_1}{\mathrm{d}t} = N_1(r_1 - b_{11}N_1 - b_{12}N_2), \\ \dfrac{\mathrm{d}N_2}{\mathrm{d}t} = N_2(r_2 - b_{21}N_1 - b_{22}N_2). \end{cases} \tag{18.9}$$

上式与初始时两群体的总数

$$N_1(0) = N_1^0, \quad N_2(0) = N_2^0 \tag{18.10}$$

一起构成了二物种竞争系统的完整的数学模型.

二、模型的分析和应用

微分方程组的初值问题(18.9),(18.10)难以求得解析解. 但我们主要关心经过较长时间后两个群体的发展趋势, 所以只须讨论常微分方程组(18.9)的平衡点的稳定性.

1. 自治常微分方程组的平衡点和稳定性

两个未知函数的一阶常微分方程组右端不显含 t 的一般形式为

$$\begin{cases} \dfrac{\mathrm{d}N_1}{\mathrm{d}t} = f(N_1,\ N_2), \\[2mm] \dfrac{\mathrm{d}N_2}{\mathrm{d}t} = g(N_1,\ N_2). \end{cases} \tag{18.11}$$

相平面上满足

$$f(N_1,\ N_2) = 0 \text{ 和 } g(N_1,\ N_2) = 0 \tag{18.12}$$

的点 $(N_1^*,\ N_2^*)$ 称为方程组(18.11)的平衡点或奇点. 若成立

$$\lim_{t \to +\infty} N_1(t) = N_1^*,\qquad \lim_{t \to +\infty} N_2(t) = N_2^*, \tag{18.13}$$

称 $(N_1^*,\ N_2^*)$ 为稳定的平衡点.

对线性自治常微分方程组

$$\begin{cases} \dfrac{\mathrm{d}N_1}{\mathrm{d}t} = a_{11}N_1 + a_{12}N_2, \\[2mm] \dfrac{\mathrm{d}N_2}{\mathrm{d}t} = a_{21}N_1 + a_{22}N_2, \end{cases} \tag{18.14}$$

点 $(0, 0)$ 是一个平衡点. 它的稳定性由系数矩阵 (a_{ij}) 的特征值 λ_1, λ_2 的性质所决定. 特别当 λ_1, λ_2 为非零实数时, 若 $\lambda_1 < 0$, $\lambda_2 < 0$, $(0, 0)$ 是稳定平衡点, 否则点 $(0, 0)$ 是不稳定的.

对非线性自治常微分方程组(18.11), 由佩龙(Perron)定理, 可将方程组线性化. 讨论线性自治方程组

$$\begin{cases} \dfrac{\mathrm{d}(N_1 - N_1^*)}{\mathrm{d}t} = \dfrac{\partial f}{\partial N_1}(N_1^*,\ N_2^*)(N_1 - N_1^*) \\[4mm] \qquad\qquad\qquad + \dfrac{\partial f}{\partial N_2}(N_1^*,\ N_2^*)(N_2 - N_2^*), \\[4mm] \dfrac{\mathrm{d}(N_2 - N_2^*)}{\mathrm{d}t} = \dfrac{\partial g}{\partial N_1}(N_1^*,\ N_2^*)(N_1 - N_1^*) \\[4mm] \qquad\qquad\qquad + \dfrac{\partial g}{\partial N_2}(N_1^*,\ N_2^*)(N_2 - N_2^*) \end{cases} \tag{18.15}$$

的平衡点$(N_1^*，N_2^*)$的稳定性.方程组(18.11)的平衡点$(N_1^*，N_2^*)$与方程组(18.15)的平衡点$(N_1^*，N_2^*)$的稳定性相同.

2. 二物种群体竞争系统的平衡点

对应于二物种竞争系统的方程组(18.9),除了平凡的平衡点$N_1 = N_2 = 0$以外,还有平衡点$P_1 = \left(0，\dfrac{r_2}{b_{22}}\right)$和$P_2 = \left(\dfrac{r_1}{b_{11}}，0\right)$. 若线性方程组

$$\begin{cases} r_1 - b_{11}N_1 - b_{12}N_2 = 0, \\ r_2 - b_{21}N_1 - b_{22}N_2 = 0 \end{cases} \tag{18.16}$$

有非负解$N_1 = N_1^*，N_2 = N_2^*$,则$P_3 = (N_1^*，N_2^*)$为方程组(18.9)的第三个非平凡平衡点. P_3为相平面上分别用方程组(18.16)第一、第二两式表示的两条直线在第一象限中的交点.这两条直线可能有4种不同的相对位置(见图18-3,其中实线为第一个方程表示的直线,虚线为第二个方程表示的直线).

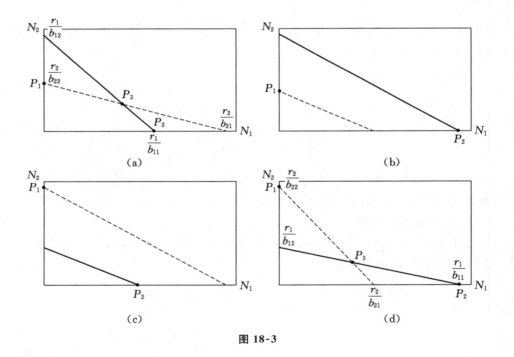

图 18-3

3. 平衡点的稳定性

先讨论平衡点P_1的稳定性.将方程组(18.9)的右端展开为N_1和$N_2 - \dfrac{r_2}{b_{22}}$

的多项式,并取线性项得

$$\begin{cases} \dfrac{\mathrm{d}N_1}{\mathrm{d}t} = \left(r_1 - b_{12}\,\dfrac{r_2}{b_{22}} \right) N_1, \\[4mm] \dfrac{\mathrm{d}\left(N_2 - \dfrac{r_2}{b_{22}} \right)}{\mathrm{d}t} = -r_2\,\dfrac{b_{21}}{b_{22}} N_1 - r_2 \left(N_2 - \dfrac{r_2}{b_{22}} \right), \end{cases}$$

其右端项的系数阵的特征值为

$$\lambda_1 = r_1 - b_{12}\,\frac{r_2}{b_{22}}, \quad \lambda_2 = -r_2 < 0,$$

所以当 $r_1 - b_{12}\,\dfrac{r_2}{b_{22}} < 0$,即 $\dfrac{r_1}{b_{12}} < \dfrac{r_2}{b_{22}}$ 时,P_1 是稳定平衡点(对应于图 18-3(c) 和 (d) 的情形),其余情形,P_1 是不稳定的.

同理可以断定,当 $\dfrac{r_2}{b_{21}} < \dfrac{r_1}{b_{11}}$ 时(对应于图 18-3(b) 和(d)),P_2 为稳定平衡点,其余情形 P_2 是不稳定的.

对于图 18-3(a)和(d)两种情形,$P_3 = (N_1^*, N_2^*)$ 是平衡点,现讨论它的稳定性.此时方程组(18.9)在 P_3 附近的线性化为

$$\begin{cases} \dfrac{\mathrm{d}(N_1 - N_1^*)}{\mathrm{d}t} = N_1^* \left(-b_{11}(N_1 - N_1^*) - b_{12}(N_2 - N_2^*) \right), \\[4mm] \dfrac{\mathrm{d}(N_2 - N_2^*)}{\mathrm{d}t} = N_2^* \left(-b_{21}(N_1 - N_1^*) - b_{22}(N_2 - N_2^*) \right), \end{cases}$$

其右端系数阵的特征方程为

$$\begin{vmatrix} \lambda + b_{11} N_1^* & b_{12} N_1^* \\ b_{21} N_2^* & \lambda + b_{22} N_2^* \end{vmatrix} = 0,$$

即

$$\lambda^2 + (b_{11} N_1^* + b_{22} N_2^*)\lambda + \Delta N_1^* N_2^* = 0,$$

其中 $\Delta = b_{11}b_{22} - b_{12}b_{21}$. 此方程的判别式 $(b_{11} N_1^* + b_{22} N_2^*)^2 - 4\Delta N_1^* N_2^* = (b_{11} N_1^* - b_{22} N_2^*)^2 + 4b_{12}b_{21} N_1^* N_2^* > 0$,故有两个相异的实特征值 $\lambda_1 < \lambda_2$.

由韦达定理

$$\begin{cases} \lambda_1 + \lambda_2 = -(b_{11} N_1^* + b_{22} N_2^*), \\ \lambda_1 \lambda_2 = \Delta N_1^* N_2^*. \end{cases} \tag{18.17}$$

对图 18-3(a)的情形,成立 $\dfrac{r_1}{b_{12}} > \dfrac{r_2}{b_{22}}$ 和 $\dfrac{r_2}{b_{21}} > \dfrac{r_1}{b_{11}}$,即 $\dfrac{b_{22}}{b_{12}} > \dfrac{r_2}{r_1}$,$\dfrac{r_2}{r_1} > \dfrac{b_{21}}{b_{11}}$,即 $\dfrac{b_{22}}{b_{12}} >$

$\dfrac{b_{21}}{b_{11}}$，即 $\Delta > 0$. 由方程组(18.17)的第二式得

$$\lambda_1 \lambda_2 = \Delta N_1^* N_2^* > 0,$$

由方程组(18.17)的第一式即知 $\lambda_1 < 0$，$\lambda_2 < 0$，P_3 是稳定的.

同样可以说明，对应于图 18-3(d)的情形，即成立 $\dfrac{r_1}{b_{12}} < \dfrac{r_2}{b_{22}}$，$\dfrac{r_2}{b_{21}} < \dfrac{r_1}{b_{11}}$ 时，$\Delta < 0$. 由此可以推断 $\lambda_1 < 0 < \lambda_2$，从而 P_3 为不稳定平衡点.

4. 结论的生态学应用

综合上述讨论可见，对应于图 18-3 的 4 种情况有以下结论：

(1) 若成立 $\dfrac{r_2}{b_{22}} < \dfrac{r_1}{b_{12}}$，$\dfrac{r_1}{b_{11}} < \dfrac{r_2}{b_{21}}$，有 3 个平衡点 P_1，P_2，P_3，其中 P_3 是稳定平衡点，而 P_1，P_2 是不稳定平衡点. 随着时间的推移，两种生物群体共存，$N_1(t) \to N_1^*$，$N_2(t) \to N_2^*$.

(2) 若成立 $\dfrac{r_2}{b_{22}} < \dfrac{r_1}{b_{12}}$，$\dfrac{r_2}{b_{21}} < \dfrac{r_1}{b_{11}}$，有 2 个平衡点 P_1，P_2，其中 P_1 是不稳定平衡点，P_2 是稳定平衡点. 随着时间的推移，第二种生物在竞争中失败，趋于灭绝，而第一种生物的数量 $N_1(t) \to \dfrac{r_1}{b_{11}} = K_1$.

(3) 若成立 $\dfrac{r_1}{b_{12}} < \dfrac{r_2}{b_{22}}$，$\dfrac{r_1}{b_{11}} < \dfrac{r_2}{b_{21}}$，情况和(2)相反，$P_1$ 是稳定平衡点，P_2 是不稳定平衡点. 第一种生物最终灭绝，而第二种生物数量 $N_2(t) \to \dfrac{r_2}{b_{22}} = K_2$.

(4) 若成立 $\dfrac{r_1}{b_{12}} < \dfrac{r_2}{b_{22}}$，$\dfrac{r_2}{b_{21}} < \dfrac{r_1}{b_{11}}$，$P_1$，$P_2$ 是稳定的平衡点，而 P_3 是不稳定的平衡点. 随着时间的推移，有可能第一种生物占优势，第二种生物趋于灭绝，但也可能第二种生物占优势，第一种生物趋向于灭绝. 究竟解趋向于哪一个平衡点，由初始条件即初始时刻两群体各自的生物总数决定. 这个性质在图 18-4(a)所示的方向场图及据此绘出的相图(图 18-4(b))中可以十分直观地看到.

最后，我们来考察究竟在什么情况下会发生一物种灭绝的情形. 例如在上述情形(2)中，第二物种趋向灭绝，此时成立 $\dfrac{r_2}{b_{22}} < \dfrac{r_1}{b_{12}}$，$\dfrac{r_2}{b_{21}} < \dfrac{r_1}{b_{11}}$. 利用 $b_{ij}(i, j = 1, 2)$ 的定义(18.8)，上述条件化为 $K_2 < \dfrac{K_1}{\alpha_1}$，$\dfrac{K_2}{\alpha_2} < K_1$. 若设 $\alpha_2 = \dfrac{1}{\alpha_1}$，这两个条件变成同一条件 $K_1 > \alpha_1 K_2$. 这个条件的生态学意义是：在一个第二种生物个体消耗的资源相当于 α_1 个第一种生物个体消耗的资源的情形下，环境资源所能维持的第一种

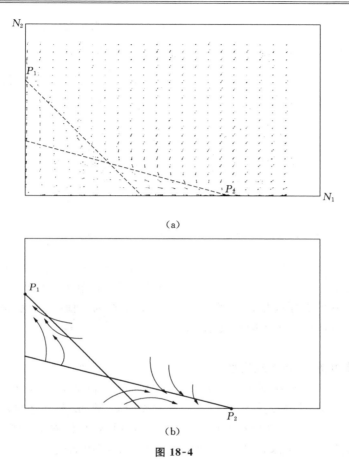

图 18-4

生物的最大数量比能维持的第二种生物的最大数量的 α_1 倍还要多. 这说明第一种生物对环境资源的适应能力超过第二种生物, 因而在竞争中占优势.

§18.3 一种弱肉强食模型

一、二物种弱肉强食系统

设时刻 t 第一物种群体中的生物总数和第二物种群体中的生物总数分别为 $N_1(t)$ 和 $N_2(t)$. 第一物种的生物捕食第二物种的生物, 该群体的生物数量的变化除了受自限规律的制约外, 还受到被捕食的第二种生物数量的影响. 第二种生物越多, 被捕杀的机会越多, 从而第一种生物的繁殖发展越快. 第一物种群体生物的增长率应为 $r_1\left(1-\dfrac{N_1}{K_1}\right)N_1 + b_1 N_1 N_2$.

另一方面,第一种生物越多,第二种生物被捕杀的也越多,从而减少得越快,考虑到自限规律的因素,第二物种群体生物的增长率应为 $r_2\left(1-\dfrac{N_2}{K_2}\right)N_2-b_2N_1N_2$,其中 r_1,r_2,K_1,K_2 的意义同前,b_1,b_2 均为正实数. 因而 $N_1(t)$,$N_2(t)$ 应满足微分方程组

$$\begin{cases} \dfrac{\mathrm{d}N_1}{\mathrm{d}t}=r_1\left(1-\dfrac{N_1}{K_1}\right)N_1+b_1N_1N_2, \\[2mm] \dfrac{\mathrm{d}N_2}{\mathrm{d}t}=r_2\left(1-\dfrac{N_2}{K_2}\right)N_2-b_2N_1N_2. \end{cases} \qquad (18.18)$$

引入

$$b_{11}=\frac{r_1}{K_1}, \quad b_{12}=-b_1, \quad b_{21}=b_2, \quad b_{22}=\frac{r_2}{K_2}, \qquad (18.19)$$

方程组(18.18)就化成和竞争系统常微分方程组(18.9)完全相同的形式. 这个方程组连同初始条件一起,构成完整的数学模型. 所以竞争系统和弱肉强食系统可以用一个统一的数学模型来描述. 当系数 b_{12},b_{21} 均为正值时,表示竞争系统;而当 b_{12},b_{21} 异号时,表示弱肉强食系统.

二、掠肉鱼-小鱼系统模型

在一定的海洋环境下生长着大鱼(掠肉鱼)群体和小鱼群体. 小鱼以海水中的浮游生物为食,若无大鱼侵扰则以自然增长率 r_n 增加. 大鱼靠吞食小鱼为生,若捕食不到小鱼,大鱼以自然死亡率 r_p 减少. 若用 $N(t)$ 和 $P(t)$ 分别记时刻 t 小鱼群体和大鱼群体的总量,此系统可用下述微分方程组描述

$$\begin{cases} \dfrac{\mathrm{d}N}{\mathrm{d}t}=(r_n-C_1P)N, \\[2mm] \dfrac{\mathrm{d}P}{\mathrm{d}t}=(-r_p+C_2N)P, \end{cases} \qquad (18.20)$$

其中正常数 C_1,C_2 分别为表征大鱼吞食小鱼导致小鱼总数下降和大鱼捕到小鱼导致大鱼繁殖增加的某种比例因子. 更确切地,小鱼被大鱼捕食的速率为 C_1PN,而大鱼繁殖增加的速率为 C_2NP.

三、掠肉鱼-小鱼系统的平衡点和长期性态

1. 平衡点和相轨线

我们特别对此系统中两物种的总量皆不为零的平衡点感兴趣. 这样的平衡点是

$$N^* = \frac{r_p}{C_2}, \quad P^* = \frac{r_n}{C_1}.$$

(18.20)式的相轨线满足

$$\frac{\mathrm{d}N}{\mathrm{d}P} = \frac{(r_n - C_1 P)N}{(-r_p + C_2 N)P}.\tag{18.21}$$

此方程可用**分离变量法**求解,分离变量得

$$-\frac{r_p}{N}\mathrm{d}N + C_2\mathrm{d}N - \frac{r_n}{P}\mathrm{d}P + C_1\mathrm{d}P = 0,$$

积分得

$$-r_p \ln N + C_2 N - r_n \ln P + C_1 P = A,\tag{18.22}$$

其中 A 是常数. 令

$$H(N, P) = -r_p \ln N + C_2 N - r_n \ln P + C_1 P,\tag{18.23}$$

不难验证 $A_0 = H(N^*, P^*)$ 是 $H(N, P)$ 的最小值,亦即在相轨线方程(18.22)中应有 $A \geqslant A_0$.

2. 相轨线的性质

下面将说明,对掠肉鱼-小鱼系统,相轨线是环绕(N^*, P^*)的封闭曲线,所以(N^*, P^*)是系统的一个中心点,见图 18-5.

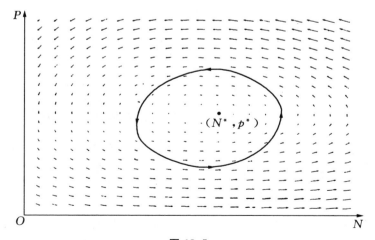

图 18-5

首先,可以证明如下结论.

命题 18.1　对给定的 $A > A_0$,由(18.22)式定义的曲线是关于 (N^*, P^*) 的星形线,即从 (N^*, P^*) 出发的任一射线与此曲线有且只有一个交点.

此命题留作习题,请读者自行证明. 由命题 18.1,(18.22)式定义的相轨线是封闭曲线. 封闭的相轨线对应于微分方程(18.20)的周期解. 设该解为 $N = N(t)$, $P = P(t)$,周期为 T,容易证明下述命题.

命题 18.2　在每条相轨线上,N 和 P 的平均值分别为 N^*, P^*,即成立

$$\frac{1}{T}\int_r N \, \mathrm{d}t = N^*, \qquad \frac{1}{T}\int_r P \, \mathrm{d}t = P^*. \tag{18.24}$$

利用微分方程组(18.20),注意到其右端项的符号,易知下述命题成立.

命题 18.3　相轨线是逆时针变化的.

3. **生态学解释**

由上述命题可见,小鱼数量变化导致大鱼数量的变化有滞后现象. 小鱼数量从最低点开始回升时,大鱼的数量仍继续下降;直至小鱼增至一定数量时大鱼的数量才开始回升. 当小鱼数量达到最大值并开始下降时,大鱼数量并不马上随之下降而仍保持上升趋势,直至小鱼下降到一定程度时大鱼数量才开始下降.

上述掠肉鱼-小鱼系统是由意大利数学家伏尔脱拉(Volterra)建立的. 用这个模型可以解释战争期间大鱼比例增加的现象. 据统计资料,第一次世界大战期间地中海各港口捕获的鱼中,鲨鱼等靠捕食其他鱼类为生的大鱼的比例明显上升. 这是什么原因? 在和平时期渔业生产正常进行. 用 C 表示表征捕捞能力的系数,小鱼的增长率应为 $r_n - C$,大鱼的死亡率为 $r_p + C$. 由命题 18.2,小鱼和大鱼的平均数分别为 $N' = \dfrac{r_p + C}{C_2}$, $P' = \dfrac{r_n - C}{C_1}$. 而在战争期间,捕捞量减少,捕捞系数从 C 减少为 C'. 此时小鱼、大鱼的平均数分别改变为 $N'' = \dfrac{r_p + C'}{C_2}$, $P'' = \dfrac{r_n - C'}{C_1}$. 显然有 $N'' < N'$, $P'' > P'$,即大鱼增加,小鱼减少.

此模型还可用来分析生物治虫过程中使用杀虫药的后果. 害虫靠食用农作物为生,益虫杀死害虫. 用益虫取代大鱼、害虫取代小鱼,上述掠肉鱼-小鱼模型就可用来描述生物治虫,害虫与益虫的平均数分别为 $N^* = \dfrac{r_p}{C_2}$, $P^* = \dfrac{r_n}{C_1}$. 设农药的杀灭系数为 C(相当于捕捞系数),用药后害虫与益虫的平均数变成 $N' = \dfrac{r_p + C}{C_2}$, $P' = \dfrac{r_n - C}{C_1}$, 即用药后益虫减少、害虫反而增加. 所以在这种情形下用药是有弊无利的.

习　题

1. 一群体的增长受自限规律制约. 设在一定环境下该群体的生存极限数为 5×10^8, 当群体中生物很少时, 每 40 min 增加一倍. 若开始时动物数分别为 10^7 和 10^8, 求 2 h 后群体中动物的总数.

2. 一个渔场中的鱼资源若不进行捕捞, 则按自限规律增长. 若在渔场中由固定的船队进行连续的捕捞作业, 单位时间的产量与渔场中鱼的数量成正比, 比例系数为 k. 试建立描述该渔场鱼的数量的数学模型, 并讨论如何控制 k, 使渔场的鱼资源保持稳定.

3. 设一生物群体经常受流行病的侵袭. 该群体一开始以自限规律 $\dfrac{\mathrm{d}p}{\mathrm{d}t} = ap - bp^2$ 增长, 当总数达到 $Q\left(< \dfrac{a}{b}\right)$ 时, 流行病开始流行, 此时群体总数变化服从规律 $\dfrac{\mathrm{d}p}{\mathrm{d}t} = Ap - Bp^2$, $A < a$, $B < b$ 且 $\dfrac{A}{B} < Q$, 因此群体总数开始减少. 当群体减少至某值 $q\left(> \dfrac{A}{B}\right)$ 时, 流行病停止传播. 群体又按最初的自限规律增长, 直至总数达到 Q, 流行病再次发生……于是群体总数 p 在 q 与 Q 之间循环. 试证: p 从 q 增至 Q 的时间为 $T_1 = \dfrac{1}{a} \ln \dfrac{Q(a - bq)}{q(a - bQ)}$, 而从 Q 减到 q 的时间为 $T_2 = \dfrac{1}{A} \ln \dfrac{q(QB - A)}{Q(qB - A)}$, 从而整个循环的周期为 $T = T_1 + T_2$.

4. 当老鼠过多时, 鼠群就会发生瘟疫, 而且鼠群总数增大会吸引大量猫、猫头鹰等捕鼠动物. 因此在几个星期内, 鼠群的 $97\% \sim 98\%$ 就会死去或被捕食, 直到数量降至最高峰的 2% 时, 由于密度太低, 瘟疫停止传播, 捕鼠动物因鼠稀少而离开. 设鼠群在增加时服从指数规律 $\dfrac{\mathrm{d}p}{\mathrm{d}t} = ap$, 在减少时服从 $\dfrac{\mathrm{d}p}{\mathrm{d}t} = -Bp^2$. 试证明鼠群数量从最低值 q 增加到最高峰 Q 需时间 $T_1 = \dfrac{1}{a} \ln \dfrac{Q}{q}$, 而从最高峰减少至最低数量需时间 $T_2 = \dfrac{Q - q}{qQB}$. 设 $T_1 \approx 4$ 年, $\dfrac{Q}{q} \approx 50$, 说明 $a \approx 1$.

5. 建立相互依存的两物种群体的数学模型: 设第一物种独立存在时服从自限增长规律, 第二物种为第一物种提供食物有助于第一物种的增长; 若无第一物种, 第二物种以固定的死亡率衰减, 第一种生物为第二种生物提供食物, 促进第二物种的增长. 同时第二物种也受自限规律制约.

6. 证明命题 18.1、命题 18.2 和命题 18.3.

7. 若在掠肉鱼-小鱼系统中考虑一种情形: 掠肉鱼只捕食成年的小鱼而不捕食幼鱼. 试建立该情形的数学模型.

实 践 与 思 考

1. 在一个资源有限——即有限的食物、空间、水, 等等——的环境里发现天然存在的动物群体.试选择一种鱼类或哺乳动物(例如北美矮种马、鹿、兔、鲑鱼、带条纹的欧洲鲈鱼)以及一个你能获得适当数据的环境,形成一个对该动物群体捕获量的最佳方针.(本题为美国首届大学生数学建模竞赛试题.)

2. 一家环境保护示范餐厅用微生物将剩余的食物变成肥料.餐厅每天将剩余的食物制成浆状物并与蔬菜下脚及少量纸片混合成原料,加入真菌菌种后放入容器内.真菌消化这些混合原料,变成肥料.由于原料充足,肥料需求旺盛,餐厅希望增加肥料产量.由于无力添置新的设备,餐厅希望用增加真菌活力的办法来加速肥料生产.试通过分析以前肥料生产的记录(见表18-2),建立反映肥料生成机理的数学模型,提出改善肥料生产的建议.

表 18-2

食物浆 /kg	蔬菜下脚 /kg	碎纸 /kg	投料日期	产出日期
86	31	0	1990-7-13	1990-8-10
112	79	0	1990-7-17	1990-8-13
71	21	0	1990-7-24	1990-8-20
203	82	0	1990-7-27	1990-8-22
79	28	0	1990-8-10	1990-9-12
105	52	0	1990-8-13	1990-9-18
121	15	0	1990-8-20	1990-9-24
110	32	0	1990-8-22	1990-10-8
82	44	9	1991-4-30	1991-6-18
57	60	6	1991-5-2	1991-6-20
77	51	7	1991-5-7	1991-6-25
52	38	6	1991-5-10	1991-6-28

第十九章　植物生长模型

提要　本章介绍植物生长的常微分方程房室模型. 学习本章需要初等常微分方程作为预备知识.

§19.1　问题的提出

像人和动物生长依靠食物一样,植物生长主要依靠碳和氮元素. 植物需要的碳主要由大气提供,通过光合作用由叶吸收;而氮由土壤提供,通过植物的根部吸收. 植物吸收这些元素,在植物体内输送、结合,导致植物生长. 这一过程的机理尚未完全研究清楚,有许多复杂的生物学模型试图解释这个过程. 激素肯定在植物生长的过程中起着重要的作用,这种作用有待于进一步弄清. 现在这方面的研究正方兴未艾.

通过对植物生长过程的观察,可以发现以下几个基本事实:

(F1) 碳由叶吸收,氮由根吸收;

(F2) 植物生长对碳氮元素的需求大致有一个固定的比例;

(F3) 碳可由叶部输送到根部,氮也可由根部输送到叶部;

(F4) 在植物生长的每一时刻补充的碳元素的多少与其叶系尺寸有关,补充的氮与其根系尺寸有关;

(F5) 植物生长过程中,叶系尺寸和根系尺寸维持着某种均衡的关系.

依据上述基本事实,避开其他更加复杂的因素,考虑能否建立一个描述单株植物在光合作用和从土壤吸收养料情形下的生长规律的实用的数学模型.

§19.2　植物生长过程中的能量转换

植物组织生长所需要的能量是由促使从大气中获得碳和从土壤中获得氮相结合的光合作用提供的. 即将建立的模型主要考虑这两种元素,不考虑其他的化学物质.

叶接受光照同时吸收二氧化碳通过光合作用形成糖. 根吸收氮并通过代谢

转化为蛋白质.蛋白质构成新的细胞和组织的组分,糖是能量的来源.

糖的能量有以下几方面的用途:

工作能——根部吸收氮和在植物内部输送碳和氮需要的能量;

转化能——将氮转化为蛋白质和将葡萄糖转化为其他糖类和脂肪所需的能量;

结合能——将大量分子结合成为组织需要的能量;

维持能——用来维持很容易分解的蛋白质结构稳定的能量.

在植物的每个细胞中,碳和氮所占的比例大体上是固定的,新产生细胞中碳和氮也保持相同的比例.我们不妨将植物想象成由保存在一些"仓库"中的碳和氮构成的,碳和氮可以在植物的其他部分和仓库之间运动.诚然,这样的仓库实际上并不存在,但对人们直观想象植物的生长过程是有好处的.

通常植物被分成根、茎、叶 3 部分,但我们将其简化为两部分——生长在地下的根部和生长在地上的叶部.

由于植物生长过程比较复杂,我们分 3 个阶段,由浅入深地逐步建立和完善模型.事实上,每一阶段都建立一个独立的模型.

§19.3 初 步 模 型

若不区分植物的根部和叶部,也不分碳和氮,笼统地将生长过程视作植物吸收养料而长大,就可以得到一个简单的数学模型.

由于不分根和叶也不分碳和氮,设想植物吸收的养料和植物的体积成正比是有一定道理的.设植物的质量为 W,体积为 V,则成立 $\dfrac{\mathrm{d}W}{\mathrm{d}t} \propto V$ 或

$$\frac{\mathrm{d}W}{\mathrm{d}t} = kV, \tag{19.1}$$

其中 k 为比例系数.设 ρ 为植物的密度,(19.1)式可改写为

$$\frac{\mathrm{d}W}{\mathrm{d}t} = k\frac{W}{\rho}. \tag{19.2}$$

(19.2)式被称为生长方程,容易求出其解

$$W = W_0 \mathrm{e}^{kt/\rho}, \tag{19.3}$$

其中 W_0 为初始时植物的质量.

常数 k 不仅与可供给的养料有关,而且与养料转化成的能量中的结合能、维持能和工作能的比例有关.

解(19.3)是一个指数函数,随时间的增长可无限地增大,这是不符合实际的.事实上随着植物的长大,需要的维持能增加了,结合能随之减少,植物生长减缓.为了反映这一现象,可将 k 取为变量,随着植物的长大而变小.例如取 $k = a - bW$,a,b 为正常数,生长方程化为

$$\frac{dW}{dt} = (a - bW)\frac{W}{\rho},\tag{19.4}$$

令 $k = \dfrac{a}{\rho}$,$W_m = \dfrac{k\rho}{b}$,上式可写成

$$\frac{dW}{dt} = k\left(1 - \frac{W}{W_m}\right)W.\tag{19.5}$$

若初值为 W_0,(19.5)式的解为

$$W(t) = \frac{W_m}{1 + \left(\dfrac{W_m}{W_0} - 1\right)e^{-kt}}.\tag{19.6}$$

显然,$W(t)$ 是 t 的单调增加函数,且当 $t \to \infty$ 时,$W(t) \to W_m$,即 W_m 的实际意义是植物的极大质量.

§19.4　考虑碳氮需求比例的模型

一、基本假设

上节的初步模型不分别考察根、叶的功能,也不区分植物生长对碳、氮这两个要素的不同需求.为了改进模型,我们先放松上述第二个假设,即考虑生长过程中对碳和氮需求的比例.作如下假设:

（H1）将植物视作一个整体,不区分根和叶的功能;

（H2）植物生长不能缺少碳,也不能缺少氮;

（H3）植物生长消耗的碳不仅依赖于可以供给的碳的总量,同时还取决于可以供给的氮的总量;

（H4）总能量的一定的百分比用于结合产生新的组织.

二、建立生长方程

设 $C(t)$ 和 $N(t)$ 分别为时刻 t 植物中碳和氮的浓度,植物消耗的养分与这两个变量有关.设植物消耗碳的速率为 $Vf(C, N)$,其中 V 为植物的体积,$f(C, N)$ 是 $C(t)$ 和 $N(t)$ 的函数,其形式将于以后讨论.

进一步假设任何新生的物质和组织中碳和氮的比例均与老的物质和组织中的比例相同. 设碳和氮的比例为 $1 : \lambda$,那么植物消耗氮的速率为 $\lambda V f(C, N)$. 令 R_1 为结合能在总能量中所占的比例,又设 r 为植物干组织含碳的千摩尔转化为植物质量(kg)的转换系数(即含有 1 kmol 碳的干燥植物的质量),那么生长方程为

$$\frac{\mathrm{d}W}{\mathrm{d}t} = rR_1 V(t) f(C(t), N(t)) \tag{19.7}$$

或

$$\frac{\mathrm{d}W}{\mathrm{d}t} = r \frac{R_1 W(t)}{\rho} f(C(t), N(t)). \tag{19.8}$$

三、$f(C, N)$ 的形式和质量守恒方程

函数 f 应该满足两个条件:

(D1) 当碳或氮之一的供应量减少时,消耗速度随之下降;

(D2) 当碳和氮的供应十分充足时,植物消耗碳的速率是确定的,它由植物遗传因素确定.

若取 f 恒等于常数,即 $f(C, N) = \alpha$. 此时模型实质上退化为上节的初步模型,即植物生长与碳和氮的水平无关.

设 α, β 为正常数,形如

$$f(C, N) = \frac{\alpha CN}{1 + \beta CN} \tag{19.9}$$

的函数满足条件(D1)和(D2).

由于(19.9)式包含了时刻 t 碳和氮的浓度 $C(t)$ 和 $N(t)$,生长方程中又出现了两个未知量,这就需要用质量守恒律再建立关于 $C(t)$ 和 $N(t)$ 的两个方程.

考察时段 $[t, t + \Delta t]$ 植物中碳数量的变化. 由质量守恒律,时刻 $t + \Delta t$ 碳的数量应等于时刻 t 碳的数量加上这一时段中通过光合作用得到的碳并减去通过转化为能量消耗的碳的数量. 时刻 t 碳的数量为 $V(t)C(t)$,时刻 $t + \Delta t$ 碳的数量为 $V(t + \Delta t)C(t + \Delta t)$;由前面的假设,时段内消耗碳的数量为 $V f(C, N) \Delta t$. 单位时间内光合作用形成碳的数量与植物的表面积成正比,粗略地说与植物的质量成正比. 设 R_3 是比例系数,该时段由光合作用形成的碳数量为 $R_3 W(t) \Delta t$. 于是有

$$V(t + \Delta t)C(t + \Delta t) = V(t)C(t) + R_3 W(t)\Delta t - Vf(C, N)\Delta t \quad (19.10)$$

或

$$\frac{V(t + \Delta t)C(t + \Delta t) - V(t)C(t)}{\Delta t} = R_3 W(t) - Vf(C, N). \quad (19.11)$$

注意到 $V(t) = \dfrac{W(t)}{\rho}$，令 $\Delta t \to 0$，即得

$$\frac{\mathrm{d}(WC)}{\mathrm{d}t} = \rho R_3 W - Wf(C, N). \quad (19.12)$$

同样，由氮的质量守恒律可得

$$V(t + \Delta t)N(t + \Delta t) = V(t)N(t) + R_5 W(t)\Delta t - \lambda Vf(C, N)\Delta t, \quad (19.13)$$

其中右端第二项表示该时段内植物从土壤中吸收的氮，它与植物的质量成正比，R_5 是比例系数；最后一项是转变为能量消耗的氮，它是消耗碳元素的 λ 倍. (19.13)式可转化为

$$\frac{\mathrm{d}(WN)}{\mathrm{d}t} = \rho R_5 W - \lambda Wf(C, N). \quad (19.14)$$

这样，模型成为一个常微分方程组

$$\begin{cases} \dfrac{\mathrm{d}W}{\mathrm{d}t} = r\dfrac{R_1 W}{\rho}f(C, N), \\[2mm] \dfrac{\mathrm{d}(WC)}{\mathrm{d}t} = \rho R_3 W - Wf(C, N), \\[2mm] \dfrac{\mathrm{d}(WN)}{\mathrm{d}t} = \rho R_5 W - \lambda Wf(C, N), \end{cases} \quad (19.15)$$

其中 $f(C, N)$ 由(19.9)式定义，$r, \rho, \lambda, R_1, R_3, R_5$ 均为正常数.

要使模型符合实际，模型中的参数必须恰当选取. 用 h 作时间单位，植物的"干重"用 kg 作单位，浓度用 $\mathrm{kmol/m^3}$ 作单位. 关于光合作用的文献给出 R_1 约为 0.5. 文献中同时给出植物的总光合作用率为每秒每平方米植物表面(叶)产生 0.11×10^3 g 碳. 若 $15\ \mathrm{cm^2}$ 的叶重 40 mg，光合作用率可化为每秒每千克植物产生 0.5×10^6 kg 碳，从而 R_3 约为 0.000 2. R_5 约为 R_3 的 1/10. ρ 的典型值为 $100\ \mathrm{kg/m^3}$，r 约为 30，λ 为 0.22.

α, β 是模型中两个重要的参数，它们表示碳和氮的消耗速率. 当碳和氮十分丰富时，$f(C, N) \to \dfrac{\alpha}{\beta}$，因而有

$$\frac{dW}{dt} = r\frac{R_1\alpha}{\beta\rho}W, \tag{19.16}$$

解得

$$W = W_0 e^{rR_1\alpha t/\rho\beta} = W_0 e^{0.15\alpha t/\beta}. \tag{19.17}$$

若研究的植物在一周(90 个日照小时)中重量增加了一倍,由(19.17)式可得 $\alpha \approx 0.051\beta$. 有关文献给出 $\alpha = 0.08$, $\beta = 1.6$.

四、求解和模型的验证

微分方程组(19.15)在给定初始条件之后可用差分法求解,许多软件包都提供了求解这类方程组的程序.但是用 MATLAB 软件求解是特别方便的.设初始条件为

$$W(0) = 0.6, \quad C(0) = 0.35, \quad N(0) = 0.49. \tag{19.18}$$

引入新的未知函数

$$y_1(t) = W(t), \quad y_2(t) = W(t)C(t), \quad y_3(t) = W(t)N(t), \tag{19.19}$$

常微分方程组(19.15)化为

$$\begin{cases} \dfrac{dy_1}{dt} = \dfrac{rR_1}{\rho}\dfrac{\alpha y_1 y_2 y_3}{y_1^2 + \beta y_2 y_3}, \\[2mm] \dfrac{dy_2}{dt} = \rho R_3 y_1 - \dfrac{\alpha y_1 y_2 y_3}{y_1^2 + \beta y_2 y_3}, \\[2mm] \dfrac{dy_3}{dt} = \rho R_5 y_1 - \dfrac{\lambda \alpha y_1 y_2 y_3}{y_1^2 + \beta y_2 y_3}. \end{cases} \tag{19.20}$$

方程组(19.20)是一个非线性常微分方程组,难以求得其解析解.为了检验和应用此模型,必须采用**数值模拟**的方法,即对给定的参数和定解条件,用数值方法求方程组的近似解.例如,可以采用龙格-库塔(Runge-Kutta)方法求数值解.用任何一种适合于科学计算的计算机语言编写一个这样的计算程序是不难的.但更便捷的方法是直接应用有关数值软件提供的解常微分方程的功能.MATLAB 就是一种非常有用的、使用十分方便的数值分析软件.只须将方程组右端的非线性函数形式和初始条件以一定方式输入,MATLAB 就会得出精度很高的数值解,并可用图形的方式将解的性态显示出来.

采用第三段中的参数值:$R_1 = 0.5$, $R_3 = 0.0002$, $R_5 = 0.00002$, $r = 30$, $\rho = 100$, $\lambda = 0.22$, $\alpha = 0.08$, $\beta = 1.6$,用 MATLAB 求得数值解.此为光照和

土壤中氮都很充分的情形,植物质量和时间的关系如图 19-1 所示,即植物生长呈指数型,此时应有 $f(C, N) \to 0.05$.

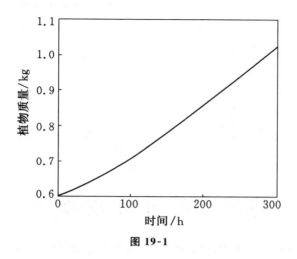

图 19-1

若碳或氮的摄入水平较低,植物生长变缓. 图 19-2 对应于日照充足但土壤中氮肥不足的情形(R_5 很小),植物开始生长很快,但后来由于缺氮生长变慢并逐渐停顿.

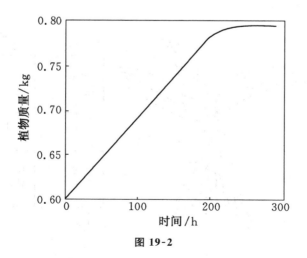

图 19-2

图 19-3 所示是缺碳的情形(取 $R_3 = 0$),植物生长很快停止.

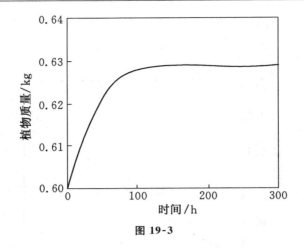

图 19-3

§19.5　根 叶 模 型

　　上一节假设由光合作用形成的碳与植物的表面积成正比. 若进一步假设它与叶的表面积成正比就更加合理了. 同样可进一步假设吸收的氮与根的大小成正比.

　　这样就很自然地将模型扩充为将植物分为叶和根两部分, 叶摄取碳, 根摄取氮, 叶和根之间的碳和氮可以互相输送的情形. 这个模型的机制已在 §19.1 中叙述过, 亦可由图 19-4 示意.

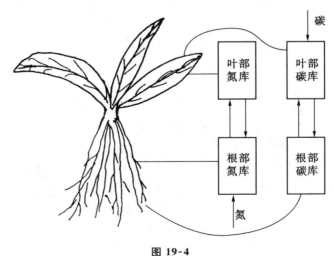

图 19-4

一、模型的建立

引入 6 个变量:叶重 W_s,根重 W_r;叶部和根部碳的浓度 C_s,C_r;叶部和根部氮的浓度 N_s,N_r. 可用与上节类似的方法建立模型. 我们将为叶部和根部各建立 3 个方程. 方程中的函数 $f(C, N)$ 选用与上一节中相同的形式.

两个生长方程是

$$\frac{\mathrm{d}W_s}{\mathrm{d}t} = \frac{rR_1 W_s}{\rho_s} f(C_s, N_s), \qquad (19.21)$$

$$\frac{\mathrm{d}W_r}{\mathrm{d}t} = \frac{rR_1 W_r}{\rho_r} f(C_r, N_r). \qquad (19.22)$$

用质量守恒律建立叶部的碳方程时,应有一表征碳从叶部输送至根部的项. 设碳从叶部流向根部的速度正比于叶部与根部碳浓度之差,比例系数为 R_2,方程为

$$\frac{\mathrm{d}(W_s C_s)}{\mathrm{d}t} = \rho_s R_3 W_s - \rho_s R_2 (C_s - C_r) - W_s f(C_s, N_s). \qquad (19.23)$$

类似地,根部的氮方程为

$$\frac{\mathrm{d}(W_r N_r)}{\mathrm{d}t} = \rho_r R_5 W_r - \rho_r R_4 (N_r - N_s) - \lambda W_r f(C_r, N_r). \qquad (19.24)$$

叶部氮的变化等于根部输送至叶部的氮与转化为能量消耗氮之差,即

$$\frac{\mathrm{d}(W_s N_s)}{\mathrm{d}t} = \rho_s R_4 (N_r - N_s) - \lambda W_s f(C_s, N_s). \qquad (19.25)$$

根部碳的守恒为

$$\frac{\mathrm{d}(W_r C_r)}{\mathrm{d}t} = \rho_r R_2 (C_s - C_r) - W_r f(C_r, N_r). \qquad (19.26)$$

本模型为 6 个一阶非线性方程联立的常微分方程组. 参数 R_2 可以选为 0.000 3,R_4 设与 R_2 相同,其余参数与上一节相同.

二、求解及验证

对于如下初值

$$\begin{cases} W_s(0) = 0.5, & W_r(0) = 0.1, & C_s(0) = 0.2, \\ C_r(0) = 0.15, & N_s(0) = 0.22, & N_r(0) = 0.24, \end{cases} \qquad (19.27)$$

不难用 MATLAB 或其他数值软件求解.

除了用测量植物生长的实际数据来验证模型的方法之外,还可以用植物生长

过程中根与叶的生长是否均衡来作为验证的手段. 分别称 $W_s(t)/W_s(0)$ 和 $W_r(t)/W_r(0)$ 为叶和根的**相对增长**. 若根和叶生长均衡,这两者应当是较为接近的.

对于碳、氮供应比较充足的情形,即 $R_3 = 2 \times 10^{-4}$, $R_5 = 2 \times 10^{-5}$, 计算结果表明,根和叶的生长是比较均衡的. 图 19-5 画出了根和叶的相对增长曲线,其中实线是叶的相对增长曲线,虚线为根的相对增长曲线.

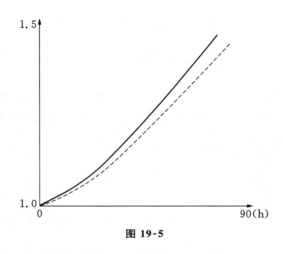

图 19-5

图 19-6 和图 19-7 分别画出了碳或氮摄入不足时叶和根的相对增长曲线. 当碳的摄入不足时,根的生长比叶的生长所受的影响略大一些;当氮摄入不足时,情况正相反,叶受到的影响略大于根受到的影响. 但是在这两种情况下,根与叶的生长基本上还是均衡的.

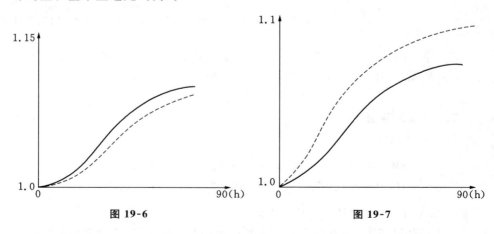

图 19-6   **图 19-7**

习　　题

1. 试编制数值求解模型(19.20)的计算机程序,并对初值(19.18)进行数值求解.

2. 推导根叶模型中的根、叶部的碳、氮方程(19.23)～(19.26).

3. 试建立区分根、茎、叶的植物生长模型,并分析茎在模型中的作用.

4. 设一容积为 $V(m^3)$ 的大湖受到某种物质的污染,污染物均匀地分布在湖中.若从某时刻起污染源被切断,设湖水更新的速率是 $r(m^3/d)$.试建立求污染物浓度下降至原来的5％需要多少时间的数学模型.美国密歇根湖的容积约为 $4\,871 \times 10^9 (m^3)$,湖水的流量为 $3.663\,959\,132 \times 10^{10} (m^3/d)$,求污染中止后,污染物浓度下降到原来的5％所需的时间.

5. 设某人每天通过食物摄入热量 F cal,每天维持自身新陈代谢的消耗为 G cal,此外该人每天从事体育等活动消耗的热量和他的体重成正比,即 1 kg 体重每天消耗 B cal.设多余的热量全部转化为脂肪,10 000 cal 转化为 1 kg 脂肪.若开始时他的体重为 W kg,$F = 2\,500$,$G = 1\,200$,$B = 16$,试建立预测该人体重的数学模型.

6. 试建立以下化学反应的数学模型:

(1) 设 1 mol 物质 A 和 1 mol 物质 B 经不可逆化合反应生成 1 mol 物质 P.由于化合反应是由两物质分子碰撞而发生的,物质 A 和物质 B 的浓度越大,A,B 转化为 P 的速率越快.设已知 A 和 B 的初始浓度,试建立此化合反应的数学模型.

(2) 设 A,B 两种物质溶解在水中,A,B 可以相互转化.A 转化为 B 称为正反应,B 转化为 A 称为逆反应.若正反应的速率与 A 的浓度成正比,比例系数为 k_1,逆反应的速率与 B 的浓度成正比,比例系数为 k_2.已知初始时 A,B 的浓度,试建立此可逆反应的数学模型.

实 践 与 思 考

1. 设单位面积林场某种松木和杉木的树龄与蓄材量的关系如表 19-1 所示,又设森林经营是一种周期性的行为.经过时间 T 后砍伐,然后立即种上同样的树木.设两种树木单位面积的种植费用分别为 c_1 和 c_2,银行贷款利率为 γ,通货膨胀率为 μ,两种木材的价格分别为每立方米 p_1 元和 p_2 元.试建立确定这两种树木森林的最佳砍伐周期的数学模型,并搜集有关数据,给出具体计算结果.

表 19-1

树龄 /年	杉木 /m^3	松木 /m^3	树龄 /年	杉木 /m^3	松木 /m^3
20	0	0	80	650	368
30	0	60	90	805	405
40	43	132	100	913	429
50	143	198	110	1 000	
60	303	258	120	1 075	
70	497	319			

第二十章　用放射性同位素测定局部脑血流量

提要　本章介绍了用放射性同位素测定局部脑血流量的参数辨识模型和求解方法.学习本章需要初等微积分和常微分方程的预备知识.

§20.1　问题的提出

在发达国家中,心脑血管疾病是威胁人们生命的最主要疾病之一.在我国,由于人民生活水平的改善和健康水准的提高,其他疾病的发病率下降,防治水平提高,心脑血管的发病率及其导致的死亡率却相对上升了.

脑血流量是诊断和治疗脑梗死、脑出血、动脉瘤和先天性动脉血管畸形和静脉血管畸形等脑血管疾病的主要依据,测量脑血流量可为研究人脑在不同的病理和生理条件下(如颅外伤、脑循环停顿、缺氧等)的功能提供客观指标,它对研究脑循环药物的药理作用也很有帮助,所以人们长期致力于寻找有效的测定脑血流的方法.

早期人们采用惰性气体来测定脑血流量,让受试者吸入惰性气体后,在一定时间内多次采集肱动脉和颈动脉的系列血样,分析惰性气体在这些血样中的浓度,推算出脑的血流量.这种方法需要进行动脉插管和多次采集血样,对人体会造成一定的创伤,测量仪器也比较复杂.

近年来出现了以放射性同位素作示踪剂测定人脑局部血流量,简称 rCBF(regional cerebral blood flow 的缩写)的方法.测量装置主要由安装多个(通常采用 8 个、16 个或 32 个)闪烁计数器探头的头盔、安装 1 个闪烁计数器探头的面罩、将闪烁计数器的计数转换成数字信息并输入计算机的装置、1 台电子计算机(包括外部设备)和 1 个废气回收装置组成.

在测试时,用头盔将探头接触受试者头颅固定的位置,图 20-1 是一个 8 探头仪器的探头位置示意图,图中圆圈表示探头的位置.令受试者戴上面罩,并让受试者吸入或静脉注射剂量为 500 μCu(微居里)至 1 000 μCu 的放射性同位素.

从此时开始由计算机控制,自动、定时地记录并存储各个探头(包括面罩中的探头)的放射性计数率约 10 min 左右. 然后通过计算机处理这些记录的数据,得出每个探头附近区域的脑血流量,即局部脑血流量.

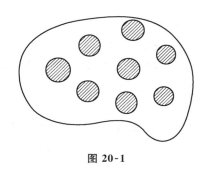

图 20-1

一般采用 ^{133}Xe 作为示踪剂. 用 ^{133}Xe 作示踪剂有很多优点. 首先是 ^{133}Xe 主要随血液的流动而流动,与脑组织结合留在脑中的比例极小. 其次 ^{133}Xe 的半衰期约为二十几个小时,对人体危害极小,同时不需太长时间又能进行再次测定,而且在测量的十几分钟之内,由于衰变引起的放射性计数率的减少是相当少的.

20 世纪 70 年代末、80 年代初,这种测量 rCBF 的仪器已经形成商品. 我国也进行了独立的研制. 由于这种仪器能无创伤而又比较准确地测定局部脑血流量,价格又较 CT 等有同样功能的仪器便宜得多,因而很受医院特别是中小医院的欢迎.

如何从测量的头部放射性计数率和面罩中的放射性计数率确定局部脑血流量呢? 要解决这个问题,首先要建立合适的数学模型.

§20.2　假设和建模

一、主要假设

大脑皮层主要由灰质和白质构成. 由于毛细血管分布不同等原因,血在灰质中的流量和在白质中的流量是不一样的. 实验表明,血在脑灰质中的流动比在脑白质中的流动约快 5～10 倍. 为精确地确定脑血流量,有必要分别确定脑灰质中的血流量和脑白质中的血流量,这两种血流量对临床诊断也是有意义的. 根据已有的实验结果,有如下假设:

(H1) 脑组织由灰质和白质两种组分构成,单位脑组织中灰质与白质的质量之比为 $W_1 : W_2$;单位质量的灰质组织的毛细血管中容纳体积为 λ_1 的血液,单位质量的白质组织的毛细血管中容纳体积为 λ_2 的血液. λ_1 和 λ_2 与受试者血液中的血红蛋白含量有关(例如,据实验数据的统计分析,当每 100 mL 血中含血红蛋白 10 g 时,$\lambda_1 = 0.89$, $\lambda_2 = 1.67$). 另外,灰质组织中的血液不会流入白质组织,白质中的血液也不会流入到灰质中去.

此外,假设血液循环处于一种稳定平衡的状态,即

(H2) 流入脑组织中的动脉血和流出脑组织进入静脉的血的流量是相等

的,不随时间的变化而改变.

另外还对示踪剂作如下假设和简化:

(H3) ^{133}Xe 随着血液的流动而流动,与脑组织相结合而停留在脑组织中的示踪剂的量十分微小,可以忽略不计;同时在测量过程中,由衰变引起的示踪剂放射性减少也可忽略不计.

二、菲克(Fick)原理和模型的建立

考察单位质量(1 g)脑组织中的示踪剂量. 在这部分脑组织中放射性示踪剂数量的改变应为动脉血输入的示踪剂量与静脉血从这部分组织中携出的示踪剂量之差. 这就是核医药工程中常用的菲克原理. 现在用菲克原理分别考察单位脑组织中,灰质中的示踪剂量和白质中的示踪剂量的变化.

设单位质量灰质和白质的血流量分别为 f_1 和 f_2,单位为 mL/(g $\cdot$ min),即 1 min从 1 g 脑灰质或脑白质中流出的血液为 f_1mL 或 f_2mL;又设时刻 t 流入脑组织的动脉血中放射性示踪剂的浓度为 $Ca(t)$;在时刻 t,1 g 脑组织中灰质血液中的示踪剂含量和白质血液中的示踪剂含量分别为 $Q_1(t)$ 和 $Q_2(t)$.

现建立灰质组织中示踪剂的平衡关系. 考察时段 $[t, t+\Delta t]$ 灰质组织中示踪剂含量的变化

$$\Delta Q_1 = Q_1(t+\Delta t) - Q_1(t). \tag{20.1}$$

在 1 g 脑组织中,灰质组织的质量为 W_1g,Δt 时间流出的血液体积为

$$f_1 W_1 \Delta t, \tag{20.2}$$

灰质组织中容纳的血液中示踪剂的浓度为

$$\frac{Q_1(t)}{\lambda_1 W_1}. \tag{20.3}$$

因此由静脉血从灰质带走的示踪剂量为

$$Q_1^V = f_1 W_1 \Delta t \frac{Q_1(t)}{\lambda_1 W_1} = \frac{f_1}{\lambda_1} \Delta t Q_1(t). \tag{20.4}$$

由(H2),在这段时间内流入灰质的动脉血等于流出灰质的血液量,由(20.2)式它是 $f_1 W_1 \Delta t$,又由动脉血中示踪剂浓度为 $Ca(t)$,于是由动脉血输入的示踪剂量为

$$Q_1^A = f_1 W_1 \Delta t \cdot Ca(t). \tag{20.5}$$

由菲克原理,应有

$$\Delta Q_1 = Q_1^A - Q_1^V, \tag{20.6}$$

即

$$Q_1(t+\Delta t)-Q_1(t)=f_1 W_1 \Delta t \cdot Ca(t)-\frac{f_1}{\lambda_1}\Delta t Q_1(t). \qquad (20.7)$$

在上式两边除以 Δt,然后令 $\Delta t \rightarrow 0$,即得 $Q_1(t)$ 满足的微分方程

$$\frac{\mathrm{d}Q_1}{\mathrm{d}t}=f_1 W_1 \cdot Ca(t)-\frac{f_1}{\lambda_1}Q_1(t). \qquad (20.8)$$

用相同的方法可得白质组织中示踪剂含量 $Q_2(t)$ 的方程

$$\frac{\mathrm{d}Q_2}{\mathrm{d}t}=f_2 W_2 \cdot Ca(t)-\frac{f_2}{\lambda_2}Q_2(t). \qquad (20.9)$$

引入

$$k_1=\frac{f_1}{\lambda_1}, \quad k_2=\frac{f_2}{\lambda_2}, \qquad (20.10)$$

方程(20.8)和方程(20.9)可改写为

$$\frac{\mathrm{d}Q_i}{\mathrm{d}t}+k_i Q_i=f_i W_i \cdot Ca(t) \quad (i=1, 2). \qquad (20.11)$$

注意到初始时刻 $t=0$ 时,灰、白质中示踪剂的含量为 0,有

$$Q_i(0)=0 \quad (i=1, 2). \qquad (20.12)$$

从方程(20.11)和初始条件(20.12)式立即解得

$$Q_i(t)=f_i W_i \int_0^t \mathrm{e}^{-k_i(t-\tau)}Ca(\tau)\mathrm{d}\tau. \qquad (20.13)$$

于是,在时刻 t,1 g 脑组织中示踪剂的含量应为

$$Q(t)=Q_1(t)+Q_2(t)=\sum_{i=1}^{2}f_i W_i \int_0^t \mathrm{e}^{-k_i(t-\tau)}Ca(\tau)\mathrm{d}\tau. \qquad (20.14)$$

若这单位质量的脑组织正位于某个头部探头的探测范围,探头就可记下闪烁计数器的计数率,设为 $N(t)$.显然,闪烁计数器的计数率应与探测范围中脑组织中放射性示踪剂的含量成正比,设比例系数为 γ,就有

$$N(t)=\sum_{i=1}^{2}\gamma f_i W_i \int_0^t \mathrm{e}^{-k_i(t-\tau)}Ca(\tau)\mathrm{d}\tau. \qquad (20.15)$$

又设面罩中的探头测得受试者呼出气中的放射性计数率为 $C_A(t)$.由于动脉血从肺部将示踪剂带到脑部,因此呼出气中的放射性计数率和肺动脉中示踪剂浓

度成正比,比例系数为 β. 由于动脉血从肺部流到脑部需时间 θ_0(约为 3 s),就有

$$Ca(t) = \frac{1}{\beta}C_A(t - \theta_0), \qquad (20.16)$$

(20.15)式相应地化为

$$N(t) = \sum_{i=1}^{2} \alpha f_i W_i \int_0^t e^{-k_i(t-\tau)} C_A(\tau - \theta_0) d\tau, \qquad (20.17)$$

其中 $\alpha = \gamma/\beta$. 引入

$$P_i = \alpha f_i W_i \quad (i = 1, 2), \qquad (20.18)$$

(20.17)式化为

$$N(t) = \sum_{i=1}^{2} P_i \int_0^t e^{-k_i(t-\tau)} C_A(\tau - \theta_0) d\tau. \qquad (20.19)$$

由于 θ_0 很小,将其略去,(20.19)式简化为

$$N(t) = \sum_{i=1}^{2} P_i \int_0^t e^{-k_i(t-\tau)} C_A(\tau) d\tau. \qquad (20.20)$$

这样,测定 rCBF 的数学模型便归结为:已知 $N(t)$ 和 $C_A(t)$ 在时间 $t_j (j = 0,$ $1, \cdots, n)$ 的测量值 N_j 和 C_j,要决定(20.20)式中的 P_i 和 k_i,其中

$$t_0 = 0, \quad t_j = j\delta t(j = 1, \cdots, n), \quad t_n = n\delta t = 10 \text{ (min)}, \quad (20.21)$$

而 δt 为测量的时间间隔.

又由于(20.20)式中的 $N(t)$ 可分解为

$$N(t) = \sum_{i=1}^{2} N_i(t), \qquad (20.22)$$

其中

$$N_i(t) = P_i \int_0^t e^{-k_i(t-\tau)} C_A(\tau) d\tau \quad (i = 1, 2), \qquad (20.23)$$

它们满足微分方程的初值问题

$$\begin{cases} \dfrac{dN_i}{dt} + k_i N_i = P_i C_A(t) \\ N_i(0) = 0 \end{cases} \quad (i = 1, 2), \qquad (20.24)$$

数学模型亦可归结为:已知初值问题(20.24)中的 $C_A(t)$ 和其解之和 $N(t) = N_1(t) + N_2(t)$ 在 t_j 的测量值 C_j 和 $N_j(j = 0, 1, 2, \cdots, n)$,决定初值问题

(20.24)中方程的系数 k_i 和 $P_i (i = 1, 2)$.

这类数学问题称为**参数辨识问题**.另一方面,由于将脑组织分成灰质和白质两个部分,上述模型又可称为**两组分模型**或**两房室模型**.

三、模型的应用

若应用上述模型决定出 k_i 和 $P_i (i = 1, 2)$,可以通过受试者的血红蛋白含量决定 $\lambda_i (i = 1, 2)$,从而用

$$f_i = \lambda_i k_i \tag{20.25}$$

得到灰质和白质血流量.此外,我们还可以确定脑组织中灰质与白质的百分比 W_i.利用表达式(20.18)易知

$$\frac{W_1}{W_2} = \frac{P_1 f_2}{P_2 f_1} \tag{20.26}$$

或

$$W_1 - \frac{P_1 f_2}{P_2 f_1} W_2 = 0. \tag{20.27}$$

与

$$W_1 + W_2 = 1 \tag{20.28}$$

联立,解得

$$\begin{cases} W_1 = \dfrac{P_1 f_2}{P_2 f_1 + P_1 f_2} = \dfrac{P_1 \lambda_2 k_2}{P_2 \lambda_1 k_1 + P_1 \lambda_2 k_2}, \\ W_2 = \dfrac{P_2 f_1}{P_2 f_1 + P_1 f_2} = \dfrac{P_2 \lambda_1 k_1}{P_2 \lambda_1 k_1 + P_1 \lambda_2 k_2}. \end{cases} \tag{20.29}$$

由此得出单位质量脑组织的血流量为

$$f = f_1 W_1 + f_2 W_2, \tag{20.30}$$

临床上称为**平均脑血流量**.

§20.3 参数的辨识

用上一节的数学模型解决 rCBF 测定问题,就要根据 $N(t)$ 和 $C_A(t)$ 的离散测量值辨识 k_1, k_2, P_1, P_2.典型的头部计数率曲线(将测量的离散点经插值光润得到的曲线,称为**头部清除曲线**)和呼出气计数率曲线分别由图 20-2 和图 20-3所示.我们简单介绍辨识这些参数的 3 种方法.

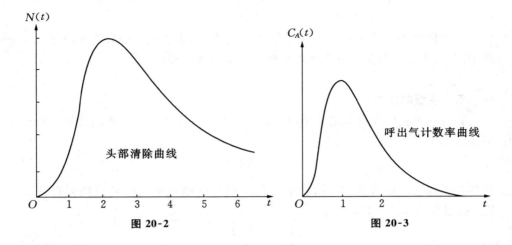

图 20-2　　　　　　　　　　　　图 20-3

一、非线性规划方法

给定一组 k_i，$P_i(i = 1, 2)$，可以根据测得的 $C_A(t)$ 值用 (20.20) 式得到理论 $N(t_j)$ 值，它与测量值 N_j 的误差平方和为

$$E(k_1, k_2, P_1, P_2) = \sum_{j=j_0}^{n} [N_j - N(t_j)]^2$$
$$= \sum_{j=j_0}^{n} \left[N_j - \sum_{i=1}^{2} P_i \int_0^{t_j} e^{-k_i(t_j-\tau)} C_A(\tau) d\tau \right]^2, \qquad (20.31)$$

它是 k_1，k_2，P_1，P_2 的函数，且关于 k_1，k_2 是非线性的.

用理论数据与实测数据误差平方和最小的原则可辨识 k_i，$P_i(i = 1, 2)$，即求函数 $E(k_1, k_2, P_1, P_2)$ 的最小值点. 这可采用高斯-牛顿法或其他方法，读者可参阅有关书籍.

亦可采用极小化相对误差平方和的处理方法，即求

$$E(k_1, k_2, P_1, P_2) = \sum_{j=j_0}^{n} \left(\frac{N_j - N(t_j)}{N_j} \right)^2 \qquad (20.32)$$

的极小值点.

j_0 是开始拟合的时间点，通常 t_{j_0} 约为 2.5 min.

二、线性化迭代法

设

$$k_i = k_i^* - \delta k_i \quad (i = 1, 2). \qquad (20.33)$$

将(20.20)式右端分别关于 k_i 在 k_i^* 附近展开,得

$$N(t) = \sum_{i=1}^{2} \int_0^t [P_i + P_i \delta k_i (t-\tau)] e^{-k_i^* (t-\tau)} C_A(\tau) d\tau + O(\delta k_i^2), \quad (20.34)$$

略去 δk_i 的二次及二次以上的项,得

$$N(t) \approx \sum_{i=1}^{2} \left\{ P_i \int_0^t e^{-k_i^* (t-\tau)} C_A(\tau) d\tau + P_i \delta k_i \int_0^t (t-\tau) e^{-k_i^* (t-\tau)} C_A(\tau) d\tau \right\}.$$

$$(20.35)$$

上式关于 P_i 和 $P_i \delta k_i$ 是线性的. 令 $Q_i = P_i \delta k_i$, 设 k_i^* $(i=1, 2)$ 为 k_i 的预测值, 我们可以通过极小化

$$E(P_1, P_2, Q_1, Q_2) = \sum_{j=j_0}^{n} \left\{ N_j - \sum_{i=1}^{2} \left[P_i \int_0^{t_j} e^{-k_i^* (t_j - \tau)} C_A(\tau) d\tau \right. \right.$$

$$\left. \left. + Q_i \int_0^{t_j} (t_j - \tau) e^{-k_i^* (t_j - \tau)} C_A(\tau) d\tau \right] \right\}^2$$

来决定 P_i, Q_i. 再由

$$\delta k_i = \frac{Q_i}{P_i} \quad (i=1, 2) \quad\quad (20.36)$$

解得 k_i^* 的修正值 δk_i.

由于 $E(P_1, P_2, Q_1, Q_2)$ 关于 P_i, Q_i 均为二次的,可以解关于 P_i, Q_i 的线性方程组

$$\begin{cases} \dfrac{\partial E}{\partial P_i} = 0 \\ \dfrac{\partial E}{\partial Q_i} = 0 \end{cases} \quad (i=1, 2), \quad\quad (20.37)$$

求得极小点.

于是,从预测值 k_i^* 出发,求得校正值 δk_i,从而得 P_i 和

$$k_i = k_i^* - \delta k_i \quad (i=1, 2). \quad\quad (20.38)$$

又可将上述 k_i 作为新的预测值,用同样的方法求得 P_i 和新的校正值. 这个方法可以不断进行,直至校正值足够小为止.

三、差分拟合法

由于 k_1 一般为 k_2 的 $5 \sim 10$ 倍,因此 $e^{-k_1 t}$ 比 $e^{-k_2 t}$ 衰减速度快得多. 又因 $C_A(t)$ 是一个衰减很快的函数,所以由表达式(20.23),存在 T,当 $t > T$ 时,有

$$N_1(t) = e^{-k_1 t}\int_0^t e^{k_1 \tau}C_A(\tau)d\tau \approx 0, \tag{20.39}$$

即

$$N(t) \approx N_2(t). \tag{20.40}$$

用差分方程

$$\frac{N_2(t_j + \delta t) - N_2(t_j - \delta t)}{2\delta t} + k_2 N_2(t_j) = P_2 C_A(t_j) \tag{20.41}$$

代替 N_2 满足的微分方程,利用(20.40)式即可用最小二乘法解方程组

$$\frac{N_{j+1} - N_{j-1}}{2\delta t} + k_2 N_j = P_2 C_j \quad (j = J, J+1, \cdots, n) \tag{20.42}$$

求得 k_2 和 P_2,其中 J 满足 $t_{J-1} > T$.

令

$$\overline{N}_j = N_j - \int_0^{t_j} P_2 e^{-k_2(t_j - \tau)}C_A(\tau)d\tau \quad (j = 1, \cdots, J-1), \tag{20.43}$$

用最小二乘法解方程组

$$\frac{\overline{N}_{j+1} - \overline{N}_{j-1}}{2\delta t} + k_1 \overline{N}_j = P_1 C_j \quad (j = j_0, j_0+1, \cdots, J-2), \tag{20.44}$$

得 k_1 和 P_1.

采用差分拟合时,适当选择 T 是重要的.用差分拟合法求得的 k_1 和 k_2 作为线性化迭代法的初始预测值,迭代校正一两次即可获得理想的结果.

§20.4 模型的评价

所述的模型与方法已经在我国自行研制的 rCBF 测量仪上应用.通过对大量正常人或脑血管病人进行的测试表明,所得结果与国内外文献报道的数据是吻合的,和用其他手段测量的结果也是一致的.

在建模时曾经作了忽略[133]Xe 在测试过程中的衰变以及忽略动脉血从肺部到达脑部所需要的时间的假设.在模型中增加衰变项和考虑关于呼出气计数率曲线的滞后现象都是容易实现的.对不作此两个假设的模型关于实验数据作数值模拟,发现和简化模型所得结果是十分接近的.

建模时采用了两房室的假定,即脑组织由灰质和白质组成.但实际上颅外组织(如头皮)中也有血流,所以测得的白质血流量中实际上还包括颅外组织的影

响.若要更精确地得到白质血流量,可以考虑将颅外组织作为第三个房室,建立三室模型.

习　题

1. 根据放射性衰变定律,放射性物质衰变的速度与现存的放射性物质的原子数成正比,比例系数称为**衰变系数**,试建立放射性物质衰变的数学模型.若已知某放射性物质经时间 $T_{1/2}$ 其原子数下降至原来的一半($T_{1/2}$ 称为该物质的**半衰期**),试决定其衰变系数.

2. 用具有放射性的 ^{14}C 测量古生物年代的原理是:宇宙线轰击大气层产生中子,中子与氮结合产生 ^{14}C.植物吸收二氧化碳时吸收了 ^{14}C,动物食用植物从植物中得到 ^{14}C.在活组织中 ^{14}C 的吸收速率恰好与 ^{14}C 的衰变速率平衡.但一旦动植物死亡,它就停止吸收 ^{14}C,于是 ^{14}C 的浓度随衰变而降低.由于宇宙线轰击大气层的速度可视为常数,即动植物刚死亡时 ^{14}C 的衰变速率与现在取的活组织样本(刚死亡)的衰变速率是相同的.若测得古生物标本现在 ^{14}C 的衰变速率,由于 ^{14}C 的衰变系数已知,即可决定古生物的死亡时间.试建立用 ^{14}C 测古生物年代的模型(^{14}C 的半衰期为 5 568 年).

3. 试用上题建立的数学模型,确定下述古迹的年代:

(1) 1950 年从法国 Lascaux 古洞中取出的炭测得放射性计数率为 0.97 计数(g·min),而活树木样本测得的计数率为 6.68 计数(g·min),试确定该洞中绘画的年代;

(2) 1950 年从某古巴比伦城市的屋梁中取得炭标本测得计数率为 4.09 计数(g·min),活树木标本为 6.68 计数(g·min),试估计该建筑的年代.

4. 一容器用一薄膜分成容积为 V_A 和 V_B 的两部分,分别装入同一物质不同浓度的溶液.设该物质分子能穿透薄膜由高浓度部分向低浓度部分扩散,扩散速度与两部分浓度差成正比,比例系数称为**扩散系数**.试建立描述容器中溶液浓度变化的数学模型.设 $V_A = V_B = 1(L)$,每隔 100 s 测量其中一部分溶液的浓度共 10 次,具体数据为 454,499,535,565,590,610,626,639,650,659,单位为 mol/m^3.试决定扩散系数,并决定 2 h 后两部分中溶液的浓度各为多少.

实　践　与　思　考

1. 某地区作物生长所需的营养素主要是氮(N)、钾(K)、磷(P).某作物研究所在该地区对土豆与生菜做了一定数量的实验,实验数据分别用表 20-1 和表 20-2 给出,其中 ha 表示公顷.当一个营养素的施肥量变化时,总将另两个营养素的施肥量保持在第七个水平上.如对土豆产量关于 N 的施肥量做实验时,P 与 K 的施肥量分别取为196 kg/ha与372 kg/ha.试分析施肥量与产量之间的关系,并对所得结果从应用价值与如何改进等方面作出估计.

表 20-1

土豆:	N		P		K	
施肥量 /(kg/ha)	产量 /(t/ha)	施肥量 /(kg/ha)	产量 /(t/ha)	施肥量 /(kg/ha)	产量 /(t/ha)
0	15.18	0	33.46	0	18.98
31	21.36	24	32.47	47	27.35
67	25.72	19	36.06	93	34.86
101	32.29	73	37.96	140	38.52
135	34.03	98	41.04	186	38.44
202	39.45	147	40.09	279	37.73
259	43.15	196	41.26	372	38.43
336	43.46	245	42.17	465	43.87
404	40.83	294	40.36	558	42.77
471	30.75	342	42.73	651	46.22

表 20-2

生菜:	N		P		K	
施肥量 /(kg/ha)	产量 /(t/ha)	施肥量 /(kg/ha)	产量 /(t/ha)	施肥量 /(kg/ha)	产量 /(t/ha)
0	11.02	0	6.39	0	15.75
28	12.70	49	9.48	47	16.76
56	14.56	98	12.46	93	16.89
84	16.27	147	14.33	140	16.24
112	17.75	196	17.10	186	17.56
168	22.59	294	21.94	279	19.20
224	21.63	391	22.64	372	17.97
280	19.34	489	21.34	465	15.84
336	16.12	587	22.07	558	20.11
392	14.11	685	24.53	651	19.40

第二十一章 糖尿病检测模型

提要 本章介绍检测糖尿病的葡萄糖耐量试验的常微分方程和参数辨识模型. 学习本章需要常微分方程的预备知识.

§21.1 葡萄糖耐量试验

糖尿病是一种新陈代谢疾病, 临床表现为血液和尿中含有大量的糖. 糖尿病发生的机理是患者体内胰岛素缺乏, 糖不能被身体组织充分消耗利用而滞留于血液中, 导致血糖过高和发生糖尿.

常用的诊断糖尿病的方法是葡萄糖耐量试验(GTT). 该项试验要求受试者在试验前 3 天维持正常饮食, 保证摄入足量的碳水化合物. 在受试前一天晚餐后禁食. 试验在早晨进行, 先抽血化验血糖量, 然后让受试者服用(或注射)剂量约 100 g 左右的葡萄糖. 服糖后的 0.5 h 至 5 h 内对受试者血液中的葡萄糖浓度作几次测量分析. 然后根据受试者的血糖浓度能否恢复到摄入葡萄糖之前的浓度和需要的时间来推断受试者是否患有糖尿病.

使用葡萄糖耐量试验的主要困难在于对 GTT 结果如何进行正确的分析. 在 20 世纪 60 年代之前并没有一个公认的标准, 对同一试验结果, 不同的医生可能作出不同的结论. 例如, 当时美国有一病人作了 GTT 试验. 罗得岛的一位医生经过反复推敲, 认为病人患有糖尿病; 而另一位医生则认为结果是正常的, 受试者未患糖尿病. 为解决他们的争执, 他们将结果寄给波士顿的一位专家. 在分析了试验结果和做了其他测试后, 专家得出结论, 病人患有脑垂体肿瘤.

20 世纪 60 年代中期, 美国的两位医生罗赛维亚(Rosevear)与莫尔纳(Molnar), 和明尼苏达大学的两位博士埃克曼(Ackerman)与盖特伍德(Gatewood)一起, 建立了人体糖代谢的一个非常简单的模型. 从此模型出发, 得到了一个十分可靠的解释 GTT 结果的标准, 这个标准一直沿用至今. 在本章中, 我们简要介绍他们是如何建立这一简单而重要的模型的.

§21.2　假设与糖代谢调节系统模型的建立

埃克曼等的模型是以人们已经十分清楚的脊椎动物的糖代谢机理为基础的.这一机理可归纳如下:

(1)在任何脊椎动物的新陈代谢过程中,葡萄糖起着重要的作用,它是一切组织和器官的能源.每个个体都有一个最佳的血糖浓度.若血糖浓度与最佳血糖浓度产生严重偏差,会引起严重的病态,甚至导致死亡.

(2)血糖浓度在糖代谢过程中是自我调节的,即体内分泌各种激素或其他代谢物,促使血糖浓度保持在最佳值水平.这些激素及其作用主要有:

a.**胰岛素**,由胰岛的 β 细胞所产生的一种蛋白质激素.人或动物吃下碳水化合物后,肠胃通过神经系统向胰岛发出信号,促使它分泌出更多的胰岛素.此外,血液中的葡萄糖直接刺激胰腺的 β 细胞分泌胰岛素.胰岛素的主要作用是,它会附着在不可渗透的细胞膜上,使得葡萄糖可以通过细胞膜进入细胞中央,参与生物化学反应,被组织吸收.所以胰岛素起着促进组织对葡萄糖吸收的作用,它会降低血糖的浓度.

b.**胰高血糖素**,由胰岛 α 细胞分泌的蛋白质激素.它的主要作用是加快肝脏中的糖原分解为葡萄糖的速度.当体内有剩余的葡萄糖时,就会以糖原的形式贮藏在肝脏内,需要时这些糖原又转化为葡萄糖.胰高血糖素会加速这个过程,升高血糖的浓度.实验表明,血糖浓度低会促进胰高血糖素的分泌,血糖浓度高会抑制它的分泌.

c.**肾上腺素**,由肾上腺髓质分泌的一种激素.它是糖代谢的一种紧急机制的要素.在血糖浓度大大低于最佳值时,它能迅速增加血糖浓度.除了能与胰高血糖素一样促进糖原分解为葡萄糖的速度外,它还直接抑制肌肉组织对葡萄糖的吸收和抑制胰岛素的分泌.

d.**糖皮质激素**,由肾上腺皮质分泌的以皮质醇为代表的激素.它在碳水化合物代谢中起着重要的作用.若糖皮质激素分泌过多,会产生抑制胰岛素的作用.

e.**甲状腺素**,由甲状腺分泌的一种激素.它有助于肝脏从甘油、乳酸、氨基酸等非碳水化合物中生成葡萄糖.

f.**生长激素**,由垂体前叶分泌的一种激素.它不仅直接影响血糖浓度,而且还有对抗胰岛素的作用.它会降低肌肉和脂膜对胰岛素的敏感性,降低胰岛素促进葡萄糖吸收的效果.

由以上的叙述可见,糖代谢的自我调节过程十分复杂.要建立一个分别反映各种激素的调节机理的模型是十分困难的,必须增加一些假设和简化.注意到对血糖浓度的调节取决于各种激素和内分泌物的综合作用;又注意到胰岛素在糖代谢中起着很重要的作用,它起着降低血糖浓度的作用,而其他激素和内分泌物主要起和胰岛素相反的作用,增加血糖的浓度.埃克曼等引入了如下假设与简化:

(H1) 假设对血糖浓度起调节作用的激素可以用一个综合参数 H(称为激素水平)来描述. H 升高导致血糖浓度下降, H 降低,血糖浓度升高.对每个个体,激素水平有最佳值 H_0.

不难看出此假设是合理的.胰岛素增加导致激素水平的增加,胰高血糖素、肾上腺、糖皮质等激素的增加则导致 H 的降低.

在上述假设下,引入 G 表示血糖浓度, G_0 表示血糖浓度的最佳值,糖代谢过程可简化和假设为:

(H2) G 和 H 相互制约、相互影响,自动向最佳值 G_0 和 H_0 的趋势进行调节.简化的调节模型如图 21-1 所示.

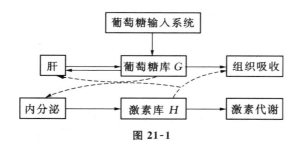

图 21-1

又假设在葡萄糖耐量试验过程中,血糖浓度和激素水平偏离最佳值较小,即

(H3) $g = G - G_0$, $h = H - H_0$ 相对较小.

在上述假设下,埃克曼用下述方程给出糖代谢系统的数学模型:

$$\begin{cases} \dfrac{\mathrm{d}G}{\mathrm{d}t} = F_1(G, H) + J(t), \\ \dfrac{\mathrm{d}H}{\mathrm{d}t} = F_2(G, H), \end{cases} \tag{21.1}$$

其中 F_1 和 F_2 都是 G 和 H 的函数,即 H 和 G 的变化是由 H 和 G 共同决定的. $J(t)$ 为引起血糖浓度增加的外部速率,如注射葡萄糖的速率.注意到 G_0 和 H_0 为血糖浓度和激素水平的最佳值,因此 (G_0, H_0) 应为方程组(21.1)的一个平衡点,即成立

$$\begin{cases} F_1(G_0, H_0) = 0, \\ F_2(G_0, H_0) = 0. \end{cases} \tag{21.2}$$

作变换

$$\begin{cases} g = G - G_0, \\ h = H - H_0, \end{cases} \tag{21.3}$$

方程组(21.1)化为

$$\begin{cases} \dfrac{\mathrm{d}g}{\mathrm{d}t} = F_1(G_0 + g,\ H_0 + h) + J(t), \\ \dfrac{\mathrm{d}h}{\mathrm{d}t} = F_2(G_0 + g,\ H_0 + h). \end{cases} \tag{21.4}$$

将方程组(21.4)中的 F_1 和 F_2 在 $(G_0,\ H_0)$ 附近作泰勒展开,利用(21.2)式并根据(H3)略去 g 和 h 的二次以上项,即得

$$\begin{cases} \dfrac{\mathrm{d}g}{\mathrm{d}t} = \dfrac{\partial F_1}{\partial G}(G_0,\ H_0) \cdot g + \dfrac{\partial F_1}{\partial H}(G_0,\ H_0) \cdot h + J(t), \\ \dfrac{\mathrm{d}h}{\mathrm{d}t} = \dfrac{\partial F_2}{\partial G}(G_0,\ H_0) \cdot g + \dfrac{\partial F_2}{\partial H}(G_0,\ H_0) \cdot h. \end{cases} \tag{21.5}$$

我们无法事先确定方程组(21.5)的系数 $\dfrac{\partial F_1(G_0,\ H_0)}{\partial G}$, $\dfrac{\partial F_1(G_0,\ H_0)}{\partial H}$, $\dfrac{\partial F_2(G_0,\ H_0)}{\partial G}$, $\dfrac{\partial F_2(G_0,\ H_0)}{\partial H}$, 但根据(H2),可以确定它们的符号. 不妨设 $J(t) \equiv 0$,即考虑没有外界葡萄糖摄入时的情形. 当 $g > 0$ 和 $h = 0$ 时,血糖浓度超过最佳值,因此被组织吸收和转化为糖原贮藏在肝脏中,即血糖浓度有下降的趋势,即成立 $\dfrac{\mathrm{d}g}{\mathrm{d}t} < 0$,从而有 $\dfrac{\partial F_1(G_0,\ H_0)}{\partial G} < 0$;当 $g = 0$, $h > 0$ 时,虽然血糖浓度达到了最佳值,但因 $h > 0$,即激素水平超过最佳值,因此导致组织继续吸收葡萄糖,血糖浓度呈下降趋势,因此 $\dfrac{\mathrm{d}g}{\mathrm{d}t} < 0$,于是,$\dfrac{\partial F_1(G_0,\ H_0)}{\partial H} < 0$. 对 $g > 0$, $h = 0$,即血糖浓度高于最佳值,此时将刺激胰岛素的分泌使激素水平呈增加趋势,即 $\dfrac{\mathrm{d}h}{\mathrm{d}t} > 0$,从而有 $\dfrac{\partial F_2(G_0,\ H_0)}{\partial G} > 0$;对 $g = 0$, $h > 0$,由于激素代谢,激素水平呈降低并趋于最佳值的趋势,因而有 $\dfrac{\mathrm{d}h}{\mathrm{d}t} < 0$,从而 $\dfrac{\partial F_2(G_0,\ H_0)}{\partial H} < 0$.

于是方程组(21.5)可以改写成

$$\begin{cases} \dfrac{\mathrm{d}g}{\mathrm{d}t} = -m_1 g - m_2 h + J(t), \\ \dfrac{\mathrm{d}h}{\mathrm{d}t} = -m_3 h + m_4 g, \end{cases} \tag{21.6}$$

其中 m_1，m_2，m_3 和 m_4 皆为正实数. 这就是糖代谢调节系统的一个数学模型.

§21.3 模型的应用与评价

现在我们可将糖代谢调节模型用于葡萄糖耐量试验了. 由于受试者在试验时是禁食的, 在试验之前体内的血糖浓度和激素水平达到了平衡点即最佳值. 此时验血测得的血糖浓度即为最佳值 G_0. 由于缺乏测量各种激素和内分泌物的手段, 因此我们无法测得 H_0.

由于在进行葡萄糖耐量试验时, 受试者摄入葡萄糖的时间很短, 而检测血糖浓度一般都要等到摄入葡萄糖 0.5 h 以后才开始, 因此若取摄入葡萄糖完毕以后的某个时刻作为初始时刻, 在此以后, $J(t) \equiv 0$, 方程(21.6)式中的非齐次项 $J(t)$ 就消失了.

为避免对 h 的测量, 消去变量 h, 将方程组(21.6)的第一式关于 t 求导并注意到 $J(t) \equiv 0$, 得

$$\frac{\mathrm{d}^2 g}{\mathrm{d}t^2} = -m_1 \frac{\mathrm{d}g}{\mathrm{d}t} - m_2 \frac{\mathrm{d}h}{\mathrm{d}t},$$

将方程组(21.6)的第二式的右端取代上式中的 $\dfrac{\mathrm{d}h}{\mathrm{d}t}$, 得

$$\frac{\mathrm{d}^2 g}{\mathrm{d}t^2} = -m_1 \frac{\mathrm{d}g}{\mathrm{d}t} + m_2 m_3 h - m_2 m_4 g.$$

又由方程组(21.6)的第一式知

$$m_2 h = -\frac{\mathrm{d}g}{\mathrm{d}t} - m_1 g,$$

因此 $g(t)$ 满足二阶常微分方程

$$\frac{\mathrm{d}^2 g}{\mathrm{d}t^2} + (m_1 + m_3)\frac{\mathrm{d}g}{\mathrm{d}t} + (m_1 m_3 + m_2 m_4)g = 0. \tag{21.7}$$

引入

$$\begin{cases} \alpha = (m_1 + m_3)/2, \\ \omega_0^2 = m_1 m_3 + m_2 m_4, \end{cases} \tag{21.8}$$

方程(21.7)可改写为

$$\frac{\mathrm{d}^2 g}{\mathrm{d}t^2} + 2\alpha \frac{\mathrm{d}g}{\mathrm{d}t} + \omega_0^2 g = 0. \tag{21.9}$$

这个方程具有正系数, 当 t 趋于无穷时, $g(t)$ 趋于零. 这个模型能够反映血糖浓

度趋于最佳值的事实.

对于 $\alpha^2 - \omega_0^2$ 为正、负和零,方程(21.9)的解有 3 种不同的形式.不妨设 $\alpha^2 - \omega_0^2 < 0$,其余两种情形可作类似处理.

对 $\alpha^2 - \omega_0^2 < 0$,方程(21.9)的解具有形式

$$g(t) = Ae^{-\alpha t}\cos(\omega t - \delta), \tag{21.10}$$

其中

$$\omega^2 = \omega_0^2 - \alpha^2, \tag{21.11}$$

从而

$$G(t) = G_0 + Ae^{-\alpha t}\cos(\omega t - \delta), \tag{21.12}$$

其中 G_0 已在受试者摄入葡萄糖之前测得,(21.12)式中尚有 4 个未知的参数.为确定这 4 个参数,至少须作 4 次测量.设在 t_1,t_2,t_3,t_4 4 个时刻对受试者的血糖浓度进行测量,测得值为 $G_i (i = 1, 2, 3, 4)$,那么通过解方程组

$$G_i = G_0 + Ae^{-\alpha t_i}\cos(\omega t_i - \delta) \quad (i = 1, 2, 3, 4), \tag{21.13}$$

就可确定出 A,ω_0,α,δ.

另一种方法是在 t_1,t_2,$\cdots$,t_n 时刻测得受试者的血糖浓度为 G_1,G_2,$\cdots$,G_n,通常 n 取为 6 或 7.用平方误差

$$E = \sum_{i=1}^{n}[G_i - G_0 - Ae^{-\alpha t_i}\cos(\omega t_i - \delta)]^2 \tag{21.14}$$

最小的原则决定 A,α,ω_0,δ.E 的极小化问题,可以由电子计算机的优化软件实现.埃克曼等人的文章提供了一个实现此计算的 FORTRAN 程序.用此方法可以免除受试者在摄入葡萄糖之前的那次验血,用以后的血糖浓度数据,通过极小化平方误差(21.14),将 G_0 和其他 4 个参数一起确定.

通过数值模拟,埃克曼等发现,G 的微小测量误差会导致 α 的很大的误差,因此,任何含有参数 α 的诊断糖尿病的标准都是不可靠的.然而,ω_0 对 G 的测量误差不敏感,它是系统的"自然频率",可以将它作为定量分析 GTT 的基本值.通常,人们用相应的自然周期 $T_0 = 2\pi/\omega_0$ 作为诊断标准.

对大量正常人和病人做 GTT 试验,将试验的结果拟合出相应的 T_0,用统计分析的方法就可给出正常人 T_0 的范围,给出 GTT 的诊断标准.大量数据表明,若每 1 kg 体重摄入葡萄糖 1.75 g,T_0 值小于 4 h 是正常的,而明显地超过 4 h 则患有糖尿病.

埃克曼等人的简化模型简单易用,对诊断轻微的糖尿病有一定的准确率.

但由于作了较大的简化,存在一些缺陷.首先是此模型假设了 g 很小,即血糖浓度 G 与最佳值 G_0 只有微小的偏差.所以此模型只适用于轻微糖尿病或糖尿病前兆的诊断.

此外,由于模型采用了一个单一的参数 H 来综合反应激素和内分泌物的作用,难以描述像肾上腺素在血糖浓度很低时会迅速提高血糖浓度的这种应激机制.所以有时用表达式(21.12)得到的数据在摄入葡萄糖 $3\sim5\,h$ 和实测的数据吻合得不好.事实上,此时 $g(t) = G(t) - G_0$ 有剧烈变化(例如,当 $\alpha^2 - \omega^2 > 0$ 时,由表达式(21.12),$g(t)$ 确实出现这种现象,如图 21-2 所示).此时人体会分泌大量肾上腺素,但简化模型无法体现出来.要克服这一困难,就必须将肾上腺素作为

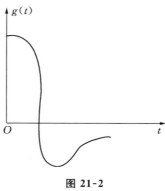

图 21-2

一个单独的参数,在模型中加以考虑.但这又依赖于如何准确地测定血液中肾上腺素的浓度.

可以预见,随着人类测量激素和内分泌物的技术的完善和对它们在糖代谢中作用的机理的进一步定量的了解,描述糖代谢过程中血糖和激素自动调节系统的数学模型会进一步完善,GTT 测试结果的解释会愈来愈准确.

习　题

1. 求解方程(21.9).

2. 一位受试者经一夜禁食后,血糖浓度为 70(mg /100 mL).在吸收大量葡萄糖后的 1 h,2 h,3 h,他的血糖浓度分别为 95,65,75(mg /100 mL),试说明该人是正常的(证明 $G - G_0$ 的两个相邻零点之间的时间间隔为半个自然周期).

3. 某糖尿病专家认为,吸收大量葡萄糖的非糖尿病人在 2 h 之内血糖水平应低于禁食时的水平.若某受试者在吸收大量葡萄糖后的血糖水平与最佳值的偏差 g 满足(t 以 min 为单位)

$$\frac{\mathrm{d}^2 g}{\mathrm{d}t^2} + 2\alpha \frac{\mathrm{d}g}{\mathrm{d}t} + \alpha^2 g = 0,$$

试说明,按该专家的标准受试者患有糖尿病.但若 $\alpha > \pi /120\ \text{min}$,根据埃克曼的标准,该受试者是正常的.

4. 一受试者在吸收大量葡萄糖后血糖浓度 $G(t)$ 满足初值问题

$$\frac{\mathrm{d}^2 G}{\mathrm{d}t^2} + \frac{1}{20}\frac{\mathrm{d}G}{\mathrm{d}t} + \frac{1}{2\,500}G = \frac{75}{2\,500},$$

$$G(0) = 150(\text{mg}/100\ \text{mL}),$$

$$G'(0) = \frac{e^{\sqrt{3}} + e^{-\sqrt{3}}}{e^{\sqrt{3}} - e^{-\sqrt{3}}}(\text{mg}/(100\ \text{mL}\cdot\text{min})),$$

此受试者的最佳血糖浓度为 75(mg/100 mL). 试说明,根据埃克曼等人的理论,此人患糖尿病;但根据习题 2 中专家的标准,该人是正常的.

5. 设方程 $ag'' + bg' + cg = 0$ 的系数 a, b, c 皆为正数,试证方程的任一解在时间 t 趋于无穷大时总趋于零.

实 践 与 思 考

1. 精神病研究须测试新的药物的效果,例如治疗帕金森症的多巴胺的脑部注射效果. 为精确估计药物影响的脑部区域,人们必须估计注射后药物空间分布的形状和尺寸.

研究的数据包括 50 根圆柱形组织样本中每一根药物含量的测量值(见表 21-1、表 21-2 和图 21-3). 每一圆柱的长度为 0.76 mm,直径为 0.66 mm. 这些平行圆柱的中心位于 1 mm×0.76 mm×1 mm 的格子点上. 因此,圆柱相互在底面上相接触,侧面互不接触(见图 21-3). 注射点位于计数率最高的圆柱中心附近. 自然,在圆柱之间和样本覆盖的区域以外也有药物.

表 21-1

后方垂直截面				
164	442	1 320	414	188
480	7 022	14 411	5 158	352
2 091	23 027	28 353	13 138	681
789	21 260	20 921	11 731	727
213	1 303	3 765	1 715	453

表 21-2

前方垂直截面				
163	324	432	243	166
712	4 055	6 098	1 048	232
2 137	15 531	19 742	4 785	330
444	11 431	14 960	3 182	301
294	2 061	1 036	258	188

试估计药物在其影响到的区域中的分布.

一个单位表示一个计数率或 4.753×10⁻¹³ 克分子多巴胺. 表 21-1 中的 28 353 表示后方中间那个圆柱后部含有 28 353 个单位的药物.

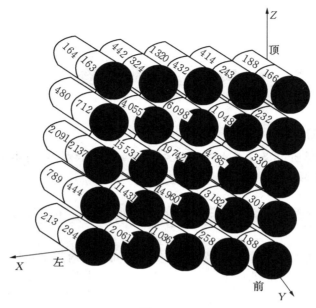

图 21-3

2. 上海市某医院对 466 位正常人进行葡萄糖耐量试验,其血糖测量平均值由表 21-3 所示. 据此,试给出正常人 GTT 试验的血糖浓度的大致变化规律.

表 21-3

测量时间 /h	0	0.5	1	2	3
血糖浓度 /[mg /(100 mL)]	124.2	180.0	198.0	149.4	127.8

第二十二章　风险决策

提要　本章介绍基于最大期望收益的风险决策模型. 学习本章需要初等概率和矩阵等预备知识.

§22.1　设备的定期维修问题

假定有一批同一类型的机器, 考虑多长时间应当对这批机器进行定期维修的问题. 如果不进行定期维修, 或者定期维修的周期过长, 那么该设备会经常地出现临时损坏, 为此就要付出较多的应急修理的代价. 这里所说的代价包括修理费用及停工损失等, 定期修理的代价亦如此. 另一方面, 如果定期修理进行得太频繁, 那么定期修理的代价也会增加, 虽然应急修理的代价会减少一些. 因此, 选择适当的定期维修的周期, 就是要使定期维修的代价与应急维修的代价取得某种均衡, 以达到总维修代价最小的目的.

为了给出定量的分析结果, 设每台机器的定期维修代价为 $c_0 = 100$ 元, 应急维修代价为 $c_1 = 1\,000$ 元. 又设时间单位为年, 在正常维修后一台机器于第 k 年发生临时损坏的概率为 p_k, 相应的数值为

$$p_1 = 0.05, \quad p_2 = 0.07, \quad p_3 = 0.10, \quad p_4 = 0.13, \quad p_5 = 0.18.$$

又设这批机器的总数为 $n = 50$.

以 D_k 表示下列决策: 以 k 年为周期进行定期维修. 现限制 $k \leqslant 5$, 那么共有 5 个可供选择的决策. 在作出任何一个决策 D_k 后, 在一个周期中第 k 年发生临时损坏的机器数 n_k 将是一个随机变量, 从而两类维修代价的年平均值 f_k 也是一个随机变量, 其中 f_k 的表达式为

$$f_k = \frac{c_0 n + c_1 (n_1 + n_2 + \cdots + n_k)}{k}. \tag{22.1}$$

与该问题中的决策有关所发生的状态具有不确定性, 从而这类情况下的决策被称为**风险决策**. 在风险决策中, 通常采用期望值判别准则. 在这个例子中, 与策略 D_k 相应的目标函数取为 f_k 的期望值 $E(f_k)$, 由于 n_i 是以 (n, p_i) 为参数的

二项分布的随机变量,有 $E(n_i) = np_i$,再由(22.1)式得

$$E(f_k) = \frac{c_0 n + c_1 n(p_1 + p_2 + \cdots + p_k)}{k}. \tag{22.2}$$

对于前面给出的数据,由(22.2)式便可以算得

$$E(f_1) = 7\,500, \quad E(f_2) = 5\,500, \quad E(f_3) = 5\,333,$$

$$E(f_4) = 5\,625, \quad E(f_5) = 6\,300.$$

这样,根据期望判别准则,应选择决策 D_3,使两类维修代价的期望值达到最少,即应以 3 年为周期进行定期维修. 对这个问题,当 $k > 5$ 时,$E(f_i)$ 是否会大于 $E(f_3)$,留给读者讨论,见习题 1.

§22.2　风险决策的矩阵形式

在风险型决策中,决策者要面对多个可能发生的状态 θ_1,θ_2,$\cdots$,θ_n(或称事件),决策者所能采取的决策(或称行动、策略)也有多个,设为 a_1,a_2,$\cdots$,a_m. 当存在无限个决策可供选择时,应尽可能简化为有限个. 为了进行定量的分析,需要针对每个决策 a_i 及每个状态 θ_j 计算一个收益,或者如(22.1)式那样得到一个计算公式. 相应于决策 a_i 与状态 θ_j 的收益记为 v_{ij},m 行 n 列矩阵 (v_{ij}) 就称为该项风险决策的**收益矩阵**. 在许多风险型决策问题中,决策者对各个状态 θ_j 的概率可作出合理的估计,记为 $P(\theta_j) = p_j$. 于是,相应于 a_i 的期望收益(即收益的数学期望)为 $\sum\limits_j p_j v_{ij}$.

最常用的准则为最大期望收益准则,即选择决策 a_k,使得

$$\sum_j p_j v_{kj} = \max_i \Big(\sum_j p_j v_{ij} \Big). \tag{22.3}$$

同样地,假如 w_{ij} 表示相应于决策 a_i 与状态 θ_j 的代价,那么最常用的决策准则就是最小期望代价准则,即选择决策 a_k,使得

$$\sum_j p_j w_{kj} = \min_i \Big(\sum_j p_j w_{ij} \Big). \tag{22.4}$$

下面,我们用一个简单的例子来说明.

设一个体育用品店经营者要决定订购用于夏季销售的网球衫数量. 对某种网球衫来说,他的订购数量必须是 100 的整数倍. 如果他订购 100 件,则订购价为每件 10 元;如果他订购 200 件,则订购价为每件 9 元;如果他订购 300 件或更

多,则订购价为每件 8.5 元. 销售价格为每件 12 元,如果在夏季结束时剩余若干,则处理价为每件 6 元. 为简单起见,他将需求量分成 3 种情形:100,150,200. 同时,他考虑,对每个希望买网球衫而买不到的情形,应等价于付出"愿望损失费"0.5 元,他应为即将到来的夏季订货作出何种决策呢?

现将事件记为 θ_1, θ_2, θ_3,分别相应于需求数量为 100,150,200 的情形. 将采取的决策记为 a_1, a_2, a_3,分别相应于订购量为 100,200,300(其实,可不考虑 a_3,为什么?). 那么经过计算可得相应的收益矩阵 $\boldsymbol{V} = (v_{ij})$ 如下:

$$\boldsymbol{V} = \begin{bmatrix} 200 & 175 & 150 \\ 0 & 300 & 600 \\ -150 & 150 & 450 \end{bmatrix}.$$

商店经营者还须考虑:根据以往的经验及目前的信息,能否对事件 θ_1, θ_2, θ_3 的概率作出合理的估计? 假定他作出的估计为

$$p_1 = P(\theta_1) = 0.5, \quad p_2 = P(\theta_2) = 0.3, \quad p_3 = P(\theta_3) = 0.2,$$

这里 $p_j = P(\theta_j)$ 表示事件 θ_j 的概率.

于是相应于决策 a_1, a_2, a_3 的期望收益分别为

$$E(a_1) = \sum_j p_j v_{1j} = 182.5,$$

$$E(a_2) = \sum_j p_j v_{2j} = 210,$$

$$E(a_3) = \sum_j p_j v_{3j} = 60.$$

因此按照最大期望收益准则,应采取的决策为 a_2,即订购量为 200.

假如体育用品店经营者对于事件概率的预测毫无把握,或者说,他不能对事件概率作出合理判断,那么他就不能采用最大期望收益准则作出决策. 这时,他可以采取最大化最小收益准则(或称保守原则)来选择决策 a_k:

$$\min_j v_{kj} = \max_i (\min_j v_{ij}),$$

于是他选择决策 a_1,即订购量为 100. 或者,他也可以采用最大化最大收益准则(或称冒险原则)来选择 a_k:

$$\max_j v_{kj} = \max_i (\max_j v_{ij}),$$

于是他选择决策 a_2,即订购量为 200.

从上述例子及若干决策准则的讨论可以看到,对于一个决策问题构成数学

模型有助于合理地作出定量化的分析,能将整个决策问题分解成若干定量化的
"部分",分别作出思考与计算,再回过来对整个决策作出结论.同时,我们也可以
看到,以收益矩阵为核心的这个数学模型并不能代替决策者,他不仅要尽量精确
地计算或估计有关的数量,而且还掌握着选择决策原则的主动权,当然,也必然
要承担由此引起的责任.

§22.3　最小期望机会损失原则

关于决策原则的另一考虑是尽量减少机会损失,这里机会损失的数量化概
念如下:当选择的决策为 a_i,而事件 θ_j 发生时,机会损失为

$$l_{ij} = \max_k v_{kj} - v_{ij}. \tag{22.5}$$

这个式子表明,当事件 θ_j 发生时,可能的最大收益$\max_k v_{kj}$与决策 a_i 所得之收益
v_{ij}之差被定义为机会损失.

这样,我们也可以采用最小期望机会损失原则来作出决策,即选择决策 a_k,
使得

$$\sum_j p_j l_{kj} = \min_i \Big(\sum_j p_j l_{ij} \Big). \tag{22.6}$$

对 §22.2 中的例子,经过计算容易得到,按此原则亦得到决策 a_2,此时的期望机
会损失为

$$\sum_j p_j l_{2j} = 100. \tag{22.7}$$

一般地,我们可以证明下列结论.

结论 22.1　最小期望机会损失原则与最大期望收益原则是等价的.

证　由(22.5)式得 $l_{ij} + v_{ij} = \max_k v_{kj}$,因此成立

$$\sum_j p_j v_{ij} + \sum_j p_j l_{ij} = \sum_j p_j (\max_k v_{kj}) = 常数.$$

左边第一项是期望收益,另一项是期望机会损失,因此使第一项极大化等价于使
另一项极小化.

虽然有上述结论,计算最小期望机会损失还有另外一种意义.设想经过市场
调查,对于各决策在每个事件下能获得完全信息,从而可得到相应的最大收益
$\max_k v_{kj}$,因此,在获得完全信息的条件下,期望最大收益为 $\sum_j p_j (\max_k v_{kj})$,与
没有获得该信息的最大期望收益相比,两者之差恰为最小期望机会损失

$$\sum_j p_j \left(\max_k v_{kj} \right) - \max_i \left(\sum_j p_j v_{ij} \right) = \min_i \sum_j p_j l_{ij}.$$

因此,此值便被定义为完全信息的期望价值 $EVPI$.

结合本节的例子,我们已经算得结果(22.7),因此 $EVPI = 100$ 元,如果能以小于此值的代价获得完全信息,便是值得的.

当然,完全信息毕竟难以取得.但是经过市场调查取得部分信息(或称样本信息)是实际可行的,也是常见的.在石油钻井勘探之前,先进行人工地震勘探,也相当于获取部分信息.讨论完全信息的概念,进一步还可讨论部分信息的期望价值,用以判断是否值得做某种市场调查等,是很有实际意义的.

§22.4 决 策 树

风险型决策除了用矩阵形式来分析之外,还可表示为比较直观的形式,这种方式称为 **决 策 树**. 以 §22.2 中的例子来看,删去决策 a_3,相应的决策树参见图 22-1.在图 22-1 中先由节点 d(称 **决策点**,用方框表示)出发,引出两条边,分别对应于决策 a_1 和 a_2.相应的另一端点分别记为节点 c_1 与节点 c_2(称 **机会点**,用圆圈表示).从这两个节点各引出 3 条边,分别代表事件 θ_1, θ_2 与 θ_3,在每条边上注明相应的概率,在这些边的另一节点则注明相应的收益.决策分析的过程则与画出决策树的过程正好相反,在机会点 c_1 通过计算数学期望得到相应于决策 a_1 的期望收益 182.5,在机会点 c_2 类似地得到相应于决策 a_2 的期望收益 210,然后,在决策点 d 通过比较两个期望值取最大者得到最大期望收益为 210,所选决策便是 a_2.

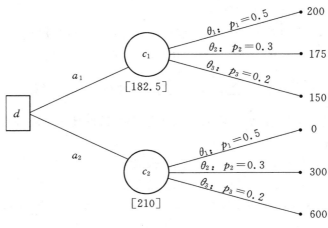

图 22-1

仅从这个例子来看,利用决策树作决策分析除了比较直观之外,优点尚不明显. 实际上,决策树的优点在于它能够适用于多阶段情形下的决策分析,这时,在机会点的后面可以再放决策点,然后再放置其他机会点,等等. 下面,我们举例供有兴趣的读者自己钻研.

一个二阶段决策问题:某投资人考虑一个两年投资计划. 第一年他可以选择3个决策:100%买股票,50%买股票,100%买债券. 在第一年选择50%买股票的情况下,他在第二年可以有两个决策:再用另外50%买股票或者不买. 这里设所买的股票均为A公司的股票. 然后投资人与经济分析师一起分析后认为收益与A公司运营状况的好坏有密切关系,并得到表22-1所示的数据.

表 22-1

决　策	第一年(A公司)	第二年(A公司)	收益
第一年买100%	好	好	800
	好	坏	−500
	坏	好	600
	坏	坏	−700
仅第一年买50%	好	好	300
	好	坏	0
	坏	好	100
	坏	坏	−100
两年各买50%	好	好	600
	好	坏	−600
	坏	好	500
	坏	坏	−400
买债券			50

在表22-1的数据中,收益的单位从略(例如为1 000元). 同时,与上述数据相联系,经过分析认为,A公司运营状况好坏的概率如下:第一年"好"的概率为0.6,"坏"的概率为0.4. 在第一年"好"的条件下,第二年"好"的概率为0.7,"坏"的概率为0.3;在第一年"坏"的情况下,第二年"好"的概率为0.4,"坏"的概率为0.6.

在投资人与经济师获得这些数据后,投资人可以找系统分析工程师作决策分析. 设想你是一个系统分析工程师,如何用决策树作为工具,对这个问题作出分析呢?

习　　题

1. 对于 §22.1 所讨论的设备定期维修问题,试分析:多于 5 年进行定期维修的决策是否合理? 是否应当有什么条件?

2. 对于 §22.1 所讨论的设备定期维修问题,试分析相应的状态集合、决策集合、代价矩阵及概率分布.

3. 一家食品店每天所需要的面包个数 x 服从以下概率分布:$P(x = 100) = 0.20$,$P(x = 150) = 0.25$,$P(x = 200) = 0.30$,$P(x = 250) = 0.15$,$P(x = 300) = 0.10$. 如果一个面包当天没有卖掉,那么可以在该天结束时以 0.15 元处理掉,否则,新鲜的面包售价为每个0.50元.这个店的每个面包的成本是 0.25 元.问每天以进货多少个面包为宜?

4. 在阅读某类外文著作时,如何合理地使用大小两种字典,以加快阅读进度? 试从定量化的角度分析以下 3 种方式:

方式 A:总使用大字典查找生字.

方式 B:先使用小字典查找生字,如查不到,则在大字典中查找.

方式 C:先对所要查找的生字是否在小字典中作出判断,如判断为"不是",则采用方式 A,如判断为"是的",则采用方式 B.

为作出此种分析,你当然需要对查找生字的速度、判断本身的正确程度作出定量化的假设.

实 践 与 思 考

1. 在校内找一家销售时效性较强的商品(如报纸、鲜花、点心)的商店,对每天需求量、进货价、销售价、超时处理价作一调查,为商店经理作出进货决策.

第二十三章　对　策　模　型

提要　本章介绍竞争的数学模型——对策模型及其在各领域中的应用. 学习本章需要矩阵代数、初等概率预备知识.

§23.1　问题的提出

在人类的社会活动中,有许多竞争性活动,小至游戏,大至商业竞争乃至战争. 在这类活动中,有一类有如下的特点:竞争对手可能采取的各种策略是清楚的;各方一旦选定了自己的策略,竞争的结果就清楚了,竞争的结果可以定量描述;竞争的每一方都希望在竞争中获得最好的结果,而且十分清楚竞争的对手也千方百计地要达到同样目的. 这类活动称为对策,下面列举几个实际例子.

一、乒乓球赛排阵

甲、乙两队进行乒乓球团体赛,每队由 3 名球员组成. 双方可排出 3 种不同的阵容. 甲队的 3 种阵容记为 A,B,C;乙队的 3 种阵容记为 Ⅰ,Ⅱ,Ⅲ. 根据以往的记录,两队以不同的阵容交手的结果如表 23-1 所示.

表 23-1

甲队　　结果　　乙队	Ⅰ	Ⅱ	Ⅲ
A	-3	-1	-2
B	-6	0	3
C	5	1	-4

表 23-1 中的数字为双方各种阵容下甲队的失分数. 这次团体赛双方各采取什么阵容比较稳妥?

二、水雷战

作战一方将水雷布在敌方船只驶经航道的海床中,当船只驶过时由某种物理因素激发水雷爆炸导致船舶被毁.另一方为了防止船被炸沉,在船只驶过水道之前先用扫雷艇设法激发水雷爆炸,使其失去破坏作用.为了避免水雷被扫雷艇破坏,人们设计了一种可设置计数器的水雷.可以将水雷计数器设定为 n,此时仅当水雷被激发 n 次才会爆炸.另外又设在船舶驶过之前扫雷艇只有有限的时间进行工作,激发水雷的次数有限制,可能不足以在船驶过之前引爆水雷.我们先考虑水道中只设置一个水雷又只有一条船驶过的情形.若水雷被引爆,船被炸沉的概率为 0.1.设水雷计数器可设置为 1 和 2,在船驶过前扫雷艇最多扫雷一次.那么在双方采取的各种不同策略的情况下,船被炸毁的概率如表 23-2 所示.若水雷计数器最多可设置为 n,在船驶过有水雷的航道之前最多扫雷 m 次,双方各应采取何种策略?

表 23-2

船被炸概率　水雷计数设置 扫雷次数	1	2
0	0.1	0
1	0	0.1

三、田忌齐王赛马

战国时期,齐王和大将田忌赛马,双方出 3 匹马各赛一局.各方的马根据好坏分别称为上马、中马和下马.田忌的马比齐王同一级的马差但比齐王低一级的马好一些.若用同一级马比赛,田忌必然连输 3 局.每局的赌注为 1 千金,田忌要输 3 千金.田忌的谋士建议田忌在赛前先探听齐王赛马的出场次序,然后用自己的下马对齐王的上马,用中马对齐王的下马,用上马对齐王的中马.结果负一局胜两局赢得 1 千金.但若事先并不知道对方马的出场次序,双方应采取何种策略?双方采用的赛马出场次序安排及相应的结果(田忌输的千金数)可由表 23-3 列出.

表 23-3

结果　齐王 田忌	上中下	上下中	中上下	中下上	下中上	下上中
上中下	3	1	1	−1	1	1
上下中	1	3	−1	1	1	1
中上下	1	1	3	1	−1	1

（续表）

结果　田忌＼齐王	上中下	上下中	中上下	中下上	下中上	下上中
中下上	1	1	1	3	1	−1
下中上	1	−1	1	1	3	1
下上中	−1	1	1	1	1	3

§23.2　两人零和纯策略对策

一、对策的要素

从上节的几个实例中可以看到,对策有下列几个要素.

1. 局中人

在一场对策中总有参加者,他们为了取得竞争的胜利,必须选择适当的行动方案去对付对手.通常称对策活动中有权作出行动选择的参加者为局中人.在上节第一段和第二段中,比赛双方和战争双方都是局中人,第三段中田忌和齐王也是局中人.一般局中人不一定是两个,也可以是多个.

2. 策略

在对策中,局中人能够采用的可行的行动方案称为策略.策略的全体称为策略集,策略集可以是有限或无限的.若策略集为有限集,称为有限对策,否则称为无限对策.

3. 支付

当各局中人选定了自己的策略后,竞争的结果就确定了,而且该结果是量化的.对每一方而言可能是得也可能是失.一般用支付来描述量化的得失,如第三段中在双方确定的策略下田忌输的金额即为田忌的支付.

二、二人零和纯策略对策

局中人只有两个,对策中各方只能从有限的策略集中确定性地选择一种,且对策双方的支付之和为零的对策称为*两人零和纯策略对策*.

1. 支付矩阵

设局中人为 A 和 B , A 有 m 个策略,其策略集为 $\{A_1, A_2, \cdots, A_m\}$; B 有 n 个策略,其策略集为 $\{B_1, B_2, \cdots, B_n\}$,当 A 方选择策略 A_i , B 方选择策略 B_j 时, (A_i, B_j) 是一个对策,又称作一个局势,在此局势下, A 方的支付为 a_{ij} , B 方的支付为 b_{ij} .我们可以将在各种局势下 A 方的支付用表 23-4 表示.

表 23-4

A 方支付　B 方策略 A 方策略	B_1	B_2	...	B_j	...	B_n
A_1	a_{11}	a_{12}	...	a_{1j}	...	a_{1n}
A_2	a_{21}	a_{22}	...	a_{2j}	...	a_{2n}
⋮	⋮	⋮		⋮		⋮
A_i	a_{i1}	a_{i2}	...	a_{ij}	...	a_{in}
⋮	⋮	⋮		⋮		⋮
A_m	a_{m1}	a_{m2}	...	a_{mj}	...	a_{mn}

表 23-4 称为 A 方的支付表,又称

$$\mathbf{A}_{m \times n} = (a_{ij})_{m \times n} \tag{23.1}$$

为 A 方的支付矩阵.

由两人零和对策的定义,应成立

$$a_{ij} + b_{ij} = 0 \quad (i = 1, 2, \cdots, m; j = 1, 2, \cdots, n). \tag{23.2}$$

B 方的支付表和支付矩阵可直接从 A 方的支付表和支付矩阵得到,不必专门列出.

若对策问题成立

$$a_{ij} + b_{ij} = \alpha \neq 0, \tag{23.3}$$

其中 α 是一个与 i, j 无关的常数,此时,引入新的支付

$$\bar{a}_{ij} = a_{ij} - \frac{\alpha}{2}, \quad \bar{b}_{ij} = b_{ij} - \frac{\alpha}{2}, \tag{23.4}$$

则新的支付满足两人零和对策的条件.

2. 最优策略与鞍点

简记 §23.1 中第一段甲队的策略为 A_1, A_2, A_3,乙队的策略为 B_1, B_2, B_3.甲队的失分即为支付,甲队的支付表由表 23-5 给出.

表 23-5

甲队支付　B_i A_i	B_1	B_2	B_3	max
A_1	-3	-1	-2	㊀1
A_2	-6	0	3	3
A_3	5	1	-4	5
min	-6	㊀1	-4	

当甲队采取策略 A_1 时,乙队可能采取策略 B_1,B_2,B_3,对甲队而言最坏的可能支付为 $\max\{-3,-1,-2\}=-1$. 若采用策略 A_2,最坏可能支付为 $\max\{-6,0,3\}=3$. 若采用策略 A_3,最坏可能支付为 $\max\{5,1,-4\}=5$.

根据通常的"从最坏的可能中争取最好的结果"的原则,甲队最好的可能是 $\min\{-1,3,5\}=-1$. 即甲队应采取策略 A_1,失分为 -1,即得 1 分. 这个过程可以在表 23-5 中表示出来. 将每一行的最大值求出后填在表的最右一列中,然后再求这一列的最小值,用圆圈将其圈出.

同样,乙队采用策略 B_1,B_2,B_3,最坏的可能分别为 $\min\{-3,-6,5\}=-6$,$\min\{-1,0,1\}=-1$,$\min\{-2,3,-4\}=-4$.最好的结果为$\max\{-6,-1,-4\}=-1$,即乙队应采取策略 B_2.这个过程可表示为取表 23-5 前 3 列各列的最小值,填写在表的最后一行中,然后求出这一行的最大值,用圆圈圈出.

容易发现,对甲队而言,从最坏的可能求最好的结果的原则确定应采取策略 A_1;对乙队而言,应采取策略 B_2. 此时,A 方的支付为 -1. 只要甲队选定策略 A_1,乙队必须选择策略 B_2,否则甲队的支付会更小,对乙队不利;另一方面,只要乙队选定了策略 B_2,甲队必须选择策略 A_1,否则甲队的支付会增大,对甲队不利. 这样,双方的策略就会稳定为 A_1 和 B_2,不会轻易改变. 我们称局势 (A_1,B_2) 为该对策问题的一个**鞍点**或**平衡点**. 分别称 A_1 和 B_2 为甲队和乙队的最优策略. -1 称为 $(A$ 方) 对策的最优值.

对一般的两人零和对策问题有如下定义.

定义 23.1 设两人零和对策问题的支付矩阵为 $\boldsymbol{A}=(a_{ij})_{m\times n}$,若存在正整数 i_0,j_0,$i_0\leqslant m$,$j_0\leqslant n$,使得

$$a_{i_0 j_0}=\min_i\max_j a_{ij}=\max_j\min_i a_{ij} \tag{23.5}$$

成立,则称局势 (A_{i_0},B_{j_0}) 为对策问题的**鞍点**,$a_{i_0 j_0}$ 为对策的最优值.

我们有判别鞍点存在性的如下命题.

命题 23.1 设两人零和对策的支付矩阵为 $\boldsymbol{A}=(a_{ij})_{m\times n}$,若存在正整数 i_0,j_0 满足 $i_0\leqslant m$,$j_0\leqslant n$,使得

$$a_{i_0 j_0}=\min_i a_{ij_0}=\max_j a_{i_0 j}, \tag{23.6}$$

则 (A_{i_0},B_{j_0}) 为鞍点.

证 不难说明总成立

$$\max_j\min_i a_{ij}\leqslant\min_i\max_j a_{ij}. \tag{23.7}$$

事实上,因为 $\min_i a_{ij}\leqslant a_{ij}$,两边关于 j 取最大值得 $\max_j\min_i a_{ij}\leqslant\max_j a_{ij}$,

两边再关于 i 取最小值,注意到左边与 i 无关,即得

$$\max_j \min_i a_{ij} \leqslant \min_i \max_j a_{ij}.$$

另一方面,显然成立

$$\min_i a_{ij_0} \leqslant \max_j \min_i a_{ij} \text{ 和 } \max_j a_{i_0 j} \geqslant \min_i \max_j a_{ij},$$

由条件(23.6)得

$$\max_j \min_i a_{ij} \geqslant a_{i_0 j_0} \geqslant \min_i \max_j a_{ij}. \tag{23.8}$$

由(23.7)式和(23.8)式即知

$$a_{i_0 j_0} = \max_j \min_i a_{ij} = \min_i \max_j a_{ij}.$$

命题 23.1 给出了一个鞍点存在的条件. 对存在鞍点的两人零和纯策略对策,A,B 双方必须选择鞍点对应的策略 A_{i_0} 和 B_{j_0},此时 A 方的最优支付为 $a_{i_0 j_0}$,这样就解决了对策问题. 但并非所有的两人零和纯策略对策问题都存在鞍点. 例如§23.1中第二段和第三段都不存在鞍点,上述方法失效.

§23.3　混合策略对策

一、混合策略对策的概念

若对策要进行多次,鞍点又不存在,则局中人坚持采用一种固定的策略是很不明智的. 此时应根据某种概率分布来选用他的各个策略.

设 A 方用概率 x_i 采用策略 A_i,x_i 满足 $0 \leqslant x_i \leqslant 1$,$\sum_{i=1}^m x_i = 1$;$B$ 方以概率 y_j 采用策略 B_j,y_j 满足 $0 \leqslant y_j \leqslant 1$,$\sum_{j=1}^n y_j = 1$. 令

$$\boldsymbol{X} = (x_1, x_2, \cdots, x_m)^{\mathrm{T}}, \quad \boldsymbol{Y} = (y_1, y_2, \cdots, y_n)^{\mathrm{T}} \tag{23.9}$$

分别为 m 维和 n 维概率向量. 当 $\boldsymbol{X}$,$\boldsymbol{Y}$ 给定后,易知 A 方支付的期望值为

$$E(\boldsymbol{X}, \boldsymbol{Y}) = \boldsymbol{X}^{\mathrm{T}} \boldsymbol{A} \boldsymbol{Y}, \tag{23.10}$$

其中 $\boldsymbol{A} = (a_{ij})_{m \times n}$ 为 A 方的支付矩阵.

称表 23-6 所示的概率分布为 A 方的一个混合策略,称表 23-7 所示的概率分布为 B 方的一个混合策略. 我们亦可简单地称 $\boldsymbol{X}$ 或 $\boldsymbol{Y}$ 为 A 方或 B 方的混合策略.

表 23-6				
策略	A_1	A_2	$\cdots$	A_m
概率	x_1	x_2	$\cdots$	x_m

表 23-7				
策略	B_1	B_2	$\cdots$	B_n
概率	y_1	y_2	$\cdots$	y_n

现在,类似于纯策略对策的问题是:是否存在相应的概率向量 $\boldsymbol{X}_*$ 和 $\boldsymbol{Y}_*$,使得

$$\boldsymbol{X}_*^{\mathrm{T}} \boldsymbol{A} \boldsymbol{Y}_* = \max_{\boldsymbol{Y}} \min_{\boldsymbol{X}} \boldsymbol{X}^{\mathrm{T}} \boldsymbol{A} \boldsymbol{Y} = \min_{\boldsymbol{X}} \max_{\boldsymbol{Y}} \boldsymbol{X}^{\mathrm{T}} \boldsymbol{A} \boldsymbol{Y} \tag{23.11}$$

成立. 若存在这样的 $\boldsymbol{X}_*$ 和 $\boldsymbol{Y}_*$,则称($\boldsymbol{X}_*$, $\boldsymbol{Y}_*$)为混合策略对策的鞍点;$\boldsymbol{X}_*$ 称为 A 方的最优混合策略,$\boldsymbol{Y}_*$ 称为 B 方的最优混合策略,$\boldsymbol{X}_*^{\mathrm{T}} \boldsymbol{A} \boldsymbol{Y}_*$ 称为混合策略对策的最优解.

类似于命题 23.1,我们可以证明下列命题.

命题 23.2　若存在 m 维和 n 维概率向量 $\boldsymbol{X}_*$ 和 $\boldsymbol{Y}_*$ 成立

$$\boldsymbol{X}_*^{\mathrm{T}} \boldsymbol{A} \boldsymbol{Y}_* = \min_{\boldsymbol{X}} \boldsymbol{X}^{\mathrm{T}} \boldsymbol{A} \boldsymbol{Y}_* = \max_{\boldsymbol{Y}} \boldsymbol{X}_*^{\mathrm{T}} \boldsymbol{A} \boldsymbol{Y}, \tag{23.12}$$

则($\boldsymbol{X}_*$, $\boldsymbol{Y}_*$)必为混合策略对策的鞍点.

著名数学家冯·诺依曼(von Neumann)等还证明了,对混合策略对策总存在鞍点,即有下面的命题.

命题 23.3　必存在概率向量 $\boldsymbol{X}_*$ 和 $\boldsymbol{Y}_*$,使得

$$\boldsymbol{X}_*^{\mathrm{T}} \boldsymbol{A} \boldsymbol{Y}_* = \min_{\boldsymbol{X}} \max_{\boldsymbol{Y}} \boldsymbol{X}^{\mathrm{T}} \boldsymbol{A} \boldsymbol{Y} = \max_{\boldsymbol{Y}} \min_{\boldsymbol{X}} \boldsymbol{X}^{\mathrm{T}} \boldsymbol{A} \boldsymbol{Y},$$

其中 $\boldsymbol{X}$ 和 $\boldsymbol{Y}$ 分别取遍所有 m 维和 n 维概率向量.

二、混合策略对策的求解

1. 化为线性规划问题

显然,A 方采用混合策略 $\boldsymbol{X}_*$ 的目标是使

$$\boldsymbol{X}_*^{\mathrm{T}} \boldsymbol{A} \boldsymbol{Y}_* = \min_{\boldsymbol{X}} \max_{\boldsymbol{Y}} \boldsymbol{X}^{\mathrm{T}} \boldsymbol{A} \boldsymbol{Y}. \tag{23.13}$$

设 A 方选定混合策略 $\boldsymbol{X}$,而 B 方采用混合策略 $\boldsymbol{e}_j$($y_j = 1$, $y_k = 0$, $k \neq j$),则 A 方支付的期望值为

$$E_j = \boldsymbol{X}^{\mathrm{T}} \boldsymbol{A} \boldsymbol{e}_j = \sum_{i=1}^{m} a_{ij} x_i, \tag{23.14}$$

当 $\boldsymbol{Y}$ 为任一概率向量时,有

$$\boldsymbol{X}^{\mathrm{T}} \boldsymbol{A} \boldsymbol{Y} = \boldsymbol{X}^{\mathrm{T}} \boldsymbol{A} \Big(\sum_{j=1}^{n} y_j \boldsymbol{e}_j \Big) = \sum_{j=1}^{n} E_j y_j. \tag{23.15}$$

因此

$$\max_{\boldsymbol{Y}} \boldsymbol{X}^{\mathrm{T}} \boldsymbol{A} \boldsymbol{Y} = \max_{\boldsymbol{Y}} \sum_{j=1}^{n} E_j y_j \triangleq u. \tag{23.16}$$

由于 $\sum_{j=1}^{n} y_j = 1$, 因此显然有

$$u = \max_{j} E_j = E_k \quad (1 \leqslant k \leqslant n). \tag{23.17}$$

A 方选取的混合策略 $\boldsymbol{X}_*$ 应使 u 取最小值, 但它必须满足约束(23.17)和它是概率向量的要求. 于是求 $\boldsymbol{X}_*$ 的问题化为解以下线性规划问题:

$$\begin{cases} \min u, \\ \text{s. t. } \sum_{i=1}^{m} a_{ij} x_i \leqslant u, \quad j = 1, 2, \cdots, n, \\ \sum_{i=1}^{m} x_i = 1, \\ x_i \geqslant 0, \quad i = 1, 2, \cdots, m. \end{cases} \tag{23.18}$$

令 $X_i = x_i / u$, $x_0 = 1/u$, 上述线性规划问题可化为

$$\begin{cases} \max x_0 = \sum_{i=1}^{m} X_i, \\ \text{s. t. } \sum_{i=1}^{m} a_{ij} X_i \leqslant 1, \quad j = 1, 2, \cdots, n, \\ X_i \geqslant 0, \quad i = 1, 2, \cdots, m. \end{cases} \tag{23.19}$$

同理, 求 $\boldsymbol{Y}_*$ 的问题也可化为解线性规划问题

$$\begin{cases} \max v, \\ \text{s. t. } \sum_{j=1}^{n} a_{ij} y_j \geqslant v, \quad i = 1, 2, \cdots, m, \\ \sum_{j=1}^{n} y_j = 1, \\ y_j \geqslant 0, \quad j = 1, 2, \cdots, n \end{cases} \tag{23.20}$$

或

$$\begin{cases} \min y_0 = \sum_{j=1}^{n} Y_j, \\ \text{s. t. } \sum_{j=1}^{n} a_{ij} Y_j \geqslant 1, \quad i = 1, 2, \cdots, m, \\ Y_j \geqslant 0, \quad j = 1, 2, \cdots, n, \end{cases} \tag{23.21}$$

其中 $Y_j = y_j/v$，$y_0 = 1/v$.

2. 一个有用的特例

引入 m 维概率向量 $\bar{e}_i = (x_1, x_2, \cdots, x_m)^T$，满足 $x_i = 1$，$x_k = 0$ $(k \neq i)$. 若存在 A，B 方的混合策略 $\boldsymbol{X}_*$，$\boldsymbol{Y}_*$，使得对一切 $i = 1, 2, \cdots, m$ 和 $j = 1, 2, \cdots, n$，$\boldsymbol{X}_*^T A e_j$ 和 $\bar{e}_i A \boldsymbol{Y}_*$ 为相等常数，则 $(\boldsymbol{X}_*, \boldsymbol{Y}_*)$ 为混合策略对策的鞍点. 即有下述命题.

命题 23.4 若存在 m 维概率向量 $\boldsymbol{X}_*$ 和 n 维概率向量 $\boldsymbol{Y}_*$ 及常数 E，使得对 $i = 1, 2, \cdots, m$，$j = 1, 2, \cdots, n$ 成立

$$\boldsymbol{X}_*^T A e_j = \bar{e}_i A \boldsymbol{Y}_* = E, \qquad (23.22)$$

则 $(\boldsymbol{X}_*, \boldsymbol{Y}_*)$ 为混合策略对策的一个鞍点.

证 显然有

$$E = \boldsymbol{X}_*^T A \boldsymbol{Y}_*.$$

事实上，对任何 n 维概率向量 $\boldsymbol{Y} = (y_1, y_2, \cdots, y_n)^T$，有

$$\boldsymbol{X}_*^T A \boldsymbol{Y} = \boldsymbol{X}_*^T A \Big(\sum_{j=1}^n y_j e_j \Big) = E \sum_{j=1}^n y_j = E.$$

所以

$$\max_{\boldsymbol{Y}} \boldsymbol{X}_*^T A \boldsymbol{Y} = E = \boldsymbol{X}_*^T A \boldsymbol{Y}_*. \qquad (23.23)$$

同理有

$$\min_{\boldsymbol{X}} \boldsymbol{X}^T A \boldsymbol{Y}_* = E = \boldsymbol{X}_*^T A \boldsymbol{Y}_*, \qquad (23.24)$$

由命题 23.2，即得结论.

§23.4 在水雷战中的应用

一、水道上只有一个水雷的情形

设 A 为扫雷方，B 为布雷方，水雷计数器可设置为 1，2，扫雷方可以扫雷 0 次或 1 次，支付表由表 23-8 给出.

表 23-8

结果 \ B \ A	1	2	max
0	0.1	0	0.1
1	0	0.1	0.1
min	0	0	

显然,不存在纯策略对策的鞍点,只能用混合策略对策.我们设法用命题23.4的结论.

此时,$a_{11} = a_{22} = 0.1$,$a_{12} = a_{21} = 0$,解

$$\begin{cases} a_{11}x_1 + a_{21}x_2 = a_{12}x_1 + a_{22}x_2, \\ x_1 + x_2 = 1, \end{cases}$$

即

$$\begin{cases} x_1 = x_2, \\ x_1 + x_2 = 1, \end{cases}$$

得 $x_1 = x_2 = 0.5$,而 $E = a_{11}x_1 + a_{21}x_2 = 0.05$.

同理,解

$$\begin{cases} a_{11}y_1 + a_{12}y_2 = a_{21}y_1 + a_{22}y_2, \\ y_1 + y_2 = 1. \end{cases}$$

得 $y_1 = y_2 = 0.5$,$a_{11}y_1 + a_{12}y_2 = 0.05 = E$. 于是 A,B 双方的最优混合策略均为$(0.5, 0.5)^\mathrm{T}$,最优值为 $E = 0.05$,即扫雷方应采用不扫雷和扫雷一次的概率各为 0.5 的混合策略;布雷方应采用计数器设置为 1 和 2 的概率各为 0.5 的混合策略.最优解是驶过水道的船只被水雷炸毁的概率为 0.05.

二、航道中有多个水雷的情形

设航道中有 N 个水雷,随机地分布在航道中.对航道中有一个水雷、计数器可以设置为 $1, 2, \cdots, n$,在船只进入航道之前可扫雷 $0, 1, \cdots, m-1$ 次的情形,设计数器设置为 j,扫雷 $i-1$ 次时,船被炸沉的概率为 $a_{ij}(i = 1, 2, \cdots, m, j = 1, 2, \cdots, n)$.

1. 水雷计数器设置相同的情形

设 N 个水雷计数器全部设置为同一个数.设此段航道共长 L,N 个水雷随机分布在航道上.那么一个水雷在长度微元 Δl 中的概率为$\dfrac{N\Delta l}{L}$.当水雷计数器设置为 j,扫雷 $i-1$ 次时,船只安全通过这段长度微元的概率为

$$1 - \frac{N a_{ij} \Delta l}{L}. \tag{23.25}$$

令 $p(l)$ 表示船只安全到达航道 l 处的概率,那么有

$$p(l + \Delta l) = p(l)\Big(1 - \frac{N a_{ij} \Delta l}{L}\Big), \tag{23.26}$$

即

$$\frac{p(l+\Delta l)-p(l)}{\Delta l} = -p(l)\frac{Na_{ij}}{L}, \tag{23.27}$$

令 $\Delta l \rightarrow 0$，可得

$$\frac{\mathrm{d}p(l)}{\mathrm{d}l} = -\frac{Na_{ij}}{L}p(l). \tag{23.28}$$

解得

$$p(l) = p(0)\exp\left(-\frac{Na_{ij}}{L}l\right), \tag{23.29}$$

注意到 $p(0)=1$，即得船安全驶过航道的概率为

$$p_{ij} = p(L) = \exp(-Na_{ij}), \tag{23.30}$$

而炸沉的概率为

$$R_{ij} = 1-\exp(-Na_{ij}). \tag{23.31}$$

由此可见，当有 N 个水雷时，炸沉的概率并不简单地为 1 个水雷时炸沉概率的 N 倍. 但当 $Na_{ij} \ll 1$ 时，有

$$R_{ij} \approx Na_{ij}. \tag{23.32}$$

例如，对布雷方用 2 个水雷，计数器可分别设置为 1，2，3，扫雷方可扫雷 0，1 次的情形，扫雷方的支付矩阵为(此时满足 $Na_{ij} \ll 1$)

$$\boldsymbol{A} = \begin{bmatrix} 0.2 & 0 & 0 \\ 0 & 0.2 & 0 \end{bmatrix},$$

用混合策略对策可求得鞍点为 $((0.5, 0.5)^{\mathrm{T}}, (0.5, 0.5, 0)^{\mathrm{T}})$，最优值为 0.1，即船被炸沉的概率为 0.1.

2. 计数器设置可不同的情形

设 N 个水雷的计数器设置为 j 的概率为 $y_j (j=1, 2, \cdots, n)$，又设扫雷方可以不均匀扫雷，水道中扫雷 i 次的航道占航道总长度的比率为 $x_{i+1}(i=0, 1, 2, \cdots, m-1)$，那么一条船驶过航道被炸沉的概率的期望值近似为

$$N\sum_{i, j}a_{ij}x_iy_j, \tag{23.33}$$

其中 a_{ij} 为布雷方有 1 个水雷，计数器可设置为 1 至 n，扫雷方可扫雷 0 至 $m-1$ 次的对策问题扫雷方的支付矩阵.

现在考察有 2 个水雷，水雷计数器可设置为 1，2，3；扫雷艇不扫雷和

扫一次雷的长度之比分别为$(1-k\Delta)$：$k\Delta$（$k=0,1,\cdots,M$），其中 $\Delta = \dfrac{1}{2^m}$，$M=2^m$. 由于

$$\boldsymbol{A}=(a_{ij})=\begin{bmatrix} 0.1 & 0 & 0 \\ 0 & 0.1 & 0 \end{bmatrix},$$

因此(23.33)式化为

$$2[(1-k\Delta)\cdot 0.1y_1 + k\Delta\cdot 0.1\cdot y_2]. \tag{23.34}$$

取定 $\Delta=\dfrac{1}{2^m}$，扫雷方可以有取 $M+1$ 种不同扫雷长度比的策略；布雷方可有两水雷计数器设置为$(1,1)$，$(1,2)$，$(1,3)$，$(2,2)$，$(2,3)$，$(3,3)$等 6 种策略，(y_1,y_2)对应取值为$(1,0)$，$(0.5,0.5)$，$(0.5,0)$，$(0,1)$，$(0,0.5)$，$(0,0)$. 由(23.34)式可得此对策问题的支付表(见表 23-9).

表 23-9

不扫雷比率 ＼ 水雷设置 结果	(1, 1)	(1, 2)	(1, 3)	(2, 2)	(2, 3)	(3, 3)	max
1	0.2	0.1	0.1	0	0	0	0.2
$1-\Delta$	$0.2(1-\Delta)$	0.1	$0.1(1-\Delta)$	0.2Δ	0.1Δ	0	$0.2(1-\Delta)$
$\vdots$	$\vdots$	$\vdots$	$\vdots$	$\vdots$	$\vdots$	$\vdots$	$\vdots$
0.5	0.1	0.1	0.05	0.1	0.05	0	⑩0.1
$\vdots$	$\vdots$	$\vdots$	$\vdots$	$\vdots$	$\vdots$	$\vdots$	$\vdots$
Δ	0.2Δ	0.1	0.1Δ	$0.2(1-\Delta)$	$0.1(1-\Delta)$	0	$0.2(1-\Delta)$
0	0	0.1	0	0.2	0.1	0	0.2
min	0	⑩0.1	0	0	0	0	

这是一个纯策略对策问题,鞍点存在. 扫雷方的最优策略为航道中扫雷 1 次与不扫雷的路程之比为 1：1,布雷方的最优策略为$(1,2)$,即一个水雷的计数器设置为 1,另一水雷的计数器设置为 2,最优解为 0.1,即船被炸沉的概率为 0.1.

三、多艘船驶过航道的情形

现考察有 M 艘船驶过航道的情形. 严格说来,在多艘船驶过航道时,某艘船引爆水雷并不一定是它激发水雷时,水雷被激发的次数恰好等于水雷计数器的设定数. 但几艘船同时激发一个水雷的可能性较小,不妨忽略这种情形. 于是,当

航道中有一个水雷,计数器设置为 j,扫雷 $i-1$ 次时,M 艘船中有一艘被炸沉的概率为 Ma_{ij}.

要严格决定航道中被炸沉的船数需要随机过程的理论.但对炸沉概率较小的情形,可以导出一个误差不大的近似.设 M 艘船驶入有 N 个水雷的航道,一艘船在航道微元 Δl 中被炸沉的概率为

$$\frac{MNa_{ij}\Delta l}{L},\tag{23.35}$$

因此损失服从泊松(Poisson)分布,被炸沉船数的期望为

$$\mu_{ij} = MNa_{ij}.\tag{23.36}$$

因此,若一艘船时对策的最优值为 E,M 艘船时的最优值为 ME.

§23.5 两人非零和对策

一、年度财政预算问题

到目前为止我们处理的都是零和对策,即一方所得恰为另一方所失的完全竞争问题.然而,在自然和社会中有大量的非完全竞争,即非零和对策.一个比较有趣的实例是 1981 年美国国会表决里根(Reagen)总统年度财政预算时,民主党和共和党的斗争.民主党议员可以采取大体支持里根和反对里根两种策略;共和党议员可采取完全支持里根和与民主党妥协两种策略.当时的《纽约时报》分析了两党采用不同的策略可能出现的各种结果,归纳为表 23-10.

表 23-10

结果　　共和党 民主党	完全支持里根	妥　　　　协
大体支持里根	共和党胜,民主党避免受到谴责	共和党胜,但里根方案修正,民主党也得分
反对里根	里根预算通不过,民主党受谴责	共和党很多项目被删除,民主党在本年度预算中看上去起主要作用

将两党竞争的结果量化为 1～4,数字越大表明得益越多.于是有赢利表(见表 23-11,请读者思考赢利表与以前定义的支付表有什么区别).

表 23-11

赢 利 表　　　b_i a_i	b_1	b_2
a_1	(2, 4)	(3, 3)
a_2	(1, 2)	(4, 1)

由于双方的得益不完全相反,因此必须分别标明.赢利表里各个括号(即赢利对)中第一个数字表征民主党的得益,第二个数字表征共和党的得益.

非零和对策的赢利表也可以简单地表示成

$$(2, 4) \quad (3, 3)$$
$$(1, 2) \quad (4, 1)$$

在非零和对策中通常要确定对策的原则.本段中我们采用的是"理性原则",即假定局中人在对策中只考虑自己的得失.我们还假设对策双方事先不能预知对方采取什么策略,且双方必须同时作出选择.在这样的假设下,我们可以将上述赢利表分为民主党的赢利表和共和党的赢利表,分别按从最坏可能求最好结果的最大最小方法选取最优策略.对民主党,取赢利表各行元素最小值的最大值为 2(见表 23-12),即民主党应采取第一个策略,即大体上支持里根.

表 23-12

结果　　　b_i a_i	b_1	b_2	min
a_1	2	3	②
a_2	1	4	1

对共和党,取赢利表各列元素最小值的最大值 2(见表 23-13).共和党应采取第一种策略,完全支持里根.

表 23-13

结 果　　　b_i a_i	b_1	b_2
a_1	4	3
a_2	2	1
min	②	1

这两张表也可以合起来,写为表 23-14.

表 23-14

(2，4)	(3，3)	②
(1，2)	(4，1)	1
②	1	

二、纳什(Nash)均衡点

纳什对非零和对策作出了重要的贡献,纳什均衡就是他提出的一个重要概念.假设对策双方遵循"无悔原则",即决策要达到双方的策略一旦选定,任何一方擅自单方面改变自己的策略,只会导致自己收益的下降.当然,我们还是假设双方不能预知对方选取什么策略,假定双方的选择是同时作出的.

设甲和乙进行对策,赢利表为

$$(a_{11}，b_{11})\quad(a_{12}，b_{12})$$
$$(a_{21}，b_{21})\quad(a_{22}，b_{22})$$

其中 a_{ij} 为甲得到的赢利, b_{ij} 为乙得到的赢利.如果存在 i_0， j_0,使得元素 $a_{i_0 j_0}$ 取到甲的赢利矩阵中它所在列元素 $a_{ij_0}(1 \leqslant i \leqslant 2)$ 的最大值; $b_{i_0 j_0}$ 取到乙的赢利矩阵中它所在行元素 $b_{i_0 j}(1 \leqslant j \leqslant 2)$ 的最大值;那么就称 $(a_{i_0 j_0}，b_{i_0 j_0})$ 为该对策的一个纳什均衡点.

这一概念容易推广到双方都有多于两个策略可供选择的情况.为求纳什均衡点,可对赢利表中的赢利对的第一个元素按列求出最大值,在最大元素标上"＊"号;再对赢利对的第二个元素按行求出最大值,标上"＊"号.赢利对两个元素同时标有"＊"号的就是纳什均衡点.例如有以下赢利表:

$$(5，2)\quad(3，0)\quad(8，1)\quad(2，3)$$
$$(6，3)\quad(5，4)\quad(7，4)\quad(1，1)$$
$$(7，5)\quad(4，6)\quad(6，8)\quad(0，2)$$

用上述方法可得纳什均衡点(有两个"＊"号的赢利对):

$$(5，2)\quad(3，0)\quad(8^*，1)\quad(2^*，3^*)$$
$$(6，3)\quad(5^*，4^*)\quad(7，4^*)\quad(1，1)$$
$$(7^*，5)\quad(4，6)\quad(6，8^*)\quad(0，2)$$

(2，3)和(5，4)是两个纳什均衡点.

纳什均衡点并不一定存在,例如以下赢利表所表示的对策就没有均衡点:

$$(2^*, 1) \quad (1, 2^*)$$
$$(1, 2^*) \quad (2^*, 1)$$

如果纳什均衡点存在,双方选择它所对应的策略,显然符合"无悔原则".以下是一个对策理论中著名的案例.虽然它以囚犯对策的形式出现,但是在经济学中有很重要的应用.

囚徒的困境　两人因涉嫌共同抢劫被捕,检察官已初步掌握他们抢劫的证据.他们很可能是持枪抢劫,但检察官未掌握持枪的足够证据.两人入狱后被关押在不同的牢房,避免他们串供.他们两人面临的情况是:如一方揭发另一方持枪,而另一方没有揭发,揭发方因作为证人而立功,免于刑事处分,被揭发者将被判 15 年徒刑;如相互揭发,两人都将被判 10 年徒刑;两人都不揭发,各被判 5 年徒刑.他们该如何选择?

两囚徒的对策可由表 23-15 刻画.

表 23-15

赢利表　囚徒乙 囚徒甲	揭发	不揭发
揭发 不揭发	$(-10, -10)$ $(-15, 0)$	$(0, -15)$ $(-5, -5)$

求出赢利表的纳什均衡点:

$$(-10^*, -10^*) \quad (0^*, -15)$$
$$(-15, 0^*) \quad (-5, -5)$$

可知,两人都应采取揭发对方的策略.

对囚徒困境问题,用最大最小收益的方法也得到同样结论.求最大最小收益如下:

$$(-10, -10) \quad (0, -15) \quad \boxed{-10}$$
$$(-15, 0) \quad (-5, -5) \quad -15$$
$$\boxed{-10} \quad\quad\quad -15$$

同样得到双方都应揭发对方的结论.

有意思的是,若双方都采取不揭发的策略,结果是双方都只判 5 年,显然比判 10 年好.然而双方不能事先互通信息,若一方不揭发,而另一方选择揭发,不揭发方会被判 15 年.所以任一方都不会轻易采用不揭发的策略.如双方可以商量,则情形就完全不同了,这种对策被称为**合作对策**,是对策论的另一研究内容.

三、两人非零和混合策略对策

如同零和对策的情形一样,我们可以将非零和纯策略对策推广到混合策略对策的情形.设甲和乙进行对策,甲是行局中人,他们的赢利表是

$$(a_{11},\ b_{11})\quad(a_{12},\ b_{12})$$
$$(a_{21},\ b_{21})\quad(a_{22},\ b_{22})$$

又设甲方用概率 x 采用策略 1,用概率 $1-x$ 采用策略 2;乙方用概率 y 采用策略 1,用概率 $1-y$ 采用策略 2,其中 $0\leqslant x,\ y\leqslant1$,如表 23-16 所示.

表 23-16

赢利表 乙方 甲方	y	$1-y$
x	$(a_{11},\ b_{11})$	$(a_{12},\ b_{12})$
$1-x$	$(a_{21},\ b_{21})$	$(a_{22},\ b_{22})$

此时,甲方的期望收益是

$$E_R(x,\ y)=a_{11}xy+a_{12}x(1-y)+a_{21}(1-x)y+a_{22}(1-x)(1-y),$$

乙方的期望收益是

$$E_C(x,\ y)=b_{11}xy+b_{12}x(1-y)+b_{21}(1-x)y+b_{22}(1-x)(1-y).$$

类似于非零和纯策略对策,定义非零和混合策略对策的纳什均衡.若存在概率分布 $(\bar{x},\ 1-\bar{x})$,$(\bar{y},\ 1-\bar{y})$,使得

$$E_R(x,\ \bar{y})\leqslant E_R(\bar{x},\ \bar{y}),\quad E_C(\bar{x},\ y)\leqslant E_C(\bar{x},\ \bar{y})$$

对一切概率分布 $(x,\ 1-x)$,$(y,\ 1-y)$ 成立,则称 $((\bar{x},\ 1-\bar{x}),\ (\bar{y},\ 1-\bar{y}))$ 为混合策略对策的纳什均衡对.在现在考虑的各方只有两个策略可供选择的情形,不妨将 $(\bar{x},\ \bar{y})$ 称为混合策略对策的纳什均衡对.

从第二段中可知,非零和纯策略对策的纳什均衡点不一定存在.但是,纳什证明了非零和混合策略对策一定存在纳什均衡.此结果甚至适用于多人对策的情形.这是纳什对对策论所作的主要贡献之一.他将零和对策的有关理论推广到非零和对策的情形,并获得重要的经济学应用,从而获得 1994 年诺贝尔经济学奖,这是对策论发展的一个重要里程碑.

综上所说,根据"无悔原则",求非零和混合策略对策,可以归结为求纳什均

衡.我们用这一观点来考察一个生物进化竞争问题.有些生物物种的繁殖取决于雄性动物之间的争斗,争斗获胜的一方获得交配权或占有领地从而获得更多的交配机会.然而有些雄性动物遇到争斗时会采取逃跑的办法.对这种情况,生物学家将同一物种中的动物分成鹰派和鸽派两类.在争斗时,鹰派总是攻击,而鸽派总是逃逸.

生物学家用适应度(fitness)来表示一个生物个体将自己的基因传播下去的能力.假设争斗中的胜者的适应度增加 $2a$,而败者的适应度减少 $2b$(因子 2 是为了避免以后出现分数),竞争的"赢利"情况可作如下分析:

(1) 鹰派遇到鹰派:两者相斗直到有一方受伤.由于各方都有 50% 的可能性获胜赢利 $2a$,或 50% 的可能性失败赢利 $-2b$,因此两方中每方的赢利可给定为

$$50\% \times 2a + 50\% \times (-2b) = a - b.$$

(2) 鹰派遇到鸽派:由于鸽派逃离,并无争斗发生,鹰派赢利 $2a$,鸽派不得亦不失.

(3) 鸽派遇到鸽派:两者都有 50% 机会使适应度增加 $2a$,因此,每方的赢利为

$$50\% \times 2a = a.$$

在各种情况下甲乙各方的赢利如表 23-17 所示,其中 H 和 D 分别表示选择鹰派和选择鸽派.

表 23-17

赢　利　表　乙方选择　　甲方选择	H	D
H	$(a-b, a-b)$	$(2a, 0)$
D	$(0, 2a)$	(a, a)

有意思的是,一般这些物种的种群中鸽派不会完全消失,而会保持一定比例,对此我们将用对策论的观点作出定量的解释.

首先讨论 $a > b$ 的情形.此时存在纯策略对策的纳什均衡点 $(a-b, a-b)$,

$$(a-b^*, a-b^*) \quad (2a^*, 0)$$
$$(0, 2a^*) \quad (a, a)$$

双方都应采用第一种策略,即竞争的结果最后只剩下鹰派.由于 $a > b$,意味着争斗结果是胜者获得的适应度超过受伤者减少的适应度,种群中鹰派多是有利

的. 事实上, 有些动物在争夺配偶或地盘时只是象征性地争斗, 败者很少受伤. 所以这种动物, 个个都参加争斗, 个个都是鹰派.

再讨论 $a < b$ 的情形. 用混合策略对策. 设一方(甲方)分别用概率 x 和 $1-x$ 采用策略 1 和策略 2; 另一方(乙方)分别用概率 y 和 $1-y$ 采用策略 1 和策略 2, 其赢利如表 23-18 所示.

表 23-18

赢　利　表　乙　方 甲　方	y	$1-y$
x	$(a-b,\ a-b)$	$(2a,\ 0)$
$1-x$	$(0,\ 2a)$	$(a,\ a)$

不难得到行对策者和列对策者的期望收益分别是

$$E_R(x,\ y) = (a-b)xy + 2ax(1-y) + a(1-x)(1-y)$$
$$= -bxy + a(x-y) + a,$$

$$E_C(x,\ y) = (a-b)xy + 2a(1-x)y + a(1-x)(1-y)$$
$$= -bxy - a(x-y) + a.$$

若 $(\bar{x},\ \bar{y})$ 是问题的纳什均衡对, 根据定义应有 $\bar{x},\ \bar{y} \in [0,\ 1]$, 且对一切 $x,\ y \in [0,\ 1]$, 成立

$$E_R(x,\ \bar{y}) \leqslant E_R(\bar{x},\ \bar{y}),\quad E_C(\bar{x},\ y) \leqslant E_C(\bar{x},\ \bar{y}),$$

由 $E_R(x,\ y)$ 和 $E_C(x,\ y)$ 的表达式, 对一切 $x,\ y \in [0,\ 1]$, $\bar{x}$ 和 $\bar{y}$ 应同时满足

$$\begin{cases} -bx\bar{y} + a(x-\bar{y}) + a \leqslant -b\bar{x}\bar{y} + a(\bar{x}-\bar{y}) + a, \\ -b\bar{x}y - a(\bar{x}-y) + a \leqslant -b\bar{x}\bar{y} - a(\bar{x}-\bar{y}) + a, \end{cases}$$

即满足

$$\begin{cases} x\left(\dfrac{a}{b} - \bar{y}\right) \leqslant \bar{x}\left(\dfrac{a}{b} - \bar{y}\right), \\ y\left(\dfrac{a}{b} - \bar{x}\right) \leqslant \bar{y}\left(\dfrac{a}{b} - \bar{x}\right). \end{cases}$$

不难看出, 此时必须成立 $\bar{x} = \bar{y} = \dfrac{a}{b}$, 即 $\left[\left(\dfrac{a}{b},\ 1-\dfrac{a}{b}\right),\ \left(\dfrac{a}{b},\ 1-\dfrac{a}{b}\right)\right]$ 是混合策略对策的纳什均衡对, 亦即竞争的结果是: 在种群中, 鹰派占 $\dfrac{a}{b}$, 鸽派占 $1-\dfrac{a}{b}$.

习　　题

1. 某市有两个电视台 A 和 B,在同一时间内,A 台有 3 套节目可供选择播放,B 台有 4 套节目可供选择播放.民意测验表明,当 A 台播放第 i 套节目、B 台同时播放第 j 套节目时,观众收看 A 台节目的百分率为 a_{ij},故有

$$A = (a_{ij}) = \begin{bmatrix} 60 & 20 & 30 & 55 \\ 50 & 75 & 45 & 60 \\ 70 & 45 & 35 & 30 \end{bmatrix}.$$

为使自己的节目拥有更多观众,这两个电视台应安排哪一套节目?

2. 两小组举行某项比赛,各抽一个队员进行比赛.第一组的 3 个队员为甲、乙、丙,第二组 3 个队员为 A, B, C.设各队员比赛第一组队员取胜的机会如表 23-19 所示,求此对策问题的解.

表 23-19

第一组取胜机会　第二组　第一组	A	B	C
甲	0.5	0.6	0.1
乙	0.6	0.7	0.8
丙	0.2	0.5	0.9

3. 甲、乙双方交战,乙方用 3 个师防守一城市.若有 2 条公路通向该城,甲方用 2 个师进攻该城.甲方可以 2 个师各从一条公路进攻,也可以 2 个师一起从一条公路攻城.乙方可用 3 个师守一条公路或 2 个师守一条公路,另一个师守另一条公路.设公路上哪一方军队多,该方就控制了公路;若军队数量相同,双方各有一半机会(守住城或攻入城).计算双方的支付矩阵并求最佳决策和决策的最佳值.

4. 战斗机的常规战术是从太阳的方向从上向下攻击战斗轰炸机.但若每架战斗机都采用这样的战术,战斗轰炸机驾驶员可以戴上太阳眼镜搜索战斗机并进行攻击.战斗机的另一战术是从下向上直接攻击战斗轰炸机.但从下向上飞行速度较慢,且容易被发现和击落.表 23-20 列出了双方采取不同策略时,战斗机生存的概率.试求双方的最佳策略和最佳对策值.

表 23-20

结果　轰炸机驾驶员搜索　战斗机攻击	向上搜索	向下搜索
背阳攻击	0.95	1
由下向上攻击	1	0

5. A 方有 2 架飞机,B 方有 4 个导弹连用来防守通向目标的 4 条路线.若飞机沿一条路线进攻,则防守该路线的导弹必击落一架飞机,但重装导弹的时间较长,仅能击落一架.若有飞机突破防线进而摧毁目标,A 方的赢利为 1,否则为 0.A 方可用的策略为:2 架飞机从不同路线进攻或 2 架飞机从同一路线进攻.B 方的策略分别为:每条路线各由 1 个导弹连防守;2 条路线各配 2 个连;一条路线配 2 个连,另外两条路线各配 1 个连;一条路线配 3 个连,另一条路线配 1 个连;一条路线配 4 个连,共 5 种.求最佳策略和最佳对策值.

6. 两架飞机相距 4 个时间单位的航程,两机各剩下一枚导弹.当两机相距 4 个时间单位的航程时,A 机击中 B 机的概率为 0.2,B 机击中 A 机的概率为 0.5;当两机相距 2 个时间单位的航程时,A 机击中 B 机的概率为 0.8,B 机击中 A 机的概率为 0.75;当两机距离为 0 时,A 机击中 B 机和 B 机击中 A 机的概率均为 1.设 A 机生存 B 机被击落,A 机的赢利为 1;反之,若 A 机被击落,B 机生存,A 机的赢利为 -1.设发射只能在 4 单位、2 单位或 0 单位时间完成.试对双方能觉察对方发射和不能觉察对方发射的两种情况,求双方的最佳策略和相应的对策值.

7. 对以下各非零和对策验证所给出的混合策略是否是纳什均衡对.

(1) $\begin{bmatrix} (3,\,2) & (2,\,4) \\ (2,\,3) & (4,\,-3) \end{bmatrix}$, $((1/2,\,1/2),\,(2/3,\,1/3))$;

(2) $\begin{bmatrix} (2,\,-3) & (-1,\,3) \\ (0,\,1) & (1,\,-2) \end{bmatrix}$, $((1/3,\,2/3),\,(1/3,\,2/3))$.

实 践 与 思 考

1. 职业申请问题:两个单位各有一个职位空缺,工资各为 $2a$ 和 $2b$.甲和乙同时申请,但每人只能申请一个单位.若单位只收到一份申请,就将职位提供给申请者;若同时收到两份申请,则随机将职位给其中一人.

对此问题分别讨论当两单位提供的工资接近和相差悬殊时,甲和乙该如何对策?

第二十四章　机票超订策略模型

提要　本章利用概率论的有关知识研究机票超订策略问题,以使航空公司的利益最大化.所用的数学知识涉及概率论初步.

§24.1　问题的提出

飞机是人们长途旅行的有效交通工具,乘坐飞机需要预先购买机票.但是由于各种原因,某些预订了机票的乘客可能无法前往机场搭乘飞机,使得飞机出现一些空位.针对这种情况,航空公司通常会采用机票超订的策略,也就是售出的机票数超过飞机实际拥有的座位数,以获取更大的利益.然而,这也有可能导致一些购买了机票的乘客因飞机满员而无法上机,耽误乘客的行程.

对于这些无法搭乘预订航班的乘客,航空公司会采用多种方法进行处理:对一些乘客不给予任何赔偿,而另一些乘客将被安排搭乘后面的其他航班,还有一些乘客则会获得现金赔偿、折扣券或免费机票等.

本章的目的是要建立一个面向航空公司的模型,来解释航空公司为何要超过其装载能力超额预订机票;这个模型是否能使航空公司真正获益.进一步,我们需要考虑航空公司应采用怎样的超订策略,才能使得总的收益达到最大.

§24.2　无超订的模型

为了有助于理解问题,从最简单的情形入手来建立模型.

飞机航班的运营费用主要依赖于乘坐该航班的乘客数量.航班不管坐满与否都要付钱给飞行员、领航员、工程师和乘务人员.坐满乘客与坐一半乘客所需的燃料消耗差别是很小的,因为飞机携带的到达目的地所需要的燃料占了载重量的很大的比例.而起降、卸载及机场费用是独立的,与乘客数没有关系.因此,可以假定飞机航班的运行费用为常数 f,与乘客数无关.这样,从某种意义上来说,每个被载乘客所支付的费用就是利润.虽然不同的乘客支付的费用是不同的,如头等舱、经济舱等.为方便起见,暂时假定所有乘客支付的费用都相同.

假设飞机的容量为 N,机票价格为 g,实际搭乘航班的乘客数为 n,那么这架飞机航班的利润应为 $ng-f$. 显然,这个简单模型具有我们所期望的性质. 当乘客数量增加时,利润也增加. 飞机航班的最大利润为 $Ng-f$. 在收支平衡点上,搭乘航班的乘客所支付的费用应正好支付航班的支出,即 $n=f/g$. 若乘客数少于这个数字,航班将有损失. 所有这些都是我们所期望的.

乍看这个简单模型,为了取得尽可能多的利润,航班要让飞机尽量客满. 一旦预订人数达到 N,飞机客满就不能再预订了. 问题是有些预订了机票的乘客可能并未乘坐这一航班. 一般航空公司允许支付全额费用的乘客可以免费签转机票,他们可以乘坐下一班飞机而机票依然有效. 每个预订了机票而未搭乘航班的乘客在搭乘下一个航班时,将会使该航班的收入减少. 因此航空公司为了避免这种损失,尽可能获取更多的利润,往往会采用超订策略.

为了叙述方便,预订了机票的乘客称为持票者,真正到达机场想要搭乘该次航班的持票者称为乘客,未到达机场的持票者称为未出现者,因飞机客满而无法登机的乘客称为无法登机者.

§24.3　简单超订模型

记预订航班的持票者数为 m,在超订策略下,允许 m 超过飞机的容量 N. 如果这 m 个持票者恰好有 k 个未出现者,则实到的乘客数为 $m-k$. 当 $m-k \leqslant N$,即 $k \geqslant m-N$ 时,这些乘客都可以上机,因而航班的机票收入为 $(m-k)g$. 而如果 $m-k>N$,即 $k<m-N$,那么只能有 N 个乘客搭乘该次航班,剩下的乘客只能被安排搭乘后续的航班. 对这个航班来说,其机票收入为 Ng. 由此可见,飞机航班的利润为

$$S_k = \begin{cases} (m-k)g-f, & k \geqslant m-N, \\ Ng-f, & k<m-N. \end{cases} \tag{24.1}$$

S_k 是一个随机变量,为了进行比较,我们计算它的数学期望. 假设有 k 个未出现者的概率为 P_k,则航班的期望收益为

$$\bar{S} = \sum_{k=0}^{m} P_k S_k = \sum_{k=0}^{m-N-1} P_k(Ng-f) + \sum_{k=m-N}^{m} P_k[(m-k)g-f]. \tag{24.2}$$

当 $m \leqslant N$ 时,(24.2)式中的第一个和式消失,$\bar{S}$ 由第二个和式单独给出,求和下限改为零,即

$$\bar{S} = \sum_{k=0}^{m} P_k[(m-k)g-f]. \tag{24.3}$$

实际上,这对应于需求不足的情况,预订航班的乘客数可能很小. 此时,讨论超订策略是没有意义的. 因此,我们仅考虑需要预订航班的乘客数很大,航空公司允许的最大预订数 $m(>N)$ 总是会达到的情形. 这是在繁忙线路上的航班可能会遇到的情况.

将(24.2)式改为

$$\bar{S} = \sum_{k=0}^{m} P_k(Ng - f) + \sum_{k=m-N}^{m} P_k[(m-k)g - f - (Ng - f)]$$

$$= (Ng - f)\sum_{k=0}^{m} P_k + \sum_{k=m-N}^{m} P_k(m - N - k)g.$$

由 P_k 的定义, $\sum_{k=0}^{m} P_k = 1$, 在上式的求和号中令 $j = N + k - m$, 有

$$\bar{S} = Ng - f + g\sum_{k=m-N}^{m} P_k(m - N - k)$$

$$= Ng - f - g\sum_{j=0}^{N} jP_{m-N+j}. \tag{24.4}$$

(24.4)式求和号中的每一项都是正,因此有 $\bar{S} \leqslant Ng - f$. 显然,获得接近最大期望利润的唯一方法就是减少所有的 $P_{m-N+j}(0 \leqslant j \leqslant N)$,使之尽可能接近于零. 而这可以通过使预订数 m 大大超过 N 来实现,因为随着预订机票的乘客数的增加,未出现者的概率会越来越小. 现在,我们可以理解为什么航班为了获得尽可能多的利益而故意超订了.

§24.4   考虑赔偿的超订模型

上一节的简单超订模型要求航空公司尽可能多地进行预订,从而获取理论上满员时达到的最大利润. 它对超订没有任何限制,尽管超订可能是航班容量的好几倍. 然而,这一策略使所有航班无法登机的乘客数随着超订水平的增加而增加. 因此,有必要对这一模型作进一步的改进.

由于超订使乘客人数超过飞机的容量,多余的乘客可能要被转至下一个航班,为此航空公司可能需要支付额外的费用(例如,因乘客签转航班,机票也将转至那个航班,由此产生了管理费,且潜在收入减少;因耽误乘客的行程支付的赔偿费等),统称为赔偿费.

假设对每个预订航班而未能上机的乘客的赔偿费为 b. 到达机场想要旅行的乘客数为 $m - k$. 当 $m - k \leqslant N$ 时,这些乘客都可以上机,航班无须支付赔偿

费,于是航班的利润仍为 $(m-k)g-f$. 当 $m-k>N$ 时,只能有 N 个乘客上机,对剩下的 $m-k-N$ 个持票者,航空公司需要支持赔偿费,此时,航班的利润为 $Ng-f-(m-k-N)b$. 因此,航班的利润(24.1)式应改写为

$$S_k = \begin{cases} (m-k)g-f, & k \geqslant m-N, \\ (Ng-f)-(m-k-N)b, & k < m-N. \end{cases} \tag{24.5}$$

期望利润为

$$\begin{aligned} \bar{S} &= \sum_{k=0}^{m} P_k S_k \\ &= \sum_{k=0}^{m-N-1} P_k[(Ng-f)-(m-k-N)b] + \sum_{k=m-N}^{m} P_k[(m-k)g-f] \\ &= \sum_{k=0}^{m-N-1} P_k[(N-m+k)g-(m-k-N)b] + (mg-f)\sum_{k=0}^{m} P_k - g\sum_{k=0}^{m} kP_k. \end{aligned}$$

注意到 $\sum_{k=0}^{m} P_k = 1$, 而 $\sum_{k=0}^{m} kP_k$ 为未出现者的期望值,记为 $\bar{k}$,于是有

$$\begin{aligned} \bar{S} &= mg-f-\bar{k}g-(b+g)\sum_{k=0}^{m-N-1} P_k(m-N-k) \\ &= (m-\bar{k})g-f-(b+g)\sum_{k=0}^{m-N-1} P_k(m-N-k). \end{aligned} \tag{24.6}$$

(24.6)式较为复杂,需要对其作一些验证,以检验这个结果的合理性. 为此,考虑一种特殊情况,在(24.6)式中令 $P_0 = 1$, $P_k = 0(k \geqslant 1)$. 这相当于没有乘客会不出现,即所有预订机票的乘客都会出现的情形. 在这种情况下,由于 $\bar{k} = 0$,因而(24.6)式可简化为

$$\begin{aligned} \bar{S} &= (m-\bar{k})g-f-(b+g)(m-N) \\ &= Ng-f-b(m-N). \end{aligned} \tag{24.7}$$

这表明,如果 m 个乘客预订了容量为 N 的航班,而他们都出现了,则利润将为满员航班的收入 $Ng-f$ 减去无法登机者 $m-N$ 的赔偿费 $(m-N)b$. 在这种情况下,最大利润在 $m = N$ 时达到,也就是不能超订,与第一个无超订模型完全一致.

到这里为止,我们对 P_k 的形式没有假设. 为了从建立的模型中获得更多的结果,对这些概率作出适当的假设是很有帮助的. 最简单的假设是对任意一个持票者,其出现的概率为 p,而不出现的概率为 $q(=1-p)$.

进一步假设,到达的乘客彼此之间是相互独立的. 这样,P_k 服从二项分布

$$P_k = C_m^k q^k p^{m-k}. \tag{24.8}$$

对二项分布,未出现者的数学期望为 $\bar{k} = qm = (1-p)m$,于是(24.6)式可写为

$$\bar{S} = pmg - f - (b+g) \sum_{k=0}^{m-N-1} P_k(m-N-k). \tag{24.9}$$

至此,航空公司所要做的就是使得期望利润 $\bar{S}$ 达到最大.期望利润的表达式 (24.9)式依赖于 g, b, f, p, N 和 m,其中费用和价格 f, g 和 b 通常由航空主管部门决定,而不是由单个航空公司决定,因而在短期内可视为常数,与预订机票的乘客数无关. p 和 N 是外部约束,也可视为常数,与预订机票的乘客数无关.这样,只剩下预订水平 m 作为控制参数.这个优化问题可以用枚举法进行求解.显然,最优预订水平至少为飞机的容量 N,因为当 $m < N$ 时,期望利润为

$$\bar{S} = \sum_{k=0}^{m} P_k[(mg-f) - kg] = (mg-f)\sum_{k=0}^{m} P_k - g\sum_{k=0}^{m} kP_k$$
$$= mg - f - qmg = pmg - f,$$

这是 m 的递增函数.

通常,当飞机航班载客率达到 60% 时,航班可以达到收支平衡,所以可以假设 $f = 0.6\,Ng$.于是,有

$$\frac{\bar{S}}{f} = \frac{1}{0.6N}\Big[pm - \Big(1 + \frac{b}{g}\Big)\sum_{k=0}^{m-N-1} P_k(m-N-k)\Big] - 1. \tag{24.10}$$

我们还可以计算出至少有 j 个无法登机者的概率

$$P\{n \geqslant j\} = \sum_{k=0}^{m-N-j} P_k, \tag{24.11}$$

其中 n 表示无法登机者的人数.

作为一个实例,设飞机容量为 $N = 300$,赔偿比例为 $b/g = 0.2$,持票者未出现的概率分别为 $q = 0.05$ 和 0.1,计算结果见表 24-1.

表 24-1

$q = 0.05$

m	$\bar{S}/f$	$P\{n \geqslant 1\}$	$P\{n \geqslant 5\}$
300	0.583 33	0.000 0	0.000 0
301	0.588 61	0.000 0	0.000 0
302	0.593 89	0.000 0	0.000 0
303	0.599 17	0.000 0	0.000 0
304	0.604 44	0.000 1	0.000 0
305	0.609 72	0.000 6	0.000 0

（续表）

m	$\overline{S}/f$	$P\{n \geqslant 1\}$	$P\{n \geqslant 5\}$
306	0. 614 98	0. 001 9	0. 000 0
307	0. 620 23	0. 005 2	0. 000 0
308	0. 625 42	0. 012 6	0. 000 1
309	0. 630 53	0. 026 7	0. 000 5
310	0. 635 47	0. 050 9	0. 001 6
311	0. 640 18	0. 088 5	0. 004 6
312	0. 644 54	0. 141 5	0. 011 1
313	0. 648 46	0. 210 6	0. 023 9
314	0. 651 85	0. 293 6	0. 046 1
315	0. 654 65	0. 386 8	0. 080 9
316	0. 656 83	0. 484 6	0. 130 8
317	0. 658 39	0. 581 2	0. 196 5
318	0. 659 39	0. 671 3	0. 276 5
319	0. 659 88	0. 750 9	0. 367 5
320	0. 659 96	0. 817 7	0. 464 2
321	0. 659 70	0. 871 1	0. 560 9
322	0. 659 19	0. 912 0	0. 652 2
323	0. 658 49	0. 941 8	0. 733 9
324	0. 657 67	0. 962 8	0. 803 3
325	0. 656 75	0. 977 0	0. 859 5
326	0. 655 78	0. 986 2	0. 903 0

$q = 0. 1$

m	$\overline{S}/f$	$P\{n \geqslant 1\}$	$P\{n \geqslant 5\}$
300	0. 500 00	0. 000 0	0. 000 0
301	0. 505 00	0. 000 0	0. 000 0
302	0. 510 00	0. 000 0	0. 000 0
303	0. 515 00	0. 000 0	0. 000 0
304	0. 520 00	0. 000 0	0. 000 0
305	0. 525 00	0. 000 0	0. 000 0
306	0. 530 00	0. 000 0	0. 000 0
307	0. 535 00	0. 000 0	0. 000 0
308	0. 540 00	0. 000 0	0. 000 0
309	0. 545 00	0. 000 0	0. 000 0
310	0. 550 00	0. 000 0	0. 000 0

(续表)

m	$\overline{S}/f$	$P\{n \geqslant 1\}$	$P\{n \geqslant 5\}$
311	0.555 00	0.000 0	0.000 0
312	0.560 00	0.000 0	0.000 0
313	0.565 00	0.000 0	0.000 0
314	0.570 00	0.000 1	0.000 0
315	0.575 00	0.000 2	0.000 0
316	0.579 99	0.000 5	0.000 0
317	0.584 99	0.001 0	0.000 0
318	0.589 97	0.002 1	0.000 1
319	0.594 95	0.003 8	0.000 2
320	0.599 91	0.006 8	0.000 4
321	0.604 83	0.011 6	0.000 8
322	0.609 72	0.019 0	0.001 7
323	0.614 53	0.029 7	0.003 1
324	0.619 25	0.044 7	0.005 6
325	0.623 85	0.065 1	0.009 7
326	0.628 28	0.091 5	0.016 0
327	0.632 51	0.124 6	0.025 3
328	0.636 50	0.164 8	0.038 6
329	0.640 19	0.211 8	0.056 7
330	0.643 57	0.265 1	0.080 5
331	0.646 59	0.323 8	0.110 7
332	0.649 23	0.386 4	0.147 8
333	0.651 47	0.451 4	0.191 7
334	0.653 33	0.517 0	0.242 2
335	0.654 80	0.581 4	0.298 4
336	0.655 90	0.643 1	0.359 1
337	0.656 66	0.700 6	0.422 9
338	0.657 10	0.753 1	0.488 0
339	0.657 27	0.799 7	0.552 7
340	0.657 20	0.840 2	0.615 4
341	0.656 93	0.874 7	0.674 6
342	0.656 49	0.903 3	0.729 2
343	0.655 92	0.926 7	0.778 3
344	0.655 23	0.945 3	0.821 5
345	0.654 47	0.959 8	0.858 6

从表 24-1 可以看出,当航班超订分别为 20 和 39 名乘客时,期望利润达到最大. 有 5 名或更多乘客无法登机的概率分别为 46% 和 55%.

表 24-2 给出了不同赔偿费对应的最优超订策略,所得到的结果与直观的期望完全一致. 随着赔偿费率 b/g 的增加,最优预订水平降低,相应的最大期望利润也下降,而乘客无法登机的概率则相应地减少.

表 24-2

$q=0.05$

b/g	使 $\overline{S}/f$ 最大的预订水平	$\overline{S}/f$	$P\{n \geqslant 5\}$
0.1	321	0.662 6	0.560 9
0.2	320	0.660 0	0.464 2
0.3	319	0.657 9	0.367 5
0.4	318	0.656 2	0.276 5
0.5	317	0.654 7	0.196 5

$q=0.10$

b/g	使 $\overline{S}/f$ 最大的预订水平	$\overline{S}/f$	$P\{n \geqslant 5\}$
0.1	342	0.661 0	0.729 2
0.2	339	0.657 3	0.552 7
0.3	338	0.654 4	0.488 0
0.4	337	0.651 9	0.422 9
0.5	336	0.649 9	0.359 1

$q=0.15$

b/g	使 $\overline{S}/f$ 最大的预订水平	$\overline{S}/f$	$P\{n \geqslant 5\}$
0.1	364	0.659 7	0.766 6
0.2	361	0.655 2	0.641 1
0.3	359	0.651 6	0.545 0
0.4	357	0.648 7	0.444 9
0.5	356	0.646 1	0.395 2

表 24-2 表明,至少有 5 个无法登机者的概率对 b 与 g 的比值的变化是非常敏感的,而期望利润对此变化相对不敏感. 因此在实际中,航空公司的决策者在确定赔偿费用时,可以高估 b,它虽然会使期望利润略有降低,但影响很小,而它对降低无法登机者的概率影响会很大,可以大大降低无法登机者的概率,从而减少对公司形象的负面影响.

利用(24.8)式计算未出现者的概率所花费的工作量非常巨大,可以用泊松分布代替二项分布. 当预订机票数 m 较大、每个持票者未出现的概率 q 较小时,有 k 个未出现者的概率近似服从参数为 $\lambda = mq$ 的泊松分布,即

$$P_k = \frac{\lambda^k}{k!} e^{-\lambda}. \tag{24.12}$$

表 24-3 给出了用泊松分布计算的结果.

比较表 24-1 和表 24-3 我们发现,两者的计算误差非常小.

表 24-3

$q = 0.05$

m	$\overline{S}/f$	$P\{n \geqslant 1\}$	$P\{n \geqslant 5\}$
300	0.583 33	0.000 0	0.000 0
301	0.588 61	0.000 0	0.000 0
302	0.593 89	0.000 0	0.000 0
303	0.599 17	0.000 0	0.000 0
304	0.604 44	0.000 2	0.000 0
305	0.609 72	0.000 7	0.000 0
306	0.614 98	0.002 3	0.000 0
307	0.620 22	0.006 1	0.000 0
308	0.625 40	0.014 3	0.000 2
309	0.630 49	0.029 6	0.000 6
310	0.635 41	0.055 2	0.002 0
311	0.640 08	0.094 1	0.005 4
312	0.644 40	0.148 1	0.012 7
313	0.648 27	0.217 3	0.026 6
314	0.651 63	0.299 6	0.050 1
315	0.654 40	0.391 1	0.086 3
316	0.656 56	0.486 7	0.137 2
317	0.658 13	0.580 8	0.203 2
318	0.659 14	0.668 7	0.282 7
319	0.659 66	0.746 5	0.372 2
320	0.659 77	0.812 2	0.466 7
321	0.659 55	0.865 4	0.561 0
322	0.659 07	0.906 4	0.650 0
323	0.658 41	0.937 0	0.729 8
324	0.657 61	0.958 8	0.798 0
325	0.656 71	0.973 9	0.853 8
326	0.655 75	0.983 9	0.897 4

（续表）

	$q = 0.1$		
m	$\overline{S}/f$	$P\{n \geqslant 1\}$	$P\{n \geqslant 5\}$
300	0.500 00	0.000 0	0.000 0
301	0.505 00	0.000 0	0.000 0
302	0.510 00	0.000 0	0.000 0
303	0.515 00	0.000 0	0.000 0
304	0.520 00	0.000 0	0.000 0
305	0.525 00	0.000 0	0.000 0
306	0.530 00	0.000 0	0.000 0
307	0.535 00	0.000 0	0.000 0
308	0.540 00	0.000 0	0.000 0
309	0.545 00	0.000 0	0.000 0
310	0.550 00	0.000 0	0.000 0
311	0.555 00	0.000 0	0.000 0
312	0.560 00	0.000 0	0.000 0
313	0.565 00	0.000 1	0.000 0
314	0.570 00	0.000 2	0.000 0
315	0.575 00	0.000 4	0.000 0
316	0.579 99	0.000 8	0.000 0
317	0.584 98	0.001 6	0.000 1
318	0.589 96	0.003 1	0.000 1
319	0.594 93	0.005 5	0.000 3
320	0.599 87	0.009 3	0.000 7
321	0.604 77	0.015 3	0.001 3
322	0.609 62	0.024 1	0.002 5
323	0.614 39	0.036 4	0.004 5
324	0.619 06	0.053 3	0.007 8
325	0.623 60	0.075 4	0.012 9
326	0.627 96	0.103 3	0.020 6
327	0.632 11	0.137 6	0.031 4
328	0.636 01	0.178 2	0.046 4
329	0.639 63	0.225 0	0.066 3
330	0.642 93	0.277 3	0.091 8
331	0.645 88	0.334 1	0.123 3
332	0.648 47	0.394 2	0.161 1
333	0.650 69	0.456 2	0.205 2
334	0.652 54	0.518 4	0.254 9
335	0.654 02	0.579 5	0.309 6
336	0.655 15	0.638 1	0.368 1
337	0.655 95	0.693 0	0.429 0
338	0.656 46	0.743 3	0.490 9
339	0.656 69	0.788 5	0.552 3

（续表）

m	$\overline{S}/f$	$P\{n \geqslant 1\}$	$P\{n \geqslant 5\}$
340	0.656 70	0.828 3	0.611 7
341	0.656 50	0.862 6	0.668 1
342	0.656 13	0.891 6	0.720 3
343	0.655 61	0.915 7	0.767 7
344	0.654 99	0.935 4	0.809 8
345	0.654 27	0.951 1	0.846 5

§24.5 多票价模型

如果一个航班上只有 1 个或 2 个乘客无法登机,那么不会产生很严重的后果,但如果有一群不满的乘客,就会在机场柜台引起难堪的景象,航空公司希望减少这种风险. 也就是航空公司在制订策略时,可能会适当降低期望利润,从而减少乘客无法登机的可能性至一个可以接受的水平. 一个通行的方法是,乘客可以用较低的票价获得机票,代价是只能在指定的航班上有效. 如果乘客无法搭乘那个航班,机票将被取消,乘客将遭受经济损失. 当然,也有一些乘客(主要是商务旅行者)为了保持他们计划中的灵活性仍准备付全价来购买机票,而另一些乘客(主要是度假者)将接受限制来降低旅行费用. 这样,航空公司就制定了多票价策略.

第二类乘客只能搭乘指定的航班,因而他们很少误机,可以假定他们未出现的概率为零. 这些乘客形成了出现在航班上的固定乘客.

假设有 j 个乘客预订了折扣票,其票价为全价票的 r 倍 $(0 < r < 1)$. 剩余的 $m-j$ 个乘客预订了全价票. 仍记预订全价票而未出现的人数为 k,则航班的利润可表示为

$$S = \begin{cases} jrg + (m-j-k)g - f, & k \geqslant m-N, \\ jrg + (N-j)g - f - (m-k-N)b, & k < m-N. \end{cases} \tag{24.13}$$

而现在 k 个未出现者的概率为 $m-j$ 个预订全价票的乘客中有 k 个不出现的概率,即

$$P_k = C_{m-j}^k q^k p^{m-j-k}, \tag{24.14}$$

因而,航班的期望利润为

$$\overline{S} = \sum_{k=0}^{m-N-1} P_k[(N-j(1-r))g - f - (m-k-N)b]$$

$$+ \sum_{k=m-N}^{m} P_k[(m-k-j(1-r))g-f]$$

$$= \sum_{k=0}^{m-N-1} P_k[(N-m+k)g-(m-k-N)b]$$

$$+ [(m-j(1-r))g-f]\sum_{k=0}^{m} P_k - g\sum_{k=0}^{m} kP_k$$

$$= (m-j(1-r))g - f - qmg - (b+g)\sum_{k=0}^{m-N-1} P_k(m-N-k)$$

$$= (pm-j(1-r))g - f - (b+g)\sum_{k=0}^{m-N-1} P_k(m-N-k). \qquad (24.15)$$

为确定起见,我们仍假设航班收支平衡保持在全价票和折扣票乘客的 60%,即平衡条件为

$$0.6(jrg+(N-j)g) = f$$

或

$$\frac{g}{f} = \frac{1}{0.6(N-(1-r)j)}. \qquad (24.16)$$

由(24.15)和(24.16)式可得

$$\frac{\bar{S}}{f} = \frac{1}{0.6(N-(1-r)j)}\left[pm-(1-r)j-\left(1+\frac{b}{g}\right)\sum_{k=0}^{m-N-1} P_k(m-N-k)\right]-1. \qquad (24.17)$$

采用枚举的方法编程可求得最大期望利润的超订方案. 表 24-4 给出了一些计算实例的结果,其中折扣票价与全价票的比例为 $r = 0.75$,每个持票者未出现的概率为 $q = 0.05$.

表 24-4

$j = 0$

m	$\bar{S}/f$	$P\{n \geqslant 1\}$	$P\{n \geqslant 5\}$
300	0.583 33	0.000 0	0.000 0
301	0.588 61	0.000 0	0.000 0
302	0.593 89	0.000 0	0.000 0
303	0.599 17	0.000 0	0.000 0
304	0.604 44	0.000 1	0.000 0
305	0.609 72	0.000 6	0.000 0
306	0.614 98	0.001 9	0.000 0

(续表)

m	$\overline{S}/f$	$P\{n\geqslant 1\}$	$P\{n\geqslant 5\}$
307	0.620 23	0.005 2	0.000 0
308	0.625 42	0.012 6	0.000 1
309	0.630 53	0.026 7	0.000 5
310	0.635 47	0.050 9	0.001 6
311	0.640 18	0.088 5	0.004 6
312	0.644 54	0.141 5	0.011 1
313	0.648 46	0.210 6	0.023 9
314	0.651 85	0.293 6	0.046 1
315	0.654 65	0.386 8	0.080 9
316	0.656 83	0.484 6	0.130 8
317	0.658 39	0.581 2	0.196 5
318	0.659 39	0.671 3	0.276 5
319	0.659 88	0.750 9	0.367 5
320	0.659 96	0.817 7	0.464 2
321	0.659 70	0.871 1	0.560 9
322	0.659 19	0.912 0	0.652 2
323	0.658 49	0.941 8	0.733 9
324	0.657 67	0.962 8	0.803 3
325	0.656 75	0.977 0	0.859 5
326	0.655 78	0.986 2	0.903 0

$$j = 50$$

m	$\overline{S}/f$	$P\{n\geqslant 1\}$	$P\{n\geqslant 5\}$
300	0.579 71	0.000 0	0.000 0
301	0.585 22	0.000 0	0.000 0
302	0.590 72	0.000 0	0.000 0
303	0.596 23	0.000 2	0.000 0
304	0.601 73	0.001 1	0.000 0
305	0.607 21	0.003 8	0.000 0
306	0.612 64	0.010 7	0.000 0
307	0.617 98	0.025 5	0.000 2
308	0.623 13	0.052 6	0.000 9
309	0.627 99	0.096 2	0.003 3
310	0.632 42	0.159 1	0.009 4
311	0.636 31	0.240 8	0.022 6

（续表）

m	$\overline{S}/f$	$P\{n \geqslant 1\}$	$P\{n \geqslant 5\}$
312	0. 639 55	0. 337 7	0. 047 2
313	0. 642 09	0. 443 5	0. 087 5
314	0. 643 92	0. 550 5	0. 146 4
315	0. 645 09	0. 651 4	0. 224 1
316	0. 645 67	0. 740 6	0. 317 7
317	0. 645 77	0. 814 7	0. 421 5
318	0. 645 49	0. 872 8	0. 528 0
319	0. 644 92	0. 916 2	0. 630 0
320	0. 644 16	0. 946 8	0. 721 5
321	0. 643 27	0. 967 5	0. 798 7
322	0. 642 29	0. 980 9	0. 860 2
323	0. 641 26	0. 989 1	0. 906 6
324	0. 640 19	0. 994 0	0. 940 0
325	0. 639 11	0. 996 8	0. 962 9
326	0. 638 02	0. 998 4	0. 977 9

$$j = 100$$

m	$\overline{S}/f$	$P\{n \geqslant 1\}$	$P\{n \geqslant 5\}$
300	0. 575 76	0. 000 0	0. 000 0
301	0. 581 51	0. 000 0	0. 000 0
302	0. 587 27	0. 000 4	0. 000 0
303	0. 593 01	0. 002 1	0. 000 0
304	0. 598 71	0. 007 8	0. 000 0
305	0. 604 31	0. 022 4	0. 000 0
306	0. 609 70	0. 052 2	0. 000 3
307	0. 614 72	0. 103 6	0. 001 7
308	0. 619 21	0. 179 4	0. 006 7
309	0. 623 01	0. 278 1	0. 019 5
310	0. 626 02	0. 392 6	0. 046 4
311	0. 628 19	0. 512 8	0. 093 3
312	0. 629 56	0. 628 2	0. 164 1
313	0. 630 24	0. 730 0	0. 257 9
314	0. 630 35	0. 813 5	0. 368 9
315	0. 630 02	0. 877 3	0. 487 7
316	0. 629 38	0. 923 0	0. 603 8
317	0. 628 54	0. 953 8	0. 708 2
318	0. 627 56	0. 973 5	0. 795 4
319	0. 626 51	0. 985 5	0. 863 3
320	0. 625 41	0. 992 3	0. 912 9

（续表）

m	$\overline{S}/f$	$P\{n \geqslant 1\}$	$P\{n \geqslant 5\}$
321	0.624 28	0.996 1	0.946 9
322	0.623 14	0.998 1	0.969 1
323	0.622 00	0.999 1	0.982 7
324	0.620 85	0.999 6	0.990 7
325	0.619 70	0.999 8	0.995 2
326	0.618 55	0.999 9	0.997 6

$j = 150$

m	$\overline{S}/f$	$P\{n \geqslant 1\}$	$P\{n \geqslant 5\}$
300	0.571 43	0.000 0	0.000 0
301	0.577 46	0.000 4	0.000 4
302	0.583 46	0.003 7	0.000 4
303	0.589 37	0.016 1	0.000 4
304	0.595 04	0.047 8	0.000 4
305	0.600 27	0.108 7	0.000 4
306	0.604 79	0.203 2	0.003 1
307	0.608 42	0.326 0	0.013 7
308	0.611 04	0.463 7	0.041 6
309	0.612 68	0.599 7	0.096 7
310	0.613 45	0.719 9	0.184 2
311	0.613 54	0.816 0	0.301 0
312	0.613 13	0.886 3	0.435 2
313	0.612 39	0.933 8	0.571 1
314	0.611 43	0.963 6	0.694 2
315	0.610 36	0.981 0	0.795 1
316	0.609 22	0.990 6	0.870 8
317	0.608 04	0.995 6	0.923 2
318	0.606 85	0.998 0	0.956 8
319	0.605 65	0.999 1	0.977 0
320	0.604 44	0.999 6	0.988 3
321	0.603 24	0.999 9	0.994 4
322	0.602 03	0.999 9	0.997 4
323	0.600 83	1.000 0	0.998 9
324	0.599 62	1.000 0	0.999 5
325	0.598 41	1.000 0	0.999 8
326	0.597 21	1.000 0	0.999 9

表 24-5 给出了预订折扣票的乘客数不同时,使收益最大的预订水平的比较结果.从表 24-5 中我们可以看到,当 j 增加时,使 $\overline{S}/f$ 达到最大的预订水平降低,无法登机者的概率也随之降低.

表 24-5

j	使 $\overline{S}/f$ 最大的预订水平	$\overline{S}/f$	$P\{n\geqslant 5\}$
0	320	0.659 96	0.464 2
50	317	0.645 77	0.421 5
100	314	0.630 35	0.368 9
150	311	0.613 54	0.30 10

习　　题

1. 预订折扣票的乘客也可能因为某些客观原因无法前往搭乘飞机.假设其未出现的概率为 q_1,预订全价票的乘客未出现的概率为 q_2,$q_1 < q_2$.请为航空公司建立机票超订策略模型.

2. 对多票价系统,请用泊松分布近似代替二项分布进行计算,并与二项分布的结果进行比较.

3. 请讨论赔偿金额 b 应受哪些因素的影响,如何估计 b?

实　践　与　思　考

1. DVD 在线租赁.

随着信息时代的到来,网络成为人们生活中越来越不可或缺的元素之一.许多网站利用其强大的资源和知名度,面向其会员群提供日益专业化和便捷化的服务.例如,音像制品的在线租赁就是一种可行的服务.这项服务充分发挥了网络的诸多优势,包括传播范围广泛、直达核心消费群、具有强烈的互动性和很强的感官性、成本相对低廉等,为顾客提供更为周到的服务.

考虑如下的在线 DVD 租赁问题.顾客缴纳一定数量的月费成为会员,订购 DVD 租赁服务.会员对哪些 DVD 有兴趣,只要在线提交订单,网站就会通过快递的方式尽可能满足要求.会员提交的订单包括多张 DVD,这些 DVD 是基于其偏爱程度排序的.网站会根据手头现有的 DVD 数量和会员的订单进行分发.每个会员每个月租赁次数不得超过 2 次,每次获得 3 张 DVD.会员看完 3 张 DVD 之后,只需要将 DVD 放进网站提供的信封里寄回(邮费由网站承担),就可以继续下次租赁.请考虑以下问题:

(1) 网站正准备购买一些新的 DVD,通过问卷调查 1 000 个会员,得到了愿意观看这些 DVD 的人数(表 24-6 给出了其中 5 种 DVD 的数据).此外,历史数据显示,60% 的会员每月租赁 DVD 2 次,而另外的 40% 每月只租赁 1 次.假设网站现有 10 万个会员,对表 24-6 中的每种 DVD 来说,应该至少准备多少张,才能保证希望看到该 DVD 的会员中至少有 50% 在 1

个月内能够看到该 DVD？如果要求保证在 3 个月内至少有 95% 的会员能够看到该 DVD 呢？

表 24-6

DVD 名称	DVD1	DVD2	DVD3	DVD4	DVD5
愿意观看的人数	200	100	50	25	10

(2) 表 24-7 列出了网站手上 100 种 DVD 的现有张数，表 24-8 列出了网站当前需要处理的 1 000 个会员的在线订单. 如何对这些 DVD 进行分配，才能使会员获得最大的满意度？

表 24-7

DVD 编号	D001	D002	D003	D004	D005	D006	D007	D008	D009	D010
现有数量	10	40	15	20	20	12	30	33	35	25
DVD 编号	D011	D012	D013	D014	D015	D016	D017	D018	D019	D020
现有数量	29	31	28	61	2	28	28	26	31	38
DVD 编号	D021	D022	D023	D024	D025	D026	D027	D028	D029	D030
现有数量	34	29	35	22	29	81	1	19	25	41
DVD 编号	D031	D032	D033	D034	D035	D036	D037	D038	D039	D040
现有数量	29	35	1	40	39	5	106	30	29	2
DVD 编号	D041	D042	D043	D044	D045	D046	D047	D048	D049	D050
现有数量	110	6	15	36	34	11	32	25	2	64
DVD 编号	D051	D052	D053	D054	D055	D056	D057	D058	D059	D060
现有数量	40	26	33	26	61	2	11	38	44	36
DVD 编号	D061	D062	D063	D064	D065	D066	D067	D068	D069	D070
现有数量	27	31	42	44	12	81	10	35	33	30
DVD 编号	D071	D072	D073	D074	D075	D076	D077	D078	D079	D080
现有数量	2	40	15	11	28	24	20	88	9	28
DVD 编号	D081	D082	D083	D084	D085	D086	D087	D088	D089	D090
现有数量	31	8	22	3	70	21	34	4	38	27
DVD 编号	D091	D092	D093	D094	D095	D096	D097	D098	D099	D100
现有数量	39	28	24	15	50	24	36	55	2	40

(3) 假设表 24-8 中 DVD 的现有数量全部为 0. 如果你是网站经营管理人员，你如何决定每种 DVD 的购买量，以及如何对这些 DVD 进行分配，才能使 1 个月内有 95% 的会员得到他

想看的 DVD,并且满意度最大?

表 24-8

会员号	志愿									
	1	2	3	4	5	6	7	8	9	10
C0001	D008	D082	D098	D011	D049	D001	D041	D007	D085	
C0002	D006	D044	D042	D062	D005	D071	D038	D010	D096	D028
C0003	D080	D050	D004	D032	D031	D090	D051	D071		
C0004	D007	D018	D041	D023	D068	D049	D031	D081	D087	D014
C0005	D066	D068	D011	D021	D034	D012	D063	D076	D057	D041
C0006	D019	D053	D016	D066	D067	D027	D061	D020	D051	D041
C0007	D081	D008	D026	D045	D082	D066	D071	D051	D007	
C0008	D071	D099	D015	D031	D035	D017	D027	D008	D011	D004
C0009	D053	D100	D078	D017	D070	D010	D065	D021	D089	
C0010	D060	D055	D085	D067	D005	D041	D014	D018	D076	D074
C0011	D059	D063	D019	D066	D061	D082	D070	D046	D002	
C0012	D031	D002	D007	D005	D098	D045	D041	D057	D001	D050
C0013	D096	D078	D021	D049	D080	D092	D044	D004	D076	D015
C0014	D052	D023	D043	D042	D046	D089	D092	D028	D027	D015
C0015	D013	D088	D085	D052	D024	D070	D092	D011	D066	D025
C0016	D084	D097	D006	D010	D048	D076	D088	D099	D055	D039
C0017	D067	D047	D051	D005	D031	D011	D072	D032	D082	D010
C0018	D041	D060	D078	D012	D081	D017	D044	D040	D089	D028
C0019	D084	D086	D067	D066	D025	D090	D015	D052	D047	D057
C0020	D045	D089	D061	D018	D033	D040	D017	D010	D091	D043
C0021	D053	D045	D065	D002	D050	D025	D042	D005	D095	D089
C0022	D057	D055	D038	D086	D025	D081	D095	D068	D022	
C0023	D095	D029	D081	D067	D036	D075	D053	D054	D035	D041
C0024	D076	D041	D079	D037	D072	D043	D024	D038	D006	D028
C0025	D009	D069	D094	D081	D023	D090	D018	D003	D061	D060
C0026	D022	D068	D095	D083	D091	D008	D040	D011	D097	D039
C0027	D058	D042	D022	D050	D006	D038	D078	D068	D060	D082
C0028	D008	D034	D082	D057	D046	D047	D003	D036	D053	D100
C0029	D055	D030	D044	D026	D033	D089	D005	D052	D090	D009
C0030	D062	D037	D001	D070	D098	D084	D032	D031	D013	D035
C0031	D076	D021	D018	D081	D077	D087	D100	D053	D072	
C0032	D089	D019	D039	D056	D002	D088	D063	D036	D025	D061
C0033	D011	D073	D041	D080	D077	D071	D054	D099	D096	D064

（续表）

会员号	志 愿									
	1	2	3	4	5	6	7	8	9	10
C0034	D071	D069	D013	D005	D037	D021	D081	D032	D020	D096
C0035	D046	D010	D091	D037	D005	D056	D002	D078	D054	D094
C0036	D084	D074	D067	D032	D058	D033	D069	D050	D076	D077
C0037	D014	D007	D041	D078	D036	D074	D055	D053	D042	D076
C0038	D030	D048	D056	D066	D089	D010	D034	D084	D085	D095
C0039	D096	D094	D028	D080	D068	D011	D050	D021	D035	D087
C0040	D057	D036	D026	D087	D068	D079	D077	D021	D046	D059
C0041	D020	D039	D024	D037	D052	D006	D012	D027	D004	
C0042	D043	D053	D051	D036	D082	D029	D040	D023	D076	
C0043	D020	D082	D093	D048	D096	D002	D089	D010	D042	
C0044	D012	D092	D013	D084	D014	D042	D015	D043	D030	D003
C0045	D088	D007	D098	D044	D012	D023	D016	D066	D094	D003
C0046	D064	D030	D044	D026	D056	D069	D093	D040	D076	
C0047	D008	D048	D092	D089	D079	D066	D030	D063	D075	D043
C0048	D077	D033	D058	D016	D019	D100	D082	D010	D037	
C0049	D024	D061	D063	D055	D073	D075	D047	D086	D003	D037
C0050	D098	D038	D085	D095	D001	D024	D097	D034	D094	D068
C0051	D087	D036	D064	D072	D094	D023	D013	D047	D015	D091
C0052	D082	D090	D036	D076	D067	D017	D066	D087	D095	D050
C0053	D041	D093	D075	D064	D097	D052	D028	D054	D044	D069
C0054	D058	D079	D087	D053	D095	D082	D023	D024	D021	
C0055	D072	D082	D097	D062	D018	D010	D048	D063		
C0056	D045	D054	D004	D024	D098	D019	D085	D068	D066	D037
C0057	D029	D090	D038	D076	D078	D034	D067	D015	D075	D063
C0058	D032	D041	D082	D046	D045	D057	D028	D035	D073	D061
C0059	D068	D038	D035	D078	D090	D054	D056	D041		
C0060	D076	D041	D063	D059	D079	D017	D049	D081	D021	D028
C0061	D092	D053	D100	D014	D075	D062	D072	D010	D073	D038
C0062	D076	D095	D068	D021	D083	D057	D066	D020		
C0063	D057	D014	D089	D011	D086	D018	D065	D054	D008	
C0064	D035	D032	D053	D037	D099	D002	D029	D091		
C0065	D082	D022	D038	D088	D018	D081	D008	D050	D090	
C0066	D019	D029	D033	D072	D097	D093	D087	D066		
C0067	D002	D041	D007	D013	D085	D044	D080	D063	D049	D090
C0068	D052	D093	D022	D015	D005	D041	D057	D073	D014	

（续表）

会员号	志　愿									
	1	2	3	4	5	6	7	8	9	10
C0069	D020	D060	D085	D074	D050	D062	D096	D046		
C0070	D089	D035	D021	D053	D014	D027	D051	D095		
C0071	D057	D014	D068	D036	D081	D042	D091	D087	D076	D085
C0072	D088	D046	D016	D043	D038	D031	D078	D081		
C0073	D093	D039	D024	D031	D077	D073	D080	D029	D050	
C0074	D006	D055	D097	D034	D044	D036	D015	D049		
C0075	D026	D067	D034	D072	D069	D056	D076	D002	D015	
C0076	D018	D094	D062	D055	D028	D037	D064	D075		
C0077	D094	D041	D091	D027	D017	D046	D009	D012	D081	
C0078	D073	D053	D059	D015	D091	D080	D041	D026	D060	
C0079	D025	D026	D064	D066	D094	D055	D050	D083		
C0080	D070	D038	D069	D074	D046	D030	D072	D049	D039	D076
C0081	D076	D082	D093	D030	D078	D032	D036	D073	D046	
C0082	D047	D031	D032	D053	D023	D042	D019	D004	D081	D043
C0083	D069	D087	D067	D095	D044	D014	D094	D082	D046	D051
C0084	D062	D054	D094	D038	D069	D019	D081	D002		
C0085	D091	D078	D095	D023	D048	D014	D081	D043		
C0086	D099	D033	D042	D041	D092	D025	D023	D055	D009	D018
C0087	D010	D061	D056	D078	D057	D051	D083	D066	D071	
C0088	D008	D020	D036	D052	D026	D077	D055	D073		
C0089	D025	D068	D045	D099	D018	D030	D026	D033	D039	D075
C0090	D079	D016	D091	D009	D067	D052	D032	D038	D085	D037
C0091	D060	D077	D071	D044	D026	D022	D050	D072		
C0092	D091	D028	D075	D093	D083	D012	D044	D082	D054	D079
C0093	D058	D095	D051	D087	D027	D078	D023	D020	D066	D016
C0094	D014	D043	D078	D017	D049	D009	D046	D099	D055	
C0095	D036	D053	D031	D100	D033	D081	D001	D057	D076	D066
C0096	D063	D028	D084	D080	D036	D033	D051	D035		
C0097	D084	D025	D016	D017	D071	D043	D031	D093	D049	D091
C0098	D003	D037	D098	D078	D072	D013	D065	D082	D075	D026
C0099	D096	D015	D077	D089	D069	D053	D068	D065	D035	D098
C0100	D016	D020	D014	D080	D093	D091	D019	D064	D028	
…	…	…	…	…	…	…	…	…	…	…

因为篇幅限制，这里仅给出100位会员的订单信息，完整的数据可在 www. mcm. edu. cn 中查到，也可以自行生成数据。

（4）如果你是网站经营管理人员，你觉得在 DVD 的需求预测、购买和分配中还有哪些重要问题值得研究？请明确提出你的问题，并尝试建立相应的数学模型。

第二十五章　随机模拟模型

提要　本章主要介绍随机模拟模型和计算机随机模拟方法. 学习本章需要概率论、随机变量及其分布以及计算机模拟方面的知识.

§25.1　引　言

在人类社会和自然界中,特别是在社会活动中存在着大量复杂的随机现象,因此如何模拟这种随机现象就成为一个重要的课题.

例如,一座办公大厦有多部电梯,大厦管理者希望根据客流量设计合理的控制方案,使得运行费最省,同时使得各楼层的办公人员比较满意. 假设大厦管理者有若干种不同的方案,由于人员到达电梯口的时间和目的楼层都是随机的,通过试验比较确定哪一方案更好是十分复杂和冗长的过程. 每一种方案都要进行多次(天)的试验,每天要全程记录电梯的运行状况并调查记录每个乘坐电梯员工的满意程度,然后综合分析该方案的运行成本和员工的满意程度. 在逐一完成各方案的试验后,再比较各方案的效果. 但完成这一过程需要许多调查人员花费大量的时间,而且在调查时会对员工添加许多麻烦.

而用计算机模拟就简便得多了. 在建立电梯运行成本和员工满意程度(比如用等待电梯耗费的时间总和作为指标)如何依赖电梯运行方式的数学模型后,用计算机产生服从一定概率分布的随机数的方法来模拟每个员工随机到达电梯口的时间和目的楼层,再根据该控制方案由计算机模拟电梯的运行,并计算出电梯运行成本和员工满意程度. 将此过程重复多次,并取电梯运行成本和员工满意程度的平均值,作为该方案的电梯运行成本和员工满意程度. 采用同样的方法,对其他各方案进行模拟,最后就可对各方案的效果进行比较从而选出最优的方案来. 这种方法称为计算机随机模拟.

在第二次世界大战时期,美国科学家冯·诺依曼和乌拉姆(Ulam)两人参加与研制原子弹有关的"曼哈顿计划",他们系统地采用类似对电梯随机模拟的方法对裂变物质中子的扩散进行随机模拟. 为保密起见,他们把正在进行的工作以赌城名蒙特卡洛(Monte Carlo)作为代号,于是后来人们就将随机模拟方法称为蒙特卡洛方法.赌博是充斥着随机性的一种活动,用世界闻名的赌城来命名随机模拟是十分贴切的.

实际上,随机模拟的思想早就产生.法国博物学家蒲丰(Buffon)曾经研究这样一个问题:假设在平面上有许多平行直线(为方便计,假设它们之间的距离均为 $2d$),向该平面上随机投一枚针(其长度为 $2l$,$l \leqslant d$),问这一针与任一平行直线相交的概率为多少?

让我们把这个问题仔细考虑一下.针落在平面上的情况,可由针的中心点到最近平行线的距离以及针与平行线的夹角来决定.

如果针中点离平行线很近,角度又较大(如图 25-1 中的(a)),针便与平行线相交.如果情况相反,或者角度小(如图 25-1 中的(b)),或者距离大(如图 25-1 中的(c)),针就全部落在一条带子里.说精确些,设 M 为针的中点,两条平行直线分别为 x 轴与直线 $y = 2d$.x 为 M 与最近平行线的距离;θ 为针与平行线的夹角.$0 \leqslant x \leqslant d$,$0 \leqslant \theta \leqslant \pi$.如果针的一半长度在竖直方向的投影大于从针中点到最近平行线的距离,则针与平行线相交(如(a)),反之则不相交(如(b)和(c)).事实上,我们已经看到(再看图 25-1 中的 3 种情况),针中点离边界的距离如果小于半根针的竖直投影,针就会与边界相交.这时,代表这个距离和角度的点在正弦曲线 $x = l\sin\theta$ 之下.与此相反,当针完全落在两条平行线之间时,相应的点在曲线之上.这样,可以给出针与平行直线相交的充要条件为 $0 \leqslant x \leqslant l\sin\theta$(见图 25-2).

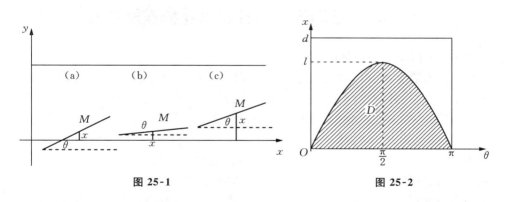

图 25-1   图 25-2

于是,我们把原问题转化为如下问题:在图 25-2 中的矩形区域 S:$0 \leqslant x \leqslant d$,$0 \leqslant \theta \leqslant \pi$ 里随机地投一个点,求点落入阴影区域 D:$0 \leqslant x \leqslant l\sin\theta$ 的概率 p.

由几何概型的求法得知,此概率为两个区域的面积之比,即 $p = \dfrac{2l}{d\pi}$.事实上,可计算得到 D 的面积为 $2l$.所以

$$p = \frac{D \text{ 的面积}}{S \text{ 的面积}}.$$

如果 l, d, π 值已知,则以 l, d, π 的值代入即可计算得到概率值 p. 反之,如果已知概率值 p,则可以利用上式求 π 值. 而概率值 p 可以用随机模拟的方法得到其近似值:假设投针 N 次,其中针与平行线相交 n 次,则频率 $\frac{n}{N}$ 可作为 p 的估计值,于是由

$$\frac{n}{N} \approx p = \frac{2l}{d\pi}$$

可得

$$\pi \approx \frac{2lN}{dn}.$$

历史记载了一些学者做这个试验的结果,其中 1901 年拉扎利尼(Lazzerini)得到的结果与 π 的精确值最接近,他做了 3 408 次投针试验,其中 1 808 次相交,$\frac{l}{d} = 0.83$,从而得 π 的近似值 3.141 5. 当然那时的模拟是用手工投针完成的,用计算机去模拟投针,就是真正的计算机模拟了.

近年来,计算机随机模拟在科学技术、国防建设、工农业生产以及社会科学等各方面有着越来越广泛的应用.

§25.2   三门问题与计算机随机模拟方法

一、三门问题的计算机随机模拟

美国有著名的三门问题电视游戏. 在舞台上有 3 扇关闭的门,有一扇门内放着一辆汽车,另外两扇门内分别放着一包狗粮. 主持人指定一位观众上台,请他选一扇门,并告诉他若他选的门内是汽车,他就可得到一辆汽车,若他选的门内是狗粮,那他就只能得狗粮. 接着游戏开始,台上的观众选定了一扇门,主持人打开了另外两扇门中的一扇,里面是一包狗粮. 她对该观众说,现在再给你一次机会,你可以维持你最初的选择,也可以改变你的选择而选另一扇尚未打开的门. 该观众应如何决策? 我们将用三门问题作为实例,说明随机模拟的主要方法与步骤.

用概率论的方法可以得出当主持人打开一扇门后观众改变原来的选择得到汽车的概率为 $\frac{2}{3}$,而不改变选择获得汽车的概率为 $\frac{1}{3}$. 现在我们用计算机随机模拟的方法来验证前者. 按照三门游戏的规则作 N 次游戏,当主持人打开一扇门

后观众都改变原来的选择,若其中 n 次游戏观众获得汽车,那么,$P = \dfrac{n}{N}$ 就是当主持人打开一扇门后观众改变原来的选择获得汽车的频率,只要 N 足够大,P 就可以作为概率的近似值.

　　现在,用计算机来模拟此游戏.将门编号为 1,2,3.不妨设观众选择的门的编号为 1.由计算机等概率地随机产生 1,2,3 这 3 个数之一,用此数模拟汽车所在的门号.若汽车所在的门号是 1,主持人随机地打开 2 号门或 3 号门,这可由计算机等概率地随机产生 2,3 两个数之一来实现.用 $g = 0$ 表示观众得不到汽车,用 $g = 1$ 表示观众得到汽车.若主持人打开的是 2 号门,观众改变选择为 3 号,则得不到汽车;若主持人打开的是 3 号门,观众改变选择为 2 号,也得不到汽车.此时 $g = 0$.若随机数等于 2 或 3,那么观众原来选择的门内无汽车,主持人打开另一扇无车的门,观众改选另一扇门内必有汽车,所以 $g = 1$.这样就完成了一次试验.进行 N 次试验,记录其中 $g = 1$ 的次数并用 n 表示,计算 $\dfrac{n}{N}$ 就得到观众改变选择后得到汽车的频率.

　　上述过程非常容易在计算机上编程实现.例如,我们用计算机模拟 10 000 次三门游戏,共做了 4 轮,观众改变选择后得到汽车的频率分别为 0.674 4,0.670 8,0.667 6 和 0.670 3.又用计算机模拟 100 000 次三门游戏,同样做了 4 轮,观众改变选择后得到汽车的频率分别为 0.667 1,0.667 6,0.666 5 和 0.665 7.又用计算机模拟 1 000 000 次三门游戏,同样做了 4 轮,观众改变选择后得到汽车的频率分别为 0.666 6,0.666 3,0.666 4 和 0.667 0.由此可见此频率越来越接近 $\dfrac{2}{3}$,这也佐证了以前得到的结论.

二、计算机随机模拟的主要方法与步骤

　　从上述三门问题的计算机模拟过程可以看到,计算机模拟主要有两个步骤,首先用产生随机数的方法,模拟随机发生的现象(汽车放置的门号等);然后利用适当的数学模型,根据模拟发生的现象,计算出标志试验结果的数量(改变选择后得到汽车的频率).

　　三门问题的实际计算机随机模拟的步骤如下:

(1) N 赋值,$0 \Rightarrow n$,$0 \Rightarrow i$;

(2) $i + 1 \Rightarrow i$;若 $i > N$,转步骤(6);

(3) 等概率产生 1,2,3 中之一赋值给 r;

(4) 若 $r = 1$,则 $g = 0$;若 $r = 2,3$,则 $g = 1$;

(5) $n + g \Rightarrow n$;回复到步骤(2);

(6) $P = \dfrac{n}{N}$，结束.

§25.3　随机数的生成

计算机模拟能够成功应用的关键是在计算机上实现真正的随机抽样,而随机抽样产生的基础是随机数.所谓随机数,就是具有给定概率分布的随机变量的可能值.例如(0，1)区间上均匀分布的随机数.

在随机数中,最简单、最基本、最重要的是(0，1)均匀分布的随机数.它的产生方法虽简单,但是其他任何分布的随机变量都可以通过(0，1)随机数的变换而获得.

随机数可以通过物理模拟的方法生成.但计算机随机模拟中的随机数主要利用迭代或递推公式,由计算机产生.

用数学方法产生的随机数存在两大问题:其一,计算机生成随机数用的是确定性的算法,递推公式以及初始值一旦确定后,整个随机数序列便被唯一确定下来了.或者说,随机数序列中除前几个随机数是选定的外,其他的所有随机数都是被它前面的随机数所唯一确定,不满足随机数相互独立的要求.其二,既然随机数序列是用递推公式确定的,而在电子计算机上所能表示的[0,1]上的数又是有限多的,因此,这样的随机数序列就不可能不出现重复,因而会出现周期性的循环现象.

由于上述两个原因,常称用数学方法所产生的随机数为伪随机数.伪随机数的第一个缺点,虽然不能从本质上加以改变,但是,只要产生伪随机数的递推公式选得比较好,随机数的相互独立性是可以近似地满足的.至于第二个缺点,则不是本质上的.因为用蒙特卡洛方法解决任何问题时,所使用的随机数个数总是有限的,只要其个数不超过伪随机数序列出现循环现象时的长度就可以了.用数学方法产生伪随机数非常容易在电子计算机上实现,而且还可以复算,因此,虽然存在一些问题,但是仍然在随机模拟方法中被广泛地使用,是在电子计算机上产生随机数的最主要的方法.

一、平方取中法

平方取中法是冯·诺依曼和乌拉姆等人在参加"曼哈顿计划"工作时提出的.具体方法如下:

(1) 取一个 4 位数的随机数种子;

(2) 将其平方得到一个 8 位数(必要时在前面加 0);

(3) 取中间 4 位作为下一随机数.

用上述方法可以得到一列从 0 到 9 999 的整数,它们可以视作随机数列. 例如,取随机数种子 $x_0 = 3\,178$,其平方为 10 099 684,取中间 4 位得 $x_1 = 996$,其平方 992 016 不足 8 位,在前面加两个 0 凑足 8 位得 00 992 016,取中间 4 位得 $x_2 = 9\,920$,其平方为 98 406 400,取中间 4 位得 $x_3 = 4\,064$,同样可得 $x_4 = 5\,160$,….

由这些随机数,可通过简单的变换得任意区间中均匀分布的随机数列. 例如,将它们除以 10 000 就得到 $(0, 1)$ 中均匀分布的随机数列. 而要将这样生成的 4 位随机数 x 转换为 (a, b) 中的随机数 y,只须进行以下变换:

$$y = a + x\,\frac{b-a}{10\,000}. \tag{25.1}$$

类似地,我们可以用平方取中的办法获得位数更高的随机数列.

二、线性同余法

用数论中的同余运算产生伪随机数的数学方法称为同余法,是由勒默尔 (Lehmer) 提出的,后由格林贝格 (Greenberg) 加以推广. 由于同余法产生伪随机数序列的周期较长,概率统计特性较好,因此是近来在计算机上应用得最广泛的一种方法.

在介绍线性同余法之前,先介绍取余运算 mod. $y = a \bmod x$ 表示 y 为 a 除以 x 的余数.

给定 3 个整数 a, b, c, a 称为乘子,b 称为增量,c 称为模. 若给定随机数种子 x_0,则可用

$$x_{n+1} = (ax_n + b) \bmod c \tag{25.2}$$

迭代算出 x_1, x_2, …,这就是线性同余法. 只要给定了 a, b, c,数列 $\{x_i\}$ 就完全确定了. 尽管如此,只要恰当地选取 a, b, c,这样产生的数列 $\{x_i\}$ 在其均匀性、随机性和独立性等方面仍然非常近似于真正的均匀随机数列. 将它们除以 c,即可得到 $[0, 1]$ 区间均匀分布的随机数,即

$$r_n = \frac{x_n}{c} \tag{25.3}$$

为 $(0, 1)$ 中的随机数.

不难看出,若模为 c,经过 c 次迭代,产生的随机数会重复. 所以在用同余法产生随机数的计算机程序中,模 c 一般都取得很大,例如取为 2^{31},随机数列基本上不会有重复的现象.

若需要,可采用上一段的方法,将随机数变换为任意区间中的随机数.

三、MATLAB 中产生随机数的命令

很多计算机软件中都有产生随机数的命令.下面我们介绍数学软件 MATLAB中相关的命令.

rand(m, n):生成区间(0, 1)上均匀分布的 m 行 n 列随机矩阵;

randn(m, n):生成标准正态分布 $N(0, 1)$ 的 m 行 n 列随机矩阵;

randperm(N):生成 1, 2, …, N 的一个随机排列.

上述命令生成的都是伪随机数,其生成机制由随机种子控制. rand 和 randn 是 MATLAB 两个最基本的随机数产生函数,它们允许用户自己设置随机种子. 若将随机种子设为特定值,就可以使随机模拟成为可再现的.若将种子设置为系统时间,例如

$$\text{rand}('state', \text{surn}(100 * \text{clock})),$$

则几乎可得到真正的随机数.

通用随机数生成函数 random(name, p1, p2, …, m, n)生成以 p1, p2, … 为参数的 m 行 n 列各种类型分布随机数矩阵. name 是表示分布类型的字符串. random 可适用的分布类型包括"unid"(离散均匀分布),"bino"(二项分布), "unif"(均匀分布),"norm"(正态分布),"poiss"(泊松分布),"exp"(指数分布), 等等.例如 random('norm',1, 4, 1, 10)就会产生 1 行 10 列正态分布 $N(1, 4)$ 的随机数.

此外,还有几个专用的随机数生成函数:

unidrnd(N, m, n):生成 1, 2, …, N 的等概率 m 行 n 列随机矩阵;

binornd(k, p, m, n):生成参数为 k, p 的 m 行 n 列二项分布随机矩阵;

unifrnd(a, b, m, n):生成区间 $[a, b]$ 上的连续型均匀分布 m 行 n 列二项 分布随机矩阵;

normrnd(mu, sigma, m, n):生成均值为 mu,标准差为 $sigma$ 的 m 行 n 列 正态分布随机矩阵.

利用这些函数,可以方便地生成所需的随机数.

§25.4　码头卸货效率分析问题

一、问题的提出

有一个只有一个舶位的小型卸货专用码头,船舶运送某些特定的货物(如矿

砂、原油等)在此码头卸货.若相邻两艘船到达的时间间隔在 15 min 到 145 min 之间变化,每艘船的卸货时间由船的大小、类型所决定,在 45 min 到 90 min 的范围内变化.

现在须对该码头的卸货效率进行分析,即设法计算每艘船在港口停留的平均时间和最长时间、每艘船等待卸货的时间、卸货设备的闲置时间的百分比等.

二、主要记号

为简单计,假设前一艘船卸货结束后马上离开码头,后一艘船立即可以开始卸货.

引进如下记号:a_j,第 j 艘船的到达时间;t_j,第 $j-1$ 艘船与第 j 艘船到达之间的时间间隔;u_j,第 j 艘船的卸货时间;l_j,第 j 艘船的离开时间;w_j,第 j 艘船的等待时间;s_j,第 j 艘船在港口的停留时间;d_j,卸完第 $j-1$ 艘船到开始卸第 j 艘船之间的设备闲置时间;w_m,船只最长等待时间;w_a,船只平均等待时间;s_m,船只最长停留时间;s_a,船只平均停留时间;d_l,设备闲置总时间;R_d,设备闲置百分比.

三、数学模型的建立

为了分析码头的效率,我们考虑共有 n 条船到达码头卸货的情形,原则上讲,n 越大越好.由于 n 条船到达码头的时间和卸货时间都是不确定的,因此,我们要用随机模拟的方法,先建立有关的数学模型.

首先,我们假设两船到达之间的时间间隔是一个随机变量,服从 15 min 到 145 min 之间的均匀分布;各船卸货时间也是一个服从 45 min 到 90 min 间均匀分布的随机变量.然后我们可以用产生均匀分布的随机数的方法,分别产生 n 个 [15, 145] 和 [45, 90] 之间的随机数 t_1, t_2, $\cdots$, t_n 和 u_1, u_2, $\cdots$, u_n,用以模拟 n 艘船两两之间到达的时间间隔和各艘船的卸货时间.

利用船舶到达的时间间隔,设初始时刻为 0,我们可以计算出各船的到达时间

$$a_1 = t_1, \quad a_j = a_{j-1} + t_j \ (j = 2, 3, \cdots, n). \tag{25.4}$$

有了这些数据后,我们就可以计算各艘船在码头等待卸货的时间、离开的时间,以及两艘船之间卸货设备的闲置时间.

第一艘船到港就可以卸货,卸完货即可离开,因而有

$$w_1 = 0, \quad l_1 = a_1 + u_1. \tag{25.5}$$

而在该船到达之前设备闲置,即 $d_1 = a_1$.

以后各艘船到达码头时,若前一艘船已经离港,则马上可以卸货,否则必须等待,等待时间为上一艘船的离港时间与本船到达时间之差,从而第 j 艘船的等待时间为

$$w_j = \begin{cases} 0, & a_j \geqslant l_{j-1}, \\ l_{j-1} - a_j, & a_j < l_{j-1}, \end{cases} \quad j = 2, 3, \cdots, n \qquad (25.6)$$

或

$$w_j = \max(0, l_{j-1} - a_j), \quad j = 2, 3, \cdots, n. \qquad (25.7)$$

由此可得

$$l_j = a_j + w_j + u_j. \qquad (25.8)$$

若第 j 艘船须等待卸货,设备不会闲置,但若第 j 艘船的到达时间迟于第 $j-1$ 艘船的离开时间,那么这段时间差就是设备的闲置时间,即

$$d_j = \begin{cases} a_j - l_{j-1}, & a_j \geqslant l_{j-1} \\ 0, & a_j < l_{j-1}, \end{cases} \quad j = 2, 3, \cdots, n \qquad (25.9)$$

或

$$d_j = \max(0, a_j - l_{j-1}), \quad j = 2, 3, \cdots, n. \qquad (25.10)$$

进一步可以用下式计算船只的停留时间:

$$s_j = l_j - a_j, \quad j = 1, 2, \cdots, n, \qquad (25.11)$$

船只平均和最大停留时间以及平均和最大等待时间

$$s_m = \max_{1 \leqslant j \leqslant n} s_j, \quad s_a = \frac{1}{n} \sum_{j=1}^{n} s_j, \qquad (25.12)$$

$$w_m = \max_{1 \leqslant j \leqslant n} w_j, \quad w_a = \frac{1}{n} \sum_{j=1}^{n} w_j. \qquad (25.13)$$

也可以计算设备闲置总时间和闲置时间百分比如下:

$$d_l = \sum_{j=1}^{n} d_j, \quad R_d = \frac{d_l}{l_n}. \qquad (25.14)$$

四、计算机随机模拟的结果

由于 t_j 和 u_j 是随机产生的,重复进行计算,结果是会有差异的,因此仅用一次计算的结果作为分析的依据是不合理的.较好的做法是重复进行多次模拟,取

各项数据的平均值作为分析的依据.

各种计算机高级语言和数学软件都有产生随机数的子程序或命令语句,随机模拟是不难用一个简单的程序实现的.

我们以 $n = 100$ 为例,列出 6 次模拟的结果如表 25-1 所示.

表 25-1

船在港口的平均停留时间 /min	106	85	101	116	112	94
船在港口的最长停留时间 /min	287	180	233	280	234	264
船的平均等待时间 /min	39	20	35	50	44	27
船的最长等待时间 /min	213	118	172	203	167	184
设备闲置时间的百分比	0.18	0.17	0.15	0.2	0.14	0.21

五、码头管理的改进

若为了提高码头的卸货能力,增加了部分劳力并改善了设备,从而使卸货时间减少至 35～75 min 之间,两艘船到达的间隔仍为 15～145 min,6 次模拟的结果如表 25-2 所示.

表 25-2

船在港口的平均停留时间 /min	74	62	64	67	67	73
船在港口的最长停留时间 /min	161	116	167	178	173	190
船的平均等待时间 /min	19	6	10	12	12	16
船的最长等待时间 /min	102	58	102	110	104	131
设备闲置时间的百分比	0.25	0.33	0.32	0.3	0.31	0.27

从表 25-2 可见,每艘船的卸货时间缩短了 15～20 min,等待时间明显缩短,但设备闲置时间的百分比增加了一倍. 为了提高效率,可以接纳更多的船只来港卸货,于是将两艘船到达的时间间隔缩短为 10～120 min. 在装载时间仍为 35～75 min 的情况下,再进行 6 次模拟,其结果如表 25-3 所示.此时等待时间增加了,但设备闲置时间减少了.

表 25-3

船在港口的平均停留时间 /min	114	79	96	88	126	115
船在港口的最长停留时间 /min	248	224	205	171	371	223
船的平均等待时间 /min	57	24	41	35	71	61
船的最长等待时间 /min	175	152	155	122	309	173
设备闲置时间的百分比	0.15	0.19	0.12	0.14	0.17	0.06

§25.5　需求随机模拟存储模型

一、问题的提出

在已知订货费用、存储费用的情形下,若需求率(每天的销售量)为恒定,则可以通过建立确定性的数学模型求出单位时间费用最省的最优进货费用和进货量.但实际上需求量通常并非恒定且具有一定的随机性.

若具备需求率的若干历史数据,我们可以建立用随机模拟方法模拟需求率的数学模型和方程.利用这一方法可以推断采用一定的存储策略,即在一定的进货周期和进货量时单位时间的费用,据此选择较好的存储策略.

为叙述方便,我们将以一个加油站的需求量模拟和存储策略为例进行讨论.

二、模型的建立

设我们有某加油站以前 1 000 天汽油需求量的数据,每天的需求量在 1 000～2 000 L 之间.从 1 000～2 000 L 用 100 L 作为一级,分成 10 个区间,统计每天的需求量分别落在这 10 个区间中的天数,如表 25-4 所示.将这些天数除以1 000,得到需求量在每个区间中的频率(见表 25-5),并画出直方图(见图 25-3).

表 25-4

需求量 /L	出现天数	需求量 /L	出现天数
1 000～1 099	10	1 500～1 599	270
1 100～1 199	20	1 600～1 699	180
1 200～1 299	50	1 700～1 799	80
1 300～1 399	120	1 800～1 899	40
1 400～1 499	200	1 900～1 999	30
			1 000

表 25-5

需求量 /L	出现频率	需求量 /L	出现频率
1 000～1 099	0.01	1 500～1 599	0.27
1 100～1 199	0.02	1 600～1 699	0.18
1 200～1 299	0.05	1 700～1 799	0.08
1 300～1 399	0.12	1 800～1 899	0.04
1 400～1 499	0.20	1 900～1 999	0.03
			1.00

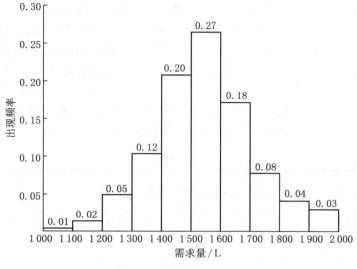

图 25-3

在随机实验次数较多的情形下,概率可以用频率来近似.将每个需求区间的概率依次相加得到累积直方图(见图 25-4).

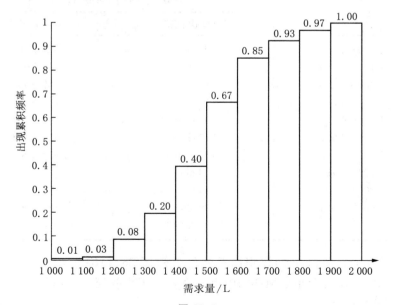

图 25-4

现在我们就可以根据累积直方图,用$[0,1]$中均匀分布的随机数来模拟需求的情况(见表25-6).当发生的随机数x满足$0.01 \leqslant x \leqslant 0.03$时,日需求量落在1 100~1 199 L之间.由于x是$[0,1]$中均匀分布的随机数,它落在上述各小区间中的概率等于小区间的长度.因此,这样的模拟方法是合理的.我们通过随机试验可说明这一点.分别发生$[0,1]$之间均匀分布的随机数1 000次和10 000次,按照表25-6的规则,确定需求所在的区间(表25-7).不难看出随机模拟的结果与统计数据的结果(见表25-4)是十分接近的.

表 25-6

随 机 数	相应的需求	出现的百分比	随 机 数	相应的需求	出现的百分比
$0 \leqslant x < 0.01$	1 000~1 099	0.01	$0.40 \leqslant x < 0.67$	1 500~1 599	0.27
$0.01 \leqslant x < 0.03$	1 100~1 199	0.02	$0.67 \leqslant x < 0.85$	1 600~1 699	0.18
$0.03 \leqslant x < 0.08$	1 200~1 299	0.05	$0.85 \leqslant x < 0.93$	1 700~1 799	0.08
$0.08 \leqslant x < 0.20$	1 300~1 399	0.12	$0.93 \leqslant x < 0.97$	1 800~1 899	0.04
$0.20 \leqslant x < 0.40$	1 400~1 499	0.20	$0.97 \leqslant x < 1.00$	1 900~1 999	0.03

表 25-7

区 间	模拟中出现数/期望出现数	
	1 000 次试验	10 000 次试验
1 000~1 099	8/10	91/100
1 100~1 199	16/20	198/200
1 200~1 299	46/50	487/500
1 300~1 399	118/120	1 205/1 200
1 400~1 499	194/200	2 008/2 000
1 500~1 599	275/270	2 681/2 700
1 600~1 699	187/180	1 812/1 800
1 700~1 799	83/80	857/800
1 800~1 899	34/40	377/400
1 900~1 999	39/30	284/300
	1 000/1 000	10 000/10 000

为计算的方便,我们可以根据累积直方图(图25-4)构造连续的经验分布函数.取图25-4中每个矩形顶部的中点并将它们用直线连接,就得到经验分布函数(见图25-5).

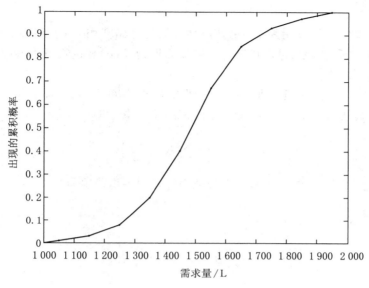

图 25-5

这 10 个点的坐标为 $(1\,050,\ 0.01)$，$(1\,150,\ 0.03)$，$(1\,250,\ 0.08)$，$(1\,350,\ 0.20)$，$(1\,450,\ 0.40)$，$(1\,550,\ 0.67)$，$(1\,650,\ 0.85)$，$(1\,750,\ 0.93)$，$(1\,850,\ 0.97)$，$(1\,950,\ 1.00)$。将它们用 $(x_i,\ q_i)(i=1,\ 2,\ \cdots,\ 10)$ 表示，另记 $(x_0,\ q_0) = (1\,000,\ 0)$，则经验分布函数可以表示为

$$x = F(q) = x_{i-1} + \frac{x_i - x_{i-1}}{q_i - q_{i-1}}(q - q_{i-1}),\ q_{i-1} \leqslant q \leqslant q_i \quad (i = 1,\ 2,\ \cdots,\ 10).$$

$$(25.15)$$

其反函数可表示为

$$q = F^{-1}(x) = q_{i-1} + \frac{q_i - q_{i-1}}{x_i - x_{i-1}}(x - x_{i-1}),\ x_{i-1} \leqslant x \leqslant x_i \quad (i = 1,\ 2,\ \cdots,\ 10).$$

$$(25.16)$$

三、模型的求解与应用

我们可以用随机模拟的方法来模拟任一天汽油的需求量，具体做法如下：发生一个 $[0,\ 1]$ 间均匀分布的随机数 $\bar{x}$，设其满足 $\bar{x} \in [x_{j-1},\ x_j)$，则由

$$\bar{q} = q_{j-1} + \frac{q_j - q_{j-1}}{x_j - x_{j-1}}(\bar{x} - x_{j-1}) \quad (25.17)$$

得到当日汽油需求量的模拟值 $\bar{q}$.

设每次供货的费用为 C_b,每升汽油每天的存储费用为 C_s,用随机模拟的方法模拟每天的需求量,进而可以计算进货周期为 $T(d)$ 和进货量为 $Q(L)$ 时每天的平均费用.

首先,用上述随机模拟的方法,求出周期内每一天的需求量 R_i($i=1$, $2, \cdots, T$);然后可以计算第 j 天的汽油需求量,并可以用

$$C_j = \left(Q - \sum_{i=1}^{j-1} R_i - \frac{R_j}{2}\right)C_s \tag{25.18}$$

作为第 j 天的存储费用,于是一个周期中每天的平均费用为

$$
\begin{aligned}
C(T) &= \frac{1}{T}\left(C_b + \sum_{j=1}^{T} C_j\right) \\
&= \frac{1}{T}\left[C_b + \sum_{j=1}^{T}\left(Q - \sum_{i=1}^{j-1} R_i - \frac{R_j}{2}\right)C_s\right] \\
&= \frac{1}{T}\left[C_b + \left(TQ - \sum_{j=1}^{T}\sum_{i=1}^{j-1} R_i - \frac{1}{2}\sum_{j=1}^{T} R_j\right)C_s\right] \\
&= \frac{1}{T}\left[C_b + \left(TQ - \sum_{i=1}^{T}\left(T - i + \frac{1}{2}\right)R_i\right)C_s\right].
\end{aligned} \tag{25.19}
$$

将上述做法重复 n 次,求得结果的平均值就是周期中每天平均费用的估计值.

习 题

1. 利用蒙特卡洛方法计算图 25-6 中阴影部分的面积.

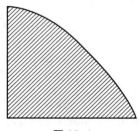

图 25-6

2. 考虑将一枚均匀硬币掷 N 次.当 N 很大时,正面出现的概率接近 0.5.设计一个随机模拟试验显示这一现象.

3. 如何用最基本的随机数函数 rand(区间$[0, 1]$中的均匀随机数)产生二项分布 $B(n, p)$ 的一个随机数?

4. 某飞机航班有 134 个座位.考虑到有一小部分旅客(大约有 15%)预订了机票会临时变卦,不来登机,所以航空公司准备每个航班对外预订 150 张机票.设计一个随机模拟试验,计算登机旅客数超过飞机座位数的概率.

5. 一个商店有一个收银台,假定每件商品的平均服务时间 $a=3(s)$,顾客最大购物数 $N=15$(件).设顾客到达的时间间隔的平均值为 20 s,用随机模拟的方法估算每个顾客的平均等待时间.

6. 报童问题：有一个报童，每天从报刊发行处批发报纸后零售，每卖一份报可赚钱 0.2 元，若晚上报纸卖不完则可再退回发行处，此时每退一份报要赔钱 0.4 元. 报童若购进的报纸太少，不够卖，会少赚钱；如果购进太多，卖不完，将会赔钱. 报童应该如何确定每天批发报纸的数量，以使得期望收益达到最大？根据以往报纸需求量的统计，估计出该报童每天能卖出 k 份报纸的概率 p_k 如表 25-8 所示.

表 25-8

k	300	350	400	450	500	550	600	650	700
p_k	0.025	0.05	0.1	0.175	0.3	0.175	0.1	0.05	0.025

7. 编写用随机模拟方法计算加油站存储费用的程序，利用本案例的数据，求出最佳存储策略.

实 践 与 思 考

1. 用随机模拟方法进行眼科病床的合理安排.

去医院就医，排队是大家都非常熟悉的现象，它以这样或那样的形式出现在我们面前. 例如，患者到门诊就诊、到收费处划价、到药房取药、到注射室打针、等待住院等，往往需要排队等待接受某种服务.

我们考虑某医院合理安排眼科病床的数学建模问题.

该医院眼科门诊每天开放，住院部共有病床 79 张. 该医院眼科手术主要分 4 大类：白内障、视网膜疾病、青光眼和外伤. 表 25-9～表 25-11 给出了 2008 年 7 月 13 日至 2008 年 9 月 11 日这段时间里各类病人的信息，其中表 25-9 是已出院病人的信息，表 25-10 是已入院但还未出院病人的信息，表 25-11 是未入院病人的信息.（由于篇幅限制，这里只给出了部分信息，读者可以从 www.mcm.edu.cn 中查到数据，也可以自行生成数据.）

表 25-9

序号	类　　　型	门诊时间	入院时间	第一次手术时间	第二次手术时间	出院时间
1	外伤	7-13	7-14	7-15	—	7-19
2	视网膜疾病	7-13	7-25	7-27	—	8-8
3	白内障	7-13	7-25	7-28	—	7-31
4	视网膜疾病	7-13	7-25	7-27	—	8-4
5	青光眼	7-13	7-25	7-27	—	8-5
6	视网膜疾病	7-13	7-26	7-29	—	8-11
7	白内障（双眼）	7-13	7-26	7-28	7-30	8-2
8	视网膜疾病	7-14	7-26	7-29	—	8-6
9	白内障（双眼）	7-14	7-26	7-28	7-30	8-1
10	白内障	7-14	7-26	7-28	—	7-30
11	视网膜疾病	7-14	7-26	7-29	—	8-8

（续表）

序号	类 型	门诊时间	入院时间	第一次手术时间	第二次手术时间	出院时间
12	白内障(双眼)	7-14	7-26	7-28	7-30	8-2
13	白内障(双眼)	7-14	7-26	7-28	7-30	8-2
14	青光眼	7-14	7-27	7-29	—	8-4
15	视网膜疾病	7-14	7-27	7-29	—	8-9
16	视网膜疾病	7-14	7-27	7-29	—	8-6
17	视网膜疾病	7-15	7-27	7-29	—	8-12
18	白内障	7-15	7-27	7-28	—	7-30
19	青光眼	7-15	7-27	7-29	—	8-5
20	白内障(双眼)	7-15	7-27	7-28	7-30	8-2
21	视网膜疾病	7-15	7-27	7-29	—	8-9
22	青光眼	7-15	7-27	7-29	—	8-6
23	白内障	7-15	7-27	7-28	—	7-30
24	白内障	7-15	7-27	7-28	—	7-30
25	白内障(双眼)	7-15	7-28	8-4	8-6	8-9
26	视网膜疾病	7-15	7-28	7-31	—	8-10
27	青光眼	7-16	7-28	7-31	—	8-7
28	白内障	7-16	7-28	7-30	—	8-3
29	外伤	7-16	7-17	7-18	—	7-22
30	白内障(双眼)	7-16	7-28	8-4	8-6	8-9
31	视网膜疾病	7-16	7-28	7-31	—	8-10
32	白内障(双眼)	7-16	7-28	8-4	8-6	8-9
33	视网膜疾病	7-16	7-28	7-31	—	8-11
34	视网膜疾病	7-17	7-28	7-31	—	8-10
35	白内障	7-17	7-29	7-30	—	8-3
36	视网膜疾病	7-17	7-29	7-31	—	8-8
37	视网膜疾病	7-17	7-29	7-31	—	8-10
38	白内障(双眼)	7-17	7-29	8-4	8-6	8-8
39	白内障(双眼)	7-17	7-29	8-4	8-6	8-8
40	外伤	7-17	7-18	7-19	—	7-28
…	…	…	…	…	…	…

表 25-10

序号	类 型	门诊时间	入院时间	第一次手术时间	第二次手术时间	出院时间
1	视网膜疾病	8-15	8-29	8-31	—	—
2	视网膜疾病	8-16	8-29	8-31	—	—
3	白内障(双眼)	8-19	9-1	9-8	9-10	—
4	青光眼	8-19	9-1	9-4	—	—
5	视网膜疾病	8-19	9-1	9-4	—	—
6	视网膜疾病	8-19	9-1	9-4	—	—

（续表）

序号	类　　型	门诊时间	入院时间	第一次手术时间	第二次手术时间	出院时间
7	白内障（双眼）	8-19	9-1	9-8	9-10	—
8	视网膜疾病	8-19	9-2	9-4	—	—
9	视网膜疾病	8-19	9-3	9-5	—	—
10	白内障（双眼）	8-19	9-3	9-8	9-10	—
11	白内障（双眼）	8-19	9-3	9-8	9-10	—
12	视网膜疾病	8-19	9-3	9-5	—	—
13	白内障	8-19	9-4	9-8	—	—
14	视网膜疾病	8-19	9-4	9-6	—	—
15	视网膜疾病	8-20	9-4	9-6	—	—
16	视网膜疾病	8-20	9-4	9-6	—	—
17	视网膜疾病	8-20	9-4	9-6	—	—
18	视网膜疾病	8-20	9-4	9-6	—	—
19	白内障（双眼）	8-20	9-4	9-8	9-10	—
20	视网膜疾病	8-21	9-5	9-7	—	—
21	白内障（双眼）	8-22	9-5	9-8	9-10	—
22	白内障（双眼）	8-22	9-5	9-8	9-10	—
23	视网膜疾病	8-22	9-5	9-7	—	—
24	青光眼	8-23	9-5	9-7	—	—
25	青光眼	8-23	9-5	9-7	—	—
26	白内障（双眼）	8-23	9-5	9-8	9-10	—
27	视网膜疾病	8-23	9-6	9-9	—	—
28	白内障（双眼）	8-23	9-6	9-8	9-10	—
29	白内障（双眼）	8-23	9-6	9-8	9-10	—
30	青光眼	8-24	9-6	9-9	—	—
31	视网膜疾病	8-24	9-6	9-9	—	—
32	白内障（双眼）	8-24	9-6	9-8	9-10	—
33	视网膜疾病	8-24	9-6	9-9	—	—
34	视网膜疾病	8-24	9-6	9-9	—	—
35	白内障（双眼）	8-24	9-6	9-8	9-10	—
36	青光眼	8-24	9-6	9-9	—	—
37	视网膜疾病	8-25	9-6	9-9	—	—
38	视网膜疾病	8-25	9-6	9-9	—	—
39	青光眼	8-25	9-6	9-9	—	—
40	白内障（双眼）	8-25	9-6	9-8	9-10	—
…	…	…	…	…	…	…

表 25-11

序号	类　　　型	门诊时间	入院时间	第一次手术时间	第二次手术时间	出院时间
1	白内障（双眼）	8-30	—	—	—	—
2	视网膜疾病	8-30	—	—	—	—
3	青光眼	8-30	—	—	—	—
4	视网膜疾病	8-30	—	—	—	—
5	视网膜疾病	8-30	—	—	—	—
6	白内障（双眼）	8-30	—	—	—	—
7	白内障	8-31	—	—	—	—
8	青光眼	8-31	—	—	—	—
9	白内障（双眼）	8-31	—	—	—	—
10	视网膜疾病	8-31	—	—	—	—
11	视网膜疾病	8-31	—	—	—	—
12	视网膜疾病	8-31	—	—	—	—
13	青光眼	8-31	—	—	—	—
14	白内障	8-31	—	—	—	—
15	视网膜疾病	9-1	—	—	—	—
16	视网膜疾病	9-1	—	—	—	—
17	青光眼	9-1	—	—	—	—
18	白内障（双眼）	9-1	—	—	—	—
19	白内障（双眼）	9-1	—	—	—	—
20	白内障（双眼）	9-1	—	—	—	—
21	视网膜疾病	9-1	—	—	—	—
22	白内障	9-1	—	—	—	—
23	视网膜疾病	9-1	—	—	—	—
24	视网膜疾病	9-1	—	—	—	—
25	白内障	9-2	—	—	—	—
26	白内障	9-2	—	—	—	—
27	白内障（双眼）	9-2	—	—	—	—
28	白内障	9-2	—	—	—	—
29	视网膜疾病	9-2	—	—	—	—
30	视网膜疾病	9-3	—	—	—	—
31	视网膜疾病	9-3	—	—	—	—
32	白内障（双眼）	9-3	—	—	—	—
33	白内障	9-3	—	—	—	—
34	视网膜疾病	9-3	—	—	—	—
35	白内障	9-3	—	—	—	—
36	视网膜疾病	9-3	—	—	—	—
37	视网膜疾病	9-3	—	—	—	—
38	白内障（双眼）	9-4	—	—	—	—
39	白内障	9-4	—	—	—	—
40	青光眼	9-4	—	—	—	—
…	…	…	…	…	…	…

白内障手术较简单,而且没有急诊.目前该院是每周一、三做白内障手术,此类病人的术前准备时间只需1～2天.做两只眼手术的病人比做一只眼手术的要多一些,大约占到白内障手术的60%.如果要做双眼手术,则周一先做一只眼手术,周三再做另一只眼手术.

外伤疾病通常属于急诊,病床有空时立即安排住院,住院后第二天便会安排手术.

其他眼科疾病比较复杂,有各种不同情况,但大致在住院以后2～3天内就可以接受手术,主要是术后的观察时间较长.这类疾病手术时间可根据需要安排,一般不安排在周一、周三.由于急诊数量较少,建模时可不考虑这些眼科疾病急诊.

该医院眼科手术条件比较充分,在考虑病床安排时可不考虑手术条件的限制,但考虑到手术医生的安排问题,通常情况下白内障手术与其他眼科手术(急诊除外)不安排在同一天做.当前该住院部对全体非急诊病人是按照FCFS(first come, first serve)规则安排住院,但等待住院病人队列却越来越长,医院方面希望能通过数学建模来帮助解决该住院部的病床合理安排问题,以提高对医院资源的有效利用.

问题一:试分析确定合理的评价指标体系,用以评价该问题的病床安排模型的优劣.

问题二:试就该住院部当前的情况,建立合理的病床安排模型,以根据已知的第二天拟出院病人数来确定第二天应该安排哪些病人住院,并对建立的模型利用问题一中的指标体系作出评价.

问题三:作为病人,自然希望尽早知道自己大约何时能住院.能否根据当时住院病人及等待住院病人的统计情况,在病人门诊时即告知其大致入住时间区间?

问题四:若该住院部周六、周日不安排手术,请重新回答问题二,医院的手术时间安排是否应作出相应调整?

问题五:有人从便于管理的角度提出建议:在一般情形下,医院病床安排可采取使各类病人占用病床的比例大致固定的方案.试就此方案,建立使得所有病人在系统内的平均逗留时间(含等待入院及住院时间)最短的病床比例分配模型.

第二十六章　乳腺癌的诊断

提要　本章介绍医学诊断问题,实际上这是一种样本分类问题.对样本集进行分类的方法很多,本章介绍一种采用神经网络进行分类的方法.

§26.1　问题的提出

乳腺肿瘤通过穿刺采样进行分析可以确定其为良性的或为恶性的.医学研究发现乳腺肿瘤病灶组织的细胞核显微图像的 10 个量化特征:细胞核直径、质地、周长、面积、光滑度、紧密度、凹陷度、凹陷点数、对称度、断裂度与该肿瘤的性质有密切的关系.现试图根据已获得的实验数据建立起一种诊断乳腺肿瘤是良性还是恶性的方法.数据来自已确诊的 500 个病例,每个病例的一组数据包括采样组织中各细胞核的这 10 个特征量的平均值、标准差和最坏值(各特征的 3 个最大数据的平均值)共 30 个数据,并将这种方法用于另外 69 名已做穿刺采样分析的患者.

此外,为节省费用,还想发展一种只用此 30 个特征数据中的部分特征来区分乳腺肿瘤是良性还是恶性的方法,你是否可找到一个特征数少而区分又很好的方法?

这个问题实际上属于模式识别问题.什么是模式呢? 广义地说,在自然界中可以观察的事物,如果我们能够区别它们是否相同或是否相似,都可以称之为模式.人们为了掌握客观事物,按事物相似的程度组成类别.模式识别的作用和目的就在于面对某一具体事物时将其正确地归入某一类别.

模式分类的方法很多,如数理统计方法、聚类分析方法等.根据这个问题的特点,我们介绍一种神经网络的方法.

§26.2　人工神经网络方法

长期以来,人们想方设法了解人脑的功能,并用物理上可以实现的系统去模仿人脑,完成类似于人脑的工作.从人脑的结构看,它是由大量的神经细胞组成的,这些细胞相互连接,每个细胞完成某一种基本功能,如兴奋或抑制.从整体看,它们相互整合完成一种复杂的计算思维活动,这些工作并行地、有机地联系在一起,这种集体的计算活动十分迅速.

人工神经网络(artificial neural network,简称为 ANN)是 20 世纪中后期发展起来的一门交叉学科,涉及神经生理学、数学、计算机科学和物理学等各个领域.所谓人工神经网络就是为模仿人脑工作方式而设计的一种机器,或者说是一种具有大量连接的并行分布式处理器,它可用电子或光电元件实现,也可以用软件在常规计算机上仿真,它具有通过学习获取知识并解决问题的能力.

人工神经网络的研究与计算机的研究几乎是同步发展的. 1943 年,心理学家麦库洛克(McCulloch)和数学家皮兹(Pitts)合作提出了形式神经元的数学模型,成为人工神经网络研究的开端. 1949 年,心理学家亥伯(Hebb)提出神经元之间突触联系强度可变的假设,并据此提出神经元的学习准则,为神经网络的学习算法奠定了基础.现代串行计算机的奠基人冯·诺依曼在 20 世纪 50 年代就已注意到计算机与人脑结构的差异,对类似于神经网络的分布系统做了许多研究. 50 年代末,罗森布莱特(Rosenblatt)提出了感知器模型,首次把神经网络的研究付诸工程实践,引起了许多科学家的兴趣.

人工神经网络有许多应用,我们仅介绍利用神经网络对样本进行分类的方法.

先看一个简单例子.如图 26-1 所示,在二维平面中有一个由两类样本构成的样本集.一类为 A 类样本,集中在平面的左上角,用"○"表示;另一类为 B 类样

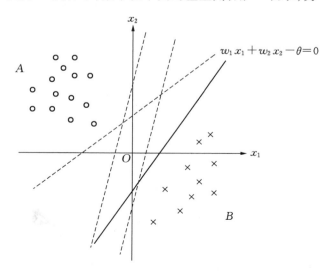

图 26-1

本,集中在平面的右下角,用"×"表示. 我们希望找到一条直线

$$w_1 x_1 + w_2 x_2 - \theta = 0, \tag{26.1}$$

把 A, B 两类样本分隔开来.

如果 A, B 两类样本是线性可分的,即可用一条直线将两类样本分隔开来,而且有一段距离,那么这样的分隔直线有无数条. 我们采用单层感知器(perceptron)来求解这个问题.

显然,如果这个问题有解,对每个样本点 $\boldsymbol{x} = (x_1, x_2)$ 来说,$w_1 x_1 + w_2 x_2 - \theta$ 的值要么大于零,要么小于零. 如果记大于零的输出为1,小于零的输出为0,那么输出为1的样本点构成一类,而输出为0的点构成另外一类.

基于这个思想,设 $\boldsymbol{x} = (x_1, x_2, \cdots, x_n)^{\mathrm{T}}$ 为输入向量,y 为输出量,输入与输出之间满足

$$y = f\left(\sum_{i=1}^{n} w_i x_i - \theta\right), \tag{26.2}$$

其中 $w_i (1 \leqslant i \leqslant n)$ 为权系数,θ 为阈值,函数 $f(u)$ 为亥维赛德(Heaviside)函数

$$f(u) = \begin{cases} 1, & u \geqslant 0, \\ 0, & u < 0. \end{cases} \tag{26.3}$$

由于 w_i, θ 均是未知的,也就是说都是应该通过学习得到的,为了处理上的统一,记 $w_0 = \theta$, $x_0 = -1$,那么

$$y = f\left(\sum_{i=0}^{n} w_i x_i\right). \tag{26.4}$$

于是,问题化为已知两个样本集分别为 $\{\boldsymbol{x}^A\}$, $\{\boldsymbol{x}^B\}$,要求权系数和阈值 $w_i (0 \leqslant i \leqslant n)$,使得

$$y = f\left(\sum_{i=0}^{n} w_i x_i^A\right) = 1, \tag{26.5}$$

$$y = f\left(\sum_{i=0}^{n} w_i x_i^B\right) = 0. \tag{26.6}$$

这是一种有教师的学习过程. 设教师 t 满足

$$t = \begin{cases} 1, & \text{当输入 } \boldsymbol{x}^A \text{ 时}, \\ 0, & \text{当输入 } \boldsymbol{x}^B \text{ 时}, \end{cases} \tag{26.7}$$

那么整个学习过程如下:

(S1) 随机给出权和阈值的初值 $w_i^0 (0 \leqslant i \leqslant n)$,通常初值取为非零的小数,

即 $0 < |w_i^0| \ll 1$.

(S2) 任选样本集中的一个样本 $\boldsymbol{x}$ 作为输入向量,按(26.4)式计算实际输出

$$y = f\left(\sum_{i=0}^{n} w_i x_i\right).$$

(S3) 若 $\boldsymbol{x} \in \boldsymbol{x}^A$,令 $t = 1$;若 $\boldsymbol{x} \in \boldsymbol{x}^B$,令 $t = 0$.

(S4) 按下式调节权和阈值:

$$w_i(k+1) = w_i(k) + \eta(t - y(k))x_i(k), \tag{26.8}$$

其中 k 为迭代次数,$0 < \eta \leqslant 1$,用于调节收敛的速度. 通常 η 不能取得太小,否则会使 w_i 的收敛速度太慢;但 η 也不能取得太大,否则会影响 w_i 的稳定.

(S5) 在 $\boldsymbol{x}^A$ 或 $\boldsymbol{x}^B$ 集中选取另一个样本,重复(S2)~(S4),直到权系数 w 对一切样本均稳定不变为止,即 $w_i(k+1) = w_i(k)$ $(i = 0, 1, 2, \cdots, n)$.

为了防止权调整的不均匀性,学习时样本的选取最好在两个样本集中轮流进行.

例如,设输入样本 $\boldsymbol{x} = (x_1, x_2)^{\mathrm{T}}$ 与教师 t 由表 26-1 给出.

表 26-1

输入样本 $\boldsymbol{x}$		教师 t
x_1	x_2	
0	0	0
0	1	0
1	0	0
1	1	1

由单层感知器计算可得 $w_0 = 1.5$,$w_1 = 1$,$w_2 = 1$,于是分隔直线为

$$x_1 + x_2 - 1.5 = 0, \tag{26.9}$$

而输出函数为

$$y = f(x_1 + x_2 - 1.5), \tag{26.10}$$

其中 $f(u)$ 是亥维赛德函数.

事实上,这个例子表示的正好是"逻辑与"的运算关系,由此可知"逻辑与"运算可以用单层感知器来实现. 从几何上来看,若将"逻辑与"的输入样本看成是直角坐标系中单位正方形的 4 个顶点(见图 26-2),那么直线(26.9)将这 4 个顶点分成两类,右上方为 A 类,输出为 1;左下方为 B 类,输出为 0.

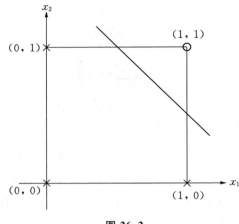

图 26-2

同样地,"逻辑或"运算也可以用单层感知器来实现. 设输入样本 $\boldsymbol{x} = (x_1, x_2)^{\mathrm{T}}$ 与教师 t 由表 26-2 给出.

表 26-2

输入样本 $\boldsymbol{x}$		教师 t
x_1	x_2	
0	0	0
0	1	1
1	0	1
1	1	1

由单层感知器计算可得 $w_0 = 0.5$, $w_1 = 1$, $w_2 = 1$, 于是分隔直线为

$$x_1 + x_2 - 0.5 = 0, \tag{26.11}$$

而输出函数为

$$y = f(x_1 + x_2 - 0.5), \tag{26.12}$$

其中 $f(u)$ 是亥维赛德函数."逻辑或"运算的几何图示见图 26-3.

但是单层感知器只能满足线性分类,如果两类样本不能用一个超平面分开,那么单层感知器就无能为力了.

例如"逻辑异或"运算就无法用单层感知器实现.事实上,设输入样本 $\boldsymbol{x} = (x_1, x_2)^{\mathrm{T}}$ 与教师 t 由表 26-3 给出.

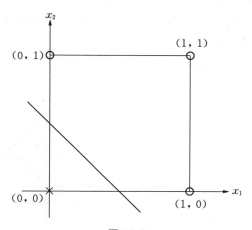

图 26-3

表 26-3

输入样本 *x*		教师 *t*
x_1	x_2	
0	0	0
0	1	1
1	0	1
1	1	0

如果"逻辑异或"运算能够用一条直线 $w_1 x_1 + w_2 x_2 - \theta = 0$ 分开,那么

$$0 \cdot w_1 + 0 \cdot w_2 - \theta < 0,$$

$$0 \cdot w_1 + 1 \cdot w_2 - \theta \geqslant 0,$$

$$1 \cdot w_1 + 0 \cdot w_2 - \theta \geqslant 0,$$

$$1 \cdot w_1 + 1 \cdot w_2 - \theta < 0.$$

显然上述不等式方程组无解,即单层感知器无法解决"逻辑异或"问题.从几何图形来看,A 类顶点(0, 1),(1, 0)与 B 类顶点(0, 0),(1, 1)分别在单位正方形的对角顶点上,无法用一条直线将它们分开(见图 26-4).

又在如图 26-5 所示的二维平面

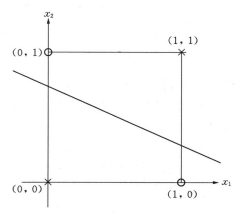

图 26-4

中, A 类样本分布在原点的附近, B 类样本分布在 A 类样本的外部区域中,两类样本不能用直线分隔开来.

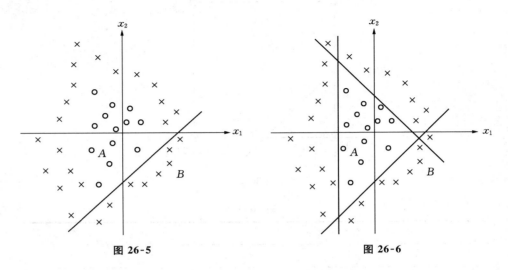

图 26-5　　　　　　　　　　　　　　　图 26-6

对于不能线性划分的两个样本集,我们试图用多条直线把其中一个样本集包围起来,使之与另一个样本集分隔开来. 例如,对于图 26-5 的问题,就是寻找一个多边形区域,使其内部为 A 类样本,外部为 B 类样本. 如图 26-6 所示,可以在二维输入空间中画出 3 条直线,将 A 类样本包围起来. 由于 3 条直线相应的权系数 w_i 和阈值 θ 各不相同,因此它们的斜率与截距也各不相同. 将这 3 个单元所得到的直线作相应的逻辑运算:

$$z = \{(x_1, x_2) \mid (w_{11}x_1 + w_{21}x_2 - \theta_1 > 0)$$

$$\bigcap (w_{12}x_1 + w_{22}x_2 - \theta_2 > 0)$$

$$\bigcap (w_{13}x_1 + w_{23}x_2 - \theta_3 > 0)\}, \tag{26.13}$$

其中 z 为输出单元. 这样得到一个封闭区域即可正确划分两类样本.

由于"逻辑与"运算可以用感知器实现,因此图 26-5 的问题可以用 3 层感知器来完成(见图 26-7),其中从输入层到隐层起线性划分的作用,从隐层到输出层进行"逻辑与"运算.

对于"逻辑异或"运算可以抽象为图 26-8 的问题.

这个问题可以分别采用 4 层或 3 层感知器网络来完成.

若用 4 层感知器网络来实现,第一层为输入层,第二层起线性划分的作用,第三层为"逻辑与"运算,第四层为"逻辑或"运算,则划分的区域为

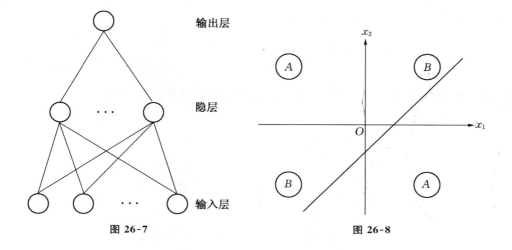

图 26-7　　　　　　　　　　　图 26-8

$$z = \left\{ (x_1, x_2) \mid \left(\bigcap_{j=1}^{3} (w_{1j}x_1 + w_{2j}x_2 - \theta_j > 0) \right) \right.$$
$$\left. \cup \left(\bigcap_{j=4}^{6} (w_{1j}x_1 + w_{2j}x_2 - \theta_j > 0) \right) \right\}. \qquad (26.14)$$

这里有 6 条直线,各用 3 条直线组成了两个三角形的区域,这是用"逻辑与"来完成的.两个区域内部都属于 A 类,这又是"逻辑或"的关系,其他区域则为 B 类(见图 26-9).

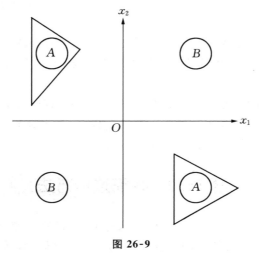

图 26-9

若用 3 层感知器网络来完成,第一层为输入层,第二层起线性划分的作用,

第三层为"逻辑与"运算,则划分的区域为

$$z = \{(x_1, x_2) \mid (w_{11}x_1 + w_{21}x_2 - \theta_1 > 0)$$
$$\bigcap (w_{12}x_1 + w_{22}x_2 - \theta_2 > 0)\}. \qquad (26.15)$$

这里用两条直线的"逻辑与"运算完成了样本的划分(见图 26-10).

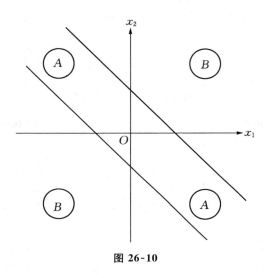

图 26-10

可以看出,多层感知器可通过单层感知器进行适当的组合达到任何形状的划分.

回到我们最初的问题,对于乳腺癌的诊断,已经有 500 例样本可供学习.假设正常人的输出设为 0,癌症患者的输出设为 1,采用 3 层感知器模型,即可完成学习的任务.

为了评判学习的效果,考察这种方法的预测功能,可以将 500 例样本随机地分为 5 组,每组包含 100 个样本.从中选择 4 组样本(即 400 个样本)作为学习样本,另 1 组样本(即 100 个样本)作为测试样本.共做 5 次,用 5 次的平均作为方法优劣的判据.

§26.3   特征选择方法

对于第二个问题,这是一个特征的选择问题,即在高维特征空间中选择部分特征构成一个低维特征空间,使得对事物的分类仍然有效.这里涉及两个问题,一个问题是怎样的分类是好的,即分类的评判标准是什么.另一个问题是如何选择部分特征.

一、类别可分离性判据

大家可能很自然地想到,既然我们的目的是设计分类器,那么用分类器的错误概率作为标准就行了,也就是说,使分类器错误概率最小的那组特征,就应当是一组最好的特征.从理论上说,这是完全正确的,但在实用中却有很大困难,因为错误概率的计算公式非常复杂,而且其中的类条件分布密度也很难获得.这就使得直接用错误概率作为标准来分析特征的有效性比较困难.

我们希望找出另一些更实用的标准,以衡量各类间的可分性,并希望可分性判据满足下列几条要求:

(D1)与错误概率有单调关系,这样使判据取最大值的效果一般说来其错误概率也较小.

(D2)当特征独立时有可加性,即

$$J_{ij}(x_1, x_2, \cdots, x_n) = \sum_{k=1}^{n} J_{ij}(x_k), \tag{26.16}$$

这里 J_{ij} 是第 i 类和第 j 类的可分性准则函数, J_{ij} 愈大,两类的分离程度就愈大, $x_1, x_2, \cdots, x_n$ 是一定类别相应特征的随机变量.

(D3)度量特性:

$$J_{ij} > 0, \quad 当 i \neq j 时,$$
$$J_{ij} = 0, \quad 当 i = j 时,$$
$$J_{ij} = J_{ji}.$$

(D4)单调性,即加入新的特征时,判据不减小:

$$J_{ij}(x_1, x_2, \cdots, x_n) \leqslant J_{ij}(x_1, x_2, \cdots, x_n, x_{n+1}). \tag{26.17}$$

很多人在这方面做了不少工作,提出了各种判据,但还没有取得完全满意的结果.这里,我们只给出一个用类间距离来描述的用于可分性的判据.

显然各类样本可以分开是因为它们位于特征空间中的不同区域,这些区域之间的距离越大,类别的可分性也就越大.

对于两类情况, A 类和 B 类, A 类中任一点与 B 类中的每一点都有一个距离,把所有这些距离相加求平均,可用这个均值来代表这两类之间的距离.

对于多类情况,令 $\boldsymbol{x}_k^{(i)}$, $\boldsymbol{x}_l^{(j)}$ 分别为 A_i 类及 A_j 类中的 N 维特征向量, $d(\boldsymbol{x}_k^{(i)}, \boldsymbol{x}_l^{(j)})$ 为这两个向量间的距离,则各类特征向量之间的平均距离为

$$J_n(\boldsymbol{x}) = \frac{1}{2} \sum_{i=1}^{c} p_i \sum_{j=1}^{c} p_j \frac{1}{n_i n_j} \sum_{k=1}^{n_i} \sum_{l=1}^{n_j} d(\boldsymbol{x}_k^{(i)}, \boldsymbol{x}_l^{(j)}), \tag{26.18}$$

其中 c 为类别数，n_i 为 A_i 类中样本数，n_j 为 A_j 类中样本数，p_i，p_j 是相应类别的先验概率.

多维空间中两个向量之间有很多种距离度量，在欧氏距离情况下有

$$d(\boldsymbol{x}_k^{(i)}, \boldsymbol{x}_l^{(j)}) = (\boldsymbol{x}_k^{(i)} - \boldsymbol{x}_l^{(j)})^{\mathrm{T}} (\boldsymbol{x}_k^{(i)} - \boldsymbol{x}_l^{(j)}). \tag{26.19}$$

用 $\boldsymbol{m}_i$ 表示第 i 类样本集的均值向量

$$\boldsymbol{m}_i = \frac{1}{n_i} \sum_{k=1}^{n_i} \boldsymbol{x}_k^{(i)}, \tag{26.20}$$

用 $\boldsymbol{m}$ 表示所有各类的样本集总平均向量

$$\boldsymbol{m} = \sum_{i=1}^{c} p_i \boldsymbol{m}_i, \tag{26.21}$$

则

$$J_n(\boldsymbol{x}) = \sum_{i=1}^{c} p_i \left[\frac{1}{n_i} \sum_{k=1}^{n_i} (\boldsymbol{x}_k^{(i)} - \boldsymbol{m}_i)^{\mathrm{T}} (\boldsymbol{x}_k^{(i)} - \boldsymbol{m}_i) + (\boldsymbol{m}_i - \boldsymbol{m})^{\mathrm{T}} (\boldsymbol{m}_i - \boldsymbol{m}) \right]. \tag{26.22}$$

二、特征选择

特征选择的任务是从一组数量为 N 的特征中选择出数量为 $n(N > n)$ 的一组最优特征来，如果把 N 个特征每个单独使用时的可分性判据都算出来，按判据大小排队，例如

$$J(x_1) > J(x_2) > \cdots > J(x_n) > \cdots > J(x_N), \tag{26.23}$$

就可以提出这样的问题：N 个特征单独使用时，使 J 较大的前 n 个特征是否就是一个最优的特征组呢？如果回答是肯定的，那么特征选择也就变得简单了. 遗憾的是，即使当所有特征都相互独立时，除了一些特殊情况，一般来说，前 n 个最有效的特征并非最优的特征组，甚至有可能是最不好的特征组.

从 N 个特征中挑选 n 个，所有可能的组合数为

$$\mathrm{C}_N^n = \frac{N!}{(N-n)!n!}. \tag{26.24}$$

如果使用穷举法，把各种可能的特征组合的 J 都算出来再加以比较，以选择最优特征组，则计算量太大而无法实现.

应当说明的是，任何非穷举的算法都不能保证所得结果是最优的. 也就是要得到最优的结果，算法本质上仍是穷举算法，只不过采取某些搜索技术使计算量

可能有所降低.

1. 分支定界法

到目前为止唯一能得到最优结果的搜索方法是"分支定界"算法（深度优先）.

图 26-11 表示从 6 个特征中选择 2 个特征,节点上的数字表示去掉的特征序号. 6 个特征中选 2 个,4 级即可.

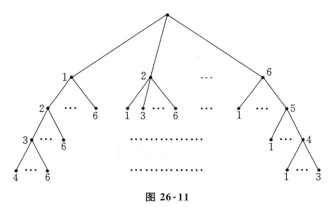

图 26-11

若某个分支已搜索到底,即已达到第 $N-n$ 级,而计算出的可分性判据值为 $J(x_{N-n}) = J^*$. 此时若发现树中某一节点的可分性判据值 $J_A \leqslant J^*$,则 A 以下各点都不必去计算,因为根据单调性,它们的 J 值都不会大于 J^*. 令 J^* 为至今为止已搜索到底的各节点上 J 值中的最大者,一旦发现树中某节点之 $J \leqslant J^*$,则此节点以下的点都可略去,即将该分支剪去.

虽然分支定界法比穷举法效率高,但在有些情况下计算量仍然太大而难以实现,这时不得不放弃最优解而采取计算量小的次优搜索方法.

2. 顺序前进法（sequential forward selection，SFS）

这是最简单的自下而上搜索方法,每次从未入选的特征中选择一个特征,使得它与已入选的特征组合在一起时所得的 J 值最大,直到特征数增加到 n 为止.

SFS 法考虑了所选特征与已入选特征之间的相关性,一般说来比前面讲的按单独使用时 J 值最大的选择方法好些,主要缺点是一旦某特征已入选,即使由于后加入的特征使它变为多余,也无法再把它剔除掉.

3. 顺序后退法（sequential backward selection，SBS）

这是一种自上而下的方法,从全体特征开始每次剔除一个,所剔除的特征应使仍然保留的特征组的 J 值最大.

SBS 的主要缺点是,它的计算量比顺序前进法要大.但它可以在计算过程中估计出每去掉一个特征所造成可分性降低了多少.

4. 增 l 减 r 法($l-r$ 法)

为避免前面方法中一旦被选入(或剔除)就不能再剔除(或选入)的缺点,可在选择过程中加入局部回溯过程.例如,在第 k 步可先用 SFS 法一个个加入特征到 $k+l$ 个,然后再用 SBS 法一个个剔去 r 个特征,我们把这样一种算法叫增 l 减 r 法.

对乳腺癌问题,通过特征选择,最后筛选出 6 个特征,即可进行有效的分类.

习　　题

1. 用单层神经网络实现"逻辑与"运算.
2. 用多层神经网络实现"逻辑异或"运算.

实　践　与　思　考

1. 蠓虫分类问题:生物学家试图对两种蠓虫(Af 与 Apf)进行鉴别,依据的资料是触角和翅膀的长度,已经测得了 9 支 Af 和 6 支 Apf 的数据,如图 26-12 所示,图中 Af 用●表示,Apf 用○表示.

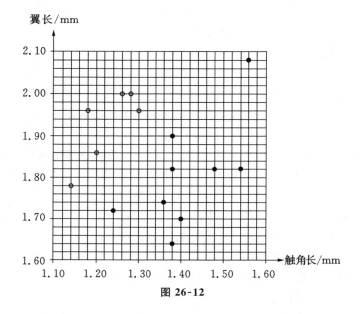

图 26-12

现在的问题是：

(1) 根据如上资料,如何制定一种方法,正确地区分两类蠓虫？

(2) 对触角和翼长分别为(1.24, 1.80), (1.28, 1.84)与(1.40, 2.04)的3个标本,用所得到的方法加以识别.

2. 2000 年 6 月,人类基因组计划中 DNA 全序列草图完成,预计不久可以完成精确的全序列图,此后人类将拥有一本记录着自身生老病死及遗传进化的全部信息的"天书". 这本大自然写成的"天书"是由 4 个字符 A, T, C, G 按一定顺序排成的长约 30 亿的序列,其中没有"断句",也没有标点符号,除了这 4 个字符表示 4 种碱基以外,人们对它包含的"内容"知之甚少,难以读懂. 破译这部世界上最巨量信息的"天书"是 21 世纪最重要的任务之一. 在这个目标中,研究 DNA 全序列具有什么结构,由这 4 个字符排成的看似随机的序列中隐藏着什么规律,又是解读这部天书的基础,是生物信息学最重要的课题之一.

虽然人类对这部"天书"知之甚少,但也发现了 DNA 序列中的一些规律性和结构. 例如,在全序列中有一些是用于编码蛋白质的序列片段,即由这 4 个字符组成的 64 种不同的 3 字符串,其中大多数用于编码以构成蛋白质的 20 种氨基酸. 又例如,在不用于编码蛋白质的序列片段中, A 和 T 的含量特别多些,于是以某些碱基特别丰富作为特征去研究 DNA 序列的结构也取得了一些结果. 此外,利用统计的方法还发现序列的某些片段之间具有相关性,等等. 这些发现让人们相信, DNA 序列中存在着局部的和全局性的结构,充分发掘序列的结构对理解 DNA 全序列是十分有意义的. 目前在这项研究中最普通的思想是省略序列的某些细节,突出特征,然后将其表示成适当的数学对象. 这种被称为粗粒化和模型化的方法往往有助于研究规律性和结构.

作为研究 DNA 序列结构的尝试,提出以下对序列集合进行分类的问题：

下面有 20 个已知类别的人工制造的序列,其中序列标号(1)～(10)为 A 类,(11)～(20)为 B 类. 请从中提取特征,构造分类方法,并用这些已知类别的序列,衡量你的方法是否足够好. 然后用你认为满意的方法,对另外 20 个未标明类别的人工序列(标号(21)～(40))进行分类.

(1) AGGCACGGAAAAACGGGAATAACGGAGGAGGACTTGGCACGGCATTACAC
GGAGGACGAGGTAAAGGAGGCTTGTCTACGGCCGGAAGTGAAGGGGGATA
TGACCGCTTGG

(2) CGGAGGACAAACGGGATGGCGGTATTGGAGGTGGCGGACTGTTCGGGGAA
TTATTCGGTTTAAACGGGACAAGGAAGGCGGCTGGAACAACCGGACGGTG
GCAGCAAAGGA

(3) GGGACGGATACGGATTCTGGCCACGGACGGAAAGGAGGACACGGCGGACA
TACACGGCGGCAACGGACGGAACGGAGGAAGGAGGGCGGCAATCGGTACG
GAGGCGGCGGA

(4) ATGGATAACGGAAACAAACCAGACAAACTTCGGTAGAAATACAGAAGCTT
AGATGCATATGTTTTTTAAATAAAATTTGTATTATTATGGTATCATAAAA
AAAGGTTGCGA

(5) CGGCTGGCGGACAACGGACTGGCGGATTCCAAAAACGGAGGAGGCGGACG

GAGGCTACACCACCGTTTCGGCGGAAAGGCGGAGGGCTGGCAGGAGGCTCA
TTACGGGGAG

(6) ATGGAAAATTTTCGGAAAGGCGGCAGGCAGGAGGCAAAGGCGGAAAGGA
AGGAAACGGCGGATATTTCGGAAGTGGATATTAGGAGGGCGGAATAAAG
GAACGGCGGCACA

(7) ATGGGATTATTGAATGGCGGAGGAAGATCCGGAATAAAATATGGCGGAA
AGAACTTGTTTTCGGAAATGGAAAAAGGACTAGGAATCGGCGGCAGGAAG
GATATGGAGGCG

(8) ATGGCCGATCGGCTTAGGCTGGAAGGAACAAATAGGCGGAATTAAGGAAG
GCGTTCTCGCTTTTCGACAAGGAGGCGGACCATAGGAGGCGGATTAGGAAC
GGTTATGAGG

(9) ATGGCGGAAAAAGGAAATGTTTGGCATCGGCGGGCTCCGGCAACTGGAGG
TTCGGCCATGGAGGCGAAAATCGTGGGCGGCGGCAGCGCTGGCCGGAGTTT
GAGGAGCGCG

(10) TGGCCGCGGAGGGGCCCGTCGGGCGCGGATTTCTACAAGGGCTTCCTGTT
AAGGAGGTGGCATCCAGGCGTCGCACGCTCGGCGCGGCAGGAGGCACGC
GGGAAAAAACG

(11) GTTAGATTTAACGTTTTTTATGGAATTTATGGAATTATAAATTTAAAA
ATTTATATTTTTTAGGTAAGTAATCCAACGTTTTTATTACTTTTTAAAA
TTAAATATTTATT

(12) GTTTAATTACTTTATCATTTAATTTAGGTTTTAATTTTAAATTTAATTT
AGGTAAGATGAATTTGGTTTTTTTTAAGGTAGTTATTTAATTATCGTTA
AGGAAAGTTAAA

(13) GTATTACAGGCAGACCTTATTTAGGTTATTATTATTATTTGGATTTTTT
TTTTTTTTTTTTTAAGTTAACCGAATTATTTTCTTTAAAGACGTTACT
TAATGTCAATGC

(14) GTTAGTCTTTTTTAGATTAAATTATTAGATTATGCAGTTTTTTTACATA
AGAAAATTTTTTTTTCGGAGTTCATATTCTAATCTGTCTTTATTAAATC
TTAGAGATATTA

(15) GTATTATATTTTTTTATTTTTATTATTTTAGAATATAATTTGAGGTATG
TGTTTAAAAAAAATTTTTTTTTTTTTTTTTTTTTTTTTTTTTTTTAAAAT
TTATAAATTTAA

(16) GTTATTTTTAAATTTAATTTTAATTTTAAAATACAAAATTTTTACTTTC
TAAAATTGGTCTCTGGATCGATAATGTAAACTTATTGAATCTATAGAAT
TACATTATTGAT

(17) GTATGTCTATTTCACGGAAGAATGCACCACTATATGATTTGAAATTATC
TATGGCTAAAAACCCTCAGTAAAATCAATCCCTAAACCCTTAAAAAACG

GCGGCCTATCCC

(18) GTTAATTATTTATTCCTTACGGGCAATTAATTATTTATTACGGTTTTAT
TTACAATTTTTTTTTTTTGTCCTATAGAGAAATTACTTACAAAACGTTA
TTTTACATACTT

(19) GTTACATTATTTATTATTATCCGTTATCGATAATTTTTTACCTCTTTTTT
CGCTGAGTTTTTATTCTTACTTTTTTTCTTCTTTATATAGGATCTCATTT
AATATCTTAA

(20) GTATTTAACTCTCTTTACTTTTTTTTTTCACTCTCTACATTTTCATCTTCT
AAAACTGTTTGATTTAAACTTTTGTTTCTTTAAGGATTTTTTTTACTTA
TCCTCTGTTAT

(21) TTTAGCTCAGTCCAGCTAGCTAGTTTACAATTTCGACACCAGTTTCGCAC
CATCTTAAATTTCGATCCGTACCGTAATTTAGCTTAGATTTGGATTTAAA
GGATTTAGATTGA

(22) TTTAGTACAGTAGCTCAGTCCAAGAACGATGTTTACCGTAACGTACGTAC
CGTACGCTACCGTTACCGGATTCCGGAAAGCCGATTAAGGACCGATCGAA
AGGG

(23) CGGGCGGATTTAGGCCGACGGGGACCCGGGATTCGGGACCCGAGGAAATT
CCCGGATTAAGGTTTAGCTTCCCGGGATTTAGGGCCCGGATGGCTGGGAC
CC

(24) TTTAGCTAGCTACTTTAGCTATTTTTAGTAGCTAGCCAGCCTTTAAGGCT
AGCTTTAGCTAGCATTGTTCTTTATTGGGACCCAAGTTCGACTTTTACGA
TTTAGTTTTGACCGT

(25) GACCAAAGGTGGGCTTTAGGGACCCGATGCTTTAGTCGCAGCTGGACCAG
TTCCCCAGGGTATTAGGCAAAAGCTGACGGGCAATTGCAATTTAGGCTTA
GGCCA

(26) GATTTACTTTAGCATTTTTAGCTGACGTTAGCAAGCATTAGCTTTAGCCA
ATTTCGCATTTGCCAGTTTCGCAGCTCAGTTTTAACGCGGGATCTTTAGCT
TCAAGCTTTTTAC

(27) GGATTCGGATTTACCCGGGGATTGGCGGAACGGGACCTTTAGGTCGGGAC
CCATTAGGAGTAAATGCCAAAGGACGCTGGTTTAGCCAGTCCGTTAAGGC
TTAG

(28) TCCTTAGATTTCAGTTACTATATTTGACTTACAGTCTTTGAGATTTCCCT
TACGATTTTGACTTAAAATTTAGACGTTAGGGCTTATCAGTTATGGATT
AATTTAGCTTATTTTCGA

(29) GGCCAATTCCGGTAGGAAGGTGATGGCCCGGGGGTTCCCGGGAGGATTTA
GGCTGACGGGCCGGCCATTTCGGTTTAGGGAGGGCCGGGACGCGTTAGGGC

(30) CGCTAAGCAGCTCAAGCTCAGTCAGTCACGTTTGCCAAGTCAGTAATTTG

CCAAAGTTAACCGTTAGCTGACGCTGAACGCTAAACAGTATTAGCTGATG
ACTCGTA

(31) TTAAGGACTTAGGCTTTAGCAGTTACTTTAGTTTAGTTCCAAGCTACGTT
TACGGGACCAGATGCTAGCTAGCAATTTATTATCCGTATTAGGCTTACCG
TAGGTTTAGCGT

(32) GCTACCGGGCAGTCTTTAACGTAGCTACCGTTTAGTTTGGGCCCAGCCTT
GCGGTGTTTCGGATTAAATTCGTTGTCAGTCGCTCTTGGGTTTAGTCATT
CCCAAAAGG

(33) CAGTTAGCTGAATCGTTTAGCCATTTGACGTAAACATGATTTTACGTACG
TAAATTTTAGCCCTGACGTTTAGCTAGGAATTTATGCTGACGTAGCGATC
GACTTTAGCAC

(34) CGGTTAGGGCAAAGGTTGGATTTCGACCCAGGGGGAAAGCCCGGGACCCG
AACCCAGGGCTTTAGCGTAGGCTGACGCTAGGCTTAGGTTGGAACCCGGA
AA

(35) GCGGAAGGGCGTAGGTTTGGGATGCTTAGCCGTAGGCTAGCTTTCGACAC
GATCGATTCGCACCACAGGATAAAAGTTAAGGGACCGGTAAGTCGCGGT
AGCC

(36) CTAGCTACGAACGCTTTAGGCGCCCCCGGGAGTAGTCGTTACCGTTAGTA
TAGCAGTCGCAGTCGCAATTCGCAAAAGTCCCCAGCTTTAGCCCCAGAGT
CGACG

(37) GGGATGCTGACGCTGGTTAGCTTTAGGCTTAGCGTAGCTTTAGGGCCCCA
GTCTGCAGGAAATGCCCAAAGGAGGCCCACCGGGTAGATGCCASAGTGCA
CCGT

(38) AACTTTTAGGGCATTTCCAGTTTTACGGGTTATTTTCCCAGTTAAACTTT
GCACCATTTTACGTGTTACGATTTACGTATAATTTGACCTTATTTTGGAC
ACTTTAGTTTGGGTTAC

(39) TTAGGGCCAAGTCCCGAGGCAAGGAATTCTGATCCAAGTCCAATCACGTA
CAGTCCAAGTCACCGTTTGCAGCTACCGTTTACCGTACGTTGCAAGTCAA
ATCCAT

(40) CCATTAGGGTTTATTTACCTGTTTATTTTTTCCCGAGACCTTAGGTTTAC
CGTACTTTTTAACGGTTTACCTTTGAAATTTTTGGACTAGCTTACCCTGG
ATTTAACGGCCAGTTT

第二十七章 从容器中流出的液体

提要 本章介绍刻画液体从容器中流出时间的积分模型.模型的建立基于流体力学的伯努利(Bernoulli)定律.学习本章需要微积分和少量流体力学和偏微分方程的预备知识.

§27.1 问题的提出

人们用各种形状的容器来装载或运输液体产品,有时容器的形状是比较复杂的.例如,工厂生产某种液体产品,出厂时装在聚乙烯软包装袋中,每个聚乙烯袋放在一个托架上用汽车运到零售商店后再分装出售.由于聚乙烯袋是软的,液体产品如同装在一个与托架形状相同的容器之中.液体从一定形状的容器中排出究竟需要多少时间?这就是本章要讨论的问题.

从容器中排出液体有两种典型的情形:一种是容器内部的压强大于容器外部的压强,在这种压力差的作用下,液体从容器中排出,如图 27-1(a)所示,其中内部压强 p_A 大于外部压强 p_B;另一种情形是容器内不加压,液体在重力作用下排出,如图 27-1(b)所示.

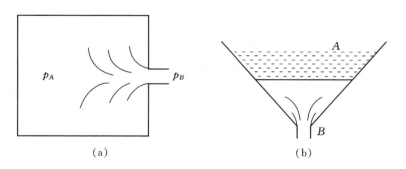

(a)   (b)

图 27-1

以下，我们首先用"微元分析法"建立液体流动的一般数学模型——流体力学方程组，导出著名的伯努利定律，最后用它建立刻画液体从容器中排出所需时间的数学模型．

§27.2　流体动力学方程组和伯努利定律

一、关键变量

与流体流动有关的量是流体的速度、密度和压强．设时刻 t 位于点(x, y, z)处流体微团的速度向量为$(u(t, x, y, z), v(t, x, y, z), w(t, x, y, z))$，其中 u, v, w 分别表示速度在 x, y, z 这 3 个方向的分量．又设时刻 t 位于点(x, y, z)处流体的密度和压强分别为 $\rho(t, x, y, z)$ 和 $p(t, x, y, z)$．

二、二维不可压缩流体的运动方程组

设流体是不可压缩的，即密度 ρ 是一个与时间和位置无关的常数．为简单起见，我们考虑流体的平面流动，即设流体的质点都在一些平行于某个固定平面的平面内运动，而且所有这些平面内的流动状态都相同．若选取坐标系使这些平面都平行于 x-y 平面，就有 $w \equiv 0$，u, v, p 都与 z 无关，即流动的特征量成为 $u(t, x, y)$，$v(t, x, y)$，$p(t, x, y)$ 和 ρ．

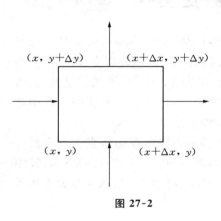

图 27-2

1. 连续性方程

考察点(x, y)附近长、宽分别为 Δx 和 Δy，单位厚度的一个长方体区域在时段 $[t, t + \Delta t]$ 的流入和流出量（见图 27-2）：

流入量 $= u(t, x, y)\Delta y\Delta t + v(t, x, y)\Delta x\Delta t$，

流出量 $= u(t, x + \Delta x, y)\Delta y\Delta t + v(t, x, y + \Delta y)\Delta x\Delta t$．

由于质量守恒，流入量应等于流出量，从而有

$$[u(t, x + \Delta x, y) - u(t, x, y)]\Delta y\Delta t + [v(t, x, y + \Delta y) - v(t, x, y)]\Delta x\Delta t = 0.$$

在上式两边除以 $\Delta x\Delta y\Delta t$，令 $\Delta x, \Delta y$ 趋于 0，得

$$\frac{\partial u}{\partial x} + \frac{\partial v}{\partial y} = 0. \tag{27.1}$$

方程(27.1)称为连续性方程.

2. 动量方程

考察上述区域内流体的受力情况.首先平行于 x 轴方向的力为两个侧面的压力差:

$$-p(t,\ x+\Delta x,\ y)\Delta y + p(t,\ x,\ y)\Delta y. \tag{27.2}$$

再考察平行于 y 轴的力,除了上、下两侧的压力差以外,还有重力 $-\rho g\Delta x\Delta y$,其中 g 为重力加速度,合力为

$$-p(t,\ x,\ y+\Delta y)\Delta x + p(t,\ x,\ y)\Delta x - \rho g\Delta x\Delta y. \tag{27.3}$$

由牛顿动力学定律得

$$\rho\Delta x\Delta y\,\frac{\mathrm{d}u}{\mathrm{d}t} = -\big[p(t,\ x+\Delta x,\ y)-p(t,\ x,\ y)\big]\Delta y.$$

两边同除以 $\Delta x\Delta y$,令 Δx, Δy 趋于零,得

$$\rho\,\frac{\mathrm{d}u}{\mathrm{d}t} = -\frac{\partial p}{\partial x}. \tag{27.4}$$

同样有

$$\rho\,\frac{\mathrm{d}v}{\mathrm{d}t} = -\frac{\partial p}{\partial y} - \rho g. \tag{27.5}$$

注意到位于点 $(x,\ y)$ 处的流体质点的速度为 $(u,\ v)$,若该质点的运动轨迹为 $(x(t),\ y(t))$,则应有

$$x'(t) = u(t,\ x,\ y),\quad y'(t) = v(t,\ x,\ y). \tag{27.6}$$

因而有

$$\frac{\mathrm{d}u}{\mathrm{d}t} = \frac{\mathrm{d}}{\mathrm{d}t}u(t,\ x(t),\ y(t)) = \frac{\partial u}{\partial t} + \frac{\partial u}{\partial x}u + \frac{\partial u}{\partial y}v, \tag{27.7}$$

同样有

$$\frac{\mathrm{d}v}{\mathrm{d}t} = \frac{\partial v}{\partial t} + \frac{\partial v}{\partial x}u + \frac{\partial v}{\partial y}v. \tag{27.8}$$

3. 流体动力学方程组

将(27.7),(27.8)式分别代入动量方程(27.4),(27.5),并与连续性方程联立,即得不可压缩平面流动方程组

$$\begin{cases} \dfrac{\partial u}{\partial x} + \dfrac{\partial v}{\partial y} = 0, \\[2mm] \dfrac{\partial u}{\partial t} + u\,\dfrac{\partial u}{\partial x} + v\,\dfrac{\partial u}{\partial y} = -\dfrac{1}{\rho}\,\dfrac{\partial p}{\partial x}, \\[2mm] \dfrac{\partial v}{\partial t} + u\,\dfrac{\partial v}{\partial x} + v\,\dfrac{\partial v}{\partial y} = -\dfrac{1}{\rho}\,\dfrac{\partial p}{\partial y} - g, \end{cases} \tag{27.9}$$

上述方程组又称为二维不可压缩流动方程组.

对一般情形,若取 z 轴垂直于地面,类似地可得三维不可压缩流动方程组

$$\begin{cases} \dfrac{\partial u}{\partial x} + \dfrac{\partial v}{\partial y} + \dfrac{\partial w}{\partial z} = 0, \\[2mm] \dfrac{\partial u}{\partial t} + u\,\dfrac{\partial u}{\partial x} + v\,\dfrac{\partial u}{\partial y} + w\,\dfrac{\partial u}{\partial z} = -\dfrac{1}{\rho}\,\dfrac{\partial p}{\partial x}, \\[2mm] \dfrac{\partial v}{\partial t} + u\,\dfrac{\partial v}{\partial x} + v\,\dfrac{\partial v}{\partial y} + w\,\dfrac{\partial v}{\partial z} = -\dfrac{1}{\rho}\,\dfrac{\partial p}{\partial y}, \\[2mm] \dfrac{\partial w}{\partial t} + u\,\dfrac{\partial w}{\partial x} + v\,\dfrac{\partial w}{\partial y} + w\,\dfrac{\partial w}{\partial z} = -\dfrac{1}{\rho}\,\dfrac{\partial p}{\partial z} - g. \end{cases} \tag{27.10}$$

三、伯努利定律

1. 流线

流场中的一条曲线,若其上每一点的切线方向均与流体在该点的速度向量方向相同,就称之为一条流线. 设平面流的流线方程为 $x = x(t)$, $y = y(t)$, 则 $(x(t),\, y(t))$ 满足

$$\begin{cases} \dfrac{\mathrm{d}x}{\mathrm{d}t} = u(t,\, x(t),\, y(t)), \\[2mm] \dfrac{\mathrm{d}y}{\mathrm{d}t} = v(t,\, x(t),\, y(t)). \end{cases} \tag{27.11}$$

2. 稳定流和伯努利定律

设流动是稳定的,即流体的速度 u, v 和压强 p 均与时间无关. 此时有 $u = u(x,\, y)$, $v = v(x,\, y)$, $p = p(x,\, y)$,成立 $\dfrac{\partial u}{\partial t} = \dfrac{\partial v}{\partial t} = \dfrac{\partial p}{\partial t} = 0$.

沿着流线 $x = x(t)$, $y = y(t)$ 应成立

$$\frac{\mathrm{d}p}{\mathrm{d}t} = \frac{\mathrm{d}}{\mathrm{d}t} p(x(t),\, y(t)) = u\,\frac{\partial p}{\partial x} + v\,\frac{\partial p}{\partial y}. \tag{27.12}$$

分别将(27.4)式乘以 u、(27.5)式乘以 v,相加整理得

$$u \frac{\mathrm{d}u}{\mathrm{d}t} + v \frac{\mathrm{d}v}{\mathrm{d}t} + \frac{1}{\rho} \frac{\mathrm{d}p}{\mathrm{d}t} + gv = 0.$$

注意到在流线上成立 $\dfrac{\mathrm{d}y}{\mathrm{d}t} = v$，上式可改写成

$$\frac{\mathrm{d}}{\mathrm{d}t} \left[\frac{1}{2}(u^2 + v^2) + \frac{1}{\rho} p + gy \right] = 0,$$

亦即沿流线成立

$$\frac{1}{2}(u^2 + v^2) + \frac{1}{\rho} p + gy = 常数. \tag{27.13}$$

引入速度模长 U，即 $U = \sqrt{u^2 + v^2}$，上式可改写为

$$\frac{1}{2}U^2 + \frac{1}{\rho} p + gy = 常数. \tag{27.14}$$

在流线上 (27.14) 式成立即为伯努利定律. 对三维流也有类似的结果.

§27.3　液体排完时间的计算

利用伯努利定律可以设法计算流体在出口处的速度,因此若能估算出流体从容器口流出流束的截面积,就可以计算液体排完的时间了.

一、出口处的流速

令 S 表示容器的截面积,用 A 表示液面位置, B 表示出口位置,显然有 $S_A \gg S_B$. 若分别用 U_A 和 U_B 表示液面处和出口处的速度,由伯努利定律显然有 $U_B \gg U_A$.

1. 图 27-1(a) 的情形

利用伯努利定律,应有

$$\frac{1}{2}U_A^2 + \frac{1}{\rho} p_A + gy_A = \frac{1}{2}U_B^2 + \frac{1}{\rho} p_B + gy_B. \tag{27.15}$$

由 $U_B \gg U_A$，忽略 U_A，得

$$\frac{1}{2}U_B^2 = \frac{1}{\rho}(p_A - p_B) + g(y_A - y_B),$$

由于液体主要由压力差作用流出,重力作用可以忽略,得

$$U_B = \sqrt{\frac{2}{\rho}(p_A - p_B)}. \tag{27.16}$$

2. 图 27-1(b)的情形

注意到此时成立 $p_A = p_B$，伯努利定律(27.15)式成为

$$\frac{1}{2}U_A^2 + gy_A = \frac{1}{2}U_B^2 + gy_B,$$

忽略 U_A，得

$$U_B = \sqrt{2g(y_A - y_B)}. \tag{27.17}$$

二、喷射流体束的收缩现象

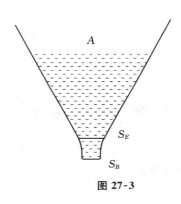

图 27-3

当流体从一个小孔中喷射出来时，由于流体微团不能马上改变方向，因此从小孔流出的流束截面有一个收缩的现象，即流束的截面小于容器出口孔的截面. 若简单地用出口孔面积来计算排出时间会产生很大的误差. 设出口孔的面积为 S_E，流束的截面为 S_B(见图 27-3)，令

$$c = \frac{S_B}{S_E}, \tag{27.18}$$

称为**收缩比**. 收缩比依赖于容器壁与对称轴的夹角 α(称为**半收缩角**). 收缩比可以用实验或计算模拟得到. 对二维流可用复变函数工具求得. 表 27-1 给出了对于不同半收缩角计算和实验所得的收缩比，其中 c_t 为模拟计算得到的收缩比，c_e 是实验所得的收缩比.

表 27-1

α	0°	22.5°	45°	67.5°	90°	180°
c_t	1	0.855	0.745	0.666	0.611	0.500
c_e		0.882	0.753	0.684	0.632	0.541

三、液体排完时间的计算

我们对图 27-1(b)的情形分析液体的排完时间. 设出口处的 y 坐标为 0，从前面的讨论，流体喷射速度 U 为

$$U = \sqrt{2gy}, \tag{27.19}$$

其中 $y = y(t)$ 为容器中的液面高度. 设初始时液面高 h，总共用时间 T 将液体排完，即成立

$$y(0) = h, \quad y(T) = 0. \tag{27.20}$$

考察时段 $[t,\ t+\Delta t]$ 内,液面高度变化导致液体体积的改变量为 $S(y)(y(t)-y(t+\Delta t))$,其中 $S(y)$ 为离出口高度为 y 处容器的截面积.

设容器出口的面积为 A,在该时段流出液体的体积为 $cA(2gy)^{1/2}\Delta t$,其中 c 为该容器的收缩比.流出液体的体积应等于容器中液体体积的减少,从而 $-S\Delta y=cA(2gy)^{1/2}\Delta t$,其中 $\Delta y=y(t+\Delta t)-y(t)$,由此得

$$-S(y)\frac{\mathrm{d}y}{\mathrm{d}t}=cA(2gy)^{1/2},\qquad \mathrm{d}t=-\frac{S(y)}{cA(2gy)^{1/2}}\mathrm{d}y.$$

因此,液体排完所需时间为

$$T=-\int_h^0\frac{S(y)}{cA(2gy)^{1/2}}\mathrm{d}y=\frac{1}{cA(2g)^{1/2}}\int_0^h\frac{S(y)}{y^{1/2}}\mathrm{d}y. \qquad (27.21)$$

液体的总体积为 $V=\int_0^h S(y)\mathrm{d}y$,液体流出的平均速度为

$$\overline{U}=\frac{V}{cAT}=\sqrt{2g}\,\frac{\displaystyle\int_0^h S(y)\mathrm{d}y}{\displaystyle\int_0^h S(y)y^{-1/2}\mathrm{d}y}. \qquad (27.22)$$

设 $S(y)$ 是 y 的单调上升函数,不难证明 $\overline{U}\geqslant\frac{1}{2}\sqrt{2gh}$,即平均流出速度不会低于开始时流出速度的一半.

§27.4　实 际 应 用

一、锥形容器

考察如图 27-4 所示的锥形(漏斗状)容器.设锥的半顶角为 α,液面高为 h.

取容器出口的中心为原点,在距原点 y 处,容器的截面积为

$$S(y)=\pi(y\tan\alpha)^2. \qquad (27.23)$$

由(27.21)式,液体排完所需时间为

$$T=\frac{1}{cA(2g)^{1/2}}\int_0^h\frac{S(y)}{y^{1/2}}\mathrm{d}y=\frac{\pi\tan^2\alpha}{cA(2g)^{1/2}}\int_0^h y^{3/2}\mathrm{d}y$$

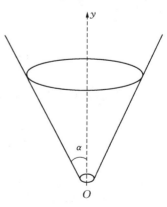

图 27-4

$$= \frac{2}{5} \frac{\pi \tan^2 \alpha}{cA(2g)^{1/2}} \cdot h^{5/2}. \tag{27.24}$$

液体的总体积为

$$V = \int_0^h S(y) \mathrm{d}y = \pi \tan^2 \alpha \int_0^h y^2 \mathrm{d}y$$

$$= \frac{\pi}{3} \tan^2 \alpha \cdot h^3, \tag{27.25}$$

平均流动速度为

$$\bar{U} = \frac{V}{cAT} = \frac{5}{6} \sqrt{2gh}. \tag{27.26}$$

但是，此时的流体不是平面流，而是轴对称流，收缩比和平面流是不同的。例如，在 $\alpha = 90°$ 的情形，收缩比约为 0.58，它明显地低于平面流的 0.611。

二、一个实际例子

液体装在聚乙烯软袋中，袋子挂在一个托架上，如图 27-5 所示。在分装时，在袋的 B 点处开一个小孔，让液体流出，在 A 点处开一个小孔让空气流入。为了使液面不致超过 A 点妨碍空气进入，图中的倾角开始时不能太大，约不能超过 $10°$。为方便计，我们设在液体流出过程中该倾角保持不变，即 $\theta = \alpha(\approx 10°)$。

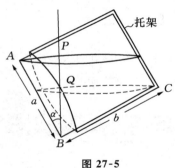

图 27-5

开始时液体可分成两部分，下部近似于一个高 $BQ = h_1 = b\sin\alpha$ 的倒置斜椭圆锥，其底面近似于一个面积为 S_0 的椭圆；上部近似于底面积 S_0 的斜椭圆柱，其高为 $PQ = h - h_1 = a\cos\alpha - b\sin\alpha$。因此

$$S(y) = \begin{cases} S_0 (y/h_1)^2, & 0 \leqslant y \leqslant h_1, \\ S_0, & h_1 \leqslant y \leqslant h. \end{cases} \tag{27.27}$$

利用公式(27.21)，液体排完所需时间为

$$T = \frac{1}{cA(2g)^{1/2}} \int_0^h \frac{S(y)}{y^{1/2}} \mathrm{d}y$$

$$= \frac{1}{cA(2g)^{1/2}} \left[\int_0^{h_1} S_0 \left(\frac{y}{h_1} \right)^2 y^{-1/2} \mathrm{d}y + \int_{h_1}^h S_0 y^{-1/2} \mathrm{d}y \right]$$

$$= \frac{2S_0}{cA(2g)^{1/2}} \left(h^{1/2} - \frac{4}{5} h_1^{1/2} \right). \tag{27.28}$$

开始时液体的体积为

$$V = \frac{1}{3} S_0 h_1 + S_0 (h - h_1)$$

$$= S_0 \left(h - \frac{2}{3} h_1 \right),$$

液体排完时间可以用液体总体积表示为

$$T = \frac{2V}{cA (2gh)^{1/2}} \frac{1 - \frac{4}{5} \left(\frac{h_1}{h} \right)^{1/2}}{1 - \frac{2}{3} \frac{h_1}{h}}. \tag{27.29}$$

对 $V = 1$ 品脱 ≈ 0.568 L，$a = 12.7$ cm，$b = 15.2$ cm，$\alpha = 10°$，

$$\frac{h_1}{h} = \frac{b}{a} \tan \alpha \approx 0.211,$$

从而 $(h_1/h)^{1/2} \approx 0.459$，$h = 12.7 \cos 10° \approx 12.51 (\mathrm{cm})$，$(2gh)^{1/2} \approx 157 (\mathrm{cm/s})$，从而得

$$T = \frac{0.009\,38}{cA} V.$$

若流出孔面积 $A \approx 0.258$ cm²，取 $c = 0.745$ 可得 $T = 27.7$ s. 实际测量可见液体约在 25 s 流完.

我们的模型还是有缺陷的. 事实上, 在流体从容器中流出的最初一段时间, 流动不是稳定的. 另外, 在流体流出时容器的倾角是可以改变的, 我们的模型也未能进一步处理这种情形.

习　　题

1. 证明当容器截面 $S(y)$ 单调增加时, 液体流出的平均速度 $\overline{U}$ 满足 $\overline{U} \geqslant \frac{1}{2} \sqrt{2gh}$, 其中 h 为初始液面高.

2. 证明流体从锥形容器流出的平均速度是初始流速的 5/6.

3. 设一容器在高度 y 处的截面积为 $S(y) = S_0 (y/h)^{2n}$, 试证明平均流速与最大流速之比为 $(2n + 1/2)/(2n + 1)$.

实 践 与 思 考

1. 美国某州的用水管理机构要求各社区提供以每小时多少加仑计的用水率以及每天所用

的总水量.许多社区没有测量流入或流出当地水塔的水量的装置,他们只能代之以每小时测量水塔中的水位,其误差不超过 0.5%.更重要的是,当水塔中的水位下降到最低水位 L 时水泵就启动向水塔输入直到最高水位 H,但也不能测量水泵的供水量.因此,当水泵正在输水时不容易建立水塔中水位和水泵工作时用水量之间的关系.水泵每天输水一次或两次,每次约 2 h.

试估计任何时刻(包括水泵正在输水的时间内)从水塔流出的流量 $f(t)$,并估计一天的总用水量.表 27-2 给出了某小镇一天中真实的数据.

表 27-2 给出了从第一次测量开始的以秒为单位的时刻,以及该时刻的高度单位为百分之一英尺的水位测量值.例如,在 3 316 s 后,水塔中水位达到 31.10 ft.水塔是一个高为 40 ft,直径为 57 ft 的正圆柱.通常当水塔水位降至约 27.00 ft 时水泵开始工作,当水位升到 35.50 ft 时水泵停止工作.

表 27-2

时间 /s	水位 /(0.01 ft)	时间 /s	水位 /(0.01 ft)
0	3 175	46 636	3 350
3 316	3 110	49 953	3 260
6 635	3 054	53 936	3 167
10 610	2 994	57 254	3 087
13 937	2 947	60 574	3 012
17 921	2 892	64 554	2 927
21 240	2 850	68 535	2 842
25 223	2 795	71 854	2 767
28 543	2 752	75 021	2 697
32 284	2 697	79 254	水泵开动
35 932	水泵开动	82 649	水泵开动
39 332	水泵开动	85 968	3 475
39 435	3 550	89 953	3 397
43 318	3 445	92 370	3 340

第二十八章　激光钻孔

提要　本章介绍激光钻孔的热传导方程自由边值问题模型. 学习本章需要偏微分方程预备知识.

激光是一种单频率或多频率的光波. 利用高能量的激光束进行切割、焊接和钻孔等加工是近年来发展起来的一项新技术,有着广泛的应用. 本章建立激光钻孔的数学模型,用它讨论激光钻孔的速度等问题.

§28.1　物理模型

激光钻孔的原理是将高能量的激光束照射在加工物体上,物体被照射部分温度上升,当温度达到熔点时开始熔化,同时吸收熔化潜热. 被熔化的物质在激光束照射下继续受热,温度进一步上升. 当液体达到气化温度时,开始气化,同时吸收气化潜热. 气化物不断挥发,在物体上留下深孔,完成钻孔的过程(见图 28-1).

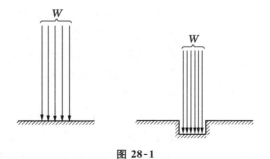

图 28-1

设激光束的能量为 W,物体受激光束照射的面积为 A,$\dfrac{W}{A}$ 通常称为能量密度,能量密度一般可达 $100\ \mathrm{kW/mm^2}$. 假设垂直于激光束的边界热传导可以忽略,从而建立一维模型. 我们还假设物体表面对激光束的反射和熔化后液体的流动都可忽略.

设物体的初始温度为 $T=0$,单位物质从 0 ℃开始升温,直到气化所需热量包括以下几个部分:

从零度到熔点 T_f 吸收热量 cT_f,其中 c 为该材料的比热;

熔化潜热 L_f;

从熔化到气化点 T_v 吸收热量 $c(T_v - T_f)$;

气化潜热 L_v.

所需的总热量为

$$Q = cT_v + L_f + L_v. \tag{28.1}$$

对许多物质,特别是金属,L_f/L_v 为 0.02～0.06. 因此,熔化潜热可以忽略,单位物质从零度到气化所需的总热量化为

$$Q = cT_v + L_v. \tag{28.2}$$

这意味着熔化过程可以忽略.

§28.2　数 学 模 型

取物体表面上的一点为原点,z 轴为垂直于物体表面并指向物体内部的坐标轴,用 t 表示时间,$s(t)$ 表示时刻 t 孔的深度(见图 28-2).

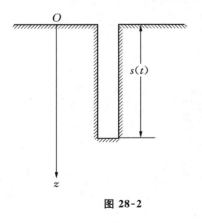

图 28-2

由于忽略了熔化过程,因此可以认为物质被激光束从零度加热至气化点 T_v,在吸收气化潜热的过程中挥发,形成所需要的孔. 由于刚开始钻孔时,激光束将物体表层加热至气化点 T_v 需要一段时间,因此在这段时间内,物质不会气化挥发,物体上的孔尚未形成. 我们称这段时间为预热时间,称激光钻孔的这一阶段为预热过程.

又由于忽略了热量向孔的周围的扩散,在钻孔过程中只须考察激光束作用范围内的物质,即以激光束照射的表面 A 为底面,向 z 方向延伸的正圆柱体. 在时刻 t,这个圆柱体的任一横截面上的温度可视为相同的.

一、物体内部的热传导

设时刻 t 上述圆柱体在深度为 z 处(尚未气化的部分)的截面上的温度为

$T(z, t)$. 在圆柱内尚未气化的部分,激光束提供的热量按普通的热传导规律向深度方向传播. 现考察任一孔未到达的深度 z,即 $z > s(t)$. 取一高为微小量 Δz 的介于 $[z, z + \Delta z]$ 的圆柱体微元,考察在时间 Δt 中的热量平衡.

据傅里叶(Fourier)传热定律,单位时间内通过垂直于温度梯度的单位面积流入的热量与该处的温度外法向导数成正比,比例系数 k 称为傅里叶热传导系数,简称为热传导系数. 因此从圆柱上底面流入圆柱内的热量为

$$-A\Delta t \cdot k\frac{\partial T}{\partial z}(z, t), \tag{28.3}$$

从圆柱下底面流入圆柱的热量为

$$A\Delta t \cdot k\frac{\partial T}{\partial z}(z + \Delta z, t). \tag{28.4}$$

传入的热量使圆柱体内的温度从 $T(z, t)$ 升高至 $T(z, t + \Delta t)$,温度升高所需的热量为

$$c\rho A\Delta z(T(z, t + \Delta t) - T(z, t)), \tag{28.5}$$

其中 ρ 为加工物体的密度,c 为该物质的比热. 由于热平衡规律,从外部通过顶、底面传入的热量,应等于导致这段圆柱体温度升高所需的热量,即

$$A\Delta t \cdot k\left(\frac{\partial T}{\partial z}(z + \Delta z, t) - \frac{\partial T}{\partial z}(z, t)\right)$$
$$= c\rho A\Delta z(T(z, t + \Delta t) - T(z, t)). \tag{28.6}$$

引入

$$D = \frac{k}{c\rho}, \tag{28.7}$$

在(28.6)式两端同时除以 $\Delta z \cdot \Delta t$,令 $\Delta t \to 0$,$\Delta z \to 0$,整理可得

$$\frac{\partial^2 T}{\partial z^2} = \frac{1}{D}\frac{\partial T}{\partial t}. \tag{28.8}$$

换言之,在图 28-3 所示的 z-t 平面的区域 $\mathrm{I} = \{(z, t) \mid z > s(t)\}$ 中,温度函数满足一维热传导方程(28.8).

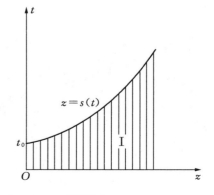

图 28-3

二、钻孔的深度

$s(t)$ 表示时刻 t 孔的深度,$z = s(t)$ 称为

气化曲线.这条曲线是区域 I 的上边界,但这条曲线事先并不知道,所以它是问题的**不定边界**.在此边界上,温度函数应该满足一定的条件.

首先在 $z = s(t)$ 处,物质气化挥发,温度应达到气化点,因此有

$$T(z, t)|_{z=s(t)} = T_v, \tag{28.9}$$

称为**气化条件**.

再考察时段 $[t, t + \Delta t]$ 的气化过程.在此时段激光束产生的热量是 $W\Delta t$;同时,深度从 $s(t)$ 至 $s(t + \Delta t)$ 一段柱体气化挥发须吸收气化潜热 $(s(t + \Delta t) - s(t)) \cdot A\rho L_v$.又由傅里叶传热定律,这段时间传到物体内部的热量为 $-kA \dfrac{\partial T}{\partial z}\Delta t$,由热平衡,应有

$$W\Delta t = L_v\rho A(s(t + \Delta t) - s(t)) - kA\frac{\partial T}{\partial z}\Delta t. \tag{28.10}$$

将上式两边除以 Δt,然后令 $\Delta t \to 0$ 并稍加整理,可得在气化曲线上应满足的热平衡方程

$$\frac{\mathrm{d}s}{\mathrm{d}t} = \frac{k}{L_v\rho}\frac{\partial T}{\partial z} + \frac{W}{AL_v\rho}. \tag{28.11}$$

三、完整的数学模型

在预热过程中,激光产生的热量全部传导到物质中去.因而,设预热时间为 t_0,当 $t \leqslant t_0$,$z = 0$ 时,有

$$\frac{\partial T}{\partial z} = -\frac{W}{kA}. \tag{28.12}$$

另外,孔的深度相对于整个物体的尺寸而言是比较小的,离孔很远处的物质可认为保持初始的温度,因而有,当 $z \to +\infty$ 时,

$$T(z, t) \to 0. \tag{28.13}$$

综合以上所述,激光钻孔的数学模型是:求 $T(z, t)$ 和 $s(t)$ 满足

$$\begin{cases}
\dfrac{\partial^2 T}{\partial z^2} = \dfrac{1}{D}\dfrac{\partial T}{\partial t} & (z > s(t)), \\[2mm]
T|_{t=0} = 0 & (z > 0), \\[2mm]
\dfrac{\partial T}{\partial z}\Big|_{z=0} = -\dfrac{W}{kA} & (t < t_0 = s^{-1}(0)), \\[2mm]
\dfrac{\mathrm{d}s}{\mathrm{d}t} = \dfrac{k}{L_v\rho}\dfrac{\partial T}{\partial z}\Big|_{z=s(t)} + \dfrac{W}{AL_v\rho}, \quad T(z, t)|_{z=s(t)} = T_v, \\[2mm]
T(z, t) \to 0, \quad \text{当 } z \to +\infty \text{ 时.}
\end{cases} \tag{28.14}$$

这是一个热传导方程的边值问题. 但是问题的边界 $z = s(t)$ 事先是未知的, 须在求解过程中和方程的未知函数一起解出. 所以边值问题 (28.14) 称为**不定边界** (或**自由边界**) 问题. 在这个问题中虽然微分方程是线性的, 但边界 $z = s(t)$ 依赖于解 $T(z, t)$, 整个问题不是线性的. 由于不定边界的存在, 问题的求解较为困难.

§28.3 钻孔的极限速度

首先讨论较为简单的情形——蒸发起支配作用时, 钻孔的极限速度. 在这种情况下, 假设热传导过程可以忽略, 激光产生的热量全部用来使一部分物质加热气化. 此时, 不定边界上的热平衡方程就变成

$$W\Delta t = (cT_v + L_v)\rho A(s(t + \Delta t) - s(t)), \tag{28.15}$$

其中 $W\Delta t$ 表示时段 $[t, t + \Delta t]$ 激光束产生的热量, 而上式右端表示在这段时间内气化物质所需的热量. (28.15) 式可以化为

$$\frac{\mathrm{d}s}{\mathrm{d}t} = \frac{W}{(cT_v + L_v)\rho A} = \frac{W}{h\rho A} = v, \tag{28.16}$$

其中 $h = cT_v + L_v$.

由于在一般情况下成立 $\dfrac{\mathrm{d}s}{\mathrm{d}t} \leqslant v$, 我们称由 (28.16) 式定义的 v 为**钻孔的极限速度**.

在蒸发起支配作用的假设下, 没有预热过程, 所以 $s(0) = 0$, 积分 (28.16) 式, 得

$$s(t) = vt = \frac{W}{h\rho A}t. \tag{28.17}$$

这是原问题 (28.14) 的不定边界的一种近似.

既然不定边界可用 (28.17) 式表示, 即孔的深度按常速度 v 发展, 人们自然会考虑是否也存在一种温度分布按常速 v 向 z 方向移动的近似解. 若固定 t, $T(z, t)$ 是 z-t 平面上的一条曲线, 称为**温度剖面曲线**, 上述问题就可以更确切地描述为: 是否存在温度剖面曲线以速度 v 向 z 方向平移的解? 如果这样的解存在, 就称为**温度波解**, 其形式应为

$$T(z, t) = T_0(z - vt). \tag{28.18}$$

将这样形式的解代入热传导方程 (28.8), T_0 应满足

$$T_0'' = -\frac{v}{D} T_0', \tag{28.19}$$

解得

$$T_0(y) = c_1 e^{-\frac{v}{D} y} + c_2, \tag{28.20}$$

其中 c_1，c_2 为待定常数.

由不定边界条件(28.9)和无穷远边界条件(28.13)，易得

$$T_0(0) = T_v, \tag{28.21}$$

$$T_0(y) \to 0 \quad (y \to +\infty). \tag{28.22}$$

利用(28.21)式和(28.22)式决定(28.20)式中的常数，得

$$T_0(y) = T_v e^{-\frac{v}{D} y}. \tag{28.23}$$

从而温度波解为

$$T(z, t) = T_v e^{-\frac{v}{D}(z-vt)}. \tag{28.24}$$

我们用温度波解来估计忽略热传导带来的误差. 对温度波解

$$-\frac{\partial T}{\partial z}\bigg|_{z=vt} = \frac{v}{D} T_v = \frac{T_v}{l}, \tag{28.25}$$

其中

$$l = \frac{D}{v} \tag{28.26}$$

称为**特征长度**，计算单位时间内热传导所需的热量 Q_1 和气化蒸发所需热量 Q_2 之比

$$\frac{Q_1}{Q_2} = \frac{-kA \dfrac{\partial T}{\partial z}\bigg|_{z=vt}}{(cT_v + L_v)\rho A \dfrac{\mathrm{d}s}{\mathrm{d}t}} = \frac{kT_v/l}{(cT_v + L_v)\rho v}$$

$$= \frac{cT_v}{cT_v + L_v} = \frac{\varepsilon}{1+\varepsilon}, \tag{28.27}$$

其中

$$\varepsilon = \frac{cT_v}{L_v} \tag{28.28}$$

表示单位质量的物质从零度达到气化点所需的热量与气化潜热之比. 对常见的物质，ε 一般介于 0.06 至 0.25 之间，是一个小量. 据(28.27)式，有

$$\frac{Q_1}{Q_2} = O(\varepsilon). \tag{28.29}$$

因此 $O(\varepsilon)$ 可以作为忽略热传导的误差的一种估计.

§28.4 摄 动 解

将原问题(28.14)关于小参数 ε 作渐近展开,可求得它的另一种近似解——摄动解. 为此,先简单地介绍渐近展开和摄动解的概念.

一、渐近展开和摄动解

考察一个 ε 的函数序列 $\{\varphi_n(\varepsilon)\}$, $n = 1, 2, \cdots$. 若对一切 $n = 1, 2, \cdots$, 当 $\varepsilon \to \varepsilon_0$ 时,成立

$$\varphi_{n+1}(\varepsilon) = o(\varphi_n(\varepsilon)), \tag{28.30}$$

就称 $\{\varphi_n(\varepsilon)\}$ 是 $\varepsilon \to \varepsilon_0$ 的一个渐近序列.

若对含参数 ε 的函数 $f(x, \varepsilon)$ 和渐近序列 $\{\varphi_n(\varepsilon)\}$, 当 $\varepsilon \to \varepsilon_0$ 时,有

$$f(x, \varepsilon) - \sum_{n=1}^{M} a_n(x)\varphi_n(\varepsilon) = o(\varphi_M(\varepsilon)) \tag{28.31}$$

对 $M = 1, 2, \cdots, N$ 成立,则称

$$\sum_{n=1}^{N} a_n(x)\varphi_n(\varepsilon) \tag{28.32}$$

是当 $\varepsilon \to \varepsilon_0$ 时 $f(x, \varepsilon)$ 关于序列 $\{\varphi(\varepsilon)\}$ 直到 N 项的**渐近展开式**,其中 $a_n(x)$ 称为**展开系数**. 若 $N = \infty$, 通常用记号

$$f(x, \varepsilon) \sim \sum_{n=1}^{\infty} a_n(x)\varphi_n(\varepsilon). \tag{28.33}$$

不难将上述概念推广到多自变量函数的情形.

对含有参数 ε 的微分方程的定解问题,将未知函数关于某渐近序列作渐近展开,并将展开式代入微分方程和定解条件,比较渐近序列各项的系数,可得各展开系数应满足的微分方程的定解问题. 一般说来,所得的定解问题比较简单,求解可得未知函数渐近展开式的各项系数,从而决定未知函数的渐近展开式. 通常,取展式的前几项作为原问题的近似解.

二、无量纲化

无量纲化是一种应用数学的常用技巧,可以简化问题并更清楚地看出问题对小参数的依赖关系. 引入新的变量

$$\theta = T/T_v, \quad \zeta = z/l, \quad \tau = vt/l, \quad \xi = s(t)/l = s\left(\frac{l\tau}{v}\right)\bigg/l, \quad (28.34)$$

其中 T_v, v 和 l 定义如前. 在新的变量下, 热传导方程(28.8)化为

$$\frac{\partial^2 \theta}{\partial \zeta^2} = \frac{\partial \theta}{\partial \tau}, \quad (28.35)$$

不定边界方程 $z = s(t)$ 化为 $\zeta = \xi(\tau)$. 不定边界上的气化条件 $T = T_v$ 化为 $\theta = 1$, 而其上的热平衡方程(28.11)化为

$$v\frac{d\xi}{d\tau} = \frac{k}{L_v \rho} \frac{T_v}{l} \frac{\partial \theta}{\partial \zeta} + \frac{W}{AL_v \rho}. \quad (28.36)$$

注意到

$$v = \frac{W}{(cT_v + L_v)\rho A} = \frac{W}{(1 + \varepsilon)L_v \rho A},$$

可得

$$\frac{W}{AL_v \rho v} = 1 + \varepsilon.$$

而

$$\frac{kT_v}{vL_v \rho l} = \frac{kT_v}{vL_v \rho D/v} = \frac{cT_v}{L_v} = \varepsilon,$$

热平衡方程(28.36)成为

$$\frac{d\xi}{d\tau} = \varepsilon \frac{\partial \theta}{\partial \zeta} + 1 + \varepsilon, \quad \text{即} \left(\frac{d\xi}{d\tau} - 1\right) - \varepsilon\left(\frac{\partial \theta}{\partial \zeta} + 1\right) = 0.$$

初始条件和无穷远条件分别化为

$$\theta|_{\tau=0} = 0; \quad \theta \to 0, \text{ 当 } \zeta \to +\infty \text{ 时}.$$

预热边界 $z = 0$, $t < t_0 = s^{-1}(0)$ 成为

$$\zeta = 0, \quad \tau < \tau_0 = \xi^{-1}(0), \quad (28.37)$$

其上的热平衡方程(28.12)化为

$$\frac{\partial \theta}{\partial \zeta} = -\left(1 + \frac{1}{\varepsilon}\right). \quad (28.38)$$

综合上述各式, 在新变量下, 激光钻孔的数学模型成为: 求 $\theta(\zeta, \tau)$ 和 $\xi(\tau)$, 满足

$$
\begin{cases}
\dfrac{\partial^2 \theta}{\partial \zeta^2} = \dfrac{\partial \theta}{\partial \tau}, & \zeta > \xi(\tau), \\[2mm]
\theta|_{\tau=0} = 0, & \zeta > 0, \\[2mm]
\dfrac{\partial \theta}{\partial \zeta}\bigg|_{\zeta=0} = -\left(1 + \dfrac{1}{\varepsilon}\right), & \tau < \tau_0 = \xi^{-1}(0), \\[2mm]
\theta|_{\zeta=\xi(\tau)} = 1, & \\[2mm]
\left(\dfrac{\mathrm{d}\xi}{\mathrm{d}\tau} - 1\right) - \varepsilon\left(\dfrac{\partial \theta}{\partial \zeta}\bigg|_{\zeta=\xi(\tau)} + 1\right) = 0, & \\[2mm]
\theta(\zeta, \tau) \to 0, & \zeta \to +\infty.
\end{cases}
\tag{28.39}
$$

三、摄动解

1. 渐近展开

取 $\varepsilon \to 0$ 时的渐近序列 $\{\varepsilon^n\}$，分别将 $\theta(\zeta, \tau)$ 和 $\xi(\tau)$ 作渐近展开：

$$
\theta(\zeta, \tau) = \theta_0(\zeta, \tau) + \varepsilon\theta_1(\zeta, \tau) + \cdots,
\tag{28.40}
$$

$$
\xi(\tau) = \xi_0(\tau) + \varepsilon\xi_1(\tau) + \cdots.
\tag{28.41}
$$

将 (28.40) 式代入热传导方程，比较 ε 的零次和一次项系数，分别得到

$$
\frac{\partial^2 \theta_0}{\partial \zeta^2} = \frac{\partial \theta_0}{\partial \tau}, \quad \frac{\partial^2 \theta_1}{\partial \zeta^2} = \frac{\partial \theta_1}{\partial \tau}.
$$

将 (28.40) 式和 (28.41) 式代入方程组 (28.39) 的不定边界条件中，得

$$
\theta_0 + \varepsilon\theta_1 + O(\varepsilon^2) = 1,
\tag{28.42}
$$

$$
\left(\frac{\mathrm{d}\xi_0}{\mathrm{d}\tau} - 1\right) - \varepsilon\left(1 + \frac{\partial \theta_0}{\partial \zeta} - \frac{\mathrm{d}\xi_1}{\mathrm{d}\tau}\right) + O(\varepsilon^2) = 0,
\tag{28.43}
$$

从而得知在不定边界上应有

$$
\begin{cases}
\theta_0 = 1, \\[2mm]
\dfrac{\mathrm{d}\xi_0}{\mathrm{d}\tau} = 1,
\end{cases}
\tag{28.44}
$$

$$
\begin{cases}
\theta_1 = 0, \\[2mm]
\dfrac{\mathrm{d}\xi_1}{\mathrm{d}\tau} = 1 + \dfrac{\partial \theta_0}{\partial \zeta}.
\end{cases}
\tag{28.45}
$$

由方程组 (28.39) 的初始条件，易知 $\tau = 0$：$\theta_0 = 0$. 而从无穷远条件可得 $\theta_0 \to 0$（当 $\zeta \to +\infty$ 时）.

通过计算可以说明,预热时间 $\tau_0 = O(\varepsilon^2)$(见习题2),故应有

$$\xi_0(0) = 0. \tag{28.46}$$

我们主要的目的在于求出较长时间后钻孔的速度 $\dfrac{d\xi}{d\tau}$. 现设法求出精度为 $O(\varepsilon)$ 的近似解,即求 $\dfrac{d\xi_0}{d\tau} + \varepsilon \dfrac{d\xi_1}{d\tau}$. 由(28.45)式,只须求出 θ_0 和 ξ_0,立即得到 $\dfrac{d\xi}{d\tau}$,不必再求 θ_1.

从方程组(28.44)的第二式及(28.46)式立即可得 $\xi_0(\tau) = \tau$. 也就是说,忽略了 ε 的同阶和高阶量之后,不定边界为 $\zeta = \tau$. 所以 $\theta_0(\zeta, \tau)$ 应是下述定解问题的解:

$$\begin{cases} \dfrac{\partial^2 \theta_0}{\partial \zeta^2} = \dfrac{\partial \theta_0}{\partial \tau}, & \zeta > \tau, \\ \theta_0 \mid_{\zeta = \tau} = 1, \\ \theta_0 \mid_{\tau = 0} = 0, \\ \theta_0 \to 0, & \zeta \to + \infty. \end{cases} \tag{28.47}$$

2. 求解 θ_0

定解问题(28.47)是区域Ⅱ(见图28-4)上具初、边值条件的热传导方程的定解问题. 用延拓方法可以将它化为热传导方程的初值问题,得到其解.

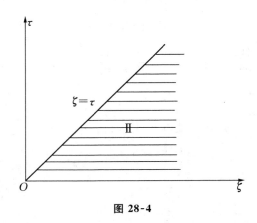

图 28-4

首先,令

$$\begin{cases} \theta_a(\zeta, \tau) \equiv 1, & \zeta \geqslant \tau, \\ \theta_b = \theta_0 - \theta_a. \end{cases} \tag{28.48}$$

显然,θ_b 在 $\zeta \geqslant \tau$ 满足热传导方程,且在 $\zeta = \tau$ 上取零值.

然后对 θ_b 关于边界 $\zeta = \tau$ 作变形奇延拓,延拓至上半平面 $\tau \geqslant 0$,即引入新的函数 θ_c:

$$\theta_c(\zeta,\ \tau) = \begin{cases} \theta_b(\zeta,\ \tau), & \zeta \geqslant \tau, \\ -\,\mathrm{e}^{-(\zeta-\tau)}\theta_b(2\tau-\zeta,\ \tau), & \zeta < \tau. \end{cases} \tag{28.49}$$

可以验证 θ_c 及其偏导数 $\dfrac{\partial \theta_c}{\partial \zeta}$, $\dfrac{\partial^2 \theta_c}{\partial \zeta^2}$, $\dfrac{\partial \theta_c}{\partial \tau}$ 在整个上半平面都是连续的,且 θ_c 在其上满足热传导方程. 利用 θ_b 满足的初始条件,可知 θ_c 在 $\tau = 0$ 满足的初始条件,从而得到关于 θ_c 的定解问题:

$$\begin{cases} \dfrac{\partial^2 \theta_c}{\partial \zeta^2} - \dfrac{\partial \theta_c}{\partial \tau} = 0, \\ \theta_c\big|_{\tau=0} = \begin{cases} -1, & \zeta > 0, \\ \mathrm{e}^{-\zeta}, & \zeta < 0. \end{cases} \end{cases} \tag{28.50}$$

用热传导方程的泊松公式可求得定解问题(28.50)解的表达式:

$$\begin{aligned} \theta_c(\zeta,\ \tau) &= \frac{1}{2\sqrt{\pi\tau}}\int_{-\infty}^{\infty}\theta_c(\eta,\ 0)\mathrm{e}^{-\frac{(\eta-\zeta)^2}{4\tau}}\mathrm{d}\eta \\ &= \frac{1}{2\sqrt{\pi\tau}}\Big[\int_{-\infty}^{0}\mathrm{e}^{-\eta-\frac{(\eta-\zeta)^2}{4\tau}}\mathrm{d}\eta - \int_{0}^{\infty}\mathrm{e}^{-\frac{(\eta-\zeta)^2}{4\tau}}\mathrm{d}\eta\Big] \\ &= \frac{1}{2\sqrt{\pi\tau}}\Big[\mathrm{e}^{-(\zeta-\tau)}\int_{-\infty}^{0}\mathrm{e}^{-\frac{(\eta+2\tau-\zeta)^2}{4\tau}}\mathrm{d}\eta - \int_{0}^{\infty}\mathrm{e}^{-\frac{(\eta-\zeta)^2}{4\tau}}\mathrm{d}\eta\Big]. \end{aligned}$$

作适当的变量代换后

$$\theta_c(\zeta,\ \tau) = \mathrm{e}^{-(\zeta-\tau)}\frac{1}{\sqrt{\pi}}\int_{-\infty}^{\frac{2\tau-\zeta}{2\sqrt{\tau}}}\mathrm{e}^{-y^2}\mathrm{d}y - \frac{1}{\sqrt{\pi}}\int_{-\frac{\zeta}{2\sqrt{\tau}}}^{+\infty}\mathrm{e}^{-y^2}\mathrm{d}y. \tag{28.51}$$

采用概率误差函数记号

$$\mathrm{erfc}(y) = \frac{2}{\sqrt{\pi}}\int_{y}^{+\infty}\mathrm{e}^{-z^2}\mathrm{d}z \tag{28.52}$$

及其性质

$$\mathrm{erfc}(-z) + \mathrm{erfc}(z) = \mathrm{erfc}(-\infty) = 2, \tag{28.53}$$

即得

$$\theta_c(\zeta, \tau) = -1 + \frac{1}{2}\mathrm{erfc}\left(\frac{\zeta}{2\sqrt{\tau}}\right) + \frac{1}{2}\mathrm{e}^{-(\zeta-\tau)}\mathrm{erfc}\left(\frac{\zeta-2\tau}{2\sqrt{\tau}}\right). \qquad (28.54)$$

因 $\theta_0 = \theta_b + 1$，又当 $\zeta \geqslant \tau$ 时，$\theta_c = \theta_b$，所以

$$\theta_0(\zeta, \tau) = \frac{1}{2}\mathrm{erfc}\left(\frac{\zeta}{2\sqrt{\tau}}\right) + \frac{1}{2}\mathrm{e}^{-(\zeta-\tau)}\mathrm{erfc}\left(\frac{\zeta-2\tau}{2\sqrt{\tau}}\right). \qquad (28.55)$$

据(28.45)式,得

$$\frac{\mathrm{d}\xi_1}{\mathrm{d}\tau} = 1 + \frac{\partial\theta_0}{\partial\zeta}\bigg|_{\zeta=\tau} = \frac{1}{2}\mathrm{erfc}\left(\frac{\sqrt{\tau}}{2}\right) - \frac{1}{\sqrt{\pi\tau}}\mathrm{e}^{-\frac{\tau}{4}}, \qquad (28.56)$$

从而得到 τ 较大时的钻孔速度为

$$\frac{\mathrm{d}\xi}{\mathrm{d}\tau} = \frac{\mathrm{d}\xi_0}{\mathrm{d}\tau} + \varepsilon\frac{\mathrm{d}\xi_1}{\mathrm{d}\tau} + O(\varepsilon^2)$$

$$= 1 + \varepsilon\left(\frac{1}{2}\mathrm{erfc}\left(\frac{\sqrt{\tau}}{2}\right) - \frac{1}{\sqrt{\pi\tau}}\mathrm{e}^{-\frac{\tau}{4}}\right) + O(\varepsilon^2). \qquad (28.57)$$

习   题

1. 试验证变形奇延拓(28.49)得到的函数 θ_c 及其偏导数 $\frac{\partial\theta_c}{\partial\zeta}$，$\frac{\partial^2\theta_c}{\partial\zeta^2}$，$\frac{\partial\theta_c}{\partial\tau}$ 在整个上半平面连续,且 θ_c 在整个上半平面满足热传导方程.

2. 试求解对应于预热情形的一维模型

$$\begin{cases} \dfrac{\partial^2\theta}{\partial\zeta^2} - \dfrac{\partial\theta}{\partial\tau} = 0, \quad \zeta > 0, \tau > 0, \\[2mm] \theta\,|_{\tau=0} = 0, \\[2mm] \dfrac{\partial\theta}{\partial\zeta}\bigg|_{\zeta=0} = -\left(1 + \dfrac{1}{\varepsilon}\right), \\[2mm] \theta \to 0 \ (\text{当 } \zeta \to +\infty \text{ 时}), \end{cases}$$

并由此说明预热时间 $\tau_0 = O(\varepsilon^2)$.

3. 绝热圆管中的冰在一端加热开始融化,试对此融化过程建立其数学模型.

实 践 与 思 考

1. 某工厂一座高 h 的烟囱单位时间内排出 Q kg 灰尘,灰尘向周围扩散.同时该地刮着风速为 U 的西风,试建立确定工厂周围地表灰尘浓度的数学模型.

第二十九章　洪　水　模　型

提要　本章考虑地震引发的洪水问题,研究洪峰的高度是否会对一些重要建筑产生致命的影响.学习本章需要偏微分方程及其数值解的有关知识.

§29.1　问题的提出

Murray 湖位于南卡罗莱纳州中部,它是由一个巨大的土坝围成的湖泊.这个大坝是 1930 年为发电而建造的.但由于该湖所处的地理位置,需要考虑在地震出现的情况下可能引发的后果.如果地震导致土坝崩溃,将会引致洪水泛滥.洪水所造成的危害有多大?洪水对位于 Murray 湖下游一座山上的南卡罗莱纳州议会大厦是否有威胁?

§29.2　模型的建立

这是一个开放河道上的水流问题,由于大坝毁损,洪水暴发,使河道中的水位猛涨,上涨的水位随洪水流向下游,使下游河道各处的水位随之上涨.如果水流量极大,洪峰达到一定的高度,就会对议会大厦造成威胁.由此可见,这个问题需要研究的最主要的因素是水流量,还有水流速度.

首先给出一些基本假设:

(H1) 湖有一个完美的直边和平坦的底部;

(H2) 大坝的决口是矩形;

(H3) 河道的宽度为常数;

(H4) 河流平稳降低;

(H5) 开始时河流平稳,河流的初始深度为常数;

(H6) 河是直的.

由假设 (H6),考虑一维的情形.以大坝决口处为原点,水流方向为 x 方向.设 t 时刻位于 x 处的水流量为 $Q = Q(t, x)$,其含义是单位时间内通过 x 处的水量.又记水流速度为 $v = v(t, x)$,水深为 $y = y(t, x)$,水的密度为 ρ.而由假设

(H3),河道的宽度为常数,与时间 t 和位置 x 均无关,记其为 W.

我们用微元法来建立相应的模型. 考虑任意微小时间段 $[t, t + \Delta t]$ 及微小河流段 $[x, x + \Delta x]$(见图 29-1). 由质量守恒定律,从 t 到 $t + \Delta t$ 河流段 $[x, x + \Delta x]$ 中水量的变化应为流入的水量减去流出的水量,即

图 29-1

$$\rho(y(t + \Delta t, x) - y(t, x)) \cdot W \cdot \Delta x = \rho(Q(t, x) - Q(t, x + \Delta x))\Delta t, \tag{29.1}$$

两边除以 $\rho\Delta x \cdot \Delta t$,并令 $\Delta x \to 0, \Delta t \to 0$,得到方程

$$W\frac{\partial y}{\partial t} + \frac{\partial Q}{\partial x} = 0. \tag{29.2}$$

由于 $Q = Wyv$,故(29.2)式可写为

$$\frac{\partial y}{\partial t} + y\frac{\partial v}{\partial x} + v\frac{\partial y}{\partial x} = 0. \tag{29.3}$$

方程(29.2)或(29.3)称为连续性方程.

下面利用牛顿运动定律建立运动方程. 首先进行受力分析.

截取一小段水流微元 $[x, x + \Delta x]$,该微元受到以下几个力:断面压力、重力以及阻力,我们分别对这几个力进行一些分析,导出相应的表达式.

1. 断面压力

水深为 h 的断面处受到的压强为 $P = \gamma(y - h)$,其中 $\gamma = \rho g$ 为比重,而 g 为重力加速度. 这样,整个断面上所受到的压力为

$$F = \int_0^y \gamma(y - h)f(h)\mathrm{d}h, \tag{29.4}$$

其中 $f(h)$ 表示水深为 h 处的断面宽度. 因此断面微元 $[x, x + \Delta x]$ 受到的压力为

$$F(x) - F(x + \Delta x) = -\frac{\partial F}{\partial x}\Delta x.$$

简单计算,可得

$$\begin{aligned}
\frac{\partial F}{\partial x} &= \gamma\frac{\partial}{\partial x}\int_0^y (y - h)f(h)\mathrm{d}h = \gamma\int_0^y \frac{\partial y}{\partial x}f(h)\mathrm{d}h \\
&= \gamma\frac{\partial y}{\partial x}\int_0^y f(h)\mathrm{d}h = \gamma A\frac{\partial y}{\partial x},
\end{aligned} \tag{29.5}$$

其中

$$A = \int_0^y f(h)\,\mathrm{d}h$$

为断面的面积(见图 29-2).

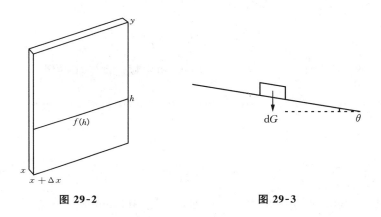

图 29-2　　　　　　　　　图 29-3

2. 重力

水流微元受到的重力为

$$\mathrm{d}G = \gamma A\,\mathrm{d}x. \tag{29.6}$$

记河道底面的坡度角为 θ(见图 29-3),则沿 x 方向的重力分量为

$$\mathrm{d}G\sin\theta = \gamma A\,\mathrm{d}x\sin\theta. \tag{29.7}$$

3. 阻力

记水流微元所受到的阻力为 $\mathrm{d}T$,阻力所做的功为 $\mathrm{d}T\mathrm{d}x$,它应该等于微元损失的能量. 而微元损失的能量为 $\mathrm{d}G\mathrm{d}y_f$,因此

$$\mathrm{d}T = \mathrm{d}G\frac{\mathrm{d}y_f}{\mathrm{d}x}. \tag{29.8}$$

这里 y_f 称为沿程水头损失,它可用经验公式

$$\frac{\mathrm{d}y_f}{\mathrm{d}x} = \frac{v^2}{C^2R} \tag{29.9}$$

来描述. (29.9)式称为谢才(Chézy)公式,其中 C 为谢才系数,实际上是阻力系数;R 为水力半径,是反映过水断面形状特征的一个长度,定义为 $\dfrac{A}{L}$(A 为断面面

积;L 为湿周,它表示水流与固体边界接触部分的长度). 由于这里假设河道为矩形,因而

$$R = \frac{Wy}{W + 2y}. \tag{29.10}$$

将(29.6)式和(29.9)式代入(29.8)式,可得

$$dT = \gamma A\, dx\, \frac{v^2}{C^2 R}. \tag{29.11}$$

综合(29.5)式、(29.7)式和(29.11)式,由牛顿运动定律得到

$$\frac{\gamma}{g} A\, dx\, \frac{dv}{dt} = -\gamma A\, \frac{\partial y}{\partial x}\, dx + \gamma A\, dx \sin\theta - \gamma A\, dx\, \frac{v^2}{C^2 R}, \tag{29.12}$$

即

$$\frac{\partial v}{\partial t} + v\, \frac{\partial v}{\partial x} = g\left(-\frac{\partial y}{\partial x} + \sin\theta - \frac{v^2}{C^2 R}\right). \tag{29.13}$$

谢才公式(29.9)中的谢才系数 C 通常由曼宁(Manning)公式

$$C = \frac{1}{n} R^{\frac{1}{6}} \tag{29.14}$$

给出,即

$$\frac{v^2}{C^2 R} = n^2 v^2 R^{-\frac{4}{3}}, \tag{29.15}$$

其中 n 是一个无量纲的粗糙参数,用来表征水流经过的河道的粗糙程度,称为河道的糙率.

由连续性方程和运动方程就构成了开放河道的数学模型:

$$\frac{\partial y}{\partial t} + y\, \frac{\partial v}{\partial x} + v\, \frac{\partial y}{\partial x} = 0, \tag{29.16}$$

$$\frac{\partial v}{\partial t} + v\, \frac{\partial v}{\partial x} + g\left(\frac{\partial y}{\partial x} + S_f - \sin\theta\right) = 0, \tag{29.17}$$

其中 $S_f = n^2 v^2 R^{-\frac{4}{3}}$.

模型 (29.16)~(29.17) 称为圣-维南(Saint-Venant)方程组.

§29.3 定 解 模 型

圣-维南方程组是一个偏微分方程模型,为了得到它的唯一解,必须给出适

当的初始条件和边界条件.

设大坝毁损的时间为零时刻,初始条件也就是在洪水还没有泛滥时河流的水流量和水流速度,这可以通过地震前的水文资料获取.

边界条件是大坝毁损后,从大坝毁损处流出的水流量和水流速度.为此,我们建立另一个模型来模拟地震导致决口后湖和大坝会发生什么.这个模型将会提供给我们任意时刻离开大坝的洪水的流量和速度.

由假设(H2),大坝决口是矩形,洪水从决口的底部流出.利用能量守恒定律,由势能与动能的相互转换,得到

$$\frac{1}{2}mv^2 = mgh, \tag{29.18}$$

其中 v 为水的速度, m 为水的质量, g 为重力加速度, h 为水的高度,即湖与裂口底部的高度差.于是

$$v = \sqrt{2gh}. \tag{29.19}$$

稍微高估一下,假设所有的水都以最大速度离开,那么水流速度可写为

$$v(t) = \sqrt{2g(y(t) - y_1)}, \tag{29.20}$$

其中 $y(t)$ 表示 t 时刻湖水的高度, y_1 为大坝决口后的高度.

水流量表示单位时间水流的体积,因此水从决口流出时的水流量应为决口面积乘以水流速度:

$$Q(t) = W(y(t) - y_1)v(t), \tag{29.21}$$

其中 W 为水面宽度.

由假设,湖实际上是一个大的直边贮存箱,当水高度降低时,湖面面积并不改变,于是湖的高度可简单地表示为体积除以湖面面积,即

$$y(t) = \frac{V(t)}{A}, \tag{29.22}$$

其中 $V(t)$ 为 t 时刻河水的体积, A 为湖面的面积.

显然,在单位时间里,湖水的损失即为 $Q(t)$,因而湖水高度的瞬时变化率为

$$\frac{\mathrm{d}y}{\mathrm{d}t} = -\frac{Q(t)}{A} = -\frac{W(y - y_1)}{A}\sqrt{2g(y - y_1)}. \tag{29.23}$$

设初始时刻湖水的高度为 y_0,求解方程(29.23)得

$$(y(t) - y_1)^{-\frac{1}{2}} - (y_0 - y_1)^{-\frac{1}{2}} = \frac{W}{2A}\sqrt{2g}\, t. \tag{29.24}$$

将(29.24)式分别代入(29.20)式和(29.21)式即得任意时刻的边界条件.

§29.4　数值计算方法

圣-维南方程组是一个非线性偏微分方程组,无法求得公式解,必须采用数值计算的方法.这里,我们介绍求偏微分方程数值解的差分法.

所谓差分法,就是用差商代替导数,从而将微分方程转化为代数方程组的一种数值计算方法.

对于一个光滑函数 $f(x)$,它的导数就是函数的变化率 $\dfrac{f(x+h)-f(x)}{h}$ 在自变量的变化 h 趋于零时的极限,即

$$f'(x) = \lim_{h \to 0} \frac{f(x+h)-f(x)}{h}. \tag{29.25}$$

因此当自变量的变化很小时,函数的导数可以用它的变化率

$$f'(x) \approx \frac{f(x+h)-f(x)}{h} \tag{29.26}$$

近似地代替,也可以用

$$\frac{f(x)-f(x-h)}{h} \tag{29.27}$$

或两者的平均

$$\frac{1}{2}\left(\frac{f(x+h)-f(x)}{h} + \frac{f(x)-f(x-h)}{h} \right) = \frac{f(x+h)-f(x-h)}{2h} \tag{29.28}$$

来代替,其中 $h>0$ 称为步长.称(29.26)式的右端为函数 $f(x)$ 在点 x 的向前差商,称(29.27)式为函数 $f(x)$ 在点 x 的向后差商,称(29.28)式为函数 $f(x)$ 在点 x 的中心差商,它们统称为一阶差商,函数的一阶导数可以用其中任何一种形式来近似.

函数的二阶导数就是导数的导数,可以用差商的差商来近似.称一阶差商的差商为二阶差商,通常用向前差商的向后差商(或向后差商的向前差商)来表示,即用

$$\frac{\dfrac{f(x+h)-f(x)}{h} - \dfrac{f(x)-f(x-h)}{h}}{h} = \frac{f(x+h)-2f(x)+f(x-h)}{h^2} \tag{29.29}$$

代替 $f''(x)$. 对于高阶导数可以用类似的方法导出其近似差商.

对多元函数的偏导数可用类似的差商近似. 例如, 对于二元函数 $f(x, y)$, 它在点 (x, y) 处的偏导数 $\dfrac{\partial f}{\partial x}$ 可用向前差商

$$\frac{f(x+h, y) - f(x, y)}{h} \tag{29.30}$$

来近似, 也可以用

$$\frac{f(x, y) - f(x-h, y)}{h} \tag{29.31}$$

或

$$\frac{f(x+h, y) - f(x-h, y)}{2h} \tag{29.32}$$

来近似, $\dfrac{\partial f}{\partial y}$ 可用

$$\frac{f(x, y+l) - f(x, y)}{l} \tag{29.33}$$

等来近似, 而二阶偏导数 $\dfrac{\partial^2 f}{\partial x^2}$ 可用

$$\frac{f(x+h, y) - 2f(x, y) + f(x-h, y)}{h^2} \tag{29.34}$$

来近似, $\dfrac{\partial^2 f}{\partial y^2}$ 可用

$$\frac{f(x, y+l) - 2f(x, y) + f(x, y-l)}{l^2} \tag{29.35}$$

来近似, $\dfrac{\partial^2 f}{\partial x \partial y}$ 可用

$$\frac{1}{4hl} \left[f(x+h, y+l) - f(x+h, y-l) + f(x-h, y-l) - f(x-h, y+l) \right] \tag{29.36}$$

来近似, 等等.

用差商代替导数, 必然会导致误差的产生, 这种误差称为截断误差, 它很容易由泰勒展开式得到.

我们用扩散方程作为例子来说明如何用差分法进行求解.

考察一维扩散方程的混合问题:

$$\frac{\partial u}{\partial t} - a^2 \frac{\partial^2 u}{\partial x^2} = 0 \quad (0 < x < l,\ t > 0), \tag{29.37}$$

$$u|_{t=0} = \varphi(x) \quad (0 < x < l), \tag{29.38}$$

$$u|_{x=0} = \mu_1(t), \quad u|_{x=l} = \mu_2(t) \quad (t > 0). \tag{29.39}$$

为了保证解的连续性,假设所给的初始条件(29.38)与边界条件(29.39)满足相容性条件

$$\varphi(0) = \mu_1(0), \quad \varphi(l) = \mu_2(0). \tag{29.40}$$

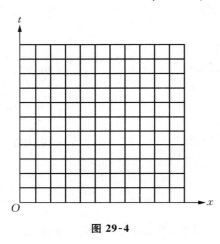

图 29-4

先将求解区域 $\Omega = \{(x, t) \mid 0 \leqslant x \leqslant l,\ t \geqslant 0\}$ 用平行于坐标轴的矩形网格覆盖起来.在 x 轴上把区间 $[0, l]$ 进行 L 等分,步长为 $\Delta x = \dfrac{l}{L}$,并从各等分点作平行于 t 轴的网格线.在 t 轴上以步长 Δt 作平行于 x 轴的网格线.两组直线的交点 $(x_i, t_k) = (i\Delta x, k\Delta t)(i = 0, 1, 2, \cdots, L;\ k = 0, 1, 2, \cdots)$ 称为网格节点(见图 29-4).

记函数 u 在节点 (x_i, t_k) 上的值为 u_i^k. 当 Δx,Δt 较小时,用向前差商 $\dfrac{u_i^{k+1} - u_i^k}{\Delta t}$ 近似代替 $\left(\dfrac{\partial u}{\partial t}\right)_i^k$,用 $\dfrac{u_{i+1}^k - 2u_i^k + u_{i-1}^k}{\Delta x^2}$ 近似代替 $\left(\dfrac{\partial^2 u}{\partial x^2}\right)_i^k$,代入(29.37)式可得方程

$$\frac{u_i^{k+1} - u_i^k}{\Delta t} - a^2 \frac{u_{i+1}^k - 2u_i^k + u_{i-1}^k}{\Delta x^2} = 0. \tag{29.41}$$

又将初始条件(29.38)和边界条件(29.39)限制在网格节点上,可得

$$u_i^0 = \varphi(i\Delta x) \quad (i = 0, 1, 2, \cdots, L), \tag{29.42}$$

$$u_0^k = \mu_1(k\Delta t), \quad u_L^k = \mu_2(k\Delta t) \quad (k = 0, 1, 2, \cdots). \tag{29.43}$$

由此得到一维扩散方程混合问题的差分格式(29.41)~(29.43).

在实际计算中,可以沿着 t 增加的方向逐排计算出各网格节点上的值.根据初始条件(29.42)可以知道第 0 排上节点 $u_i^0(i = 0, 1, 2, \cdots, L)$ 的值,再将方程(29.41)变形为

$$u_i^{k+1} = u_i^k + a^2 \frac{\Delta t}{\Delta x^2}(u_{i+1}^k - 2u_i^k + u_{i-1}^k), \tag{29.44}$$

并由此及边界条件 u_0^1, u_L^1 可算出第 1 排上节点 $u_i^1(i = 1, 2, \cdots, L-1)$ 的值. 再利用边界条件 u_0^2, u_L^2 及 (29.44) 式可算出第 2 排上节点 $u_i^2(i = 1, 2, \cdots, L-1)$ 的值. 如此进行下去, 可算出任意 k 排上网格节点 $u_i^k(i = 1, 2, \cdots, L-1)$ 的值. 这种第 k 排节点上的值可直接由前面各排节点上的值得到的差分格式称为显式差分格式.

值得注意的是, 对于显式差分格式, 它的收敛性和稳定性与步长之间的比值有着密切的联系. 所谓稳定性是指: 在计算过程中由于舍入误差的影响, 如果在每一步的计算过程中, 舍入误差虽然很小, 但不断地累积起来, 使得误差对解产生很大的影响, 甚至使计算过程无法进行下去, 则称这种差分格式是不稳定的. 反之, 若舍入误差对解的影响可以得到控制, 则称这种差分格式是稳定的.

可以证明下述定理.

定理 29.1 假设扩散方程混合问题 (29.37)~(29.39) 的解 $u(x, t)$ 在区域 Ω 中连续, 且具有连续的偏导数 $\frac{\partial^2 u}{\partial t^2}$, $\frac{\partial^4 u}{\partial x^4}$, 记

$$\lambda = a^2 \frac{\Delta t}{\Delta x^2}, \tag{29.45}$$

则当 $\lambda \leqslant \frac{1}{2}$ 时, 显式差分格式 (29.41)~(29.43) 的解收敛于原混合问题的解.

定理 29.2 扩散方程混合问题 (29.37)~(29.39) 的显式差分格式 (29.41)~(29.43), 当 $\lambda \leqslant \frac{1}{2}$ 时是稳定的, 当 $\lambda > \frac{1}{2}$ 时是不稳定的.

从上面的讨论可以看到, 显式差分格式的收敛性和稳定性依赖于 λ. 为了减少误差, 必须缩小步长 Δx 的值, 而由于 $\lambda \leqslant \frac{1}{2}$, 相应的 Δt 就要变得更小, 这样使得计算量大大增加, 这是显式差分格式的缺陷. 为此我们对差分格式进行修改, 用向后差商 $\frac{u_i^k - u_i^{k-1}}{\Delta t}$ 代替 $\left(\frac{\partial u}{\partial t}\right)_i^k$, 仍用二阶差商 $\frac{u_{i+1}^k - 2u_i^k + u_{i-1}^k}{\Delta x^2}$ 来代替 $\left(\frac{\partial^2 u}{\partial x^2}\right)_i^k$, 从而得到方程

$$\frac{u_i^k - u_i^{k-1}}{\Delta t} - a^2 \frac{u_{i+1}^k - 2u_i^k + u_{i-1}^k}{\Delta x^2} = 0. \tag{29.46}$$

整理后得到

$$-\lambda u_{i+1}^{k} + (1+2\lambda)u_{i}^{k} - \lambda u_{i-1}^{k} = u_{i}^{k-1}, \tag{29.47}$$

其中 λ 由(29.45)式给出. 由(29.47)式再加上初始条件(29.42)和边界条件(29.43),构成了扩散方程混合问题的隐式差分格式.

隐式差分格式对于任何 $\lambda > 0$ 都是稳定的,即它是无条件稳定的. 这样在缩小步长 Δx 的值时,不需要将步长 Δt 按照 Δx 的平方量级缩小,从而可以减少计算 t 方向上的排数,节省计算时间. 当然,从(29.47)式可以看出,需要求解一个线性代数方程组才能得到 u_{i}^{k} 的值,这比显式格式的计算要稍显复杂一些.

显式差分格式和隐式差分格式各有优缺点,具体选用哪一种差分格式,应视具体情况而定.

对于圣-维南方程组,可以采用另一种非常流行的拉克斯-温德罗夫(Lax-Wendroff)差分格式. 我们以一维传导方程

$$\frac{\partial u}{\partial t} + v\,\frac{\partial u}{\partial x} = 0 \tag{29.48}$$

为例,其中 v 为常数.

考察 u^{k+1} 关于 u^{k} 的二阶泰勒展开

$$u^{k+1} \approx u^{k} + \Delta t\,\frac{\partial u}{\partial t}\Big|_{t=t_{k}} + \frac{1}{2}\Delta t^{2}\,\frac{\partial^{2} u}{\partial t^{2}}\Big|_{t=t_{k}}. \tag{29.49}$$

由传导方程(29.48)可得

$$\frac{\partial^{2} u}{\partial t^{2}} = \frac{\partial}{\partial t}\Big(-v\,\frac{\partial u}{\partial x}\Big) = -v\,\frac{\partial}{\partial x}\Big(\frac{\partial u}{\partial t}\Big) = -v\,\frac{\partial}{\partial x}\Big(-v\,\frac{\partial u}{\partial x}\Big) = v^{2}\,\frac{\partial^{2} u}{\partial x^{2}}. \tag{29.50}$$

将(29.48)式和(29.50)式代入泰勒展开式(29.49)中,得到

$$u^{k+1} = u^{k} + \Delta t\Big(-v\,\frac{\partial u}{\partial x}\Big)^{k} + \frac{1}{2}\Delta t^{2}\Big(v^{2}\,\frac{\partial^{2} u}{\partial x^{2}}\Big)^{k}. \tag{29.51}$$

我们用一阶中心差商

$$\Big(\frac{\partial u}{\partial x}\Big)_{j}^{k} = \frac{u_{j+1}^{k} - u_{j-1}^{k}}{2\Delta x} \tag{29.52}$$

代替 $\frac{\partial u}{\partial x}$,用二阶差商

$$\Big(\frac{\partial^{2} u}{\partial x^{2}}\Big)_{j}^{k} = \frac{u_{j+1}^{k} - 2u_{j}^{k} + u_{j-1}^{k}}{\Delta x^{2}} \tag{29.53}$$

代替 $\dfrac{\partial^2 u}{\partial x^2}$，这样，就得到了拉克斯-温德曼夫差分格式

$$u_j^{k+1} = u_j^k - \Delta t v \, \frac{u_{j+1}^k - u_{j-1}^k}{2\Delta x} + \frac{1}{2}\Delta t^2 \, v^2 \, \frac{u_{j+1}^k - 2u_j^k + u_{j-1}^k}{\Delta x^2}. \qquad (29.54)$$

对于圣-维南方程组可以用同样的方法导出拉克斯-温德罗夫差分格式(作为习题).

§29.5 模型的改进

圣-维南方程组描述了开放河道中水流量和水流速度随时间的变化情况. 现在我们需要考虑的是在洪水泛滥时，洪水的相关物理量的变化情况. 此时，洪水不仅限在河道中流动，因而有其特殊性. 穆萨(Moussa)和博基永(Bocquillon)对洪水情形下的圣-维南方程组作了一些改进.

由于主河道的水流速度比洪水区的水流速度大，因此水流量也比洪水区的水流量大. 这样，忽略洪水区的水流量，整个截面的水流量 Q 可近似地表示为

$$Q = A_1 v, \qquad (29.55)$$

其中 A_1 为水流横截面的面积，表示为

$$A_1 = W_1 y, \qquad (29.56)$$

这里 W_1 表示主河道的宽度.

对(29.55)式和(29.56)式分别求导，可得

$$\frac{\partial A_1}{\partial y} = W_1, \qquad (29.57)$$

$$\frac{\partial Q}{\partial x} = v \, \frac{\partial A_1}{\partial x} + A_1 \, \frac{\partial v}{\partial x} = v \, \frac{\partial A_1}{\partial y} \, \frac{\partial y}{\partial x} + A_1 \, \frac{\partial v}{\partial x}, \qquad (29.58)$$

代入连续性方程(29.2)得到

$$W \, \frac{\partial y}{\partial t} + v \cdot W_1 \, \frac{\partial y}{\partial x} + A_1 \, \frac{\partial v}{\partial x} = 0. \qquad (29.59)$$

记 $\eta = \dfrac{W}{W_1}$，则连续性方程可写为

$$\eta \, \frac{\partial y}{\partial t} + y \, \frac{\partial v}{\partial x} + v \, \frac{\partial y}{\partial x} = 0. \qquad (29.60)$$

与(29.3)式相比,差别在于这里多了一个参数 η,它表示水流截面宽度与主河道宽度的比值.

这样,(29.60)和(29.17)式构成了描述洪水问题的改进的圣-维南方程组.

习　　题

1. 写出洪水模型的边界条件.

2. 写出下列扩散方程混合问题的显式差分格式和隐式差分格式:

$$\begin{cases} \dfrac{\partial u}{\partial t} - a^2(x)\,\dfrac{\partial^2 u}{\partial x^2} = 0 & (0 < x < 1,\ t > 0), \\[2mm] t = 0 : u = \varphi(x) & (0 < x < 1), \\[2mm] x = 0,\ 1 : u = 0 & (t > 0), \end{cases}$$

其中 $a(x) \geqslant a_0 > 0$.

3. 写出一维传导方程

$$\frac{\partial u}{\partial t} + v(x)\,\frac{\partial u}{\partial x} = 0$$

的拉克斯-温德罗夫差分格式.

4. 写出圣-维南方程组

$$\frac{\partial y}{\partial t} + y\,\frac{\partial v}{\partial x} + v\,\frac{\partial y}{\partial x} = 0,$$

$$\frac{\partial v}{\partial t} + v\,\frac{\partial v}{\partial x} + g\left(\frac{\partial y}{\partial x} + S_f - \sin\theta\right) = 0$$

的拉克斯-温德罗夫差分格式.

实 践 与 思 考

1. 根据表 29-1 给出的参数,编写程序,计算圣-维南方程组.

表 29-1

湖水的初始高度	60 m
重力加速度	9.8 m/s²
湖水的初始体积	3×10^9 m³
河水长度	16 200 m
上游河床的高度	0 m
下游河床的高度	−10 m
初始河水的高度	1.2 m

第三十章 传染病模型

提要 本章建立了传染病传播的数学模型,讨论了各类人群的变化趋势,研究了影响传染病传播的参数及对应的措施.所用的数学知识涉及常微分方程及定性理论.

§30.1 问题的提出

传染病是由病原微生物(如病毒、细菌等)感染人体后所产生的有传染性的疾病.在历史上,传染病曾给人类带来很大的灾难,如鼠疫、霍乱、天花等疾病都曾在世界范围内广泛存在,严重地危害人类的身体健康.因此,长期以来世界各国都一直非常关注传染病的研究.随着社会经济的发展、卫生设施和医疗水平的改善,许多传染病被消灭、基本消灭、控制或减少了,现在传染病已不再是人类的头号杀手,但许多传染病,如病毒性肝炎、流行性出血热和感染性腹泻等仍广泛存在,对人类健康的危害仍然很大,某些已被消灭的传染病仍有死灰复燃的可能,而且还不时出现一些新的传染病,如艾滋病等.2003 年在我国和其他很多国家流行的 SARS (severe acute respiratory syndrome,重症急性呼吸综合征)是新世纪第一个在世界范围内传播的传染病.据 WHO(World Health Organization,世界卫生组织)报道,从 2002 年 11 月至 2003 年 6 月,感染 SARS 的患者超过了 8 000 人,其中 800 多人死亡,给人类带来了极大的危害.因此,对防治传染病的研究仍要坚持和加强.

传染病的研究涉及这些疾病的发病机理、临床表现、诊断和治疗方法,这是传染病学的研究重点.那么传染病的传播规律是什么呢? 它是否会一直持续下去而无法彻底消灭呢? 对传染病传播进行研究,首先要了解不同的传染病传播过程的特点,但这会涉及很多医学和生物学的知识,因此这里只能在较一般的情形下,按照传染病一般的传播机理建立数学模型.

§30.2 SI 模型

由于传染病传播涉及的因素很多,如感病者的数量、易感者的数量、传染率和治愈率的大小等. 另外还要考虑人群的迁入和迁出以及潜伏期等因素的影响. 如果一开始就把所有的因素全部考虑在内来建立模型, 那将无从下手. 我们首先考虑最简单的情形, 然后逐步增加某些重要因素, 最终得到一个较为完整的数学模型.

假设在传染病流行范围内只有两类人, 一类是**易感者**, 即未得病者, 但与感病者接触后容易受到感染, 记为 S 类; 另一类是**感病者**, 即已经感染传染病的人, 记为 I 类.

假设易感者与感病者在人群中混合充分均匀, 易感者感病的机会与他接触感病者的机会成正比, 并且传染率为常数. 不考虑出生与死亡以及人群的迁出与迁入.

记在时刻 t 易感者的人数为 $S(t)$, 感病者的人数为 $I(t)$. 由于不考虑出生与死亡及人群的迁出与迁入, 因此人群的总数不随时间的变化而变化, 记人群总数为 N, 那么 $S(t) + I(t) \equiv N$. 为方便起见, 不妨将人群总数归一化, 而将 $S(t)$, $I(t)$ 分别表示易感者和感病者在人群中所占的比例, 那么有 $S(t) + I(t) \equiv 1$. 通常人群总数是非常大的, 可以认为 $S(t)$ 和 $I(t)$ 关于时间 t 是连续变化, 且充分光滑.

考虑在时间段 $[t, t + \Delta t]$ 内感病者人数的变化情况. 一方面, 在这段时间内, 感病者人数增加了 $N(I(t + \Delta t) - I(t))$; 另一方面, 感病者人数的增加是由于易感者接触了感病者而被传染了. 由假设, 易感者感病的机会与他接触感病者的机会成正比, 而易感者接触感病者的机会显然与易感者和感病者的人数成正比, 记比例系数为 k, 称为**传染系数**, 它表示单位时间内, 一个感病者可以传染 $kS(t)$ 个易感者, 使之成为感病者. 于是

$$N(I(t + \Delta t) - I(t)) = kNS(t)I(t)\Delta t.$$

两边除以 $N\Delta t$, 并令 $\Delta t \to 0$, 可以得到

$$\frac{\mathrm{d}I}{\mathrm{d}t} = kIS.$$

利用 $S(t) + I(t) = 1$ 可得

$$\begin{cases} \dfrac{\mathrm{d}I}{\mathrm{d}t} = kI(1 - I), \\ I(0) = I_0. \end{cases} \tag{30.1}$$

这就是关于疾病传染的 SI 模型, 其中 I_0 为初始时刻感病者在人群中所占的比例.

利用分离变量法求出模型 (30.1) 的解为

$$I(t) = \frac{1}{1 + (I_0^{-1} - 1)\mathrm{e}^{-kt}} \tag{30.2}$$

及

$$S(t) = 1 - I(t) = \frac{(I_0^{-1} - 1)\mathrm{e}^{-kt}}{1 + (I_0^{-1} - 1)\mathrm{e}^{-kt}}. \tag{30.3}$$

对 $I(t)$ 关于 t 求导,即可得到感病者人数的增长速度(即疾病传播的速度)为

$$\frac{\mathrm{d}I}{\mathrm{d}t} = \frac{k(I_0^{-1} - 1)\mathrm{e}^{-kt}}{[1 + (I_0^{-1} - 1)\mathrm{e}^{-kt}]^2}. \tag{30.4}$$

图 30-1 和图 30-2 分别是 $I(t)$ 和 $\dfrac{\mathrm{d}I}{\mathrm{d}t}$ 的变化曲线,其中图 30-2 称为传染病曲线.

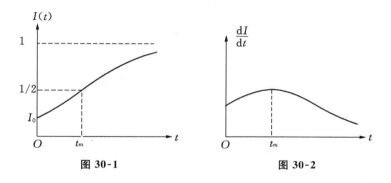

图 30-1　　　　　　　　图 30-2

由于

$$\frac{\mathrm{d}^2 I}{\mathrm{d}t^2} = k(1 - 2I)\frac{\mathrm{d}I}{\mathrm{d}t}, \tag{30.5}$$

当 $I = \dfrac{1}{2}$,即

$$t_m = \frac{\ln(I_0^{-1} - 1)}{k} \tag{30.6}$$

时,$\dfrac{\mathrm{d}^2 I}{\mathrm{d}t^2} = 0$,从而 $\dfrac{\mathrm{d}I}{\mathrm{d}t}$ 达到最大值. 也就是说,当 $t = t_m$ 时,疫情最为猛烈,病人增加的速度最快. 显然 t_m 与 k 成反比,而 k 为疾病的传染率,它反映了当地的医疗卫生水平,k 越小,医疗卫生水平越高. 所以改善保健设施,提高医疗卫生水平,降低 k 值就可以推迟传染高潮的到来.

　　但是从(30.2)式可以看出,当 $t \to +\infty$ 时,$I(t) \to 1$,也就是说,最终所有人都将感染疾病,这显然不符合实际情况.究其原因,主要是因为模型中没有考虑

到病人是可以痊愈的,认为人群中的健康者可以被传染变成病人,而得病后不会再痊愈成为健康者.

§30.3 SIS 模 型

有些传染病如伤风、痢疾等治愈后的免疫力很低,病人痊愈后仍然可能再次被传染成为病人.

假设感病者以固定的比率痊愈,而重新成为易感者,记这一比率为 h,称为痊愈率,而 $1/h$ 表示疾病的平均传染期.这时感病者的人数变化由两部分组成:一部分是易感者被传染而成为新的感病者,另一部分是感病者痊愈后重新成为易感者.这样,相应的模型可以归结为

$$\begin{cases} \dfrac{\mathrm{d}I}{\mathrm{d}t} = kI(1-I) - hI, \\ I(0) = I_0, \end{cases} \tag{30.7}$$

这个模型称为 SIS 模型.

仍然可用分离变量法求得(30.7)的解为

$$I(t) = \begin{cases} \left[\mathrm{e}^{-(k-h)t} \left(\dfrac{1}{I_0} - \dfrac{1}{1-\sigma^{-1}} \right) + \dfrac{1}{1-\sigma^{-1}} \right]^{-1}, & k \neq h, \\ \dfrac{I_0}{ktI_0 + 1}, & k = h, \end{cases} \tag{30.8}$$

其中 $\sigma = k/h$ 表示一个传染期内每个病人有效接触易感者的平均人数,称为**接触数**.图 30-3 是 SIS 模型的 $I(t)$ 变化曲线.容易得到

$$\lim_{t \to +\infty} I(t) = \begin{cases} 1 - \dfrac{1}{\sigma}, & \sigma > 1\,(\text{见图 30-3(a)}), \\ 0, & \sigma \leqslant 1\,(\text{见图 30-3(b)}). \end{cases} \tag{30.9}$$

由此可以看出,接触数 $\sigma = 1$ 是一个阈值.当 $\sigma \leqslant 1$ 时,病人的比例 $I(t)$ 逐渐变小,最终趋于零.这种情况对应于在传染期内经接触使易感者感病的人数不超过原来病人的人数,从而可以最终消除传染病的流行.当 $\sigma > 1$ 时,$I(t)$ 的增减性由 I_0 的值决定,如果 $I_0 < 1 - \sigma^{-1}$,$I(t)$ 单调递增;如果 $I_0 > 1 - \sigma^{-1}$,$I(t)$ 单调递减,在这两种情形下,$I(t)$ 都有一个非零的极限值 $1 - \sigma^{-1}$,即无法完全消除疾病.

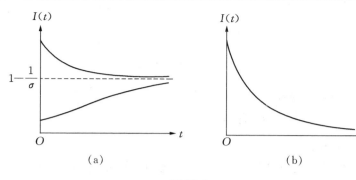

图 30-3

由此可见,为了消除传染病,关键是要调整 σ,使得 $\sigma \leqslant 1$. 而 $\sigma = k/h$,因此可以采取以下措施:

(1) 减小 k,即降低传染系数,所以病人需要隔离.

(2) 增大 h,即缩短传染期,这需要改进医疗设施,发明新药物,改良治疗方法等. 这些都与常识相符.

§30.4　SIR　模　型

大多数传染病如天花、肝炎、麻疹等治愈后均有很强的免疫力,所以痊愈后的人既不是易感者,也不是感病者,他们被移出了传染系统. 我们将他们记为 R 类,称为**移出者**. 这一节我们将考虑含有 3 类人的传染病模型.

仍记痊愈率为 h,但与 SIS 模型不同的是,痊愈者不再进入易感人群,而是进入移出人群. 记 $R(t)$ 为移出者在人群中所占的比例,那么有

$$S(t) + I(t) + R(t) \equiv 1.$$

于是模型(30.7)被修正为

$$\begin{cases} \dfrac{\mathrm{d}S}{\mathrm{d}t} = -kIS, \\[2mm] \dfrac{\mathrm{d}I}{\mathrm{d}t} = kIS - hI, \\[2mm] \dfrac{\mathrm{d}R}{\mathrm{d}t} = hI. \end{cases} \tag{30.10}$$

注意到 $S(t) + I(t) + R(t) \equiv 1$,上述 3 个方程是相容的,可以将它们简化为

$$\begin{cases} \dfrac{\mathrm{d}S}{\mathrm{d}t} = -kIS, \\[2mm] \dfrac{\mathrm{d}I}{\mathrm{d}t} = kIS - hI. \end{cases} \tag{30.11}$$

记初始时刻易感者和感病者的比例分别为

$$S(0) = S_0, \quad I(0) = I_0, \tag{30.12}$$

而移出者 $R(0) = R_0 = 0$.

方程组(30.11)是一阶非线性常微分方程组,无法求出解析解 $S(t)$ 和 $I(t)$. 我们在相平面 $S\text{-}I$ 上讨论解的性质. 显然,相轨线的定义域为

$$D = \{(S, I) \mid S \geqslant 0, I \geqslant 0, S + I \leqslant 1\}.$$

由方程组(30.11)可得相轨线的方程为

$$\begin{cases} \dfrac{\mathrm{d}I}{\mathrm{d}S} = \dfrac{1}{\sigma S} - 1, \\[2mm] I(S_0) = I_0. \end{cases} \tag{30.13}$$

求解方程组(30.13)得

$$I(S) = 1 - S + \dfrac{1}{\sigma} \ln \dfrac{S}{S_0}. \tag{30.14}$$

下面讨论当 $t \to +\infty$ 时,$S(t)$, $I(t)$, $R(t)$ 的变化趋势.

命题 30.1 对于任意的初始条件 S_0, I_0,成立

$$\lim_{t \to +\infty} I(t) = I_\infty = 0, \tag{30.15}$$

即感病者最终将被消除.

证 由方程组(30.11)知 $\dfrac{\mathrm{d}S}{\mathrm{d}t} = -kIS \leqslant 0$, 而 $S(t) \geqslant 0$, 所以 $S(t)$ 的极限值存在,记为 S_∞. 再由 $\dfrac{\mathrm{d}R}{\mathrm{d}t} = hI \geqslant 0$ 且 $R(t) \leqslant 1$, 因此 $R(t)$ 的极限值也存在,记为 R_∞,从而 $I(t) = 1 - S(t) - R(t)$ 的极限值同样存在,记为 I_∞.

显然 $I_\infty \geqslant 0$. 如果 $I_\infty > 0$, 则存在 $\varepsilon > 0$, 使得 $I_\infty > \varepsilon$. 对于充分大的 t, 有 $I(t) > \varepsilon$, 从而对充分大的 t, 有 $\dfrac{\mathrm{d}R}{\mathrm{d}t} > h\varepsilon$, 于是 $R_\infty = \infty$, 与 R_∞ 存在矛盾. 由此可知 $I_\infty = 0$.

因此在相平面 $S\text{-}I$ 上,方程组(30.11)的所有轨线最终会与 S 轴相交(见图30-4).

命题 30.1 的直观解释是:在传染病期间,未被感染者的比例 $S(t)$ 当然会递

减,直到某个平衡比例 S_∞. 因为具有免疫力,治愈者的比例 $R(t)$ 会递增,直到某个平衡比例 R_∞. 于是被感染者的比例 $I(t)$ 也会趋于平衡,并最终绝迹.

命题 30.2 S_∞ 是方程

$$1 - S_\infty + \frac{1}{\sigma}\ln\frac{S_\infty}{S_0} = 0 \qquad (30.16)$$

在 $(0, \sigma^{-1})$ 内的单根. 在图 30-4 中,S_∞ 是相轨线与 S 轴在 $(0, \sigma^{-1})$ 内交点的横坐标.

请读者自行证明命题 30.2.

命题 30.3 假设 $\sigma > 1$.

(1) 若 $S_0 \leqslant \sigma^{-1}$,则 $I(t)$ 递减,这对应于传染病不扩散的情形;

(2) 若 $\sigma^{-1} < S_0 < 1$,则 $I(t)$ 会先递增再递减,这对应于传染病扩散的情形.

证 (1) 如果 $S_0 \leqslant \sigma^{-1}$,由于 $S(t)$ 是递减的,故 $S(t) \leqslant S(0) = S_0 \leqslant \sigma^{-1}$. 又

$$I'(t) = kIS - hI = kI\left(S - \frac{1}{\sigma}\right) \leqslant 0,$$

即 $I(t)$ 从一开始就会递减,传染病不会扩散.

(2) 如果 $S_0 > \sigma^{-1}$,因为

$$I'(0) = kI_0\left(S_0 - \frac{1}{\sigma}\right) > 0,$$

所以 $I(t)$ 在开始时会递增,传染病有扩散的趋势. 但 $S(t)$ 不可能恒 $\geqslant \sigma^{-1}$. 事实上,如果 $S(t) \geqslant \sigma^{-1}$,$I'(t) \geqslant 0$,则 $I(t)$ 会持续递增,这就是说,如果有效接触数 $\sigma S(t)$ 恒大于等于 1,则传染病扩散永远停不下来. 这样,$I_\infty \neq 0$,与命题 30.1 矛盾. 所以 $S(t)$ 终究会小于 σ^{-1},于是 $I'(t)$ 在 $S(t)$ 递减到 σ^{-1} 前,$I'(t) > 0$. 当 $S(t)$ 越过 σ^{-1} 往 S_∞ 递减时,$I'(t) < 0$. 因此 $I(t)$ 先递增后递减,且在 $S(t) = \sigma^{-1}$ 时,$I(t)$ 达到最大值(见图 30-4).

综合上面的分析可以看出,要防止传染病蔓延,就要使 $S_0 \leqslant \sigma^{-1}$. 例如 $\sigma = 5$,则 $S_0 \leqslant 0.2$. 而 S_0 是初始时刻未感染者比例,一开始就假设 S_0 非常小,似乎不太合理. 因此,传染病蔓延是不可避免的. 但从另一个角度考虑,这正是预防接种的重要性. 由于疫苗的注射,一个无抵抗力的健康人可以转变成具有免疫力的移出者. 在大规模疫苗接种后,S_0 可以真正变小,如果能将 S_0 控制在小于 σ^{-1} 的范围内,则不管 I_0 是多少,$I'(t) = kI(S - \sigma^{-1}) \leqslant 0$ 恒成立,传染病便可以被有效地控制住. 因此预防接种是控制传染病蔓延的有效方法之一.

有趣的是,为了不让传染病疫情蔓延,预防接种并不需要做到全民接种的程度,只要能使 $S_0 < \sigma^{-1}$,关键是要知道该传染病的接触数 σ. 例如小儿麻痹症的

接触数通常比百日咳小,理论上它的接种压力比百日咳要小.当然在国家财政允许的条件下,严重传染病的接种还是应以全民为目标;但当疫苗成本非常昂贵,而接触数又较低时,可以考虑部分接种.此外接触数并不是疾病的特定性质,如果能提高当地的医疗卫生水平,降低接触数,就能缩减预防接种的规模.

我们看到在 SIR 模型中,参数 σ 是非常重要的,通常可以由观测数据给出估计.由方程(30.16)可得

$$\sigma = \frac{\ln S_0 - \ln S_\infty}{1 - S_\infty}. \tag{30.17}$$

当传染病流行结束后,可得到 S_0 和 S_∞,由上式就可给出 σ 的估计.

§30.5   定常出生的 SIR 模型

SI 模型、SIS 模型和 SIR 模型都不考虑出生、死亡和人群的迁入、迁出.本节我们增加一个出生因素,但仍不考虑死亡及迁入、迁出.

假设易感者以定常的速度 μ 增长,记 $S(t)$,$I(t)$,$R(t)$ 分别表示 t 时刻易感者、感病者及移出者的人数,则 SIR 模型可修改为

$$\begin{cases} \dfrac{dS}{dt} = -kIS + \mu, \\[2mm] \dfrac{dI}{dt} = kIS - hI, \\[2mm] \dfrac{dR}{dt} = hI, \\[2mm] S(0) = n, \quad I(0) = 1, \quad R(0) = 0. \end{cases} \tag{30.18}$$

方程组(30.18)是非线性常微分方程组,无法求其解析解.不过我们并不关心每一个具体时刻各类人群的确切人数,我们真正关心的是随着时间的推移,人数的不断增加,感病者的人数是否也会不断增加,以至趋于无穷.

由于方程组(30.18)的前两个方程不显含 $R(t)$,故可将该方程组简化为

$$\begin{cases} \dfrac{dS}{dt} = -kIS + \mu, \\[2mm] \dfrac{dI}{dt} = kIS - hI, \\[2mm] S(0) = n, \quad I(0) = 1. \end{cases} \tag{30.19}$$

易知方程组(30.19)的唯一平衡点为

$$S^* = \frac{h}{k}, \quad I^* = \frac{\mu}{h}. \tag{30.20}$$

于是可得方程组(30.19)在平衡点(S^*, I^*)的一次近似系统为

$$\begin{cases} \dfrac{\mathrm{d}S}{\mathrm{d}t} = -\dfrac{k\mu}{h}S - hI, \\[3mm] \dfrac{\mathrm{d}I}{\mathrm{d}t} = \dfrac{k\mu}{h}S. \end{cases} \tag{30.21}$$

为了得到各类人群人数的变化趋势,考察方程组(30.21)系数矩阵的特征方程

$$\det(\lambda \boldsymbol{I} - \boldsymbol{A}) = \begin{vmatrix} \lambda + \dfrac{k\mu}{h} & h \\[3mm] -\dfrac{k\mu}{h} & \lambda \end{vmatrix}$$

$$= \lambda^2 + \frac{k\mu}{h}\lambda + k\mu = 0, \tag{30.22}$$

其中 $\boldsymbol{A}$ 为系统(30.21)的系数矩阵.

由下面的劳斯-霍尔维茨(Routh-Hurwitz)判据,(30.22)的两个根的实部均为负值,即 $\mathrm{Re}\,\lambda_{1,2} < 0$,因此平衡点($S^*$, I^*)是渐近稳定的.由此可知,在人口净增速度恒定的情况下,不论感染的接触速度和移出速度如何取值,传染病蔓延到一定程度便趋于稳定.所以,从长远的角度来看,传染病并不能灭绝持续繁衍的人群.

劳斯-霍尔维茨判据 实系数二次方程 $\lambda^2 + a_1\lambda + a_2 = 0$ 的两个根都具有负实部的充分必要条件是 $a_1 > 0$, $a_2 > 0$.

§30.6 更精致的模型

还可以考虑更加复杂的情形,譬如考虑感病者中有一部分未被确诊的情形,感病者处于潜伏期时的情形,有死亡的情形等.

感病者一旦被确诊,通常会被隔离,其传染性显然比未被确诊的感病者要小得多,因此可以将感病者分为两类:未确诊的感病者(仍称为感病者,记为 I 类)和已确诊的感病者(称为确诊者,记为 J 类).这样,将整个人群分为 4 类.

记感病者的传染率为 k_1,痊愈率为 h_1,确诊者的传染率为 k_2,痊愈率为 h_2,感病者的检出率为 α,则 $SIJR$ 模型可以归结为

$$\begin{cases} \dfrac{\mathrm{d}S}{\mathrm{d}t} = -(k_1 I + k_2 J)S, \\[2mm] \dfrac{\mathrm{d}I}{\mathrm{d}t} = (k_1 I + k_2 J)S - (\alpha + h_1)I, \\[2mm] \dfrac{\mathrm{d}J}{\mathrm{d}t} = \alpha I - h_2 J, \\[2mm] \dfrac{\mathrm{d}R}{\mathrm{d}t} = h_1 I + h_2 J, \\[2mm] S(0) = S_0, \qquad I(0) = I_0, \\[2mm] J(0) = J_0, \qquad R(0) = R_0. \end{cases} \tag{30.23}$$

如果考虑感病者(包括确诊者)因疾病死亡,设病死率分别为 δ_1 和 δ_2,则模型可以进一步修改为

$$\begin{cases} \dfrac{\mathrm{d}S}{\mathrm{d}t} = -(k_1 I + k_2 J)S, \\[2mm] \dfrac{\mathrm{d}I}{\mathrm{d}t} = (k_1 I + k_2 J)S - (\alpha + h_1 + \delta_1)I, \\[2mm] \dfrac{\mathrm{d}J}{\mathrm{d}t} = \alpha I - (h_2 + \delta_2)J, \\[2mm] \dfrac{\mathrm{d}R}{\mathrm{d}t} = h_1 I + h_2 J, \\[2mm] S(0) = S_0, \quad I(0) = I_0, \\[2mm] J(0) = J_0, \quad R(0) = R_0. \end{cases} \tag{30.24}$$

再引入潜伏期的概念.设感病者从感染疾病至疾病发作有一段时间,这段时间称为潜伏期.由于病人在潜伏期内通常没有症状,往往不会到医院去就医,也不会采取隔离措施,其接触人群的机会要比感病者大,相应的传染性也强.记此类人群为 E 类,称为潜伏类.这样我们可以得到 $SEIJR$ 模型:

$$\begin{cases} \dfrac{\mathrm{d}S}{\mathrm{d}t} = -(k_1 I + k_2 J + k_3 E)S, \\[2mm] \dfrac{\mathrm{d}E}{\mathrm{d}t} = (k_1 I + k_2 J + k_3 E)S - \beta E, \\[2mm] \dfrac{\mathrm{d}I}{\mathrm{d}t} = \beta E - (\alpha + h_1 + \delta_1)I, \\[2mm] \dfrac{\mathrm{d}J}{\mathrm{d}t} = \alpha I - (h_2 + \delta_2)J, \\[2mm] \dfrac{\mathrm{d}R}{\mathrm{d}t} = h_1 I + h_2 J, \\[2mm] S(0) = S_0, \quad E(0) = E_0, \quad I(0) = I_0, \\[2mm] J(0) = J_0, \quad R(0) = R_0, \end{cases} \tag{30.25}$$

其中 k_3 为潜伏期病人的传染率,β 为潜伏期病人的发病率.

§30.7　参　数　辨　识

前面讨论的几种模型,建模思想大致上是相同的,差别只是人群分类和考虑因素的多少.对于这些模型来说,关键在于如何确定其中的参数.我们以 SIR 模型为例说明参数辨识的方法.

假设某传染病来势凶猛,但时间不长,因此可以忽略出生及自然死亡或由其他原因引起的死亡.于是可以建立如下的数学模型:

$$\begin{cases} \dfrac{dS}{dt} = -kIS, \\[2mm] \dfrac{dI}{dt} = kIS - (\delta + h)I, \\[2mm] \dfrac{dR}{dt} = hI, \\[2mm] S(0) = S_0, \quad I(0) = I_0, \quad R(0) = R_0. \end{cases} \tag{30.26}$$

在这个模型中有 3 个主要参数:传染率 k,痊愈率 h 及病死率 δ.通常易感者数量特别大,可以近似视为常数,并将它合并到 k 中去,这样将第二个方程离散化后可得

$$I(t+1) = I(t) + k(t)I(t) - (\delta(t) + h(t))I(t). \tag{30.27}$$

一般来说,每天在医人数、治愈人数及病死人数比较容易统计,利用这些统计数据,可以估计以上几个主要参数.

痊愈率 $h(t)$ 可以用 t 时刻治愈人数与患者总数之比来近似,病死率 $\delta(t)$ 同样可以用 t 时刻患者死亡人数与患者总数之比来近似.于是由(30.27)式,有

$$k(t) = \frac{I(t+1) - I(t)}{I(t)} + (\delta(t) + h(t)). \tag{30.28}$$

这样就可以利用已经收集到的有关数据,估计出每个时刻 t 各个参数的值.为了更好地进行预测,通常还要对所得到的数据用光滑曲线进行拟合.

习　　　题

1. 某传染病在一个有 250 万人口的城市中传播.4 月 1 日时为 5 人,传染系数 $k = 1.5$.试问何时疫情最为严重(假设使用 SI 模型)?

2. 在 SIR 模型中,若 $k=2$, $h=0.4$,试对以下 3 种情形画出 3 类人群的人数比例随时间变化的趋势:

(1) $S_0=0.9$;

(2) $S_0=0.2$;

(3) $S_0=0.1$.

3. 如果 $\sigma<1$,分析 SIR 模型.

4. 假设某城市传染病疫情过后,各医院统计治愈人数约为 80 万人,而该城市人口为 200 万.请估计接触数 σ.

5. 证明命题 30.2.

6. 如果同时考虑出生和死亡,试建立相应的 SIR 模型.

7. 证明劳斯-霍尔维茨判据.

实 践 与 思 考

1. 在考虑出生的 SIR 模型(30.18)中,假设出生人数与易感者人数成正比.试推导相应的数学模型,并说明各类人群的变化趋势.

第三十一章 人口的预测与控制

提要 本章介绍人口预测与控制中的各种数学模型,包括确定性模型和随机模型、离散模型和连续模型.学习本章需要矩阵代数、常微分方程、概率论和偏微分方程的预备知识.

最近几个世纪以来世界的人口增加很快.人类经历了上千年到 1830 年才将人口从不到 3 亿增加到 10 亿.以后的 100 年人口又增加了 10 亿,而且增加越来越快,到了 20 世纪的 70 年代至 80 年代,增加 10 亿人口仅用 12 年.有人预计到 21 世纪中叶,人类将超过 100 亿.地球上可供人类利用的资源是十分有限的,世界人口的迅速膨胀,特别是发展中国家过高的人口增长率成为一个十分严峻的问题.另一方面,当前许多国家人口的年龄结构不合理,出现了人口老龄化的趋势,产生了一系列新的社会问题.

面临这样的形势,人类必须进行自我控制,既要抑止人口增长过快的趋势,又要使人口的年龄结构有一个合理的分布.要实现此目标必须建立人口预测和控制的数学模型,为正确的人口政策提供科学的依据.

§31.1 马尔萨斯模型和自限模型

一、马尔萨斯模型

人类可以作为一个单物种的群体.英国科学家马尔萨斯提出了一个人口模型,他认为人类的相对出生率(单位时间内平均每一人新生的婴儿数)b 和相对死亡率 d 均为常数,因此人口的自然相对增长率 r 亦为常数.

设时刻 t 的人口数为 $N(t)$,初始时刻 t_0 的人口数为 N_0,$N(t)$ 满足

$$\begin{cases} \dfrac{\mathrm{d}N}{\mathrm{d}t} = rN, \\ N(t_0) = N_0, \end{cases} \tag{31.1}$$

其解为

$$N(t) = N_0 e^{r(t-t_0)}, \tag{31.2}$$

即人数为指数增长的.

将此模型用于世界人口,据统计,1961 年世界总人口为 30.6 亿,1951 年至 1961 年人口每年增长率为 2%,那么人口总数满足

$$\begin{cases} \dfrac{\mathrm{d}N}{\mathrm{d}t} = 0.02N, \\ N(1961) = 30.6, \end{cases} \tag{31.3}$$

解得

$$N(t) = 30.6 e^{0.02(t-1961)}. \tag{31.4}$$

根据此公式,大约每 34.7 年世界总人口增加一倍.查阅 1700~1961 年的统计资料发现,世界人口约每 35 年增加一倍,这说明用马尔萨斯模型描述 1961 年以前的人口总数是十分有效的.但用此模型预报未来的人口就会得出十分荒谬的结论.用(31.4)式计算,到公元 2510 年,世界人口约为 1.8×10^{14},到公元 2635 年将达 2.2×10^{15},将地球陆地面积按人口平均,每人只有极少的生存范围,这是绝对不可能的.此模型的主要缺陷是没有考虑自然环境和资源对人口增长的限制,因此,应对增长率为常数的假设作出修正.

二、自限模型

设一定的环境下资源能供养的最多人数为 K,称为极限人口.又设人口较少时,人口的自然增长率为 r,将人口的相对增长率取为 $r\left(1 - \dfrac{N}{K}\right)$ 是比较合理的.因此,人口总数 $N(t)$ 满足

$$\begin{cases} \dfrac{\mathrm{d}N}{\mathrm{d}t} = r\left(1 - \dfrac{N}{K}\right)N, \\ N(t_0) = N_0, \end{cases} \tag{31.5}$$

解得

$$N(t) = \frac{N_0 K e^{r(t-t_0)}}{K + N_0(e^{r(t-t_0)} - 1)} = \frac{K}{1 + \left(\dfrac{K}{N_0} - 1\right)e^{-r(t-t_0)}}. \tag{31.6}$$

据此模型,随时间无限增加,人口总数趋于极限人口 K,当人口数达到极限人口的一半时,人口增长的速度最快.

将 1790 年至 1850 年每 10 年作为一个时间单位,美国的人口统计数字列于表 31-1.

表 31-1

t	0	1	2	3	4	5	6
人口 /百万	3.929	5.038	7.24	9.638	12.87	17.07	23.19

利用此数据可确定自限模型中的 r 和 K，可知美国人口 $N(t)$ 满足

$$\frac{\mathrm{d}N}{\mathrm{d}t} = 0.31\left(1 - \frac{N}{198}\right)N. \tag{31.7}$$

利用初始条件 $N(0) = 3.93$，解得

$$N(t) = \frac{198}{1 + 49.4\mathrm{e}^{-0.31t}}. \tag{31.8}$$

表 31-2

t	7	8	9	10	11	12	13	14	15	16
对应年份	1860	1870	1880	1890	1900	1910	1920	1930	1940	1950
统计人口 /百万	31.44	38.56	50.16	62.95	75.96	91.97	105.7	122.8	131.7	150.7
预报人口 /百万	30	39	49	61	75	90	110	120	130	150

将用(31.8)式预报的 1860～1950 年(见表 31-2)的美国人口和实际人口相比较发现，除了 1860 年，1890 年，1920 年以外，误差均低于 2.5%，这 3 年的误差不超过 5%，但预报以后年份人口就不准确了.

§31.2　随 机 模 型

人口的增长受到许多随机因素的影响，因此有必要考虑随机人口模型. 用 $x(t)$ 来表示时刻 t 的人口数，$x(t)$ 是一个随机变量，$\{x(t); t \geqslant 0\}$ 定义了一个随机过程. 当人口数很多时，增加或减少 1 人与整个人口数相比，改变很小，因此可将人口数作为连续量处理. 但在人口数不多的情形，如考虑一个局部地区的人口增长时，把人口总数作为连续量处理就不甚妥当了. 本节中我们将人口数作为离散量处理，所以随机变量 $x(t)$ 只取非负整数值. 我们将主要考察概率分布，即时刻 t 人口数为非负整数 n 的概率：

$$p_n(t) = P\{x(t) = n\} \quad (n = 0, 1, 2, \cdots). \tag{31.9}$$

一、基本假设

我们将考察时间区间 $(t, t + \Delta t)$ 内人口的变化，并作以下的假设：

(H1) 在两个互不重叠的时间区间内的随机事件是相互独立的;

(H2) 人口数是无记忆的,即在时间区间$(t, t+\Delta t)$中,人口的变化仅与时刻 t 的人口数有关而与时间区间$(0, t)$中的人口状况无关;

(H3) 若时刻 t 人口数为 n,则在$(t, t+\Delta t)$中出生 1 人的概率和区间 Δt 的长度有关,它等于 $b_n \Delta t + o(\Delta t)$,$b_n$ 称为人口数为 n 时的出生率;

(H4) 若时刻 t 人口数为 n,则在$(t, t+\Delta t)$中死亡 1 人的概率为 $d_n \Delta t + o(\Delta t)$,$d_n$ 称为人口数为 n 时的死亡率;

(H5) 设 Δt 取得足够小,使得在$(t, t+\Delta t)$中出生 2 人、死亡 2 人和出生 1 人且死亡 1 人的概率很小,可以忽略;

(H6) 出生与死亡是独立的.

容易验证马尔萨斯模型和自限模型都是无记忆的,所以(H2)有其合理性.

二、模型的建立

1. 纯生模型

考虑只有出生没有死亡的情形. 由假设,随机事件 $\{x(t+\Delta t)=n\}$ 可以分解为两个不相容的随机事件之和,它们是$\{\Delta t$ 内出生 1 人 $\mid x(t)=n-1\}$ 和$\{\Delta t$ 中无人出生 $\mid x(t)=n\}$. 注意到事件的独立性,即知

$$
\begin{aligned}
p_n(t+\Delta t) &= P\{x(t+\Delta t)=n\} \\
&= P\{\Delta t \text{ 内出生 1 人} \mid x(t)=n-1\} \\
&\quad + P\{\Delta t \text{ 内无人出生} \mid x(t)=n\} \\
&= b_{n-1}\Delta t \cdot p_{n-1}(t) + (1-b_n\Delta t)p_n(t) + o(\Delta t),
\end{aligned}
$$

进而得 $p_n(t)$ 满足微分方程

$$
\frac{\mathrm{d}p_n(t)}{\mathrm{d}t} + b_n p_n(t) = b_{n-1} p_{n-1}(t). \tag{31.10}
$$

设初始时刻人口数为 N_0,则应有初始条件

$$
p_{N_0}(0) = 1, \quad p_i(0) = 0 \ (i \neq N_0). \tag{31.11}
$$

这样,就得到概率分布 $p_n(t)$ 的模型,这是一个微分差分方程.

2. 纯死模型

考虑没有出生、只有死亡的情形. 类似于纯生模型,可得纯死过程的微分差分方程模型

$$
\begin{cases}
\dfrac{\mathrm{d}p_n(t)}{\mathrm{d}t} + d_n p_n(t) = d_{n+1} p_{n+1}(t), \\
p_{N_0}(0) = 1, \quad p_i(0) = 0 \ (i \neq N_0).
\end{cases} \tag{31.12}
$$

3. 生灭过程模型

同时考虑出生与死亡的情形. 随机事件 $\{x(t+\Delta t)=n\}$ 可以分解为 3 个不相容的随机事件之和: $\{\Delta t$ 出生 1 人 $| x(t)=n-1\}$, $\{\Delta t$ 中无出生死亡 $| x(t)=n\}$, $\{\Delta t$ 中死亡 1 人 $| x(t)=n+1\}$. 注意到事件的独立性, 有

$$p_n(t+\Delta t)=b_{n-1}\Delta t p_{n-1}(t)+(1-b_n\Delta t-d_n\Delta t)p_n(t)$$
$$+d_{n+1}\Delta t p_{n+1}(t)+o(\Delta t),$$

由此得微分方程

$$\frac{\mathrm{d}p_n(t)}{\mathrm{d}t}+(b_n+d_n)p_n(t)=b_{n-1}p_{n-1}(t)+d_{n+1}p_{n+1}(t) \qquad (31.13)$$

和初始条件

$$p_{N_0}(0)=1, \quad p_i(0)=0 \; (i\neq N_0), \qquad (31.14)$$

构成同时考虑出生与死亡的模型. 这个模型除了可以描述人口变化之外, 还适用于一般的生灭过程, 有许多其他的应用.

三、纯生过程模型的求解

1. 对应于指数增长的情形

进一步假设生育率 $b_n=bn$, 对应于马尔萨斯指数增长确定性模型的情形, (31.10) 式化为

$$\frac{\mathrm{d}p_n}{\mathrm{d}t}(t)=-bn p_n(t)+b(n-1)p_{n-1}(t). \qquad (31.15)$$

引入

$$P(s,t)=\sum_{n=0}^{\infty} p_n(t)s^n, \qquad (31.16)$$

称为**概率生成函数**(或**母函数**). 在 (31.15) 式两边同乘 s^n 得

$$\frac{\mathrm{d}p_n(t)}{\mathrm{d}t}s^n=-bn p_n(t)s^n+b(n-1)p_{n-1}(t)s^n. \qquad (31.17)$$

将 (31.17) 式两端同时关于 n 从 0 至 ∞ 作和, 注意到 $p_0'(t)=0$, 有

$$\sum_{n=0}^{\infty} p_n'(t)s^n=-b\sum_{n=0}^{\infty} np_n(t)s^n+b\sum_{n=0}^{\infty}(n-1)p_{n-1}(t)s^n$$

或

$$\frac{\partial P(s,\,t)}{\partial t} = - bs \sum_{n=0}^{\infty} n p_n(t) s^{n-1} + bs^2 \sum_{n=0}^{\infty} (n-1) p_{n-1}(t) s^{n-2},$$

即

$$\frac{\partial P(s,\,t)}{\partial t} = - bs \frac{\partial P(s,\,t)}{\partial s} + bs^2 \frac{\partial P(s,\,t)}{\partial s},$$

从而

$$\frac{\partial P(s,\,t)}{\partial t} = bs(s-1) \frac{\partial P(s,\,t)}{\partial s}, \tag{31.18}$$

$P(s,\,t)$还满足

$$P(s,\,0) = \sum_{n=0}^{\infty} p_n(0) s^n = s^{N_0}. \tag{31.19}$$

问题(31.18)~(31.19)是一阶线性偏微分方程的初值问题,可用特征线法求解,其过程如下:(31.18)式可以改写为

$$bs(1-s) \frac{\partial P}{\partial s} + \frac{\partial P}{\partial t} = 0. \tag{31.20}$$

若 $s = \xi(\tau)$ 是常微分方程

$$\frac{\mathrm{d}\xi}{\mathrm{d}\tau} = b\xi(1-\xi) \tag{31.21}$$

的解,则方程(31.20)可以改写为

$$\frac{\mathrm{d}}{\mathrm{d}t} P(\xi(t),\,t) = 0 \ \text{或} \ P(\xi(t),\,t) = 常数.$$

求解方程(31.21),易得

$$\xi(\tau) = \frac{c\mathrm{e}^{b\tau}}{c\mathrm{e}^{b\tau}-1}, \tag{31.22}$$

其中 c 为任意常数. 现设 $(s,\,t)$ 为 s-t 平面的上半平面上任一点,满足方程(31.21)的过该点的曲线 $\xi = \xi(\tau)$ 可通过解

$$s = \frac{c\mathrm{e}^{bt}}{c\mathrm{e}^{bt}-1} \tag{31.23}$$

决定 $c = \frac{s}{s-1}\mathrm{e}^{-bt}$,即

$$\xi(\tau) = \frac{s\mathrm{e}^{b(\tau-t)}}{s\mathrm{e}^{b(\tau-t)}-(s-1)}. \tag{31.24}$$

由于 $P(s,\,t) = P(\xi(t),\,t) = 常数 = P(\xi(0),\,0) = \xi^{N_0}(0)$,因此

$$P(s,\ t) = \left[\frac{s\mathrm{e}^{-bt}}{1 - s(1 - \mathrm{e}^{-bt})}\right]^{N_0}. \tag{31.25}$$

将上式关于 s 在 0 点附近展开,可得

$$p_n(t) = \mathrm{C}_{n-1}^{n-N_0} (\mathrm{e}^{-bt})^{N_0} (1 - \mathrm{e}^{-bt})^{n-N_0} \quad (n \geqslant N_0). \tag{31.26}$$

容易看到 $x(t)$ 的数学期望 $E(x)$ 为

$$\mu = E(x) = \left.\frac{\partial P}{\partial s}\right|_{s=1}, \tag{31.27}$$

方差 σ^2 为

$$\sigma^2 = E((x - \mu)^2) = \left.\frac{\partial^2 P}{\partial s^2}\right|_{s=1} + \left.\frac{\partial P}{\partial s}\right|_{s=1} - \left(\left.\frac{\partial P}{\partial s}\right|_{s=1}\right)^2. \tag{31.28}$$

可求得纯生模型人口的数学期望和方差分别为

$$E(x) = N_0 \mathrm{e}^{bt}, \tag{31.29}$$

$$\sigma^2 = N_0 \mathrm{e}^{bt} (\mathrm{e}^{bt} - 1). \tag{31.30}$$

人口的数学期望恰与确定性指数模型的人口数相同.

2. 对应于自限增长的情形

若进一步假定存在正整数 K,出生率为 $b_n = b\left(\dfrac{K-n}{K}\right)n$,那么模型化为

$$\frac{\mathrm{d}p_n}{\mathrm{d}t}(t) = -bn\left(\frac{K-n}{K}\right)p_n(t) + b(n-1)\left(\frac{K-(n-1)}{K}\right)p_{n-1}(t). \tag{31.31}$$

若初始时刻人口数为 1,用拉普拉斯变换可解(31.31)式. 但由于 n 可能等于 K,即 $K - n = 0$,必须采用摄动的方法,即用 $K_1 = K + \varepsilon$ 代替 K,对应的概率分布为 $p_n^\varepsilon(t)$,用拉普拉斯(Laplace)变换求得

$$p_n^\varepsilon(t) = \sum_{j=1}^{n} (-1)^{j+1} \mathrm{C}_{n-1}^{j-1}\left(\frac{K_1 - 2j}{K_1 - n}\right) \prod_{i=1}^{n} \frac{(K_1 - i)}{(K_1 - (i+j))} \mathrm{e}^{-bj\frac{K_1-j}{K_1}t}.$$

此时无法得到人口数学期望和方差的解析表达式,只有用数值方法求解. 此时甚至不能断定人口的数学期望是否一定等于相应的确定性自限模型的人口数.

四、指数生灭过程模型

若设 $b_n = bn$,$d_n = dn$,生灭过程模型为

$$\begin{cases} \dfrac{\mathrm{d}p_n}{\mathrm{d}t}(t) = b(n-1)p_{n-1}(t) + d(n+1)p_{n+1}(t) - (b+d)np_n(t), & (31.32) \\ p_{N_0}(0) = 1, \quad p_i(0) = 0 \ (i \neq N_0). \end{cases}$$

求解此微分差分方程较困难,但可以求得 $x(t)$ 的数学期望与方差. 记 $E(t) = E(x(t))$, 由定义

$$E(t) = \sum_{n=1}^{\infty} np_n(t), \tag{31.33}$$

将它求导并利用微分方程(31.32)可得

$$\frac{\mathrm{d}E}{\mathrm{d}t} = b\sum_{n=1}^{\infty} n(n-1)p_{n-1}(t) + d\sum_{n=1}^{\infty} n(n+1)p_{n+1}(t)$$
$$- (b+d)\sum_{n=1}^{\infty} n^2 p_n(t), \tag{31.34}$$

即

$$\frac{\mathrm{d}E}{\mathrm{d}t} = b\sum_{n=1}^{\infty} n(n+1)p_n + d\sum_{n=1}^{\infty} n(n-1)p_n - (b+d)\sum_{n=1}^{\infty} n^2 p_n$$
$$= (b-d)\sum_{n=1}^{\infty} np_n(t) = (b-d)E(t).$$

易知 $E(0) = N_0$, 从而解得

$$E(t) = N_0 e^{(b-d)t} = N_0 e^{rt}, \tag{31.35}$$

与马尔萨斯模型的人口数一致. 由定义,方差

$$\sigma^2 = \sum_{n=1}^{\infty} n^2 p_n(t) - E^2(t), \tag{31.36}$$

用类似于求数学期望的方法可得

$$\sigma^2 = N_0 \frac{b+d}{b-d} e^{(b-d)t} [e^{(b-d)t} - 1]. \tag{31.37}$$

§31.3　考虑年龄结构的人口模型

一、莱斯利(Leslie)模型

我们将介绍 1945 年莱斯利提出的一个考虑年龄结构的离散人口模型.模型主要考虑女性人口数,鉴于男女人口通常有一个确定的比例,由女性人口可以得

知总人口数. 将女性按年龄顺序划分为若干组, 假设每一个年龄组中的妇女有相同的生育率和死亡率, 无人迁入或迁出.

1. 例

以 15 年为区间划分年龄组, 将女性划分为 $0\sim15$ 岁、$16\sim30$ 岁、$31\sim45$ 岁、$46\sim60$ 岁、$61\sim75$ 岁, 编号为 $0\sim4$ 的 5 组. 设女性寿命不超过 75 岁, 只有 $16\sim30$ 岁、$31\sim45$ 岁两组中的女性有生育能力.

令 $x_i(t)$ 表示第 i 个年龄组的女性在时刻 $15\,t$ 的人数, $x_i(0)$ 表示初始时刻第 i 个年龄组中女性的人数, 设为已知的. 我们将建立刻画向量 $\boldsymbol{x}(t) = (x_0(t), x_1(t), x_2(t), x_3(t), x_4(t))^{\mathrm{T}}$ 在 $t = 0, 1, 2, \cdots$ 的性态的数学模型.

第 0 年龄组在时刻 $15(t+1)$ 的人数为在 $15\,t$ 至 $15(t+1)$ 这段时间出生并在 $15(t+1)$ 时仍活着的人数, 即

$$x_0(t+1) = b_1 x_1(t) + b_2 x_2(t), \tag{31.38}$$

其中 b_1 和 b_2 分别表示第 1, 2 年龄组中平均每人生育并生存下来的人数.

设在 $15(t+1)$ 时年龄组 1 至年龄组 4 的人数均正比于前一年龄组在时刻 $15t$ 的人数, 即对 $i = 1, 2, 3, 4$, 有

$$x_i(t+1) = s_{i-1} x_{i-1}(t), \tag{31.39}$$

其中 s_i 表示第 i 年龄组中至 $15(t+1)$ 时生存下来并进入 $i+1$ 年龄组的人的比例. 设生育率 b_1, b_2 和生存率 $s_i (i = 0, 1, 2, 3)$ 均为常数.

用矩阵记号, 人口增长模型可以表示为

$$\boldsymbol{x}(t+1) = \boldsymbol{G}\boldsymbol{x}(t), \quad t = 0, 1, 2, \cdots, \tag{31.40}$$

其中

$$\boldsymbol{G} = \begin{pmatrix} 0 & b_1 & b_2 & 0 & 0 \\ s_0 & 0 & 0 & 0 & 0 \\ 0 & s_1 & 0 & 0 & 0 \\ 0 & 0 & s_2 & 0 & 0 \\ 0 & 0 & 0 & s_3 & 0 \end{pmatrix}. \tag{31.41}$$

此模型可以用递推的方式预测各年龄组的人数, 进而对人口总量及其年龄结构进行预测. 显然有

$$\boldsymbol{x}(n) = \boldsymbol{G}^n \boldsymbol{x}(0), \quad n = 0, 1, 2, \cdots. \tag{31.42}$$

取 $b_1 = 1.5$, $b_2 = 1$, $s_0 = 0.98$, $s_1 = 0.96$, $s_2 = 0.93$, $s_3 = 0.9$; 令 $\boldsymbol{x}(0) = (1\,000, 900, 800, 700, 600)^{\mathrm{T}}$, 通过计算不难看到, 75 年后各组人数为 $(8\,225,$

$5\,345,\,3\,859,\,2\,042,\,1\,693)$,300 年后人数为 $10^2\times(22\,596,\,15\,221,\,10\,043,\,6\,420,$ $3\,971)$.还可发现各年龄组人数的相邻两次迭代值之比 $x_i(n+1)/x_i(n)$ 趋于常数 $1.454\,87\ (i=0,\,1,\,\cdots,\,4)$,同时各年龄组人口占总人口的比例也趋于$(0.387\,9,$ $0.261\,3,\,0.172\,4,\,0.110\,2,\,0.068\,2)$.

2. 莱斯利模型

将女性按相同的年龄区间 ΔT 划分为 $m+1$ 组,各组中女性的年龄在$[i\Delta T,$ $(i+1)\Delta T]$之内,$i=0,\,1,\,2,\,\cdots,\,m$,其中$(m+1)\Delta T$ 为妇女能够生存的最大年龄.我们考察时刻 $t=j\Delta T$ 时各年龄组中的人数.设 $x_i(j)$ 表示第 i 个年龄组在时刻 $j\Delta T$ 的人数,并令 $\boldsymbol{x}(j)=(x_0(j),\,x_1(j),\,\cdots,\,x_m(j))^{\mathrm{T}}$.又设 b_i 为第 i 组妇女平均每人在 ΔT 时间内生育并成活的婴儿数,s_i 为第 i 组女性生存到 $(i+1)\Delta T$、进入 $i+1$ 组的人数比例,于是$(j+1)\Delta T$ 与 $j\Delta T$ 各组人数之间的关系为

$$\begin{cases} x_0(j+1)=\displaystyle\sum_{i=0}^{m}b_ix_i(j), \\ x_i(j+1)=s_{i-1}x_{i-1}(j), \quad i=1,\,2,\,\cdots,\,m. \end{cases} \tag{31.43}$$

令

$$\boldsymbol{G}=\begin{pmatrix} b_0 & b_1 & \cdots & b_{m-1} & b_m \\ s_0 & 0 & \cdots & 0 & 0 \\ 0 & s_1 & \cdots & 0 & 0 \\ \vdots & \vdots & & \vdots & \vdots \\ 0 & 0 & \cdots & s_{m-1} & 0 \end{pmatrix}, \tag{31.44}$$

$\boldsymbol{G}$ 称为莱斯利矩阵.(31.43)式可以改写为

$$\boldsymbol{x}(j+1)=\boldsymbol{G}\boldsymbol{x}(j). \tag{31.45}$$

由于妇女有一定的生育期,从某个年龄组开始以后各组均无生育能力.设对 $i>l$ 的各组不生育,即 $b_i=0$,$i=l+1,\,\cdots,\,m$.此时 $\boldsymbol{G}$ 可写为分块矩阵的形式

$$\boldsymbol{G}=\begin{pmatrix} \boldsymbol{A} & \boldsymbol{O} \\ \boldsymbol{B} & \boldsymbol{C} \end{pmatrix}, \tag{31.46}$$

其中

$$\boldsymbol{A}=\begin{pmatrix} b_0 & b_1 & \cdots & b_{l-1} & b_l \\ s_0 & 0 & \cdots & 0 & 0 \\ \vdots & \vdots & & \vdots & \vdots \\ 0 & 0 & \cdots & s_{l-1} & 0 \end{pmatrix},$$

$$\boldsymbol{B} = \begin{pmatrix} 0 & 0 & \cdots & s_l \\ 0 & 0 & \cdots & 0 \\ \vdots & \vdots & & \vdots \\ 0 & 0 & \cdots & 0 \end{pmatrix},$$

$$\boldsymbol{C} = \begin{pmatrix} 0 & 0 & \cdots & 0 & 0 \\ s_{l+1} & 0 & \cdots & 0 & 0 \\ \vdots & \vdots & & \vdots & \vdots \\ 0 & 0 & \cdots & s_{m-1} & 0 \end{pmatrix}.$$

注意到 $\boldsymbol{x}(n) = \boldsymbol{G}^n \boldsymbol{x}(0)$，考察 $\boldsymbol{G}^n$，有

$$\boldsymbol{G}^n = \begin{pmatrix} \boldsymbol{A}^n & \boldsymbol{O} \\ \boldsymbol{B}_n & \boldsymbol{C}^n \end{pmatrix}, \tag{31.47}$$

其中

$$\boldsymbol{B}_n = \sum_{i=0}^{n-1} \boldsymbol{C}^i \boldsymbol{B} \boldsymbol{A}^{n-1-i}. \tag{31.48}$$

记 $\boldsymbol{x}^1(j) = (x_0(j), x_1(j), \cdots, x_l(j))^{\mathrm{T}}$，$\boldsymbol{x}^2(j) = (x_{l+1}(j), \cdots, x_m(j))^{\mathrm{T}}$，我们不难证明：

$$\begin{pmatrix} \boldsymbol{x}^1(n) \\ \boldsymbol{x}^2(n) \end{pmatrix} = \begin{pmatrix} \boldsymbol{A}^n \boldsymbol{x}^1(0) \\ \boldsymbol{B}_n \boldsymbol{x}^1(0) + \boldsymbol{C}^n \boldsymbol{x}^2(0) \end{pmatrix}.$$

显然 $l+1, \cdots, m$ 年龄组的女性对前 l 组的人数没有影响. 又由于 $\boldsymbol{C}$ 是一个下三角阵，且只有次对角元为非零，经 $m-l$ 次乘方以后成为零矩阵，即当 $n \geqslant m-l$，$\boldsymbol{C}^n = \boldsymbol{O}$，于是后 l 组女性对若干年以后的人口分布没有影响. 因此只须考虑前 l 年龄组人口的变化. 为简单起见，我们采用 $\boldsymbol{x}(j)$ 替代 $\boldsymbol{x}^1(j)$，此时成立

$$\boldsymbol{x}(j+1) = \boldsymbol{A}\boldsymbol{x}(j). \tag{31.49}$$

3. 莱斯利模型的性质

考察 $\boldsymbol{A}$ 的特征值与特征向量，直接计算特征方程

$$0 = |\lambda I - A| = \lambda^{l+1} - b_0 \lambda^l - s_0 b_1 \lambda^{l-1} - \cdots - b_l s_0 s_1 \cdots s_{l-1}, \tag{31.50}$$

它等价于

$$f(\lambda) = b_0 \frac{1}{\lambda} + s_0 b_1 \frac{1}{\lambda^2} + \cdots + s_0 s_1 \cdots s_{l-1} b_l \frac{1}{\lambda^{l+1}} = 1. \tag{31.51}$$

注意到对 $\lambda > 0$，$f(\lambda)$ 是单调减少的，且当 $\lambda \to +\infty$，$f(\lambda) \to 0$. 这就说明方程

(31.51)有唯一的正根,即 A 有唯一的正特征值,记为 λ_1. 若已知 λ_1,可直接求出对应的特征向量 $\boldsymbol{x}^* = (x_0^*, x_1^*, \cdots, x_l^*)^{\mathrm{T}}$,事实上,由

$$\begin{pmatrix} b_0 & b_1 & \cdots & b_{l-1} & b_l \\ s_0 & 0 & \cdots & 0 & 0 \\ \vdots & \vdots & & \vdots & \vdots \\ 0 & 0 & \cdots & s_{l-1} & 0 \end{pmatrix} \begin{pmatrix} x_0^* \\ x_1^* \\ \vdots \\ x_l^* \end{pmatrix} = \lambda_1 \begin{pmatrix} x_0^* \\ x_1^* \\ \vdots \\ x_l^* \end{pmatrix}, \tag{31.52}$$

取 $x_l^* = 1$,从最后一式中求出 $x_{l-1}^* = \dfrac{\lambda_1}{s_{l-1}}$,又从倒数第二式中求得 $x_{l-2}^* = \dfrac{\lambda_1^2}{s_{l-1} \cdot s_{l-2}}$,依次递推得

$$\boldsymbol{x}^* = \left(\frac{\lambda_1^l}{s_0 \cdots s_{l-1}}, \frac{\lambda_1^{l-1}}{s_1 \cdots s_{l-1}}, \cdots, \frac{\lambda_1}{s_{l-1}}, 1 \right)^{\mathrm{T}} \tag{31.53}$$

即为相应的特征向量. 还可以证明,A 的一切特征值的模均不超过 λ_1. 于是我们有下述定理.

定理 31.1 莱斯利矩阵有唯一的单重正特征值 λ_1,对应的特征向量 $\boldsymbol{x}^*$ 由 (31.53)式给出,它的其他特征值 λ_k 满足

$$|\lambda_k| \leqslant \lambda_1 \quad (k \neq 1). \tag{31.54}$$

进一步还可证明以下定理.

定理 31.2 若莱斯利矩阵第一行有两个相继的元素 b_s,b_{s+1} 皆为正,则 (31.54)式仅成立不等式

$$|\lambda_k| < \lambda_1 \quad (k \neq 1), \tag{31.55}$$

且成立

$$\lim_{n \to \infty} \frac{\boldsymbol{x}(n)}{\lambda_1^n} = C\boldsymbol{x}^*, \tag{31.56}$$

其中 C 是一个只依赖 b_i,s_i 及 $\boldsymbol{x}(0)$ 的常数.

4. 应用

容易看到,对我们考虑的年龄分组,定理 31.2 的条件是满足的,我们可以用此定理的结论来解释女性人口按年龄分布的性态. 首先由定理 31.2,当 n 较大时,成立

$$\boldsymbol{x}(n) \approx C\lambda_1^n \boldsymbol{x}^*, \tag{31.57}$$

即女性人口按年龄组的分布趋于稳定,即各年龄组中的人数在总女性数中所占比例保持稳定.

由(31.57)式又可发现

$$\boldsymbol{x}(n+1) \approx \lambda_1 \boldsymbol{x}(n),\tag{31.58}$$

即同一年龄组人数的增长趋于稳定,经过 ΔT 时间各组人数均增加 λ_1 倍.

由(31.58)式,当 $\lambda_1 = 1$ 时,各组人数保持不变,此条件即为

$$b_0 + b_1 s_0 + \cdots + b_l s_0 s_1 s_2 \cdots s_{l-1} = 1.\tag{31.59}$$

(31.59)式左端的意义是一个女性在一生中生育女性的平均数量,不妨记为 R,因此 $R = 1$ 是人口总数保持不变的条件,即一个妇女平均一生只生一个女儿,或一个妇女只生 2 个小孩(设男女人口比例相同),人口总数不会增加.

二、考虑年龄结构的连续模型

为简单计,我们不考虑人口的迁移,只考虑自然的出生与死亡. 引入 $F(r, t)$,表示时刻 t 年龄小于 r 的人的总数. $F(r, t)$ 称为**人口分布函数**. 时刻 t 的人口总数记为 $N(t)$. 设人的最大年龄为 r_m,则

$$F(0, t) = 0, \quad F(r_m, t) = N(t).\tag{31.60}$$

设 $F(r, t)$ 是关于 r, t 的连续可微函数,称

$$p(r, t) = \frac{\partial F(r, t)}{\partial r}, \quad 0 \leqslant r \leqslant r_m\tag{31.61}$$

为**年龄的密度函数**(简称**密度函数**).显然,$p(r, t)$ 是非负的,且

$$F(r, t) = \int_0^r p(r, t) \mathrm{d}r,\tag{31.62}$$

$p(r, t)\Delta r$ 表示时刻 t 年龄在 $[r, r+\Delta r)$ 的人数.

再引入 $d(r, t)$,表示时刻 t 年龄为 r 的人的死亡率. 那么在时间段 $[t, t+\Delta t)$ 中,年龄在 $[r, r+\Delta r)$ 之间的人的死亡数为

$$d(r, t)p(r, t)\Delta r\Delta t.\tag{31.63}$$

考察时刻 t 年龄在 $[r, r+\Delta r)$ 之间的人到时刻 $t+\Delta t$ 的情况.这部分人原来的人数为 $p(r, t)\Delta r$. 经过 Δt 时间后,这部分人中继续生存的年龄变成位于 $[r+\Delta t, r+\Delta r+\Delta t)$ 之间,其人数为 $p(r+\Delta t, t+\Delta t)\Delta r$. 但在这段时间中,这部分人中死亡人数为 $d(r, t)p(r, t)\Delta r\Delta t$. 由于时刻 t 年龄在 $[r, r+\Delta r]$ 之间的人数应等于时刻 $t+\Delta t$ 年龄在 $[r+\Delta t, r+\Delta r+\Delta t)$ 之间的人数与在时间段 $[t, t+\Delta t)$ 中死去的人数之和,应有

$$p(r, t)\Delta r = p(r + \Delta t, t + \Delta t)\Delta r + d(r, t)p(r, t)\Delta r\Delta t.$$

将它改写为

$$p(r + \Delta t, t + \Delta t) - p(r, t + \Delta t) + p(r, t + \Delta t) - p(r, t)$$
$$= - d(r, t)p(r, t)\Delta t,$$

两边同除以 Δt,然后取 $\Delta t \rightarrow 0$ 的极限,即可得到人口年龄密度函数 $p(r, t)$ 满足的偏微分方程

$$\frac{\partial p}{\partial r} + \frac{\partial p}{\partial t} = - dp. \tag{31.64}$$

若已知初始时刻的人口分布密度为 $p_0(r)$,我们有初始条件

$$p(r, 0) = p_0(r). \tag{31.65}$$

若已知时刻 t 初生婴儿的密度(即单位时间内出生的婴儿数)为 $p_1(t)$,有

$$p(0, t) = p_1(t). \tag{31.66}$$

设 r_m 是人的最大可能年龄,有

$$p(r_m, t) = 0. \tag{31.67}$$

所以,人口密度函数 $p(r, t)$ 满足以下的偏微分方程的初边值问题:

$$\begin{cases} \dfrac{\partial p}{\partial r} + \dfrac{\partial p}{\partial t} = - dp, \\ p(r, 0) = p_0(r), \\ p(0, t) = p_1(t), \\ p(r_m, 0) = 0. \end{cases} \tag{31.68}$$

得到 $p(r, t)$ 后,通过积分得人口分布函数 $F(r, t)$,然后得到总人口数,即

$$N(t) = \int_0^{r_m} p(r, t)\mathrm{d}r. \tag{31.69}$$

所以只须知道初始人口密度、出生婴儿密度和死亡率,即可预报人口数及其年龄结构.

§31.4 人 口 控 制

以上几节给出了多种人口数学模型,可以用来预报世界、国家和地区的人口.但是研究人口问题的主要目的,不仅是能够预测将来的人口,而且要能动地

控制人口的数量,改善人口的年龄结构. 为此,人们在前述模型的基础上提出了一些重要的量,称为**人口指数**,进一步建立优化某些指数的控制论模型. 我国科学家在这方面作出了有益的贡献.

一、基于人口发展方程的人口控制

1. 生育率和生育模式

人口密度函数 $p(r, t)$ 满足初边值问题

$$\begin{cases} \dfrac{\partial p}{\partial r} + \dfrac{\partial p}{\partial t} = -d(r, t)p, \quad t \geqslant 0, \, 0 \leqslant r \leqslant r_m, \\ p(r, 0) = p_0(r), \\ p(0, t) = p_1(t), \\ p(r_m, t) = 0, \end{cases} \tag{31.70}$$

其中死亡率 $d(r, t)$ 和初始人口密度 $p_0(r)$ 可由统计数据决定. 为了对人口的发展进行有效的控制,主要手段就是调节婴儿的出生率 $p_1(t)$.

设在时刻 t 年龄为 r 的人中女性人数对于总人口的比率为 $k(r, t)$,那么年龄在 $[r, r+\Delta r]$ 的女性人数为 $k(r, t)p(r, t)\Delta r$. 设这些女性在单位时间内平均每人的生育数为 $b(r, t)$,又设妇女的育龄是 $[r_1, r_2]$,则

$$p_1(t) = \int_{r_1}^{r_2} b(r, t)k(r, t)p(r, t)\mathrm{d}r. \tag{31.71}$$

将 $b(r, t)$ 分解为两个函数的乘积

$$b(r, t) = \beta(t)h(r, t), \tag{31.72}$$

其中 $h(r, t)$ 满足

$$\int_{r_1}^{r_2} h(r, t)\mathrm{d}r = 1, \tag{31.73}$$

而

$$\beta(t) = \int_{r_1}^{r_2} b(r, t)\mathrm{d}r. \tag{31.74}$$

显然,$\beta(t)$ 表示时刻 t 每个育龄妇女单位时间生育数的平均值. 而 $h(r, t)$ 描述了时刻 t 育龄妇女的生育率随年龄改变的性态,称为**生育模式**. 这样

$$p_1(t) = \beta(t)\int_{r_1}^{r_2} h(r, t)k(r, t)p(r, t)\mathrm{d}r. \tag{31.75}$$

通常在比较稳定的环境里,$h(r, t)$ 可以视作不随时间的改变而改变的量,

即 $h(r, t) = h(r)$,通常人们采用 Γ 分布来近似 $h(r)$(见图 31-1),即

$$h(r) = \frac{(r-r_1)^{\alpha-1}\mathrm{e}^{-\frac{r-r_1}{\theta}}}{\theta^{\alpha}\,\Gamma(\alpha)}, \quad r > r_1, \tag{31.76}$$

并取 $\theta = 2, \alpha = \dfrac{n}{2}$,此时生育高峰年龄 r_c(见图 31-1)为

$$r_c = r_1 + n - 2. \tag{31.77}$$

生育率和生育模式是可以调节的,因此由(31.75)式所表示的 $p_1(t)$ 是一个控制变量.

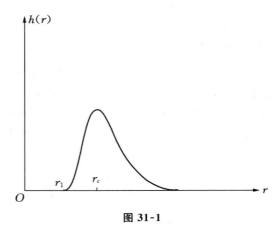

图 31-1

2. 人口指数

为刻画一个国家和一个地区的人口数量和特征,通常采用一些人口指数. 它们主要有:

(1) 人口总数

$$N(t) = \int_0^{r_m} p(r, t)\mathrm{d}r. \tag{31.78}$$

(2) 平均年龄

$$R(t) = \frac{1}{N(t)}\int_0^{r_m} rp(r, t)\mathrm{d}r. \tag{31.79}$$

(3) 平均寿命

$$S(t) = \int_t^{\infty} \exp\left(-\int_0^{\tau-t} d(r, t)\mathrm{d}r\right)\mathrm{d}\tau, \tag{31.80}$$

即时刻 t 出生的人按该时刻的死亡率 $d(r, t)$ 计算的平均生存时间. $S(t)$ 实际上是平均预估寿命.

（4）老龄化指数

$$w(t) = \frac{R(t)}{S(t)}. \tag{31.81}$$

（5）依赖性指数

$$\rho(t) = \frac{N(t) - L(t)}{L(t)}, \tag{31.82}$$

其中

$$L(t) = \int_{w_1}^{w_2} (1 - k(r, t)) p(r, t) \mathrm{d}r + \int_{w_1'}^{w_2'} k(r, t) p(r, t) \mathrm{d}r, \tag{31.83}$$

这里 $[w_1, w_2]$ 和 $[w_1', w_2']$ 分别为男性和女性能自食其力的年龄范围, $\rho(t)$ 为时刻 t 每个劳动者所供养的人数.

3. 最优控制模型

人口控制的目的是适当选择 $p_1(t)$（即选择 $\beta(t)$ 和 $h(r, t)$）, 使由满足初-边值问题(31.70)决定的某些人口指标达到最优. 例如, 控制的目标为使人口控制在最优值 N^* 附近, 可引入

$$J(p) = |N(t) - N^*|^2 = \left(\int_0^{r_m} p(r, t) \mathrm{d}r - N^* \right)^2. \tag{31.84}$$

问题化为: 决定 $p_1(t)$, 使得由方程初-边值问题(31.70)决定的 $p(r, t)$, (31.84)达到最小. 根据最优控制的术语, $p_1(t)$ 称为**控制变量**, $p(r, t)$ 称为**状态变量**, 方程(31.70)称为**状态方程**, 而方程(31.84)称为**代价泛函**.

通常, 人口控制除了以人口数为目标以外, 还希望人口结构较为合理, 例如老龄化指数不能太大. 但有时须控制的几个指数之间是关联的或互相制约的, 这时就需要引入较为合理的综合各种要求的代价泛函.

二、离散控制模型

在实际应用中以年为时间单位的离散模型是比较有用的. 将上述连续量的控制模型离散化, 可以得到相应的离散模型. 另一方法是在莱斯利模型的基础上建立离散控制模型.

1. 莱斯利模型的改进

以年为组划分年龄组, 令最长寿命为 m, 设第 t 年满 i 足岁不到 $i+1$ 足岁的人数为 $x_i(t)$, $t = 0, 1, 2, \cdots$, $i = 0, 1, 2, \cdots, m$. 与 §31.3 中莱斯利模型不

同的是,$x_i(t)$不光是女性人口,而是符合条件的全部人口. 记 $d_i(t)$ 为第 t 年 i 年龄组的死亡率,因此有

$$x_{i+1}(t+1) = (1-d_i(t))x_i(t),$$

$$i = 0, 1, 2, \cdots, m-1, \quad t = 0, 1, 2, \cdots. \tag{31.85}$$

令 $b_i(t)$ 为 i 组妇女在 t 年的生育率,$[i_1, i_2]$ 为妇女的育龄期,$k_i(t)$ 为 i 组中 t 年时的女性人口比率,则第 t 年出生的人口为

$$p_1(t) = \sum_{i=i_1}^{i_2} b_i(t)k_i(t)x_i(t). \tag{31.86}$$

设 $d_{00}(t)$ 为第 t 年的婴儿出生死亡率,有

$$x_0(t) = (1-d_{00}(t))p_1(t). \tag{31.87}$$

由(31.85)~(31.87)式,易得

$$x_1(t+1) = (1-d_{00}(t))(1-d_0(t))\sum_{i=i_1}^{i_2} b_i(t)k_i(t)x_i(t). \tag{31.88}$$

将 $b_i(t)$ 分解为

$$b_i(t) = \beta(t)h_i(t), \tag{31.89}$$

其中 $h_i(t)$ 是生育模式,成立 $\sum_{i=i_1}^{i_2} h_i(t) = 1$,而

$$\beta(t) = \sum_{i=i_1}^{i_2} b_i(t) \tag{31.90}$$

表示第 t 年每个育龄妇女平均生育婴儿数.

令

$$b'_i(t) = (1-d_{00}(t))(1-d_0(t))h_i(t)k_i(t), \tag{31.91}$$

将(31.89)式代入(31.88)式,则

$$x_1(t+1) = \beta(t)\sum_{i=i_1}^{i_2} b'_i(t)x_i(t). \tag{31.92}$$

分别令 $\boldsymbol{x}(t) = (x_1(t), x_2(t), \cdots, x_m(t))^{\mathrm{T}}$,以及

$$\boldsymbol{A}(t) = \begin{pmatrix} 0 & 0 & \cdots & 0 & 0 \\ 1-d_1(t) & 0 & \cdots & 0 & 0 \\ 0 & 1-d_2(t) & \cdots & 0 & 0 \\ \vdots & \vdots & & \vdots & \vdots \\ 0 & 0 & \cdots & 1-d_{m-1}(t) & 0 \end{pmatrix}, \qquad (31.93)$$

$$\boldsymbol{B}(t) = \begin{pmatrix} 0 & \cdots & 0 & b'_{i_1}(t) & \cdots & b'_{i_2}(t) & 0 & \cdots & 0 \\ 0 & \cdots & 0 & 0 & \cdots & 0 & 0 & \cdots & 0 \\ \vdots & & \vdots & \vdots & & \vdots & \vdots & & \vdots \\ 0 & \cdots & 0 & 0 & \cdots & 0 & 0 & \cdots & 0 \end{pmatrix}. \qquad (31.94)$$

那么有

$$\boldsymbol{x}(t+1) = \boldsymbol{A}(t)\boldsymbol{x}(t) + \beta(t)\boldsymbol{B}(t)\boldsymbol{x}(t). \qquad (31.95)$$

在社会稳定的前提下,生育率和死亡率都比较稳定,从而可以视 $\boldsymbol{A}(t)$, $\boldsymbol{B}(t)$ 为常矩阵 $\boldsymbol{A}$, $\boldsymbol{B}$,(31.95)式化为

$$\boldsymbol{x}(t+1) = \boldsymbol{A}\boldsymbol{x}(t) + \beta(t)\boldsymbol{B}\boldsymbol{x}(t). \qquad (31.96)$$

2. 人口指数

我们可以和连续的情形类似地定义人口指数.

(1) 人口总数

$$N(t) = \sum_{i=0}^{m} x_i(t); \qquad (31.97)$$

(2) 平均年龄

$$R(t) = \frac{1}{N(t)} \sum_{i=0}^{m} i x_i(t); \qquad (31.98)$$

(3) 平均寿命

$$S(t) = \sum_{j=0}^{m} \exp\Big[-\sum_{i=0}^{j} d_i(t)\Big]; \qquad (31.99)$$

(4) 老龄化指数

$$w(t) = \frac{R(t)}{S(t)}; \qquad (31.100)$$

(5) 依赖性指数 $\rho(t)$:设

$$L(t) = \sum_{i=w_1}^{w_2} (1-k_i(t)) x_i(t) + \sum_{i=w'_1}^{w'_2} k_i(t) x_i(t), \qquad (31.101)$$

$$\rho(t) = \frac{N(t) - L(t)}{L(t)}, \tag{31.102}$$

其中$[w_1, w_2]$和$[w_1', w_2']$分别表示男性或女性能够自食其力的年龄范围.

3. 对我国人口预测控制的应用

以$\beta(t)$作为控制变量,$x(t)$作为状态变量,(31.95)式作为状态方程,寻求某人口指数或综合若干人口指数的代价函数的最优值,就是对应的离散人口控制模型. 由于系统(31.95)关于控制变量和状态变量都是线性的,称为**离散双线性系统**. 离散双线性系统的最优控制问题是最优控制理论的一个专门研究课题,在此不作专门的介绍,我们仅介绍此模型用于中国人口问题研究所得的一些结果.

若在时间t年后的一个育龄期内各种年龄妇女的生育率都不变,那么

$$\beta(t) = \sum_{i=i_1}^{i_2} b_i(t) = b_{i_1}(t) + b_{i_1+1}(t+1) + \cdots + b_{i_2}(t+i_2-i_1),$$

即$\beta(t)$是t年i_1岁的妇女一生平均生育的婴儿数,称为生育胎次,是控制人口的最主要的参数.

利用 1978 年的数据,可以用离散双线性系统(31.95)预测我国的人口. 首先可利用外推得死亡率公式

$$d_i(t) = \begin{cases} d_i(1978)(1 - (t - 1978)10^{-3}), & i \leqslant 5 \text{ 或 } i \geqslant 50, \\ d_i(1978), & 5 < i < 50. \end{cases}$$

生育模式用Γ分布的离散值:

$$h(t) = \begin{cases} \dfrac{1}{768}(t - 18)^4 e^{-\frac{t-18}{2}}, & t \geqslant 18, \\ 0, & t < 18. \end{cases}$$

$k_i(t)$据统计为 0.487.

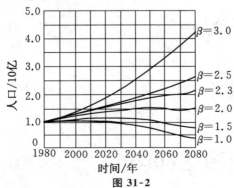

图 31-2

对不同的β,可得 1980～2080 年的结果(见图 31-2). 可以看到,若$\beta = 3$(每个妇女生 3 胎),2000 年中国人口为 14.2 亿,2080 年达 43.1 亿;若$\beta = 2.3$(约相当于 1980 年左右的水平),2000 年和 2080 年中国人口分别为 12.9 亿和 21.2 亿;若$\beta = 2$,则 2000 年人口为 12.2 亿,72 年后达到最大值 15 亿左右,然后回落;若$\beta = 1$(即严

格执行一对夫妇生一个孩子的政策),则中国人口在 2004 年达到最大值 10.6 亿,2050 年降至 9.5 亿.

习 题

1. 只考虑人口的自然增长,不考虑人口的迁移和其他因素,纽约人口满足方程

$$\frac{\mathrm{d}N}{\mathrm{d}t} = \frac{1}{25}N - \frac{1}{25 \cdot 10^6}N^2.$$

若每年迁入人口 6 000 人,而每年约有 4 000 人被谋杀,试求出纽约的未来人口数,并讨论长时间后纽约的人口状况.

2. 设某区域的极限人口数为 x_m,而人口增长率与极限人口和当时人口之差成正比,试建立确定性的人口模型和相应的随机人口模型,并求解确定性模型和随机模型人口的数学期望.

3. 试验证指数人口模型和自限人口模型是无记忆的.

4. 设 $p(s, t)$ 是概率分布 $\{p_n(t)\}$ 的概率生成函数,试证明:

$$\sigma^2 = \left.\frac{\partial^2 p}{\partial s^2}\right|_{s=1} + \left.\frac{\partial p}{\partial s}\right|_{s=1} - \left(\left.\frac{\partial p}{\partial s}\right|_{s=1}\right)^2.$$

5. 设某动物种群最高年龄为 30 年,按 10 年为一段将此种群分为 3 组.设初始时 3 组中的动物数为 $(1\,000, 1\,000, 1\,000)^\mathrm{T}$,相应的莱斯利矩阵为

$$\boldsymbol{G} = \begin{pmatrix} 0 & 3 & 0 \\ \dfrac{1}{6} & 0 & 0 \\ 0 & \dfrac{1}{2} & 0 \end{pmatrix}.$$

试求 10 年、20 年、30 年后各年龄组的动物数,并求该种群的稳定的年龄分布,指出该种群的发展趋势.

6. 设考虑年龄分布的连续模型中死亡率与时间无关的情形,即 $d(r, t) = d(r)$,试求密度函数 $p(r, t)$ 的表达式.

实 践 与 思 考

1. 设将某动物种群划分为年龄跨度为 ΔT 的年龄组,设 ΔT 恰为动物的繁殖周期,每隔 ΔT 时间清点各年龄组的动物数.若某年龄组的动物数增加,就将增加的部分捕获.将捕获的动物数与原有动物数之比称为**捕获系数**.若每个年龄组每次捕获系数都相同,就称为**稳定捕获**.试建立稳定捕获模型,并给出稳定捕获的条件.

第三十二章 交通流模型和路口交通管理

提要 本章主要介绍交通管理中的几个数学模型.学习本章需要常微分方程、偏微分方程和初等概率方面的预备知识.

随着经济的发展、人口和交通工具的增多,世界各国都面临交通问题.交通堵塞、交通事故和交通工具导致的污染和其他环境问题引起了人们的极大重视,如何科学地进行交通规划和进行交通管理成为人们十分关注的两个问题.本章中我们首先介绍用交通流建立的几个模型和几个路口交通模型,由此说明数学模型和定量分析在交通分析、管理中的作用.

§32.1 交通流和连续性方程

在研究道路上汽车流的特性时,如果车辆沿一条单车道向一个方向行驶,车队中没有超车的现象,也没有车辆进入或离开车队,那么我们就可以用管道中的流体运动来比拟道路上的车流运动,从而可以像建立一维流体运动的方程那样建立起车流的模型,即交通流模型.比拟的方法是数学建模的有效方法之一.

一、交通流的主要变量

描述一维流体流动的主要物理量为流体的流量、密度、速度等,对交通流也有类似的量.

1. 交通流量

在一段时间 T 内,驶过某处的车辆数为 Q,则单位时间内通过该点的车辆数 $q = \dfrac{Q}{T}$ 称为平均交通流量或平均车流量,单位通常取作辆/小时.

为描述车流的变化,引入瞬时交通流量的概念.设在距道路起点 x 处位置,在时段 $[t, t+\Delta t]$ 中驶过的车辆数为 $Q(x, t, t+\Delta t)$,则通过 x 点,在时刻 t 的

瞬时交通流量为

$$q(x,\ t) = \lim_{\Delta t \to 0} \frac{Q(x,\ t,\ t + \Delta t)}{\Delta t}, \qquad (32.1)$$

亦简称为交通流量或车流量.

2. 交通流密度

设某一时刻在长度为 l 的路段上有 Q 辆车,那么 $\rho = \dfrac{Q}{l}$ 称为该路段的平均交通流密度或车流密度.

若用 $Q(x,\ x + \Delta x,\ t)$ 表示时刻 t,距起点分别为 x 和 $x + \Delta x$ 的路段中的车辆数,则

$$\rho(x,\ t) = \lim_{\Delta x \to 0} \frac{Q(x,\ x + \Delta x,\ t)}{\Delta x} \qquad (32.2)$$

称为时刻 t, x 处的交通流密度或车流密度.

3. 车流速度

在流体力学中有速度场的概念,它表示某一时刻处于某一位置的流体微粒的速度.类似于一维流,我们也引入交通流的速度场 $u(x,\ t)$,它的直观意义是在时刻 t,位于 x 处的汽车的速度.更确切地,若某辆车的运动方程为 $x = x(t)$,则该车的速度为

$$\dot{x}(t) = u(x(t),\ t). \qquad (32.3)$$

与一维流体流动一样,我们将交通流量 $q(x,\ t)$、交通流密度 $\rho(x,\ t)$ 和交通流速度 $u(x,\ t)$ 视作连续甚至是可微的量.在考察的道路很长、车辆的车身与车距相对于道路很短时,这样做是合理的.

不难发现,这 3 个量之间成立如下的关系:

$$q(x,\ t) = \rho(x,\ t)u(x,\ t). \qquad (32.4)$$

由此可见,这 3 个量中只有两个是独立的.已知其中两个量,第三个量可由 (32.4)式确定.

二、交通流的连续性方程

考察时段 $[t,\ t + \Delta t]$ 中、路段 $[x,\ x + \Delta x]$ 上汽车数量的变化.首先,从 x 处进入该路段的汽车数近似为 $q(x,\ t)\Delta t$;从 $x + \Delta x$ 处离开该路段的汽车数近似为 $q(x + \Delta x,\ t)\Delta t$. 因此,该路段的汽车数量在 $[t,\ t + \Delta t]$ 时段内增加了 $(q(x,\ t) - q(x + \Delta x,\ t))\Delta t$. 其次,经过 Δt 时间,车流密度从 $\rho(x,\ t)$ 改变为 $\rho(x,\ t + \Delta t)$,因此该路段中车辆的增加数近似为 $(\rho(x,\ t + \Delta t) - \rho(x,\ t))\Delta x$.

由于没有车辆可以从该路段的其他地方进入或离开,因此成立

$$(\rho(x, t+\Delta t) - \rho(x, t))\Delta x = (q(x, t) - q(x+\Delta x, t))\Delta t.$$

此式当 Δt 和 Δx 趋于 0 时是精确成立的. 在上式两边同除以 $\Delta x \cdot \Delta t$,然后令 $\Delta x \to 0$, $\Delta t \to 0$ 即得

$$\frac{\partial \rho}{\partial t} = -\frac{\partial q}{\partial x} \quad 或 \quad \frac{\partial \rho}{\partial t} + \frac{\partial q}{\partial x} = 0,$$

这就是**交通流连续性方程**,是研究交通流的主要数学模型之一.

§32.2　如何使隧道中的交通流量最大

隧道或桥梁经常成为交通的瓶颈,引起交通堵塞,因此如何使隧道或桥梁的交通流量最大,从而减少堵塞是一个重要的课题. 本节将建立有关的数学模型并得到定量的结果. 我们考察的是一条车辆单向行驶的单车道的隧道,隧道很长,车辆在行驶时不允许超车.

一、隧道交通流动力学

设有 N 辆车在隧道中行驶,将这些车辆标记为 $j = 1, 2, \cdots, N$,其中 $j = 1$ 对应于行驶在最前方的那辆车.假设所有车辆的质量和长度均相等.设第 j 辆车的前保险杠在时刻 t 相对于隧道起点的位移是 $x_j(t)$,那么该车的速度与加速度分别为 $\dfrac{\mathrm{d}x_j}{\mathrm{d}t}$ 和 $\dfrac{\mathrm{d}^2 x_j}{\mathrm{d}t^2}$. 该车与前一辆车的相对距离和相对速度分别为 $x_j(t) - x_{j-1}(t)$ 和 $\dfrac{\mathrm{d}x_j}{\mathrm{d}t} - \dfrac{\mathrm{d}x_{j-1}}{\mathrm{d}t}$.

设该隧道的交通是比较繁忙的,所以 $|x_j(t) - x_{j-1}(t)|$ 均不太大. 为了避免撞车,当司机发现自己的车与前方车辆的车距太短时就要制动. 通常车速(相对于前一辆车)越快,制动得越厉害;与前一辆车的车距越短,制动得越厉害. 即 $\dfrac{\mathrm{d}x_j}{\mathrm{d}t} - \dfrac{\mathrm{d}x_{j-1}}{\mathrm{d}t}$ 越大,制动得越厉害;$|x_j(t) - x_{j-1}(t)|$ 越小,制动得越厉害. 从而,可以假设

$$制动力 = A\,\frac{x_j'(t) - x_{j-1}'(t)}{|x_j(t) - x_{j-1}(t)|}, \tag{32.5}$$

其中 A 是一个正常数.

设汽车的质量为 M,汽车司机对交通条件变化须用时间 τ 作出反应,则由牛

顿运动学定律成立

$$-M\frac{\mathrm{d}^2 x_j(t+\tau)}{\mathrm{d}t^2} = A\,\frac{x'_j(t) - x'_{j-1}(t)}{|x_j(t) - x_{j-1}(t)|}, \tag{32.6}$$

注意到 $x_j(t) < x_{j-1}(t)$，成立

$$\frac{\mathrm{d}^2 x_j(t+\tau)}{\mathrm{d}t^2} = \lambda\,\frac{\mathrm{d}}{\mathrm{d}t}(\ln|x_j(t) - x_{j-1}(t)|), \tag{32.7}$$

其中 $\lambda = A/M$. 将(32.7)式关于 t 积分一次，得到

$$\frac{\mathrm{d}x_j(t+\tau)}{\mathrm{d}t} = \lambda\ln|x_j(t) - x_{j-1}(t)| + \alpha_j, \tag{32.8}$$

其中 α_j 是与 t 无关的积分常数. 由(32.8)式对 $j = 2, \cdots, N$ 均成立，因此得到了由 $N-1$ 个带时滞的非线性常微分方程构成的方程组.

二、隧道中稳定平衡交通流的流速

很容易观察到，隧道中的车流速度与隧道中的交通繁忙程度有关，交通越繁忙，车流的速度越慢. 交通的繁忙程度可以用交通流密度来描述，因此交通流速度可以视作交通流密度的一个函数，且为单调下降的函数. 不难发现第一段中导出的带时滞的非线性常微分方程组很难求出精确解，但是当交通流处于稳定平衡状态时，问题的求解就变得容易了.

假设车流处于稳定平衡的状态，即假设车流密度与车流速度均不依赖于 t 和 x. 根据观察，我们设车流速度 u 是车流密度的函数，即 $u = u(\rho)$，且成立 $u'(\rho) < 0$.

若隧道中的交通非常稀疏，那么汽车可以用交通规则规定的限速（记为 $u_{\max}$）行驶，即存在一个临界的车流密度 ρ_c，使得

$$u(\rho) = u_{\max}, \quad 0 \leqslant \rho \leqslant \rho_c, \tag{32.9}$$

其中 $u(0) = u_{\max}$ 可理解为一辆车进入无车的隧道时可以用最大限速行驶. 若车流密集到一定程度，车流将无法向前流动. 将车流密度的这一临界值记为 $\rho_{\max}$，从而有

$$u(\rho_{\max}) = 0. \tag{32.10}$$

现在设法决定 $\rho_c < \rho < \rho_{\max}$ 时车流的速度. 由于是稳定平衡流，各车之间车距均相同，记为 d，又设所有车辆的车身长均为 L，那么，车流密度为

$$\rho = \frac{1}{d + L}. \tag{32.11}$$

利用车流动力学方程组(32.8),注意到 $\dfrac{\mathrm{d}x_j(t+\tau)}{\mathrm{d}t}=u$, $|x_j(t)-x_{j-1}(t)|=d+L$ 对一切 $2\leqslant j\leqslant N$ 成立,且(32.8)式中的 α_j 与 j 无关,记为 α,即得

$$u=\lambda\ln(d+L)+\alpha. \tag{32.12}$$

注意到(32.11)式,并用(32.10)式决定常数 α,得到

$$u(\rho)=\lambda\ln\left(\frac{\rho_{\max}}{\rho}\right),\quad \rho_c<\rho\leqslant\rho_{\max}. \tag{32.13}$$

λ 的值可由 $u(\rho)$ 是 ρ 在 $[0,\rho_{\max}]$ 中的连续函数决定,即用 $\rho=\rho_c$ 代入(32.13)式,并与(32.9)式比较决定.于是,最终有

$$u(\rho)=\begin{cases} u_{\max}, & 0\leqslant\rho\leqslant\rho_c, \\[2mm] u_{\max}\dfrac{\ln(\rho_{\max}/\rho)}{\ln(\rho_{\max}/\rho_c)}, & \rho_c<\rho\leqslant\rho_{\max}. \end{cases} \tag{32.14}$$

这就是隧道中稳定平衡车流的速度公式.

三、使交通流量达到最大的最佳车流密度

由(32.4)式,隧道中稳定平衡的交通流量为

$$q=q(\rho)=\begin{cases} \rho u_{\max}, & 0\leqslant\rho\leqslant\rho_c, \\[2mm] U\rho\ln(\rho_{\max}/\rho), & \rho_c<\rho\leqslant\rho_{\max}, \end{cases} \tag{32.15}$$

其中

$$U=\frac{u_{\max}}{\ln(\rho_{\max}/\rho_c)}. \tag{32.16}$$

不难发现,当 $\rho_{\max}/\mathrm{e}\geqslant\rho_c$ 时 ($\mathrm{e}=2.71828\cdots$),交通流量 q 的最大值在 $\rho=\rho_{\max}/\mathrm{e}\approx0.37\rho_{\max}$ 处达到,而当 $\rho_{\max}/\mathrm{e}<\rho_c$ 时,在 $\rho=\rho_c$ 处达到.

再来仔细分析一下上述两种极值会在什么情况下发生.令 $d_{\min}$ 表示最大车流密度时的车距,d_c 表示对应于临界车流密度 ρ_c 时的车距,那么

$$\frac{\rho_{\max}}{\rho_c}=\frac{d_c+L}{d_{\min}+L}. \tag{32.17}$$

通常,允许车辆开动的车距比车身长度短,因此有

$$d_{\min}=\varepsilon L, \tag{32.18}$$

其中 $0<\varepsilon<1$.另一方面,很多国家规定:每增加 10 mile/h 车速,应至少增加一

个车身长的车距以确保安全,即 $d_c > u_{\max} \cdot L/10$. 利用(32.17)式和(32.18)式,判别采用哪一个作为最大值点的条件成为是否成立

$$\frac{\dfrac{u_{\max}}{10} + 1}{\varepsilon + 1} > \mathrm{e} \approx 2.718. \tag{32.19}$$

通常 ε 是很小的,例如,设 $\varepsilon = 0.25$,使(32.19)式成立的条件就是 $u_{\max} > 24(\mathrm{mile/h})$. 实际上,$\varepsilon$ 还要小,而大多数国家的最高限速都高于24 mile/h. 所以,$\rho_{\max}/\mathrm{e} \geqslant \rho_c$ 通常都是成立的. 因而,最佳交通流密度应该是

$$\rho^* = \frac{\rho_{\max}}{\mathrm{e}}, \tag{32.20}$$

对应的最大交通流量为

$$q^* = U\rho^*, \tag{32.21}$$

而 U 是通过隧道的最佳速度.

§32.3　被火车阻隔的交通流

一、模型的建立

　　设有一条东西向的单车道公路,车辆排成一列由西向东行驶,不允许超车,没有车离开车道或其他车辆进入车道. 有一列南北向行驶的火车,中断了车流. 火车通过后,叉道口的围栏开放,东西向的车辆可以继续行驶. 这时,车流的情况如何? 这是本节将要考察的问题. 上一节曾经建立过描述隧道中车流的两个模型. §32.2 第二段中的模型是一个稳定平衡模型,火车通过后的交通流并非处于一种稳定平衡状态,此模型显然是不适用的. §32.2 第一段中的模型虽然可以描述非稳定的状态,但仅考虑了与前一辆车之间的关系,不妨称为是一种跟随模型,同样不能描述目前的情形,为此必须重新建立数学模型.

　　显然,对该问题交通流的连续性方程依然成立,即交通流量 $q(x, t)$ 和交通流密度 $\rho(x, t)$ 满足

$$\frac{\partial \rho}{\partial t} + \frac{\partial q}{\partial x} = 0. \tag{32.22}$$

若取铁路与公路交叉处公路位置为 $x = 0$,叉道口围栏打开的时刻为 $t = 0$,又设火车通过所需时间不太短,那么,就应该成立

$$\rho(x, 0) = \begin{cases} 0, & x > 0, \\ \rho_{\max}, & x < 0. \end{cases} \tag{32.23}$$

此式的意义是:围栏打开时,火车通过前已通过道口的车辆已远离,于是车流密度为0;而被火车阻挡的车辆,依次保持可以启动的车距停下,所以车流密度达到允许的最大值.

方程(32.22)和初始条件(32.23)尚未构成一个完整的数学模型,因为方程只有一个,但包含了两个未知量 q 和 ρ. 为了建立完整的数学模型,还须建立 q 和 ρ 之间的关系. 由以前的分析已经知道,交通流速度依赖于交通流密度,即

$$u(x,\ t) = u(\rho(x,\ t)), \tag{32.24}$$

且是一种单调减少的函数,从而可以用适当的单调减少函数来建立描述交通流速度与交通流密度关系的数学模型,然后可以用

$$q(x,\ t) = \rho(x,\ t)u(x,\ t) = \rho(x,\ t) \cdot u(\rho(x,\ t)) \tag{32.25}$$

得到交通流量与交通流密度之间的关系,记为

$$q(x,\ t) = F(\rho(x,\ t)). \tag{32.26}$$

注意到

$$\frac{\partial q}{\partial x} = F'(\rho) \frac{\partial \rho}{\partial x} \triangleq \varphi(\rho) \frac{\partial \rho}{\partial x},$$

方程(32.22)转化为

$$\frac{\partial \rho}{\partial t} + \varphi(\rho) \frac{\partial \rho}{\partial x} = 0. \tag{32.27}$$

于是只要确定 $F(\rho)$,方程(32.27)和初始条件(32.23)就构成了完整的数学模型.

从 20 世纪 30 年代起就有许多人对 $F(\rho)$ 的形式进行了研究. 在交通比较繁忙的情况下,人们采用 u-ρ 的对数模型,即交通流速度与交通流密度之间成立一种类似于上一节(32.14)的对数关系. 为和上一节一致,我们就用(32.14)式描述的模型,适当改写后有

$$u(\rho) = \begin{cases} u_{\max}, & 0 \leqslant \dfrac{\rho}{\rho_{\max}} \leqslant e^{-u_{\max}/U}, \\[2mm] U\ln\left(\dfrac{\rho_{\max}}{\rho}\right), & e^{-u_{\max}/U} \leqslant \dfrac{\rho}{\rho_{\max}} \leqslant 1, \end{cases} \tag{32.28}$$

其中 U 是使交通流量达到最大的交通流速度. 由此容易得到 $F(\rho)$ 和 $\varphi(\rho)$ 的表达式.

二、一阶拟线性方程的求解

对一般的形如

$$\begin{cases} \dfrac{\partial \rho}{\partial t} + \varphi(\rho)\,\dfrac{\partial \rho}{\partial x} = 0, \\[2mm] \rho(x,\,0) = f(x) \end{cases} \tag{32.29}$$

的一阶拟线性方程的初值问题,可以用下述方法求解.

若存在一条曲线 $x = x(t)$,满足

$$\frac{\mathrm{d}x}{\mathrm{d}t} = \varphi(\rho(x(t),t)), \tag{32.30}$$

那么在这条曲线上成立

$$0 = \frac{\partial \rho}{\partial t} + \varphi(\rho)\,\frac{\partial \rho}{\partial x} = \frac{\partial \rho}{\partial t} + \frac{\mathrm{d}x}{\mathrm{d}t}\,\frac{\partial \rho}{\partial x} = \frac{\mathrm{d}\rho}{\mathrm{d}t},$$

亦即在这条曲线上 ρ 恒等于常数.利用(32.29)式中的初始条件即得

$$\rho(x(t),\,t) = \rho(x(0),\,0) = f(x(0)). \tag{32.31}$$

由此可见,对任何 $(x_0,\,t_0)$,只要找到满足方程(32.30)且通过 $(x_0,\,t_0)$ 的曲线 $x = x(t;\,x_0,\,t_0)$,即得

$$\rho(x_0,\,t_0) = f(x(0;\,x_0,\,t_0)). \tag{32.32}$$

通常称满足方程(32.30)的曲线为**特征线**.由于 $\rho(x,\,t)$ 在特征线上取常数值,因此,方程(32.30)的右端为常数,即特征线为直线.上面的求解过程可以归结为:求 ρ 在 $(x_0,\,t_0)$ 处的值,只须作过 $(x_0,\,t_0)$ 的一条特征线,该特征线与 x 轴交点处的初始函数值即为 $\rho(x_0,\,t_0)$.这一求解方法称为**特征线法**.

三、原问题的求解

利用(32.28)式和(32.25)式,即得

$$\varphi(\rho) = \begin{cases} u_{\max}, & 0 \leqslant \dfrac{\rho}{\rho_{\max}} \leqslant \mathrm{e}^{-u_{\max}/U}, \\[3mm] U\left[\ln\left(\dfrac{\rho_{\max}}{\rho}\right) - 1\right], & \mathrm{e}^{-u_{\max}/U} \leqslant \dfrac{\rho}{\rho_{\max}} \leqslant 1. \end{cases} \tag{32.33}$$

利用第二段中叙述的方法不难求得

$$\frac{\rho(x,\,t)}{\rho_{\max}} = \begin{cases} 1, & -\infty < x \leqslant -Ut, \\ \mathrm{e}^{-(x/Ut+1)}, & -Ut \leqslant x \leqslant (u_{\max}-U)t, \\ \mathrm{e}^{-u_{\max}/U}, & (u_{\max}-U)t \leqslant x \leqslant u_{\max}t, \\ 0, & u_{\max}t < x < \infty. \end{cases} \quad (32.34)$$

据此,可以在 x-t 平面上,将对应于上述 4 个区域中的速度表示出来(见图 32-1).

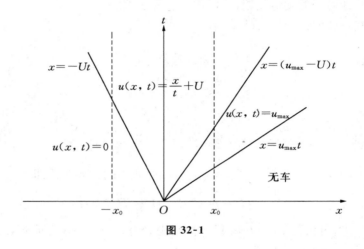

图 32-1

可以看到,除了直线 $x = u_{\max}t$ 以外,车流密度 $\rho(x,\,t)$ 以及车流速度 $u(x,\,t)$ 均为连续的.

四、结果的解释和应用

首先,我们固定一个位置 $x = x_0$,考察随时间变化该处的车流情况. 设 $x_0 > 0$,即该处位于道口的前方. 由图 32-1 可见,直到时刻 $t = x_0/u_{\max}$ 才有第一辆车通过. 从这时刻到时刻 $t = x_0/(u_{\max} - U)$,通过该点的车辆较少,车流密度为 $\rho_{\max} \cdot \exp(-u_{\max}/U)$,车辆速度为最大速度 $u_{\max}$. 然后,车流密度不断增大,但不会超过

$$\rho^* \equiv \frac{\rho_{\max}}{\mathrm{e}}, \quad (32.35)$$

车流速度单调减少,但不会小于最佳值 U. 由此可见,在道口前方交通是比较稀疏的. 再考察 $x = -x_0$ 处的情形,即未到达道口某处的情形. 在时刻 $t = x_0/U$ 之前,该处的车辆尚不能开动,即围栏打开后尚须等待一段时间才能开动,这与实际情形是符合的. 然后,该点车流密度单调减少,但不会低于 ρ^*,车流速度单调

增加,但不会超过 U. 这就是说在道口后方,火车通过后交通是拥挤或繁忙的.

　　另一种解释方法是,固定某些时刻考察道口附近的车流密度. 图 32-2 绘出了道口围栏打开后 5 s、15 s 和 30 s 时道口附近的车流密度的变化,其中取 u_{max} 为 55 mile/h,U 为 20 mile/h,道口两侧各取约 550 m 进行考察. 从图中可以看到,车流密度在道口前方约 120 m 处(对 $t = 5$ s)或约 360 m 处(对 $t = 15$ s)ρ/ρ_{max} 有间断,其值从 $\exp(-u_{max}/U)$ 跳跃至 0.同时,可以看到,位于道口后某处必须过了一段时间,车辆可以开动时才开始感觉到围栏打开的影响.同样,在道口前方某处,只有等第一辆车开来时才感觉到围栏打开的影响.由此可见,火车已经通过的信息的传播速度是有限的.

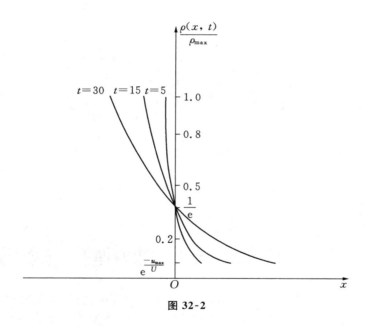

图 32-2

　　我们也可以画出 x-t 平面上车辆运动的轨线,轨线满足常微分方程

$$\frac{\mathrm{d}x}{\mathrm{d}t} = u(x,\ t) \tag{32.36}$$

和一定的初始条件.然而,我们已知 $x = x_0$ 处的车辆,必须经过时间 x_0/U 才能开动,由图 32-1,我们应求解

$$\begin{cases} \dfrac{\mathrm{d}x}{\mathrm{d}t} = \dfrac{x}{t} + U, \\[2mm] x\left(\dfrac{x_0}{U}\right) = -x_0, \end{cases} \tag{32.37}$$

易得

$$x(t) = \begin{cases} Ut\left[\ln\left(\dfrac{Ut}{x_0}\right) - 1\right], & t \geqslant \dfrac{x_0}{U}, \\ -x_0, & t \leqslant \dfrac{x_0}{U}. \end{cases} \qquad (32.38)$$

图 32-3 给出了 $x\text{-}t$ 平面上一条典型的轨线,横坐标的单位为 m,纵坐标的单位为 s. 图中的轨线对应于围栏打开时位于道口后面约 160 m 处的车辆的运动,仍取 $u_{max} = 55\text{(mile/h)}$, $U = 20\text{(mile/h)}$. 从图中可以看到该车经过 $\mathrm{e}x_0/U$ 时间才越过道口,即需要相当于等待启动时间的 2.7 倍.

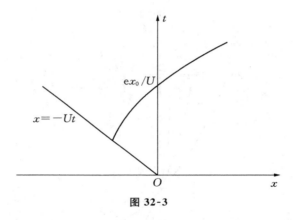

图 32-3

§32.4 路口交通管理

目前,各国采用的交叉路口交通管理方法主要有两种:一种就是常见的红绿灯管理,另一种称为停车信号管理.所谓停车信号管理是在交叉路口设置图文停车信号和停车线.车辆见到停车信号必须在停车线前停车,待完全停稳后,只有在无其他方向的往来车辆时才能继续启动行驶.当路口有向不同方向行驶的车辆按信号在停车线停车时,那么按先停先开的原则,后停的车辆必须等先停的车辆开走后方能启动行驶.

现设平均交通流量已知,考察如何控制红绿灯时间,使车辆在十字路口停滞的时间最短,并与采用停车信号管理的车辆停滞时间进行比较.在讨论时,我们将作某些假设与简化:如在不同的场合对车流量作一些不同的简化;有时不考虑车辆的左转弯;不考虑路口行人与非机动车辆的影响;还假设每个方向只有一条车道,即不允许超车和两辆车并行向同一方向行驶等.

一、红绿灯管理

设信号灯的变换是周期性的.在一个周期中,先是东西方向开绿灯,东西方向车辆可以行驶,而南北方向开红灯,车辆必须等待;然后,交通信号灯转换,东西方向开红灯,车辆等待,南北方向开绿灯,车辆通行.不妨忽略黄灯,将交通信号灯转换的一个周期取作单位时间,又设两个方向的车流量是稳定和均匀的,不考虑转弯的情形.

设 H 是单位时间从东西方向到达路口的车辆数;V 是单位时间从南北方向到达路口的车辆数.假设在一个周期内,东西方向开红灯、南北方向开绿灯的时间为 R,那么在该周期内,东西方向开绿灯、南北方向开红灯的时间为 $1-R$.

我们要确定交通灯的控制方案,即确定 R,使在一个周期内,车辆在路口滞留的时间最短.一辆车在路口的滞留时间通常包括两部分:一部分是遇红灯后的停车等待时间,另一部分是停车后司机见到绿灯重新发动到开动的时间 S,它是可以测定的.

首先,对任意给定的 $R(0 < R < 1)$,计算出车辆在路口滞留的总时间.在一个周期中,从东西方向到达路口的车辆为 H 辆,该周期中东西方向开红灯的比率为 R,须停车等待的车辆共 HR 辆.这些车辆等待信号灯改变的时间最短为 0(刚停下就转绿灯),最长为 R(到达路口时,刚转红灯),所以它们的平均等待时间为 $R/2$.由此可知,东西方向行驶的车辆在一个周期中等待的时间总和为

$$HR \cdot \frac{R}{2} = \frac{HR^2}{2}. \tag{32.39}$$

同理可得,南北方向行驶的车辆在一个周期中等待时间的总和为

$$\frac{V(1-R)^2}{2}. \tag{32.40}$$

凡遇红灯的车辆均须花费 S 单位时间启动,这部分时间也必须计入总滞留时间.一个周期中,各方向遇红灯停车的车辆总和为 $HR + V(1-R)$,对应的这一部分滞留时间为

$$S[HR + V(1-R)]. \tag{32.41}$$

从而总滞留时间为

$$T = T(R) = S[HR + V(1-R)] + \frac{HR^2}{2} + \frac{V(1-R)^2}{2}$$

或

$$T = \frac{H+V}{2}R^2 - [(1+S)V - SH]R + SV + \frac{V}{2}. \tag{32.42}$$

不难求得,当

$$R = R^* = \frac{1}{V+H}[V(1+S) - HS] \tag{32.43}$$

时,车辆总滞留时间最短,此时总滞留时间为

$$T^* = \frac{-S^2(H^2+V^2) + (2S^2+4S+1)HV}{2(H+V)}. \tag{32.44}$$

令 $B = V + H$,表示一个周期中经过十字路口的车辆总数,上述表达式简化得最佳的 R^* 为

$$R^* = \frac{V(1+S) - HS}{B}, \tag{32.45}$$

最短总滞留时间为

$$T^* = \frac{-S^2(H^2+V^2) + (2S^2+4S+1)HV}{2B}. \tag{32.46}$$

容易看到,若忽略启动时间 S,最佳控制方案为 $R = \dfrac{V}{B}$ 或 $1 - R = \dfrac{H}{B}$. 换言之,两个方向开绿灯时间之比,应等于两个方向车流量之比,这与经验是十分一致的.

二、停车信号管理

为和信号灯管理作比较,仍取交通信号灯转换的一个周期为时间单位. 我们仍设道路向东、西、南、北 4 个方向都只有一个车道,在交叉路口的各个方向都设置停车信号. 以下建立的模型适用于有左右转弯的情形.

设单位时间到达路口的各方向车辆总和为 B,仍用 S 表示启动时间. 另外再引入一个重要的量 C,它表示在停车线上的一辆汽车启动到下一辆汽车能够从停车线安全启动所需要的时间,称为让车时间.

下面分两种不同的车流情况导出总滞留时间的公式.

1. 均匀车流

设 B 辆车在单位时间内均匀地到达路口,即每过 $\dfrac{1}{B}$ 时间有一辆车到达路口.

若 $C \leqslant \dfrac{1}{B}$,那么,在交叉路口不会发生阻塞,总滞留时间为

$$T = BS. \tag{32.47}$$

若 $C > \dfrac{1}{B}$，情况就不同了，此时一定会产生阻塞. 第一辆车无须等候；在第一辆车停下 $1/B$ 时间后，第二辆车到达，它必须等第一辆车启动，并过了时间 C 后方能启动. 因此，它必须等待时间 $C - \dfrac{1}{B}$. 同理，第三辆车必须等待 $2\left(C - \dfrac{1}{B}\right)$. 一般地，第 k 辆车须等待 $(k-1)\left(C - \dfrac{1}{B}\right)$. 于是，单位时间内，车辆在路口滞留时间的总和为

$$T = SB + \sum_{k=2}^{B} (k-1)\left(C - \frac{1}{B}\right) = SB + \left(C - \frac{1}{B}\right)\frac{B(B-1)}{2}. \quad (32.48)$$

综合以上两种情况，有

$$T = \begin{cases} SB, & C \leqslant \dfrac{1}{B}, \\ SB + \left(C - \dfrac{1}{B}\right)\dfrac{B(B-1)}{2}, & C > \dfrac{1}{B}. \end{cases} \quad (32.49)$$

2. 随机车流

设单位时间内到达路口的车辆总数为 B，但到达的时间是随机的. 令 $A(k)$ $(k = 1, 2, \cdots, B)$ 表示第 k 辆车到达路口的时间，它们是按到达路口的先后次序排列的，即成立 $A(k) \leqslant A(k+1)$. 现分析各辆车的等待时间. 显然，一辆车的受阻等待时间就是它的离开时间(即启动时间)与到达时间之差. 对无阻塞情形，离开时间等于到达时间；对有阻塞的情形，离开时间等于前一辆车的离开时间加上让车时间 C.

设第 k 辆车的等待时间为 $W(k)$，那么它的离开时间为 $A(k) + W(k)$，第 $k+1$ 辆车的最早可能离开时间为 $A(k) + W(k) + C$. 若第 $k+1$ 辆车在此时间之后到达，即 $A(k) + W(k) + C \leqslant A(k+1)$，它到达停车之后马上可以离开，即 $W(k+1) = 0$. 但若早于此时到达，就必须等待，等待时间为 $W(k+1) = A(k) + W(k) + C - A(k+1)$. 于是

$$W(k+1) = \begin{cases} 0, & A(k) + W(k) + C \leqslant A(k+1), \\ A(k) + W(k) + C - A(k+1), & A(k) + W(k) + C > A(k+1). \end{cases}$$

此式可改写为

$$W(k+1) = \begin{cases} 0, & W(k) + C - [A(k+1) - A(k)] \leqslant 0, \\ W(k) + C - [A(k+1) - A(k)], & \\ & W(k) + C - [A(k+1) - A(k)] > 0, \end{cases}$$

亦即

$$W(k+1) = \max\{0, W(k) + C - [A(k+1) - A(k)]\}. \quad (32.50)$$

这样,就有递推公式

$$\begin{cases} W(1) = 0, \\ W(k+1) = \max\{0, W(k) + C - [A(k+1) - A(k)]\} \\ \qquad\qquad\qquad\qquad (k = 1, 2, \cdots, B-1), \end{cases}$$

总滞留时间为

$$T = SB + \sum_{k=1}^{B} W(k). \quad (32.51)$$

(32.51)式依赖于 $W(k)$,而 $W(k)$ 可用 $A(k)$ 递推求得. 但 $A(k)$ 是随机的,事先并不知道. 为克服这个困难,可采用**随机模拟**的方法:随机产生 B 个 $[0, 1]$ 之间的数,将其按从小到大的次序排列,作为车辆到达时间 $A(k)$,然后用公式 (32.50)和(32.51)得到总滞留时间. 如此重复多次,得到的总滞留时间的平均值,可用该值估计单位时间内车辆在路口的总滞留时间.

对具体的车流情形,计算出交通灯管理和停车信号管理分别需要的车辆总滞留时间,就可以比较此时两种管理方法的优劣. 还可以考虑采取不同管理方法所需设备的费用,进行综合的经济分析,决定采用哪一种方案.

上述停车信号管理模型有一个明显的缺点:当 $C > \dfrac{1}{B}$ 时会产生阻塞,而一个周期内的交通阻塞会对下一周期产生影响. 但现在的模型并未计及这一因素. 作为一个改进措施,可以在长时间内(如几百个甚至上千个周期)计算车辆的滞留时间.

§32.5   路口等待时间的随机模型

行人在交叉路口穿越马路时必须等待,直到两辆车之间有较大的安全距离时才能穿越. 他在路口要等待多少时间,本节将解决这个问题.

一、不必等待就可以穿越的概率

考察一个行人要穿越行驶着车流的单车道马路. 假设车流的平均流量是已知的,又设行人需要一段最低限度的时间才能安全穿过马路. 不妨设行人在一辆车刚刚越过他时才开始穿马路,在该车开过到下一辆车到达的间隙完成穿越.

1. 行人的判别准则

行人是否穿越马路主要根据两辆车到达他所在位置的时间间隙决定. 每个人都有自己的能安全穿越马路的时间间隙. 设对某人而言,安全穿越马路的最低限度时间间隙为 T,两辆车到达他所在位置的时间间隙为 t. 当 $t \geqslant T$ 时,他就决定穿马路;否则,他就站立等待,直到有两辆车之间的时间间隙不短于 T 为止.

在建立这个问题的数学模型时,我们主要考虑两车之间的时间间隙,而不是两车之间的距离. 两车到达行人位置的时间间隙定义为第二辆车的前保险杠到达行人所在位置的时间与第一辆车的前保险杠到达该处时间之差.

2. 车辆间隙时间的概率分布

设车流的平均流量为 λ,通常用两种分布来描述随机流,它们在某种意义下是等价的. 描述单位时间内到达某一位置的车辆数的概率分布是**泊松分布**. 设 $P(k)$ 表示单位时间有 k 辆车到达该位置的概率:

$$P(k) = \frac{\mathrm{e}^{-\lambda}\lambda^k}{k!}, \quad k = 0, 1, 2, \cdots. \tag{32.52}$$

而描述两车到达时间间隙 t 的分布是指数分布,其概率密度函数为

$$f(t) = \begin{cases} \lambda \mathrm{e}^{-\lambda t}, & t > 0, \\ 0, & t < 0. \end{cases} \tag{32.53}$$

3. 立即穿越的概率

设两车到达的时间间隙为随机变量 t,它服从指数分布. 设某一行人安全穿越马路的最低限度间隙时间为 T,他遇到的两车间隙时间超过 T 的概率为

$$P\{t > T\} = \int_T^\infty \lambda \mathrm{e}^{-\lambda t} \mathrm{d}t = \mathrm{e}^{-\lambda T}. \tag{32.54}$$

例如,平均车流量为每小时 600 辆,即 $\lambda = \dfrac{1}{6}$ 辆 $/\mathrm{s}$,行人至少需 8 s 间隙安全穿越,那么,他不必等待就可穿越的概率为 $\mathrm{e}^{-8/6} = 0.2636$.

注意到车身是有长度的,两车到达的时间间隙不可能为 0,设最小可能时间间隙为 a,则对应的指数分布应修正为

$$\psi(t) = \begin{cases} \lambda \mathrm{e}^{-\lambda(t-a)}, & t > a, \\ 0, & t < a. \end{cases} \tag{32.55}$$

上述模型也可以推广到多车道的情形. 以两车道为例,两车道的平均车流量为 λ_1 和 λ_2,车辆在两个车道向同方向行驶. 显然,两个车道上两车到达的时间间

隙是两个独立的随机变量,其联合分布为

$$\varphi(t) = (\lambda_1 + \lambda_2)e^{-(\lambda_1+\lambda_2)t}, \quad t > 0. \tag{32.56}$$

行人遇到超过 T 的两车到达时间间隙的概率为

$$e^{-(\lambda_1+\lambda_2)T}. \tag{32.57}$$

二、一些概率知识的回顾

为了导出行人的等待时间,须用到一些概率论的知识,现作简单的介绍.

1. 概率密度的拉普拉斯变换

对一个函数 $f(t)$,若积分

$$\int_0^\infty e^{-st} f(t) dt \tag{32.58}$$

存在,则称它是 $f(t)$ 的拉普拉斯变换,记为 $f^*(s)$.

显然,对指数分布密度函数

$$f(t) = \lambda e^{-\lambda t}, \quad t > 0,$$

$$f^*(s) = \frac{\lambda}{\lambda + s}. \tag{32.59}$$

设 $f(t)$ $(t > 0)$ 是一个随机变量的概率密度函数,它的拉普拉斯变换为 $f^*(s)$,由定义可证明:

$$数学期望(平均值) = -\frac{d}{ds}f^*(s)\bigg|_{s=0}, \tag{32.60}$$

$$方差 = \left\{\frac{d^2}{ds^2}f^*(s) - \left[\frac{d}{ds}f^*(s)\right]^2\right\}\bigg|_{s=0}. \tag{32.61}$$

2. 独立随机变量和的分布

设 t_1 和 t_2 是两个独立的随机变量,它们的概率密度函数分别为 $f(t)$ 和 $g(t)$,对应的拉普拉斯变换为 $f^*(s)$ 和 $g^*(s)$.那么 $u = t_1 + t_2$ 的概率密度为

$$h(u) = \int_0^\infty f(u-t)g(t)dt, \tag{32.62}$$

称为 $f(t)$ 和 $g(t)$ 的卷积,记为 $f * g$,即

$$h = f * g. \tag{32.63}$$

由拉普拉斯变换的性质,卷积的拉普拉斯变换等于拉普拉斯变换的乘积,可得

$$h^* = f^* \cdot g^*. \tag{32.64}$$

若 t_1 和 t_2 是同分布的,即概率密度均为 $f(t)$,那么 $u = t_1 + t_2$ 的概率密度为

$$h = f * f, \tag{32.65}$$

记为 $\{f\}^{2*}$,还有

$$h^* = [f^*(s)]^2. \tag{32.66}$$

上述结果可以推广至多个独立同分布随机变量和的情形. 设 $t_i (i = 1, 2, \cdots, n)$ 为概率密度是 $f(t)$ 的独立的随机变量,则 $u = \sum\limits_{i=1}^{n} t_i$ 的概率密度为

$$h(u) = f * f * \cdots * f \triangleq \{f\}^{n*}, \tag{32.67}$$

而其拉普拉斯变换为

$$h^* = [f^*(s)]^n. \tag{32.68}$$

三、行人在路口等待的时间

设行人在路口遇到的车流的车辆到达路口的时间间隙依次为 $t_1, t_2, \cdots$. 若 $t_j < T (j = 1, 2, \cdots, n)$, $t_{n+1} > T$,那么等待时间的总和为

$$\sum_{j=1}^{n} t_j. \tag{32.69}$$

已知时间间隙服从指数分布,即密度函数为 $f(t) = \lambda e^{-\lambda t}$, $t > 0$,而分布函数

$$F(t) = \int_0^t f(t) \mathrm{d}t = 1 - e^{-\lambda t}. \tag{32.70}$$

由于已知 $t_j < T$,因此 t_j 的概率密度不是 $f(t)$,而是

$$\frac{f(t)}{F(T)} = \frac{\lambda e^{-\lambda t}}{1 - e^{-\lambda T}}, \quad 0 < t < T. \tag{32.71}$$

设总等待时间 t 为一随机变量,它的概率密度为 $w(t)$.注意到等待时间不超过 τ,即 $\{t < \tau\}$,意味着存在一个 n,满足 $t_j < T (j = 1, 2, \cdots, n)$, $t_{n+1} > T$,而 $\sum\limits_{j=1}^{n} t_j < \tau$.

注意到独立性和(32.71)式以及

$$P\{t_j < T\} = F(T), \quad P\{t_{n+1} > T\} = 1 - F(T), \tag{32.72}$$

就有

$$P\{t < \tau\} = \sum_{n=1}^{\infty} \int_0^\tau \left\{ \frac{f(t)}{F(T)} \right\}^{n*} \mathrm{d}t \cdot (1 - F(T)) \cdot [F(T)]^n + (1 - F(T))$$

$$= (1 - F(T)) \sum_{n=1}^{\infty} \int_0^\tau \{f(t)\}^{n*} \mathrm{d}t + (1 - F(T)), \tag{32.73}$$

从而随机变量 t 的概率密度函数为

$$w(t) = (1 - F(T)) \sum_{n=1}^{\infty} \{f(t)\}^{n*}. \tag{32.74}$$

易得其拉普拉斯变换为

$$w^*(s) = (1 - F(T)) \frac{\int_0^T \mathrm{e}^{-st} f(t) \mathrm{d}t}{1 - \int_0^T \mathrm{e}^{-st} f(t) \mathrm{d}t}. \tag{32.75}$$

用指数分布代入,可得

$$w^*(s) = \frac{\lambda \mathrm{e}^{-\lambda T} [1 - \mathrm{e}^{-(s+\lambda)T}]}{s + \lambda \mathrm{e}^{-(s+\lambda)T}}. \tag{32.76}$$

利用(32.60)式,得

$$\text{平均值} = -\left. \frac{\mathrm{d}}{\mathrm{d}s} w^*(s) \right|_{s=0} = \frac{\mathrm{e}^{\lambda T} - 1 - \lambda T}{\lambda}, \tag{32.77}$$

即为等待时间的数学期望.

设十字路口直交的两条路中有一条是主要的,另一条是次要的. 通常在次要道路上设让车信号,即次要道路上的车要等到主要道路上相继两车的到达间隙时间超过给定时间 T 时,才能通过. 上述行人等待时间模型完全可用来描述次要道路上的车辆的等待时间. 此时,T 很小,从而 $\lambda T < 1$, 将(32.77)式作泰勒展开可得

$$\text{等待时间的平均值} \approx \frac{\lambda T^2}{2}. \tag{32.78}$$

§32.6 交通运输规划模型简介

建立一个新的城市或区域,对现有的城市或区域进行改造,都必须进行交通运输的规划. 交通运输规划是一个十分复杂的问题,正确估计交通流量是交通规划成功的关键之一. 要估计各条交通线路上的交通运输量,一般需要解决以下 3 方面的问题:第一,确定交通运输的需求量,又称交通量、运量,即各个地区在一定时间内有多少人员或货物须运出,又有多少人员或货物要运入;第二是运量分

布问题,即弄清从各地区发出的运量如何分布到各个地点去;第三个问题是运量的分配问题,即从某地发出的运量是如何具体地通过交通路线到达目的地的,也就是运量在路网上如何分配.当然,更细致的还有使用何种交通工具等问题.为解决上述问题,均须建立有关的数学模型.

一、交通量生成模型

在考虑城市或区域的交通规划时,一般都将所考虑的区域划分为若干小区.首先要估计每个这样的小区在一定的时间区间(如一天)内有多少人或货物出行或运出,又有多少人或货物到达或运到.用交通术语来说是分别确定各小区的**运量生成**(production)和**运量吸引**(attraction).对现存的城市或区域,运量的生成或吸引可以通过调查获得.而对规划中的区域,通常用回归方法建立模型.

例如,对城市中的小区可采用如下货运交通吸引量模型:

$$y = \alpha_0 + \alpha_1 x_1 + \alpha_2 x_2 + \alpha_3 x_3, \tag{32.79}$$

其中 y 为该小区每天到达的货运车辆数,x_1 为该小区的建筑面积,x_2 为该小区职工人数,x_3 为该小区人口数.通过对现有的小区进行调查,采集数据或采用以往的统计数据,用回归分析方法可确定模型(32.79)中各个系数 α_1,α_2,α_3.对性质不同的小区(如住宅小区、商业中心等),这些系数是不同的,因此需要对不同的小区分别建立模型.在模型建立后,就可利用它来估计规划中类似小区的运量吸引.

二、交通量分布模型

1. O-D 矩阵

若已知一个城市中第 i 个小区的运量生成为 V_i,运量吸引为 U_i,我们还需要更具体地知道第 i 个小区的运量生成是如何分布到各个小区中去的.换言之,要确定从 i 小区出发的交通量以及到达其他各小区的具体数量.记从 i 小区出发,到达 j 小区的交通量为 v_{ij},(v_{ij}) 构成一个矩阵,称为 O-D 矩阵.O 和 D 分别是英文的出发地(origin)和目的地(destination)的缩写.我们的目的就是确定 O-D 矩阵.显然 O-D 矩阵的第 i 行元素分别表示从 i 区出发到达各区的运量,而它的第 j 列元素表示从各区出发到达 j 区的运量.

对业已存在的城市,O-D 矩阵可以用调查数据或历年统计数据决定.对尚在规划中的城市,无法通过调查或统计获得,我们介绍一种直接用各小区的运量生成和运量吸引来确定 O-D 矩阵的数学模型.

2. 交通量分布的重力模型

交通量分布的重力模型是用万有引力定律来比拟交通量分布而建立的模

型. 从 i 小区出发到达 j 小区的运量 v_{ij} 可以看作是两个小区间的某种吸引程度,可以用两个物体之间的引力来比拟. 一个小区的运量越大,另一小区的运量吸引越大,那么通常从前者出发,到达后者的运量也越大. 从而, i 小区的运量生成和 j 小区的运量吸引可以用两个物体的质量来比拟. 两物体的引力与两物体之间的距离平方成反比,而两小区之间的运量,则受两小区之间的距离、运费等因素的影响,在交通文献中统称为**阻抗因素**,记为 T_{ij},可以将它的一个适当的函数与万有引力定律中的距离平方相对应.

本着此比拟关系,人们建立多种交通量分布重力模型,例如最常用的一种为

$$v_{ij} = k_i k_j' \frac{V_i U_j}{f(T_{ij})}, \tag{32.80}$$

其中

$$k_i = \left(\sum_j k_j' \frac{U_j}{f(T_{ij})} \right)^{-1}, \tag{32.81}$$

$$k_j' = \left(\sum_i k_i \frac{V_i}{f(T_{ij})} \right)^{-1}. \tag{32.82}$$

而 $f(T_{ij})$ 则有几种不同的取法,如 $f(T_{ij}) = T_{ij}^{\alpha}$, $f(T_{ij}) = e^{\beta T_{ij}}$ 或 $f(T_{ij}) = T_{ij}^{\alpha} e^{\beta T_{ij}}$ 等. 由于 k_i 和 k_j' 是相互依赖的,实际使用时由迭代过程决定.

此模型还须经过实际检验. 应用时往往可以通过调节模型中的参数,即 $f(T_{ij})$ 中的 α 和 β,使它更精确. 模型(32.80)亦可用信息论中的极大熵原则推导出来.

三、交通量分配模型

1. 路网的图或网络模型

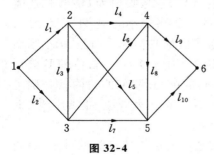

图 32-4

将各小区视作顶点,小区间的道路视作边,就得到路网的图模型. 由于有的道路是单行的,路网通常用有向图来描述. 图 32-4 就是一个简单的路网有向图模型,其中顶点 i $(i = 1, 2, \cdots, 6)$ 表示小区,有向边 $l_1 = (1, 2)$, $l_2 = (1, 3)$, $\cdots$, $l_{10} = (5, 6)$ 表示连接小区的道路. 若存在顶点 i 到顶点 j 且首尾相接的不重复有向边串,就称它为从 i 到 j 的一条路. 用 $R(i, j)$ 表示 i 到 j 的路的全体.

交通量分配的基本问题是:已知 O-D 矩阵 (v_{ij}),交通量在路网上究竟是如何分配的,亦即对一切顶点 i, j, $R(i, j)$ 中的每条路上的流量是多少?

2. 路网交通流量及其平衡

设 (p, q) 是路网图中连接顶点 p，q，并指向 q 的一条边，记其上的交通流量为 f_{pq}，显然 $f_{pq} \geqslant 0$. 设 R 是 i 到 j 的一条路，在一定时间区间内，从 i 生成的通过该路到达 j 的交通量称为该路的**路流量**，记为 $f(R)$. 显然，若有多条路均包含有向边 (p, q)，则该边上的流量应为这些路上的路流量之和. 设路网图中路的全体为 $\{R_k\}$，那么有

$$f_{pq} = \sum_{k:(p, q) \in R_k} f(R_k). \tag{32.83}$$

另外，每条道路上的流量均有一定的限制，称为该边的容量，用 $\overline{f}_{pq}$ 记 (p, q) 边上的容量. 交通量分配应该满足两个基本的条件：首先应满足交通需求，即对一切顶点 i 和 j，i 至 j 的一切路上的路流量之和应等于 v_{ij}，即

$$\sum_{R_s \in R(i, j)} f(R_s) = v_{ij}. \tag{32.84}$$

其次，各边边上的流量不能超过它的容量，即

$$0 \leqslant f_{pq} \leqslant \overline{f}_{pq} \tag{32.85}$$

对图的一切边 (p, q) 成立. 满足上述两个条件的一个交通量分配方案称为**可行的**.

3. 交通分配的原理

为简单起见，我们只考虑公路路网，即只有汽车行驶的公路网.

交通量分配的一个原理是：每个驾驶员都选择行驶时间最短的路线行驶. 这一原理称为**用户最优原理**. 交通量分配的另一原理是**系统最优原理**：整个路网上车辆的平均行驶时间或所有车辆行驶时间总和最短.

交通量的实际分配是由这两个原理决定的. 系统最优原理比较适用于可以实现人为集中控制的铁路或空中交通系统. 对公路网，用户最优原理更适用些.

4. 一个出发地和一个目的地的交通量分配

现在讨论只有一个出发地和一个目的地的交通量分配问题. 前面讨论的行驶时间可用更一般的"代价"代替，它可以表示行驶时间，也可以表示油耗、运费等. 假定从出发地到达目的地有 n 条路 R_1，R_2，$\cdots$，R_n，C_k 为路 R_k 上单位流量的代价，总交通量为 q. 我们将分别讨论代价不依赖于流量和依赖于流量两种情形.

（1）代价不依赖于流量的情形. 此时，不妨设道路的流量没有限制. 对相反的情形，我们可以将流量超过容量时的代价变为无穷大，从而将其归结为下面要讨论的代价依赖于流量的情形.

我们分别用用户最优和系统最优两种原理决定交通量分配. 据用户最优原理，每个驾驶员都选择代价最小的路，那么每个驾驶员都选择路 R_j，满足

$$c_j = \min_k c_k , \tag{32.86}$$

从而交通量分配方案为

$$f(R_k) \triangleq f_k = \begin{cases} q, & \text{若 } k = j, \\ 0, & \text{若 } k \neq j. \end{cases} \tag{32.87}$$

若 j 不唯一，q 可以在满足(32.86)式的最优路中任意分配.

对于系统最优原理，要指定流量 f_k，使总代价

$$T = \sum_{k=1}^n c_k f_k \tag{32.88}$$

在约束条件

$$\sum_k f_k = q , \quad f_k \geqslant 0 \ (k = 1, 2, \cdots, n) \tag{32.89}$$

下达到最小. 从形式上看这是一个线性规划问题，但实际上它很容易求解且解答与用户最优原理完全相同. 事实上，对任何满足约束条件(32.89)的一组 f_k，均成立

$$T = \sum f_k c_k \geqslant \sum f_k c_j = c_j \sum f_k = c_j q ,$$

即 $c_j q$ 是总代价的下界，而方案(32.87)达到了此下界.

(2) 代价依赖于流量的情形. 设 c_j 仅依赖于 f_j，即 $c_j = c_j(f_j)$，且 $c_j(f_j)$ 是 f_j 的单调增加函数. 此假设对公路网是很自然的. 设每个司机都选择代价最小的路，若对某个 m 和 $f_m > 0$ 成立 $c_m(f_m) > c_j(f_j)$，那么路 m 上的一部分司机或全部司机会转移到路 j，即路 m 上的部分或全部流量会转移到路 j 上去. 由于 $c_j(f_j)$ 关于 f_j 是单调增加的，路 m 上的任何小的流量转移至路 j 都会减少路 m 的代价和增加路 j 的代价. 只要 $c_m(f_m)$ 仍然大于 $c_j(f_j)$，这样的转移仍然可以进行下去，直至代价高的路上的流量全部转移(即 $f_m \to 0$)或两条路上的代价已经相同. 这样，最终达到稳定的情形只能是

$$\begin{cases} c_k(f_k) = c , & \text{对一切流量 } f_k > 0 \text{ 的路 } k, \\ c_k(0) \geqslant c , & \text{对成立 } f_k = 0 \text{ 的路 } k, \end{cases} \tag{32.90}$$

其中 c 为所有被司机选用的路上的共同代价. 由此可见，根据用户最优原理，交通量分配会达到一种状态，司机选用的行驶路线，代价均相同，其代价均小于未被司机选用的路线.

(32.90)式中 c 的值由 $\sum f_k = q$ 决定. 虽然此式并未给出 f_k 对 q 的显式依赖关系，但不难用简单的解析方法计算 f_k.

由于当 $f_k > 0$ 时 $c_k(f_k)$ 是单调增加的连续函数，因此存在唯一的反函数，

即对任何 $c \geqslant c_k(0)$，存在唯一的 f_k，使得 $c_k(f_k) = c$，记为

$$f_k = c_k^{-1}(c) \quad (c \geqslant c_k(0)). \tag{32.91}$$

对 $c < c_k(0)$，定义

$$f_k = c_k^{-1}(c) \equiv 0 \tag{32.92}$$

来延拓 $c_k^{-1}(c)$，于是 c 可由条件

$$\sum_k f_k = \sum_k c_k^{-1}(c) = q \tag{32.93}$$

决定. 由

$$c^{-1}(c) \triangleq \sum_k c_k^{-1}(c) \tag{32.94}$$

决定的函数是 c 的单调不减函数，它亦有反函数 $c = c(f)$，从而对给定的 q，方程(32.93)的解是

$$c = c(q), \tag{32.95}$$

由(32.91)式和(32.92)式得出每条路上的路流量.

　　用系统最优原理亦可得到相应的交通量分配，但与代价不依赖于流量的情形不同，分配结果与用户最优原理的结果是不同的.

　　5. 多个出发地和目的地的情形

　　对多个出发地和目的地，情形要复杂得多. 对代价不依赖于流量的情形，根据流量分配的原理，可以将问题归结为网络流优化模型，再求出交通量的分配. 而对代价依赖于流量的情形，问题可归结为一个非线性规划问题，可用适当的数值方法来求解.

　　交通规划问题是一个相当复杂的问题. 它不仅需要对现存或规划中的道路网络和其他交通设施进行交通量生成、交通量分布和交通量分配的计算，评价该交通网络的优劣，更重要的是以此作为依据对现有的道路和其他交通设施加以改进或对规划进行修改，这可能需要利用本节提及的模型经过多次反复的计算才能达到目的.

习　　题

1. 设模型(32.6)修改为

$$-M \frac{\mathrm{d}^2 x_j(t+\tau)}{\mathrm{d}t^2} = A \frac{x_j'(t) - x_{j-1}'(t)}{|x_j(t) - x_{j-1}(t)|^m}, \quad m > 1,$$

试求隧道中稳定交通流的速度公式.

2. 试修改隧道交通流动力学模型，使它能适用于下述情形：当司机发现两辆车的车距太小（小于给定的 $X > 0$ 时）马上（仍需反应时间 τ）急刹车，使汽车得到一个最大负加速度 $-\beta (\beta > 0)$.（提示：在模型中使用亥维赛德函数

$$H(t) = \begin{cases} 1, & t > 0, \\ 0, & t < 0 \end{cases}$$

即可.）

3. 对一单行道上平均流量为每小时 9 000 辆的随机车流，分别取 $t = 1, 2, \cdots, 15(s)$ 计算两车到达时间间隙超过 t 的概率.

4. 设行人从两车间安全穿越马路的两车到达时间间隙为 4 s，某单行道上随机车流的平均流量为每小时 600 辆. 试计算：

（1）行人到达路口不能马上穿越马路的概率；

（2）等待时间的平均值.

实 践 与 思 考

1. 许多大中城市的交通拥堵造成了时间的浪费、工作的耽误和心理的烦躁，直接或间接地带来了相当大的经济损失. 缓解拥堵需要多方努力、综合治理，现在请你就所了解的城市的情况，应用数学建模方法提出、分析并探讨解决城市交通拥堵问题的办法. 下面的问题只是一个十字路口的典型环境下相当简化的情形（见图 32-5），不一定限于此.

（1）在你所在的城市选择一个交通堵塞比较严重的十字路口，如图 32-5 所示，到达十字路口的 4 队车流的每一队，都有直行、左转、右转 3 个方向. 在交通高峰时间实际调查这些车流的数据以及现行的交通调度方案（包括路口 3 个方向行车道的划分、红绿灯的控制等）.

（2）分析交通堵塞的原因，提出治理方案.

（3）对你的方案作计算机模拟，评价其效果.

（4）将你的调查、分析和解决方案写成一篇简明、通俗的文章，投给当地的报刊.

（本题取材于 2001 年大学生数学建模夏令营.）

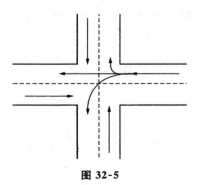

图 32-5

参 考 文 献

[1] J. G. Andrews. *Mathematical Modeling*. Chapel River Press, 1976

[2] R. Aris. *Mathematical Modeling Techniques*. San Francisco：Pitman Advanced Pub. , 1979

[3] E. A. Bender 著. 朱尧辰,徐伟宣译. 数学模型引论. 上海：科学普及出版社,1982

[4] J. S. Berry. *Teaching and Applying Mathematical Modeling*. John Wiley & Sons, 1984

[5] M. Braun 著. 张鸿林译. 微分方程及其应用. 北京：人民教育出版社,1980

[6] D. N. Burghes, I. Huntley, J. McDonald. *Applying Mathematics：A Course in Mathematical Modeling*. John Wiley & Sons, 1982

[7] D. Edwards, M. Hamson. *Guide to Mathematical Modeling*. Macmillan World Publishing Corp. , 1989

[8] F. R. Giordano, M. D. Weir, W. P. Fox. *A First Course in Mathematical Modeling*. Brooks/Cole, 2003

[9] F. R. Giordano, M. D. Weir, W. P. Fox 著. 叶其孝、姜启源等译. 数学建模初级教程(第三版). 北京：机械工业出版社,2005

[10] R. Harberman. *Mathematical Models*. N. J. ：Prentice-Hall, Englewood Cliffs, 1977

[11] I. D. Huntley, D. J. G. James. *Mathematical Modeling — A Source Book of Case Studies*. Oxford University Press, 1990

[12] D. J. Q. James, J. McDonald. *Case Studies in Mathematical Modeling*. New York：Wiley, 1981

[13] 姜启源. 数学模型(第三版). 北京：高等教育出版社,2003

[14] J. N. Kapur. *Mathematical Modeling*. John Wiley & Sons, 1988

[15] 李大潜主编. 中国大学生数学建模竞赛(第二版). 北京：高等教育出版社,2001

[16] W. F. Lucas 著. 成礼智等译. 离散与系统模型,长沙：国防科技大学出版

社,1996

[17] W. F. Lucas 著. 王国秋等译. *政治及有关模型*. 长沙:国防科技大学出版社,1996

[18] W. F. Lucas 著. 翟晓燕等译. *生命科学模型*. 长沙:国防科技大学出版社,1996

[19] W. F. Lucas 著. 朱煜民等译. *微分方程模型*. 长沙:国防科技大学出版社,1988

[20] M. M. Meerschaert. *Mathematical Modeling* (second edition). Academic Press, 1999

[21] M. Mesterton-Gibbons. *A Concrete Approach to Mathematical Modeling*. Addison-Wesley Publishing Co. , 1989

[22] W. J. Meyer. *Concepts of Mathematical Modeling*. McGraw Hill, 1984

[23] D. D. Mooney, R. J. Swift. *A Course in Mathematical Modeling*. The Mathematical Association of America, 1999

[24] 全国大学生数学建模竞赛组委会编. *大学数学建模的理论与实践*. 长沙:湖南教育出版社,2004

[25] 唐焕文,贺明峰. *数学模型引论*(第二版). 北京:高等教育出版社,2001

[26] 杨启帆,方道元. *数学建模*. 杭州:浙江大学出版社,1999

[27] 叶其孝主编. *大学生数学建模竞赛辅导教材*(一). 长沙:湖南教育出版社,1993

[28] 叶其孝主编. *大学生数学建模竞赛辅导教材*(二). 长沙:湖南教育出版社,1997

[29] 叶其孝主编. *大学生数学建模竞赛辅导教材*(三). 长沙:湖南教育出版社,1998

[30] 叶其孝主编. *大学生数学建模竞赛辅导教材*(四). 长沙:湖南教育出版社,2001

[31] 叶其孝主编. *数学建模教育与国际数学建模竞赛*. 中国工业与应用数学学会,《工科数学》杂志社编辑出版,1994

[32] 乐经良主编. *数学实验*. 北京:高等教育出版社,1999

[33] 周义仓,赫孝良. *数学建模实验*. 西安:西安交通大学出版社,1999

图书在版编目(CIP)数据

数学模型/谭永基,蔡志杰编著. —3 版. —上海：复旦大学出版社，2019.8(2025.3 重印)
(复旦博学. 数学系列)
ISBN 978-7-309-14289-1

Ⅰ.①数… Ⅱ.①谭…②蔡… Ⅲ.①数学模型-高等学校-教材 Ⅳ.① 0141.4

中国版本图书馆 CIP 数据核字(2019)第 083227 号

数学模型(第三版)
谭永基 蔡志杰 编著
责任编辑/陆俊杰

复旦大学出版社有限公司出版发行
上海市国权路 579 号 邮编：200433
网址：fupnet@fudanpress.com http://www.fudanpress.com
门市零售：86-21-65102580 团体订购：86-21-65104505
出版部电话：86-21-65642845
杭州长命印刷有限公司

开本 787 毫米×960 毫米 1/16 印张 28.5 字数 500 千字
2025 年 3 月第 3 版第 2 次印刷

ISBN 978-7-309-14289-1/O·668
定价：48.00 元

如有印装质量问题,请向复旦大学出版社有限公司出版部调换。